미용사 피부 필기

이지안 · 박규리 · 임상란 · 김은숙 · 김지수 · 김유진 · 박지효 공저

다락원

저자소개

이지안

원광대학교 대학원 미용학 박사
호주 Australasian College of Natural Therapies 졸업
일본 YAMANO 미용예술대학 미용보건학과 졸업
前 서경대학교 미용예술대학 교수
前 에스테틱 바인 대표
국제기능올림픽대회 국가대표선수 지도 및 심사
전국기능올림픽대회 피부미용직종 심사위원
미용사(피부) 국가기술자격검정 감독위원
CIDESCO 뷰티테라피 기능경진대회 심사장
K-뷰티킹메이크업페스티벌어워드 피부미용직종
총괄심사장

박규리

서경대학교 대학원 미용예술학 박사
現 에스테라 대표
前 서경대학교 미용예술대학 겸임교수
미용사(피부) 국가기술자격검정 감독위원
CIDESCO 뷰티테라피 기능경진대회 심사위원
KASF 국제미용기능경기대회 심사위원
국제뷰티문화예술기능대회 심사위원

임상란

서경대학교 대학원 미용예술학 박사
現 원광보건대학교 외래강사
現 건양사이버대학교 외래강사
前 서경대학교 미용예술대학 겸임교수
前 충청대학교 외래강사
前 프레아 에스테틱 대표
지방기능올림픽대회 피부미용직종 심사위원
미용사(피부) 국가기술자격검정 감독위원
CIDESCO 뷰티테라피 기능경진대회 심사위원
KASF 국제미용기능경기대회 심사위원

김은숙

연세대학교 대학원 면역학 박사
現 ㈜바이오샵 기업부설연구소 소장
前 서경대학교 미용예술대학 겸임교수
前 한국원자력의학원 박사연구원
前 한국과학기술연구원 테라그노시스연구단
  위촉연구원

김지수

서경대학교 대학원 미용예술학 박사
現 삼육보건대학교 외래강사
現 오산대학교 외래강사
現 WT-메소드 동탄점 원장
前 서경대학교 미용예술대학 겸임교수
前 나다움 스킨앤바디 대표
CIDESCO 뷰티테라피 기능경진대회 심사위원
아시아美페스티벌 피부미용직종 심사위원

김유진

서경대학교 대학교 미용예술학 박사과정 중
現 살롱드조이 대표
前 서경대학교 미용예술대학 겸임교수
CIDESCO 뷰티테라피 기능경진대회 심사위원
글로벌엑스포 피부 심사위원
아시아美페스티벌 피부미용직종 심사위원
K-뷰티킹메이크업페스티벌어워드 피부미용직종
심사위원

박지효

서경대학교 대학원 미용예술학 박사
前 서경대학교 미용예술대학 초빙교수
前 나다움 스킨앤바디 대표
前 청담오라클피부과성형외과 근무
CIDESCO 뷰티테라피 기능경진대회 심사위원
아시아美페스티벌 피부미용직종 심사위원
K-뷰티킹메이크업페스티벌어워드 피부미용직종
심사위원

머리말

이 책은 한국산업인력공단에서 발표한 미용사(피부) 국가기술자격시험을 치르고자 하는 수험생의 합격을 위해 학계와 산업계에서 전문가로 활동해온 저자들이 뜻을 모아 미용사(피부) 필기시험의 출제기준에 맞추어 집필한 교재입니다.

앞으로 피부미용 전문가로 활동하는데 있어 밑거름이 될 수 있도록 정확한 내용만을 담도록 노력하였으며, 피부미용사 교육의 발전과정에 맞추어 현장에서 실제 쓰일 수 있는 내용은 보다 상세히, 시험의 합격을 위해 외워두어야 할 내용은 핵심만 정리하였습니다.

변해가는 시험 상황에 맞추어 앞으로도 도서 개정에 힘써 수험생의 혼란이 적도록 가장 정확한 내용만을 담겠습니다.

이 책의 특징은 다음과 같습니다.

핵심이론
핵심만 간추려 학습량을 줄인 설명과 생생한 자료 사진과 일러스트를 제공하여 학습내용을 빠르게 이해할 수 있습니다.

출제예상문제
각 장별로 출제예상문제를 수록하여 이론에 대한 확인과 시험 대비를 할 수 있습니다.

실전모의고사
CBT 형식에 맞게 구성한 적중률 높은 3회의 실전모의고사를 통해 실전 대비를 할 수 있습니다.

이 책이 피부미용 전문가가 되기를 희망하는 분들의 마중물이 되기를 기원합니다.

저자 일동

개요

피부미용업무는 공중위생분야로서 국민의 건강과 직결되어 있는 중요한 분야로 향후 국가의 산업구조가 제조업에서 서비스업 중심으로 전환되는 차원에서 수요가 증대되고 있다. 머리, 피부미용, 화장 등 분야별로 세분화 및 전문화 되고 있는 미용의 세계적인 추세에 맞추어 피부미용을 자격제도화 함으로써 피부미용분야 전문인력을 양성하여 국민의 보건과 건강을 보호하기 위하여 자격제도를 제정

수행직무

얼굴 및 신체의 피부를 아름답게 유지·보호·개선 관리하기 위하여 각 부위와 유형에 적절한 관리법과 기기 및 제품을 사용하여 피부미용을 수행

진로 및 전망

피부미용사, 미용강사, 화장품 관련 연구기관, 피부미용업 창업, 유학 등

검정형 시험안내

※ 과정평가형으로도 취득할 수 있습니다.

응시방법

한국산업인력공단 홈페이지
[회원가입 → 원서접수 신청 → 자격선택 → 종목선택 → 응시유형 →
추가입력 → 장소선택 → 결제하기]

시험일정

상시시험
자세한 일정은 Q-net(http://q-net.or.kr)에서 확인

필기시험

필기검정방법 : 객관식 4지 택일형
문제수 : 60문항
시험시간 : 1시간(60분)
합격기준 : 100점을 만점으로 하여 60점 이상

실기시험

실기검정방법 : 작업형
시험시간 : 2~3시간 정도
합격기준 : 100점을 만점으로 하여 60점 이상

합격률

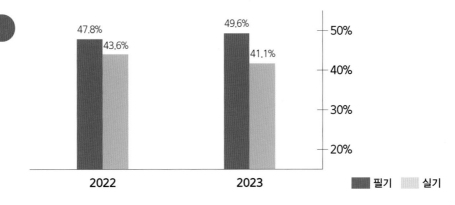

1. 피부미용이론	
피부미용개론	• 피부미용의 개념 • 피부미용의 역사
피부분석 및 상담	• 피부분석의 목적 및 효과 • 피부상담 • 피부유형분석 • 피부분석표
클렌징	• 클렌징의 목적 및 효과 • 클렌징 제품 • 클렌징 방법
딥 클렌징	• 딥 클렌징의 목적 및 효과 • 딥 클렌징 제품 • 딥 클렌징 방법
피부유형별 화장품 도포	• 화장품도포의 목적 및 효과 • 피부유형별 화장품 종류 및 선택 • 피부유형별 화장품 도포
매뉴얼 테크닉	• 매뉴얼 테크닉의 목적 및 효과 • 매뉴얼 테크닉의 종류 및 방법
팩·마스크	• 목적과 효과 • 종류 및 사용방법
제모	• 제모의 목적 및 효과 • 제모의 종류 및 방법
신체 각 부위(팔, 다리 등) 관리	• 신체 각 부위(팔, 다리 등) 관리의 목적 및 효과 • 신체 각 부위(팔, 다리 등) 관리의 종류 및 방법
마무리	• 마무리의 목적 및 효과 • 마무리의 방법
피부와 부속기관	• 피부구조 및 기능 • 피부 부속기관의 구조 및 기능
피부와 영양	• 3대 영양소, 비타민, 무기질 • 피부와 영양 • 체형과 영양
피부장애와 질환	• 원발진과 속발진 • 피부질환
피부와 광선	• 자외선이 미치는 영향 • 적외선이 미치는 영향
피부면역	• 면역의 종류와 작용
피부노화	• 피부노화의 원인, 피부노화현상

2. 해부생리학		
세포와 조직	• 세포의 구조 및 작용	• 조직구조 및 작용
뼈대(골격)계통	• 뼈(골)의 형태 및 발생	• 전신뼈대(전신골격)
근육계통	• 근육의 형태 및 기능	• 전신근육
신경계통	• 신경조직 • 중추신경	• 말초신경
순환계통	• 심장과 혈관	• 림프
소화기계통	• 소화기관의 종류	• 소화와 흡수
3. 피부미용 기기학		
피부미용기기 및 기구	• 기본용어와 개념 • 전기와 전류 • 기기·기구의 종류 및 기능	
피부미용기기 사용법	• 기기·기구 사용법 • 유형별 사용방법	
4. 화장품학		
화장품학 개론	• 화장품의 정의 • 화장품의 분류	
화장품제조	• 화장품의 원료 • 화장품의 기술 • 화장품의 특성	
화장품의 종류와 기능	• 기초 화장품 • 메이크업 화장품 • 모발 화장품 • 바디(body)관리 화장품 • 네일 화장품 • 향수 • 에센셜(아로마) 오일 및 캐리어 오일 • 기능성 화장품	
5. 공중위생관리학		
공중보건학	• 공중보건학 총론 • 가족 및 노인보건 • 식품위생과 영양	• 질병관리 • 환경보건 • 보건행정
소독학	• 소독의 정의 및 분류 • 병원성 미생물 • 분야별 위생·소독	• 미생물 총론 • 소독방법
공중위생관리법규 (법, 시행령, 시행규칙)	• 목적 및 정의 • 영업자준수사항 • 업무 • 업소 위생등급 • 벌칙	• 영업의 신고 및 폐업 • 면허 • 행정지도감독 • 위생교육 • 시행령 및 시행규칙 관련 사항

1과제 얼굴관리
시간 : 1시간25분(준비작업시간 및 위생 점검시간 제외)

■ 요구사항

준비 작업		1. 클렌징 작업 전, 과제에 사용되는 화장품 및 사용 재료를 관리에 편리하도록 작업대에 정리하시오. 2. 베드는 대형 수건을 미리 세팅하고, 재료 및 도구의 준비, 개인 및 기구 소독을 하시오. 3. 모델을 관리에 적합하게 준비(복장, 헤어터번, 노출관리 등)하고 누워 있도록 한 후 감독위원의 준비 및 위생 점검을 위해 대기하시오.	
피부미용 작업	관리계획표 작성	제시된 피부타입 및 제품을 적용한 피부관리 계획을 작성하시오.	10분
	클렌징	지참한 제품을 이용하여 포인트 메이크업을 지우고 관리범위를 클렌징 한 후, 코튼 또는 해면을 이용하여 제품을 제거하고, 피부를 정돈하시오. ※도포 후 문지르기는 2~3분 정도 유지하시오.	15분
	눈썹정리	족집게와 가위, 눈썹칼을 이용하여 얼굴형에 맞는 눈썹모양을 만들고, 보기에 아름답게 눈썹을 정리하시오. ※눈썹을 뽑을 때 감독확인 하에 작업하시오. (한쪽 눈썹에만 작업하시오.)	5분
	딥 클렌징	스크럽, AHA, 고마쥐, 효소의 4가지 타입 중 지정된 제품을 이용하여 얼굴에 딥 클렌징 한 후, 피부를 정돈하시오. ※제시된 지정타입만 사용하시오.	10분
	손을 이용한 관리 (매뉴얼테크닉)	화장품(크림 혹은 오일타입)을 관리부위에 도포하고, 적절한 동작을 사용하여 관리한 후, 피부를 정돈하시오.	15분
	팩	팩을 위한 기본 전처리를 실시한 후, 제시된 피부타입에 적합한 제품을 선택하여 관리부위에 적당량을 도포하고, 일정시간 경과 뒤 팩을 제거한 후, 피부를 정돈하시오. ※팩을 도포한 부위는 코튼으로 덮지 마시오.	10분
	마스크 및 마무리	마스크를 위한 기본 전처리를 실시한 후, 지정된 제품을 선택하여 관리부위에 작업하고, 일정시간 경과 뒤 마스크를 제거한 다음 피부를 정돈한 후 최종마무리와 주변 정리를 하시오. ※제시된 지정마스크만 사용하시오.	20분

관리계획표 작성

❶ **얼굴의 피부 타입은 팩 사용의 부위별 피부 타입을 기준으로 결정하시오.**

단, T-존과 U-존의 피부 타입만으로 판단하며, 피부의 유·수분 함량을 기준으로 한 타입[건성, 중성(정상), 지성, 복합성]만으로 구분하시오.

❷ **팩 사용을 위한 부위별 피부 상태(타입)**

- T-존
- U-존
- 목 부위

❸ **딥클렌징 사용제품**

❹ **마스크**

※ 관리계획 차트는 교재 29p 참고

- 관리계획표상의 클렌징, 매뉴얼테크닉용 화장품은 본인이 시험장에서 사용하는 제품의 제형을 기준으로 하시오.
- 관리계획표는 요구하는 피부타입에 맞추어 시험장에서의 관리를 기준으로 하시오.
- 고객관리계획은 향후 주단위의 관리 계획을, 자가관리 조언은 가정에서의 제품 사용을 위주로 간단하고 명료하게 작성하며 **수정 시 두줄로 긋고 다시 쓰시오.**
- 향후 관리는 총 기간을 2주로 하고 각 주관리에 대한 내용을 기술하시오.

  ex) 클렌징→딥 클렌징(효소, 고마쥐, 스크럽, AHA 중 택 1)→메뉴얼 테크닉→크림팩(타입 등 표기)→크림(타입 등 표기)
- 체크하는 부분은 주가 되는 하나만 하시오.
- 고객관리 계획에서 마스크에 대한 사항은 제외하며, 마무리에 대한 사항은 작성하시오.

■ **수험자 유의사항**

1. 지참 재료 중 바구니는 왜건의 크기(가로×세로)보다 큰 것은 사용할 수 없습니다.
2. 관리계획표는 제시되어진 조건에 맞는 내용으로 시험에서의 작업에 의거하여 작성하시오.
3. 필기도구는 검은색 볼펜만을 사용하여 작성하시오.
4. 눈썹정리 시 족집게를 이용하여 눈썹을 뽑을 때는 감독위원의 입회하에 실시하되, 감독위원의 지시를 따르시오(작업을 하고 있다가 감독위원이 지시하면 족집게를 사용하며, 작업을 하지 않고 기다리지 마시오).
5. 고마쥐 제품 사용 시 도포는 얼굴에 하되 밀어내는 것은 이마 전체와 오른쪽 볼 부위만을 대상으로 하시오.
6. 팩은 요구되는 피부타입에 따라 제품을 선택하여 사용하고, 붓 또는 스파츌라를 사용하여 관리 부위에 도포하시오.
7. 마스크의 작업 부위는 얼굴에서 목 경계부위까지로 작업 시 코와 입에 호흡을 할 수 있도록 해야 합니다.
8. 얼굴 관리 중 클렌징, 손을 이용한 관리, 팩 작업에서의 관리범위는 얼굴부터 데콜테[가슴(breast)은 제외]까지를 말하며, 겨드랑이 안쪽 부위는 제외됩니다.
9. 모든 작업은 총 작업시간의 90% 이상을 사용하시오(단, 관리계획표 작성은 제외).

2과제 | 팔, 다리 관리
시험시간 : 35분(준비작업시간 제외)

■ 요구사항

준비 작업	1. 과제에 사용되는 화장품 및 사용 재료는 작업에 편리하도록 작업대에 정리하시오. 2. 모델을 관리에 적합하도록 준비하고 베드 위에 누워서 대기하도록 하시오.			
피부미용 작업	손을 이용한 관리 (매뉴얼 테크닉)	팔 (전체)	모델의 관리부위(오른쪽 팔, 오른쪽 다리)를 화장수를 사용하여 가볍고 신속하게 닦아낸 후 화장품(크림 혹은 오일타입)을 도포하고, 적절한 동작을 사용하여 관리하시오. ※총 작업시간의 90% 이상을 유지하시오.	10분
		다리 (전체)		15분
	제모		왁스 워머에 데워진 핫 왁스를 필요량만큼 용기에 덜어서 작업에 사용하고, 팔 또는 다리에 왁스를 부직포 길이에 적합한 면적만큼 도포한 후, 체모를 제거하고 제모부위의 피부를 정돈하시오. ※제모는 좌우 구분이 없으며 부직포 제거 전 손을 들어 감독의 확인을 받으시오.	10분

■ 수험자 유의사항

1. 손을 이용한 관리는 팔과 다리가 주 대상범위이며, 손과 발의 관리 시간은 전체 시간의 20%를 넘지 않도록 하시오.
2. 제모 시 손 또는 발을 제외한 좌·우측 팔 전체 또는 다리 전체 중 작업을 수행하기 적합한 부위를 선택하여 한번만 제거하시오.
3. 관리부위에 체모가 완전히 제거되지 않았을 경우 족집게 등으로 잔털 등을 제거하시오.
4. 제모 작업은 7×20cm 정도의 부직포 1장을 이용한 도포 범위(4~5×12~14cm)를 기준으로 하시오.

3과제 | 림프를 이용한 피부관리
시험시간 : 15분(준비작업시간 제외)

■ 요구사항

준비 작업	1. 과제에 사용되는 화장품 및 사용 재료는 작업에 편리하도록 작업대에 정리하시오. 2. 모델을 작업에 적합하도록 준비하시오.	
피부미용 작업	**림프를 이용한 피부관리**	적절한 압력과 속도를 유지하여 목과 얼굴 부위에 림프절 방향에 맞추어 피부관리를 실시하시오. (단, 에플라쥐 동작을 시작과 마지막에 하시오) ※종료시간에 맞추어 관리하시오.
		15분

■ 수험자 유의사항

1. 작업 전 관리부위에 대한 클렌징 작업은 하지 마시오.
2. 관리 순서는 에플라쥐를 먼저 실시한 후 첫 시작지점은 목 부위(profundus)부터 하되, 림프절 방향으로 관리하며, 림프절의 방향에 역행되지 않도록 주의하시오.
3. 적절한 압력과 속도를 유지하고, 정확한 부위에 실시하시오.

차례

1장 피부미용이론 15
　1절 피부미용 개론 16
　　피부미용 개론 출제예상문제 21
　2절 피부분석 및 상담 24
　　피부분석 및 상담 출제예상문제 30
　3절 클렌징 34
　　클렌징 출제예상문제 39
　4절 딥 클렌징 44
　　딥 클렌징 출제예상문제 47
　5절 피부유형별 화장품 도포 52
　　피부유형별 화장품 도포 출제예상문제 59
　6절 매뉴얼 테크닉 64
　　매뉴얼 테크닉 출제예상문제 68
　7절 팩과 마스크 73
　　팩과 마스크 출제예상문제 79
　8절 제모 83
　　제모 출제예상문제 87
　9절 전신관리 90
　　전신관리 출제예상문제 96
　10절 마무리 관리 99
　　마무리 관리 출제예상문제 100

2장 피부학 101
　1절 피부와 부속기관 102
　　피부와 부속기관 출제예상문제 116
　2절 피부와 영양 124
　　피부와 영양 출제예상문제 129
　3절 피부장애와 질환 131
　　피부장애와 질환 출제예상문제 136
　4절 피부와 광선 139
　　피부와 광선 출제예상문제 142

5절 피부면역 ·· 143
피부면역 출제예상문제 ································· 144

6절 피부노화 ·· 144
피부노화 출제예상문제 ································· 146

3장 해부생리학 147
1절 세포와 조직 ··· 148
세포와 조직 출제예상문제 ························· 151

2절 뼈대(골격)계통 ······································· 153
뼈대(골격)계통 출제예상문제 ················· 158

3절 근육계통 ·· 160
근육계통 출제예상문제 ······························· 166

4절 신경계통 ·· 169
신경계통 출제예상문제 ······························· 174

5절 순환계통 ·· 176
순환계통 출제예상문제 ······························· 181

6절 소화기계통 ·· 183
소화기계통 출제예상문제 ························· 187

7절 내분비계통 ·· 189
내분비계통 출제예상문제 ························· 192

8절 비뇨기계통 ·· 193
비뇨기계통 출제예상문제 ························· 196

9절 생식기계통 ·· 197
생식기계통 출제예상문제 ························· 199

4장 피부미용 기기학 200
1절 피부미용관리를 위한 기초과학 ············ 202
피부미용관리를 위한 기초과학 출제예상문제 ·· 209

2절 피부미용기기·기구의 종류 및 사용법 ··· 211
피부미용기기·기구의 종류 및 사용법 출제예상문제 ·· 235

3절 피부유형별 기기 적용법 ························· 243
피부유형별 기기 적용법 출제예상문제 ···· 247

5장 화장품학   248

1절 화장품학 개론 ······························· 250

화장품학 개론 출제예상문제 ··············· 254

2절 화장품 제조 ································· 257

화장품 제조 출제예상문제 ··················· 270

3절 화장품의 종류와 기능 ···················· 273

화장품의 종류와 기능 출제예상문제 ········ 290

6장 공중위생관리학   297

1절 공중보건학 ································· 298

공중보건학 출제예상문제 ··················· 311

2절 소독학 ····································· 317

소독학 출제예상문제 ························· 325

3절 공중위생관리법규 ························ 331

공중위생관리법규 출제예상문제 ·········· 340

7장 실전모의고사   349

실전모의고사 1회 ···························· 350

실전모의고사 1회 정답 및 해설 ············ 362

실전모의고사 2회 ···························· 365

실전모의고사 2회 정답 및 해설 ············ 376

실전모의고사 3회 ···························· 379

실전모의고사 3회 정답 및 해설 ············ 390

1장

피부미용 이론

1절	피부미용 개론
2절	피부분석 및 상담
3절	클렌징
4절	딥 클렌징
5절	피부유형별 화장품 도포
6절	매뉴얼 테크닉
7절	팩과 마스크
8절	제모
9절	전신관리
10절	마무리 관리

1절 피부미용 개론

1 피부미용의 개요

1 피부미용의 정의

① 피부미용은 두피를 제외한 얼굴과 전신의 피부를 보호·유지·관리·개선하기 위함
② 의약품을 사용하지 않고 피부미용사의 손과 화장품 및 피부미용기기를 사용하여 관리
③ 피부의 생리기능 자극과 신진대사 촉진으로 건강하고 아름답게 가꾸는 일련의 행위

2 피부미용 용어

(1) 코스메틱(cosmetic)

① '우주(Cosmos)'를 의미하는 고대 그리스어의 'kosmos, kosmein'에서 유래함
② 아름답게 조화된 우주의 질서로써 인간의 미와 건강을 신체관리를 통해 실천하고자 함

(2) 에스테틱(esthetic)

① 프랑스어인 'esthetique'에서 유래되었으며 원래 '심미적인, 미학의, 미의'란 뜻으로 오늘날 피부미용의 의미로도 사용함
② 독일의 미학자 바움가르텐(Baumgarten)에 의해 '피부미용'이라는 명칭이 처음 사용되었음
③ 에스테띠끄(esthetique)란 용어는 피부관리와 화장품을 구분하기 위해 사용하였음

> **참고** 각 국가별 피부미용 용어
> - 한국 : 피부미용, 피부관리, 스킨케어, 에스테틱
> - 일본 : エステ(에스테)
> - 미국 : skin care, aesthetic
> - 프랑스 : esthetique
> - 독일 : kosmetik
> - 영국 : skin care, esthetic
> - 공통 : skin care, beauty therapy

3 피부미용의 영역

(1) 기능적 영역

① **보호·관리적** : 피부 상태의 원인을 분석 후 피부 문제 개선 및 보호
② **장식적** : 피부의 결함을 감추거나 보완하여 아름다움 유지
③ **심리적** : 상담을 통하여 심리적 요인과 관계되는 부분의 증상 완화

(2) 실제적 영역

① **얼굴관리** : 일반관리, 특수관리
② **전신관리** : 일반관리, 비만관리, 체형관리
③ **눈썹 정리**

④ 제모(waxing)

⑤ 피부상담, 화장품 처방

⑥ 튼살, 모공각화증 피부관리

⑦ 발관리

⑧ 스파관리

⑨ 매니큐어, 페디큐어(외국)

(3) 방법적 영역

① 매뉴얼 테크닉 : 손으로 피부를 관리하는 수기 동작으로 심리적 안정 제공

② 기기를 이용한 테크닉 : 미용기기를 이용하여 관리하는 방법으로 시너지 효과 제공

4 피부미용의 목적

(1) 피부미용의 필요성

① 일상생활이 바쁜 현대인들의 다양한 문제(피로, 스트레스, 환경오염, 공해, 운동부족, 식생활의 편의성, 생활방식의 불균형 등)에 의해 피부가 정상기능을 하지 못하고 여러 가지 문제점 발생

② 피부보호 및 피부의 문제점을 개선하여 심리적 안정을 줌

(2) 피부미용의 기술적 목적

① 인체의 항상성 유지

② 심리적, 정신적 안정과 피부노화 예방

③ 피부의 생리적 기능 유지

④ 아름답고 건강한 피부로 유지 및 개선

(3) 피부관리의 목적과 시술단계

① 목적 : 치료가 아닌 정상상태의 피부 유지 및 보호, 개선

② 시술단계 : 클렌징 → 피부분석 → 딥 클렌징 → 매뉴얼 테크닉 → 팩 → 마무리

5 피부미용업과 피부미용사

(1) 피부미용업의 정의

공중위생법상 피부미용업은 의료기기나 의약품을 사용하지 않고 피부상태의 분석, 피부관리, 제모, 눈썹손질을 행하는 것

(2) 피부미용사의 내적 조건

① 피부미용 전문교육 이수

② 피부관리 수행능력 겸비

③ 직업에 대한 자부심과 신념

④ 친절한 매너와 고객에 대한 서비스 정신

⑤ 전문적인 지식과 기술향상을 위한 노력

(3) 피부미용사의 외적 조건

① 항상 깨끗하고 단정한 복장과 신발 상태 유지
② 구취, 체취가 나지 않게 청결 유지
③ 손은 항상 청결하고 따뜻하게 하며 손톱은 짧게 손질
④ 짙은 화장은 피하고 깔끔하고 전문가적 이미지 연출
⑤ 업무에 지장을 주는 반지, 팔찌 등 액세서리 착용 금지
⑥ 관리 전·후 반드시 손 소독

2 피부미용의 역사

1 서양

(1) 이집트시대

① 고대미용의 발상지로 종교적인 이유로 화장을 하였음
② 절대왕권 중심의 계급사회로 의복, 가발, 메이크업, 장신구 등 계급에 차별을 두었음
③ 피부미용을 위해 올리브 오일, 아몬드 오일, 양모왁스, 난황, 진흙, 꿀, 우유 등 천연재료 사용
④ 향유(perfumed oil)를 이용해 햇빛과 벌레로부터 피부보호
⑤ 간편한 복식문화, 신체장식을 위한 장신구와 헤나를 이용한 메이크업 문화 발달

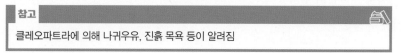

> **참고**
>
> 클레오파트라에 의해 나귀우유, 진흙 목욕 등이 알려짐

(2) 그리스시대

① '건강한 신체에 건강한 정신이 깃든다'는 믿음을 중요시함
② 천연향과 오일을 이용한 마사지 요법 이용함
③ 백납분을 얼굴에 발랐고, 눈은 화장먹으로 채색함
④ 히포크라테스는 건강한 아름다움을 위해 식이요법, 운동, 목욕, 마사지 등을 권장함

(3) 로마시대

① 장식을 중요시하여 향수, 오일, 화장품이 생활의 필수품이 됨
② 청결에 신경을 써서 공중 목욕문화 발달
③ 갈렌(Galen)에 의해 콜드크림의 시초인 연고 제조
④ 포도주, 오렌지즙, 레몬즙 등을 이용하여 각질과 피지관리
⑤ 염소젖, 옥수수, 밀가루, 빵가루 등을 이용한 마사지법 성행

(4) 중세시대

① 기독교의 금욕주의 영향으로 화장보다는 깨끗한 피부관리 선호
② 허브를 끓인 물을 이용하여 수증기를 피부에 쐬는 스팀요법 개발
③ 에센셜 오일과 화장품 제조에 필수 성분인 알코올 발명

(5) 근세

르네상스시대	• 신체와 의복의 악취제거를 위한 향수문화 발달 • 청결, 위생관념 부족 • 과도한 치장과 희고 창백한 분화장 유행 • 몽테뉴(16세기, 프랑스) : 크림과 팩에 대해 저술
바로크·로코코시대	• 독일의 의사 훗페란트에 의해 마사지와 운동요법 강조 • 깨끗한 피부를 위해 화장을 지우는 것을 중요시하여 클렌징크림 개발 • 분치장이 머리에까지 유행하였으며, 하얀 피부를 위한 관리 성행

(6) 근대(19세기)

① 위생과 청결이 중요시되어 비누 사용 보편화
② 특수 계층의 전유물인 기초 화장품 보편화
③ 1866년 백납분 대신 더욱 안전한 산화아연을 원료로 분 개발

(7) 현대(20세기 이후)

① 화장품·향수의 종류가 다양해짐
② 화장품 산업이 대량 생산으로 대중화됨
③ 마사지크림 개발(1901년)
④ 프랑스의 바렛트 교수(1947년)에 의해 전기 피부미용(electro cosmetic)의 토대 마련
⑤ 생화학, 생리학, 전기학 등 과학기술을 이용한 피부미용 기술이 체계적이고 전문적으로 발전

2 우리나라

(1) 상고시대

① 단군신화에 인간이 되기 위해 쑥과 마늘을 먹었다는 기록이 있음
② 쑥 : 미백, 트러블 완화, 노화방지 효과
③ 마늘 : 꿀과 섞어 팩제로 사용하며 미백, 살균효과

(2) 삼국시대

① 고구려 : 빰과 입술에 연지화장, 눈썹화장 강조
② 백제 : 분을 이용한 옅은 화장
③ 신라 : 불교의 영향으로 향, 목욕 문화, 백분 제조, 화장품 제조기술 발달

(3) 고려시대

① 피부보호 및 미백 역할을 하는 면약(액상 타입의 화장품) 개발
② 복숭아 꽃물로 세안 및 목욕을 하여 미백, 유연효과 얻음
③ 입욕제로 난을 사용하여 몸에 향기를 지님

(4) 조선시대
① 청결을 중요시하여 목욕과 옅은 화장을 선호
② 규합총서(사대부 가정 백과)의 면지법에 목욕법, 피부미용 등에 관한 내용 소개
③ 선조시대에 화장수 제조, 숙종시대에는 최초의 판매용 화장품 제조

(5) 근대
① 1916년 '박가분'이 최초로 기업화되어 출시(1922년 정식 제조 허가)
② 1920년 '연부액'이라는 미백 로션을 제조·발매
③ 1950년대 글리세린과 유동파라핀을 주원료로 화장품 개발
④ 다양한 화장품 유입

(6) 현대
① 1960년대 비타민, 호르몬 등 활성성분을 이용하여 원료 사용 다양화
② 1970년대 자연성분을 이용한 피부보습 제품 등 개발, 명동에 피부관리실 개업
③ 1980년대 이후 색조 화장품과 기능성 화장품 출시
④ 1981년 YWCA에서 독일의 피부미용 도입으로 정식 피부미용 교육이 이루어짐

피부미용 개론 출제예상문제

01 피부관리의 정의와 가장 거리가 먼 것은?

① 안면 및 전신의 피부를 분석하고 관리하여 피부상태를 개선시키는 것
② 얼굴과 전신의 상태를 유지 및 개선하여 근육과 골절을 정상화시키는 것
③ 피부미용사의 손과 화장품 및 적용 가능한 피부미용기기를 이용하여 관리하는 것
④ 의약품을 사용하지 않고 피부상태를 아름답고 건강하게 만드는 것

해설 피부관리는 두피를 제외한 얼굴과 전신의 피부를 유지 및 개선하는 것이며, 근육과 골절의 정상화는 피부관리의 대상이 아니다.

02 피부미용에 대한 설명으로 가장 거리가 먼 것은?

① 피부를 청결하고 아름답게 가꾸어 건강하고 아름답게 변화시키는 과정이다.
② 피부미용은 에스테틱, 스킨케어 등의 이름으로 불리고 있다.
③ 일반적으로 외국에서는 매니큐어, 페디큐어가 피부미용의 영역에 속한다.
④ 제품에 의존한 관리법이 주를 이룬다.

해설 피부미용은 피부미용사의 손, 기기에 의한 매뉴얼 테크닉이 주를 이루지 제품에 의존한 관리법은 아니다.

03 피부미용의 기능이 아닌 것은?

① 피부보호   ② 피부문제 개선
③ 피부질환 치료   ④ 심리적 안정

해설 피부질환의 치료는 의료의 영역이다.

04 피부미용의 개념에 대한 설명으로 가장 거리가 먼 것은?

① 피부미용이란 내·외적 요인으로 인한 미용상의 문제를 물리적이나 화학적인 방법을 이용하여 예방하는 것이다.
② 피부의 생리기능을 자극함으로써 아름답고 건강한 피부를 유지하고 관리하는 미용기술을 말한다.
③ 피부미용은 과학적 지식을 바탕으로 다양한 미용적인 관리를 행하므로 하나의 과학이라 말할 수 있다.
④ 과학적인 지식과 기술을 바탕으로 미의 본질과 형태를 다룬다는 의미는 있으나 예술이라고는 할 수 없다.

해설 아름다운 피부를 관리하는 것은 예술이라고 할 수 있다.

05 피부미용의 개념에 대한 설명 중 틀린 것은?

① 피부미용이라는 명칭은 독일의 미학자 바움가르텐(Baumgarten)에 의해 처음 사용되었다.
② cosmetic이란 용어는 독일어의 kosmein에서 유래되었다.
③ esthetique란 용어는 화장품과 피부관리를 구별하기 위해 사용된 것이다.
④ 피부미용이라는 의미로 사용되는 용어는 각 나라마다 다양하게 지칭되고 있다.

해설 코스메틱(cosmetic)은 우주를 의미하는 그리스어의 kosmos에서 유래되었다.

06 피부관리 시술단계가 옳은 것은?

① 클렌징 → 피부분석 → 딥 클렌징 → 매뉴얼 테크닉 → 팩 → 마무리

② 피부분석 → 클렌징 → 딥 클렌징 → 매뉴얼 테크닉 → 팩 → 마무리

③ 피부분석 → 클렌징 → 매뉴얼 테크닉 → 딥 클렌징 → 팩 → 마무리

④ 클렌징 → 딥 클렌징 → 팩 → 매뉴얼 테크닉 → 마무리 → 피부분석

해설 피부관리의 시술단계는 클렌징 → 피부분석 → 딥 클렌징 → 매뉴얼 테크닉 → 팩 → 마무리이다.

07 밑줄 친 내용에 대한 범위의 설명으로 맞는 것은?(단, 국내법상의 구분이 아닌 일반적인 정의 측면의 내용을 말함)

> 피부관리(skin care)는 '인체의 피부'를 대상으로 아름답게, 보다 건강한 피부로 개선, 유지, 증진, 예방하기 위해 피부관리사가 고객의 피부를 분석하고 분석 결과에 따라 적합한 화장품, 기구 및 식품 등을 이용하여 피부관리 방법을 제공하는 것을 말한다.

① 두피를 포함한 얼굴 및 전신의 피부를 말한다.

② 두피를 제외한 얼굴 및 전신의 피부를 말한다.

③ 얼굴과 손의 피부를 말한다.

④ 얼굴의 피부만을 말한다.

해설 인체의 피부는 두피를 제외한 얼굴 및 전신의 피부를 말한다.

08 피부미용의 기능적 영역이 아닌 것은?

① 관리적 기능　　② 실제적 기능

③ 심리적 기능　　④ 장식적 기능

해설 피부미용의 기능적 영역은 보호적(관리적) 기능, 심리적 기능, 장식적 기능이 있다.

09 피부미용의 영역이 아닌 것은?

① 눈썹 정리　　② 제모(waxing)

③ 피부관리　　④ 모발관리

해설 모발관리는 피부미용의 영역이 아닌 이·미용의 영역이다.

10 올바른 피부관리를 위한 필수조건과 가장 거리가 먼 것은?

① 관리사의 유창한 화술

② 정확한 피부타입 측정

③ 화장품에 대한 지식과 응용

④ 적절한 매뉴얼 테크닉 기술

해설 관리사의 유창한 화술보다는 전문가적인 화술이 필요하다.

11 피부미용의 목적이 아닌 것은?

① 노화예방을 통하여 건강하고 아름다운 피부를 유지한다.

② 심리적, 정신적 안정을 통해 피부를 건강한 상태로 유지시킨다.

③ 분장, 화장 등을 이용하여 개성을 연출한다.

④ 질환적 피부를 제외한 피부는 관리를 통해 상태를 개선시킨다.

해설 피부미용의 목적은 분장, 화장 등을 이용하여 개성을 연출하기보다는 인체의 모든 기능을 정상적으로 유지·증진시키면서 안면 및 전신의 피부를 분석하고 관리하여 피부를 건강하게 유지하는 것이다.

12 피부미용의 영역과 거리가 먼 것은?

① 신체 각 부위관리   ② 레이저 필링

③ 눈썹 정리   ④ 제모

해설 레이저 필링은 의료 영역이다.

13 피부미용 역사에 대한 설명으로 틀린 것은?

① 고대 이집트에서는 피부미용을 위해 천연재료를 사용하였다.

② 고대 그리스에서는 식이요법, 운동, 마사지, 목욕 등을 통해 건강을 유지하였다.

③ 고대 로마인은 청결과 장식을 중요시하여 오일, 향수, 화장이 생활의 필수품이었다.

④ 국내의 피부미용이 전문화되기 시작한 것은 19세기 중반부터였다.

해설 국내의 피부미용이 전문화되기 시작한 것은 20세기 이후부터이며, 본격적으로는 1960년대 이후부터 발전하여 1980년대 이후 색조 화장품과 기능성 화장품이 출시되면서 더욱 발전했다.

14 피부미용의 역사에 대한 설명 중 옳은 것은?

① 르네상스시대 – 비누 사용이 보편화

② 이집트시대 – 약초 스팀법의 개발

③ 로마시대 – 향수, 오일, 화장이 생활의 필수품으로 등장

④ 중세시대 – 매뉴얼 테크닉 크림 개발

해설 비누 사용이 보편화된 것은 근대(19세기)이며, 중세에는 약초 스팀법이 개발되었으며, 마사지 크림의 개발은 1901년 현대(20세기 이후)이다.

15 우리나라 피부미용 역사에서 혼례 미용법이 발달하고, 세안을 위한 세제 등 목욕 용품이 발달한 시대는?

① 고조선시대   ② 삼국시대

③ 고려시대   ④ 조선시대

해설 조선시대에 연지, 곤지를 사용하는 혼례 미용법이나 청결을 중요시하여 목욕법 등이 발달하였다.

정답	01	02	03	04	05	06	07	08
	②	④	③	④	②	①	②	②
	09	10	11	12	13	14	15	
	④	①	③	②	④	③	④	

2절 피부분석 및 상담

1 피부분석의 목적 및 효과

1 피부분석의 정의
① 올바른 피부관리를 위해 고객의 피부유형과 상태를 과학적 방법을 통해 정확히 파악하는 것
② 고객의 피부관리 전에 기기나 도구를 활용해 유·수분 함량, 피부 조직, 피지 분비, 모공, 민감도, 탄력성, 색소침착 등을 파악함
③ 피부관리의 사전 첫 단계로 문진, 견진, 촉진을 통해 피부 상태를 상담 후 피부의 유형을 판단함

2 피부분석의 목적
① 고객의 피부 유형 및 상태를 정확히 파악하여 개선 및 정상상태로 유지하기 위함
② 성공적이고 올바른 피부관리를 위한 기초자료로 사용하기 위함
③ 고객의 피부유형 및 상태에 맞는 적절한 관리방법과 제품을 선택하기 위함

2 피부상담

1 피부상담의 정의
① 고객의 방문동기와 목적 확인
② 전문적인 지식과 경험을 바탕으로 피부의 문제점과 원인을 파악하여 상담
③ 고객에게 심리적 안정을 주어 효율적인 피부관리를 실행하는데 필요한 단계

2 피부상담의 목적
① 고객의 방문 목적 확인
② 피부의 문제점과 원인 파악
③ 적절한 관리방법과 관리계획 수립
④ 홈케어 관리방법 및 안내

3 피부상담의 효과
① 고객의 신뢰도와 만족감 부여
② 고객이 피부관리의 필요성 인식
③ 전문적이고 효율적인 관리계획 수립 가능
④ 홈케어의 중요성과 필요성 인식

> **참고 안면관리 순서**
>
> 상담 → 클렌징 → 피부분석 → 딥 클렌징 → 매뉴얼 테크닉 → 팩 및 마스크 → 마무리

> **참고 고객카드 관리**
>
> 매회 관리 전에 고객의 피부를 분석하여 피부타입에 맞는 관리를 고객카드에 기록함

3 피부유형 분석

1 피부유형 분석의 종류

(1) 문진법
① 질문을 통하여 고객의 피부유형을 파악하는 방법
② 고객의 직업, 연령, 알레르기, 질병, 사용 화장품, 식생활 등 파악하여 관련성 판단

(2) 견진법
① 육안이나 피부분석용 피부미용기기를 이용하여 피부상태를 파악하는 방법
② 피부 유·수분함량, 피부조직, 모공크기, 혈액순환, 피부질환 등 파악

(3) 촉진법
① 피부를 손으로 직접 만져보거나 집어서 피부유형을 파악하는 방법
② 피부 수분보유량, 각질상태, 피부두께, 예민도, 탄력성 등 파악

(4) 기기 판독법
피부분석 기기를 이용하여 과학적으로 분석하는 방법
① 우드램프(wood's lamp)
- 365㎛ 파장의 자외선과 가시광선을 이용하여 피부를 관찰할 수 있는 인공 광학분석 기기
- 육안으로 판별하기 어렵거나 보이지 않는 피부 상태나 문제점들을 다양한 색상으로 나타냄
- 피부의 피지, 여드름, 색소침착, 염증, 민감 상태 등에 따라 나타나는 색상으로 피부 상태 분석 가능
② 확대경(magnifying glass)
- 육안으로 확인하기 어려운 면포, 여드름, 색소침착, 모공 크기 등을 3.5~10배율로 확대하여 피부 상태를 분석하는 기기
- 확대경을 이용하여 여드름 압출 등 사용
③ 유·수분 측정기
- 피부 표면의 유분 및 수분량을 측정하여 분석하는 기기
- 유분 측정기 : 피부 유분 함유량을 측정하여 피부의 유분 변화를 알 수 있음
- 수분 측정기 : 피부의 수분량을 측정하여 피부의 수분 변화를 알 수 있음

④ pH 측정기
- 피부의 pH를 측정하며 피부의 산도와 알칼리도를 측정하는 기기
- 피부의 유분 및 예민도 측정

⑤ 스킨 스코프(skin scope)
- 피부 표면의 조직과 두피와 모발상태를 800배 정도 확대하여 관찰할 수 있는 기기
- 측정결과를 모니터나 사진을 통해 고객과 상담자가 함께 분석 가능
- 피부의 주름 상태, 모공 크기, 피지량, 색소침착, 각질, 피부결 등을 정확하게 관찰

⑥ 현미경
- 스킨 스코프의 일종으로 휴대의 편리성과 공간제약의 한계성을 보완한 기기
- 피부 표면의 조직, 모공 크기, 색소침착, 유·수분의 분포, 각질 상태 등을 관찰
- 두피 상태, 모발의 큐티클, 모발 굵기 등 두피와 모발의 상태를 정밀하게 관찰

참고 우드램프(wood lamp)

측정기 반응 색상	피부상태	측정기 반응 색상	피부상태
청백색	정상피부	노란색	비립종
연보라색	건성피부	암갈색	색소침착 피부
진보라색	모세혈관확장 피부, 민감성 피부	흰색	죽은 세포, 각질층
오렌지색 (또는 노란색)	피지, 지루성 피부, 여드름 피부	반짝이는 형광색	먼지, 이물질

참고

피부유형 분석을 위한 단계는 1차 클렌징이 끝난 후임

2 피부상태 분석방법

(1) 유분 함유량
육안 또는 세안 후 티슈로 눌러 봤을 때 피지가 묻어나오는 정도를 파악

(2) 수분 함유량
① 피부 상층부의 수분 보유량을 보고 판별
② 볼 아래의 피부를 위로 올려보았을 때 잔주름이 많이 형성되면 수분부족 피부로 판단

(3) 각질화 상태
손으로 만졌을 때 피부표면이 거칠거나 매끄러움 정도 판단

(4) 모공의 크기
① 정상피부 : T-존 부위는 볼 부위보다 모공의 크기가 다소 큰 편임
② 지성, 여드름 피부 : T-존 부위는 모공이 눈에 띄게 크고, 코 주변의 뺨까지 모공이 큼

(5) 탄력 상태
피부조직의 긴장도와 탄력섬유조직의 긴장도에 따라 분석함
① 피부 긴장도(turgor)
- 결합조직, 콜라겐 섬유, 세포 내 물질의 수분보유능력 판단
- 눈 밑의 피부를 잡았다 놓았을 때 원래상태로 돌아가려는 정도로 파악
② 탄력섬유조직의 긴장도(tonus)
- 턱 부위의 피부를 손으로 잡았을 때 잘 잡히면 탄력성이 저하된 상태
- 턱 부위의 피부를 손으로 잡았을 때 잘 잡히지 않으면 탄력성이 좋은 상태

(6) 혈액순환 상태
① 얼굴의 코, 광대뼈, 턱 부위를 만졌을 때 차가운 느낌이 들면 혈액순환 장애로 진단
② 볼 주변의 붉은색 피부는 혈액량 증가로 모세혈관이 확장되어 혈액순환이 원활한 상태이나 볼 부위의 혈액순환 저하로 인한 장애이기도 함

(7) 민감 상태
① 스파츌라로 피부를 자극했을 때 정상피부는 자국이 바로 없어지거나 붉은색을 나타냄
② 흰색은 습진성 피부, 부어오르면 민감성 피부로 판단

> **참고** 피부 상태 분석기준
> 피부타입을 정하는 기준은 피지분비 상태로 구분

4 피부분석표

1 피부분석표

피부분석카드					
고객명		주소			
생년월일		전화번호		직업	

병력과 부적응증		
• 심장병 ☐	• 갑상선 ☐	• 화장품부작용 ☐
• 고혈압 ☐	• 간질 ☐	• 금속판/ 핀 ☐
• 당뇨 ☐	• 알레르기 ☐	• 현재 복용 중인 약 ☐
• 임신 ☐	• 수술 여부 ☐	• 기타 ☐

고객 피부 타입 및 피부상태					
• 피지분비에 따른 피부 타입	정상 ☐	건성 ☐	지성 ☐	복합성 ☐	
• 피부의 수분량	높다 ☐	보통 ☐	낮다 ☐		
• 피부결	곱다 ☐	복합적 ☐	거칠다 ☐		
• 주름	표면주름 ☐	표정주름 ☐	노화주름 ☐		
• 피부의 탄력성	좋다 ☐	보통 ☐	나쁘다 ☐		
• 피부의 혈액순환	좋다 ☐	보통 ☐	나쁘다 ☐		
• 피부의 민감도	정상 ☐	민감 ☐	과민감 ☐		
• 자외선 민감도	I ☐	II ☐	III ☐	IV ☐	V ☐

코메도		흉터	
구진		사마귀	
농포		켈로이드	
주사		혈관종	
모세혈관확장		과색소	
섬유종(쥐젖)		기타 질환	

2 관리계획 차트

관리계획 차트(care plan chart)			
비번호		형별	시험일자 20 ． ． ．(부)

관리목적 및 기대효과	관리목적 :
	기대효과 :

클렌징	□ 오일	□ 크림	□ 밀크/로션	□ 젤
딥클렌징	□ 고마쥐(gomage)	□ 효소(enzyme)	□ AHA	□ 스크럽
매뉴얼 테크닉 제품타입	□ 오일	□ 크림		
손을 이용한 관리형태	□ 일반	□ 림프		

팩	T-존 :	□ 건성타입 팩	□ 정상타입 팩	□ 지성타입 팩
	U-존 :	□ 건성타입 팩	□ 정상타입 팩	□ 지성타입 팩
	목부위:	□ 건성타입 팩	□ 정상타입 팩	□ 지성타입 팩

마스크	□ 석고 마스크	□ 고무모델링 마스크

고객관리계획	1주 :
	2주 :

자가 관리 조언 (홈케어)	제품을 사용한 관리 :
	기타 :

01 피부관리를 위해 실시하는 피부상담의 목적과 가장 거리가 먼 것은?

① 고객의 방문 목적 확인

② 피부문제의 원인 파악

③ 피부관리 계획 수립

④ 고객의 사생활 파악

해설 고객의 사생활 파악은 피부상담의 목적에 적합하지 않다.

02 피부상담 시 고려해야 할 점으로 가장 거리가 먼 것은?

① 관리 시 생길 수 있는 만약의 경우에 대비하여 병력사항을 반드시 상담하고 기록해 둔다.

② 피부관리 유경험자의 경우 그동안의 관리 내용에 대해 상담하고 기록해 둔다.

③ 여드름을 비롯한 문제성 피부 고객의 경우 과거 병원치료나 약물치료의 경험이 있는지 기록해 두어 피부관리계획표 작성에 참고한다.

④ 필요한 제품을 판매하기 위해 고객이 사용하고 있는 화장품의 종류를 체크한다.

해설 피부상담 시 고객이 사용하는 화장품을 체크하는 것은 피부유형에 맞게 잘 사용하는지를 체크하기 위함이지 제품을 판매하기 위한 목적은 아니다.

03 고객이 처음 내방하였을 때 피부관리에 대한 첫 상담 과정에서 고객이 얻는 효과와 가장 거리가 먼 것은?

① 전 단계의 피부관리 방법을 배우게 된다.

② 피부관리에 대한 지식을 얻게 된다.

③ 피부관리에 대한 경계심이 풀어지며 심리적으로 안정된다.

④ 피부관리에 대한 긍정적이고 적극적인 생각을 가지게 된다.

해설 피부관리의 방법은 피부관리사의 역할이다.

04 상담 시 고객에 대해 취해야 할 사항 중 옳은 것은?

① 상담 시 다른 고객의 신상정보, 관리정보를 제공한다.

② 고객의 사생활에 대한 정보를 정확하게 파악한다.

③ 고객과의 친밀감을 갖기 위해 사적으로 친목을 도모한다.

④ 전문적인 지식과 경험을 바탕으로 관리방법과 절차 등에 관해 차분하게 설명해준다.

해설 상담 시 고객의 사생활이나 사적인 질문은 피하고, 다른 고객의 신상정보, 관리정보를 제공하지 않는다.

05 피부분석을 하는 목적은?

① 피부분석을 통해 고객의 라이프 스타일을 파악하기 위해서

② 피부의 증상과 원인을 파악하여 올바른 피부관리를 하기 위해서

③ 피부의 증상과 원인을 파악하여 의학적 치료를 하기 위해서

④ 피부분석을 통해 운동처방을 하기 위해서

해설 피부분석의 목적은 피부의 문제점과 원인을 파악하여 올바른 피부관리를 하기 위함이다.

06 피부미용실에서 손님에 대한 피부관리의 과정 중 피부분석을 통한 고객카드 관리의 가장 바람직한 방법은?

① 개인의 피부상태는 변하지 않으므로 첫 회 피부관리를 시작할 때 한 번만 피부분석을 해서 분석 내용을 고객카드에 기록을 해두고 매회마다 활용한다.

② 첫 회 피부관리를 시작할 때 한 번만 피부분석을 해서 분석 내용을 고객카드에 기록을 해두고 매회 활용하고 마지막 회에 다시 피부분석을 해서 좋아진 것을 고객에게 비교해 준다.

③ 첫 회 피부관리를 시작할 때 한 번 피부분석을 해서 분석 내용을 고객카드에 기록을 해두고 매회마다 활용하고 중간에 한 번, 마지막 회에 다시 한 번 피부분석을 해서 좋아진 것을 고객에게 비교해 준다.

④ 개인의 피부유형, 피부상태는 수시로 변화하므로 매회 피부관리 전에 항상 피부분석을 해서 분석 내용을 고객카드에 기록을 해두고 매회 활용한다.

해설 개인의 피부유형, 피부상태는 외부환경과 내부요인에 의해 쉽게 변할 수 있으므로 매회마다 피부분석을 하여야 한다.

07 우드램프로 피부상태를 판단할 때 지성피부는 어떤 색으로 나타나는가?

① 푸른색　　　　② 흰색
③ 오렌지색　　　④ 진보라색

해설 • 청백색 : 정상피부
　　 • 흰색 : 죽은 세포, 각질층
　　 • 오렌지 : 지성피부
　　 • 진보라 : 모세혈관확장 피부, 민감성 피부

08 피부분석 시 사용되는 방법으로 가장 거리가 먼 것은?

① 고객 스스로 느끼는 피부상태를 물어본다.
② 스파츌라를 이용하여 피부에 자극을 주어본다.
③ 세안 전에 우드램프를 사용하여 측정한다.
④ 유·수분 분석기 등을 이용하여 피부를 분석한다.

해설 우드램프는 클렌징 후 깨끗한 피부에 측정한다.

09 계절에 따른 피부특성 분석으로 옳지 않은 것은?

① 봄 – 자외선이 점차 강해지며 기미와 주근깨 등 색소침착이 피부표면에 두드러지게 나타난다.
② 여름 – 기온의 상승으로 혈액순환이 촉진되어 표피와 진피의 탄력이 증가된다.
③ 가을 – 기온의 변화가 심해 피지막의 상태가 불안정해진다.
④ 겨울 – 기온이 낮아져 피부의 혈액순환과 신진대사 기능이 둔화된다.

해설 여름은 기온의 상승으로 피부의 탄력이 저하된다.

10 눈으로 판별하기 어려운 피부의 심층상태 및 문제점을 명확하게 분별할 수 있는 특수 자외선을 이용한 기기는?

① 확대경　　　　② 홍반측정기
③ 적외선램프　　④ 우드램프

해설 우드램프는 자외선램프를 비추었을 때 피부유형에 따라 특정한 형광색을 나타내는 원리를 이용한 피부분석 기기이다.

11 건성피부, 중성피부, 지성피부를 구분하는 가장 기본적인 피부유형 분석 기준은?

① 피부의 조직 상태　　② 피지분비 상태
③ 모공의 크기　　　　④ 피부의 탄력도

해설 피부타입의 기준은 피지분비 상태로 구분한다.

12 피부분석 시 고객과 관리사가 동시에 피부상태를 보면서 분석하기에 가장 적합한 피부분석기기는?

① 확대경　　　　② 우드램프
③ 브러싱　　　　④ 스킨스코프

해설 스킨스코프는 고객과 관리사가 동시에 피부상태를 보면서 상담이 가능하다.

13 피지, 면포가 있는 피부 부위의 우드램프(wood lamp)의 반응 색상은?

① 청백색   ② 진보라색
③ 암갈색   ④ 오렌지색

해설 • 청백색 : 정상피부
      • 진보라 : 모세혈관확장 피부, 민감성 피부
      • 암갈색 : 색소침착 피부
      • 오렌지 : 지성피부

14 피부를 분석할 때 사용하는 기기로 짝지어진 것은?

① 진공흡입기, 패터기   ② 고주파기, 초음파기
③ 우드램프, 확대경   ④ 분무기, 스티머

해설 피부 분석기는 우드램프, 확대경, 유분측정기, pH 측정기, 스킨스코프이다.

15 피부미용사의 피부분석 방법이 아닌 것은?

① 문진   ② 견진
③ 촉진   ④ 청진

해설 피부미용사의 피부분석 방법은 문진, 견진(시진), 촉진, 첩포검사(patch test), 민감도가 있다.

16 피부분석 시 사용하는 기기가 아닌 것은?

① 확대경   ② 우드램프
③ 스킨스코프   ④ 적외선램프

해설 적외선램프는 피부에 온열자극 효과를 주는 피부관리 기기로 팩 관리 후 적용하면 팩의 흡수력을 높인다.

17 우드램프 사용 시 피부에 색소 침착을 나타내는 색깔은?

① 푸른색   ② 보라색
③ 흰색   ④ 암갈색

해설 • 푸른색 : 정상피부
      • 보라색 : 건성피부
      • 흰색 : 죽은 세포, 각질층
      • 암갈색 : 색소 침착

18 다음 중 피부 분석을 위한 기기가 아닌 것은?

① 고주파기기   ② 우드램프
③ 확대경   ④ 유분측정기

해설 고주파기기는 피부미용 기기로 노폐물 배출, 피부 재생, 피부탄력 등에 사용한다.

19 우드램프에 의한 피부의 분석 결과 중 틀린 것은?

① 흰색 – 죽은 세포와 각질층의 피부
② 연한 보라색 – 건조한 피부
③ 오렌지색 – 여드름, 피지, 지루성 피부
④ 암갈색 – 산화된 피지

해설 우드램프 사용 시 색소침착 피부는 암갈색, 산화된 피지는 크림색으로 나타난다.

20 우드램프 사용 시 지성부위의 코메도(comedo)는 어떤 색으로 보이는가?

① 흰색 형광   ② 밝은 보라
③ 노랑 또는 오렌지   ④ 자주색 형광

해설 지성부위의 코메도는 노랑과 오렌지색으로 나타난다.

피부상태	색상	피부상태	색상
정상	청백색	건성	연보라색
민감성, 모세혈관확장	진보라색	지성, 피지, 여드름	오렌지색
노화	암적색	각질	흰색
색소침착	암갈색	비립종	노란색
먼지, 이물질	형광색	산화된 피지	크림색

21 피부유형을 결정하는 요인이 아닌 것은?

① 얼굴형　　　　② 피부조직
③ 피지분비　　　　④ 모공

해설 얼굴형은 피부유형(건성, 지성, 복합성 등)을 결정하는 요인이라 할 수 없다.

22 피부분석 시 사용하는 기기와 거리가 먼 것은?

① pH 측정기　　　② 우드램프
③ 초음파기기　　　④ 확대경

해설 초음파기기는 피부미용 기기로 노폐물 제거, 리프팅, 피부탄력 및 셀룰라이트 분해 등에 사용한다.

23 우드램프에 대한 설명으로 틀린 것은?

① 피부분석을 위한 기기이다.
② 밝은 곳에서 사용하여야 한다.
③ 클렌징 한 후 사용하여야 한다.
④ 자외선을 이용한 기기이다.

해설 우드램프는 어두운 곳에서 사용해야 잘 보인다.

24 피부관리를 위한 피부유형 분석의 시기로 가장 적합한 것은?

① 최초 상담 전　　② 트리트먼트 후
③ 클렌징이 끝난 후　④ 마사지 후

해설 피부분석은 1차 클렌징이 끝난 후 깨끗한 상태에서 분석한다.

25 피부분석 시 육안으로 보기 힘든 피지, 민감도, 색소침착, 모공의 크기, 트러블 등을 세밀하고 정확하게 분별할 수 있는 기기는?

① 스티머　　　　② 진공흡입기
③ 우드램프　　　④ 스프레이

해설 우드램프는 자외선을 이용한 광학 피부분석기로 육안으로 보기 힘든 피지, 색소침착, 민감도, 모공의 크기 등을 분별할 수 있다.

26 피부분석표 작성 시 피부 표면의 혈액순환 상태에 따른 분류표시가 아닌 것은?

① 홍반피부(erythrosis skin)
② 심한 홍반피부(couperose skin)
③ 주사성 피부(rosacea skin)
④ 과색소 피부(hyper pigmentation skin)

해설 과색소 피부는 주로 피부의 염증 반응 후에 멜라닌 색소의 침착이 증가하여 생기는 질환이다.

27 카르테(고객카드) 작성에 반드시 기입되어야 할 사항과 가장 거리가 먼 것은?

① 성명, 생년월일, 주소, 전화번호
② 직업, 가족사항, 환경, 기호식품
③ 건강상태, 정신상태, 병력, 화장품
④ 취미, 특기사항, 재산정도

해설 고객카드에 재산정도는 기입하지 않아도 된다.

정답	01	02	03	04	05	06	07	08
	④	④	①	④	②	④	③	③
	09	10	11	12	13	14	15	16
	②	④	②	④	④	③	④	④
	17	18	19	20	21	22	23	24
	④	①	④	④	①	③	②	③
	25	26	27					
	③	④	④					

3절 클렌징

1 클렌징의 목적 및 효과

1 클렌징의 정의

피부표면에 묻어 있는 메이크업 잔여물, 먼지, 피지, 묵은 각질 등 피부의 노폐물을 깨끗하게 제거하는 것으로 피부관리 과정에서 중요한 단계

▲ 클렌징

2 클린징의 목적 및 효과

① 피부표면의 노폐물을 제거하여 청결하고 위생적인 상태로 유지
② 불필요한 각질 제거로 피부호흡과 신진대사를 원활하게 하여 혈액순환 촉진
③ 노폐물 제거로 제품흡수 촉진
④ 피부의 생리적 기능 정상화에 도움

3 클렌징의 단계

(1) 1단계 클렌징(포인트 메이크업 클렌징)

① 클렌징의 첫 단계
② 메이크업 리무버를 이용하여 눈 화장과 입술 색조 화장을 제거하는 단계
③ 눈 화장
  • 아이섀도, 눈썹, 아이라인, 마스카라
  • 콘택트렌즈 제거
  • 화장솜에 메이크업 리무버를 묻혀서 눈 위에 1~2분 얹어 두었다가 아이라인은 안에서 밖으로 마스카라는 위에서 아래로 닦아냄
  • 방수(waterproof) 마스카라는 오일 성분의 아이 메이크업 리무버로 부드럽게 제거
④ 입술 색조 화장 : 화장솜에 메이크업 리무버를 묻혀서 윗입술은 위 → 아래로, 아랫입술은 아래 → 위로, 입술의 바깥쪽에서 안쪽으로 닦아냄

(2) 2단계 클렌징(안면 클렌징)
피부타입에 맞는 클렌징 제품으로 얼굴과 목, 데콜테 부위를 가볍게 러빙한 후 티슈, 해면, 온습포 등을 사용하여 닦아냄

(3) 3단계 클렌징(화장수 도포)
클렌징의 마지막 단계로 피부타입에 적합한 전문 화장수를 화장솜에 묻혀 얼굴과 목 그리고 데콜테 부위를 부드럽게 닦아냄

> **참고**
> 자주 출제되는 문제는 아니지만 〈입술 화장 지우는 법〉에 관한 응시자의 문의가 많습니다. 현장에서는 윗입술은 아래 → 위로, 아랫입술은 위 → 아래로, 입술의 안쪽에서 바깥쪽으로 닦아내지만, 국가자격시험 문제에서는 윗입술은 위 → 아래로, 아랫입술은 아래 → 위로, 입술의 바깥쪽에서 안쪽으로 닦아내는 것으로 출제되는 경향이 있음을 참고하시기 바랍니다.

2 클렌징 제품

1 클렌징 크림(cleansing cream)
① 친유성의 크림 제형(W/O)의 제품
② 세정력이 뛰어나 짙은 메이크업 제거에 적합
③ 유분이 많아 이중세안 요함
④ 민감성 피부, 지성피부는 가급적 사용을 피함
⑤ 중성피부, 건성피부에 적합

2 클렌징 로션(cleansing losion, 클렌징 밀크)
① 친수성의 로션 제형(O/W) 제품
② 이중세안이 필요 없음
③ 클렌징 크림보다 세정력은 약하나 사용 후 느낌이 산뜻
④ 가벼운 화장 제거에 용이하며 모든 피부에 사용
⑤ 피부에 자극이 적어 건성, 민감성, 노화피부에 적합

3 클렌징 오일(cleansing oil)
① 물과 친화력이 있는 오일 성분을 배합시킨 수용성 오일 제품
② 물에 쉽게 용해되어 짙은 화장이나 눈, 입술 메이크업 제거에도 적합
③ 노화피부, 수분부족의 지성피부, 건성피부, 예민피부에 적합

4 **클렌징 젤(cleansing gel)**

① 오일 성분이 전혀 함유되지 않은 제품
② 세정력이 뛰어나며 이중세안이 필요 없음
③ 민감성 피부, 알레르기성 피부, 지성 및 여드름 피부에 적합

5 **클렌징 워터(cleansing water)**

① 화장수에 계면활성제, 에탄올을 소량 배합하여 만든 제품
② 가벼운 화장을 닦아내거나 예민성 피부에도 사용
③ 민감 피부의 눈, 입술 화장의 리무버 용도로 사용

6 **클렌징 폼(cleansing foam)**

① 계면활성제가 포함되어 거품이 나며 세정력이 우수
② 비누의 단점인 피부 당김이나 자극을 제거한 제품
③ 1차 클렌징 후 이중 세안용으로 적합
④ 피부자극이 적어 민감 피부에 적합

7 **비누(soap)**

① 피부조직을 유연하게 하고 각질을 부풀게 함
② 알칼리성 작용으로 피부의 묵은 각질 제거
③ 탈수, 탈지 현상을 일으켜 피부를 더욱 건조하게 만듦
④ 민감성, 건성피부의 경우 약산성 비누(pH 4.5~5.5) 사용 권장

8 **물(water)**

① **찬물(10~15℃)** : 가벼운 세정효과, 혈관수축, 상쾌함, 긴장감
② **미지근한 물(15~21℃)** : 가벼운 세정효과, 각질 제거, 피부 안정감
③ **따뜻한 물(21~35℃)** : 세정효과, 각질 제거 효과 큼, 혈관확장(혈액순환 촉진)
④ **뜨거운 물(35℃ 이상)** : 세정효과 매우 큼, 각질 제거 용이, 모공확장, 혈액순환 촉진, 장시간 이용 시 피부탄력 저하, 모세혈관확장

3 클렌징 방법

1 **클렌징 시술법**

① 전체 클렌징을 하기 전 포인트 메이크업 리무버를 사용하여 눈썹과 아이섀도, 마스카라, 아이라인, 입술 순으로 닦음
② 클렌징 제품을 손에 덜어 이마, 볼, 코, 턱, 목, 데콜테에 도포

③ 데콜테, 목을 가볍게 위로 쓸고 양 볼을 귀 방향으로 돌려줌

④ 콧방울은 중지로 가볍게 돌려 콧대 방향으로 쓸어 올림

⑤ 이마를 쓸어 올린 후 눈 주위를 돌린 후 관자놀이에서 끝냄

> **참고 클렌징 순서**
>
> 포인트 메이크업 제거 → 클렌징 제품 도포 → 클렌징 손동작 → 티슈·해면 처리 → 습포 처리

2 티슈와 해면

① **티슈** : 유분이 많은 크림타입의 클렌징을 사용했을 경우 1차적으로 티슈로 과도한 유분기 제거

② **해면** : 남아 있는 클렌징 잔여물 제거

3 습포

(1) 습포의 기능

① 피부에 적절한 온도 제공

② 남은 클렌징 잔여물 말끔히 제거

③ 피부관리 단계의 효능을 높임

(2) 습포 사용 단계

① 클렌징 후

② 딥 클렌징 후

③ 매뉴얼 테크닉 후

④ 마스크 적용 후

(3) 온습포

① 근육 이완과 혈액순환 촉진

② 모공확장으로 피지, 면포 등 기타 불순물 제거

③ 피지선 자극 및 피부에 수분공급

④ 염증성 여드름 피부, 예민 피부, 모세혈관확장 피부는 적용하지 않음

⑤ 피부관리 시 클렌징, 딥 클렌징, 매뉴얼 테크닉의 마무리 단계에 사용

(4) 냉습포

① 피부를 긴장시켜 혈관수축 작용

② 모공수축으로 수렴작용, 피부탄력 증진

③ 제모, 필링, 자외선 자극 후 민감해진 피부에 진정 효과

④ 주로 피부관리 마무리 단계에 사용하며, 팩 관리 후 적용

4 화장수

(1) 화장수의 정의
① 세안 후 피부 정리와 마무리 단계에서 유·수분 밸런스를 맞추기 위해 사용
② 스킨, 토닉, 스킨 소프너, 스킨 토너, 스킨 프레시너, 아스트리젠트, 로션 등으로 불림
③ 화장수는 종류와 상관없이 피지막의 pH조절을 위하여 pH 5~6으로 제조됨

(2) 화장수의 기능
① 세안 후 남아있는 노폐물이나 메이크업 잔여물 제거
② 각질층에 수분공급 및 피부의 pH 밸런스 조절 작용
③ 피부 진정, 쿨링 작용과 다음 단계에 사용할 제품의 흡수를 도움

(3) 화장수의 종류
① **유연 화장수** : 각질층에 보습막을 형성시켜 피부를 촉촉하고 부드럽게 하며 건성, 노화 피부에 효과적
② **수렴 화장수** : 흔히 아스트린젠트(astringent)라 하며 모공을 수축시켜 피부결을 정리, 약산성으로 피부의 pH조절, 중성, 지성, 복합성 피부에 사용
③ **소염 화장수** : 피부 청결, 살균 소독, 모공수축, 청량감을 주며 지성, 여드름, 복합성 피부의 T-존 부위와 염증성 피부에 사용

5 클렌징 시 주의사항
① 클렌징 제품은 피부타입과 메이크업의 정도에 따라 선택
② 클렌징 제품이 눈, 코, 입에 들어가지 않도록 주의
③ 눈과 입은 포인트 메이크업 전용 리무버를 사용하여 가볍게 제거
④ 클렌징 시간이 길면 제품이 피부에 흡수될 수 있으므로 신속하게 실시(약 3분 이내)
⑤ 근육결 방향으로 일정한 속도와 리듬감으로 클렌징
⑥ 클렌징 시 원을 그리는 동작은 얼굴의 위로 향할 때 힘을 주고 내릴 때 힘을 뺌

01 클렌징에 대한 설명이 아닌 것은?

① 피부의 피지, 메이크업 잔여물을 없애기 위해서이다.

② 모공 깊숙이 있는 불순물과 피부표면의 각질의 제거를 주목적으로 한다.

③ 제품흡수를 효율적으로 도와준다.

④ 피부의 생리적인 기능을 정상으로 도와준다.

해설 모공 깊숙이 있는 불순물과 피부표면의 각질 제거는 딥 클렌징에 관한 설명이다.

02 클렌징 시 주의해야 할 사항 중 틀린 것은?

① 클렌징 제품이 눈, 코, 입에 들어가지 않도록 주의한다.

② 강하게 문질러 닦아준다.

③ 클렌징 제품 사용은 피부타입에 따라 선택하여야 한다.

④ 눈과 입은 포인트 메이크업 리무버를 사용하는 것이 좋다.

해설 클렌징 시 강한 자극은 피부를 민감하게 하므로 주의해야 한다.

03 클렌징의 목적과 가장 거리가 먼 것은?

① 청결과 위생

② 혈액순환 촉진

③ 트리트먼트의 준비

④ 유효성분 침투

해설 피부에 유효성분 침투는 팩의 목적이다.

04 다음 중 클렌징의 목적과 가장 관계가 깊은 것은?

① 피지 및 노폐물 제거

② 피부막 제거

③ 자외선으로부터 피부보호

④ 잡티제거

해설 클렌징의 목적은 피지 및 노폐물 제거로 피부호흡과 신진대사를 원활하게 하여 혈액순환을 촉진시키는 것이다.

05 클렌징에 대한 설명으로 가장 거리가 먼 것은?

① 피부 노폐물과 더러움을 제거한다.

② 피부 호흡을 원활히 하는데 도움을 준다.

③ 피부 신진대사를 촉진한다.

④ 피부 산성막을 파괴하는데 도움을 준다.

해설 클렌징은 피부의 산성보호막을 파괴하지 않아야 한다.

06 클렌징 과정에서 제일 먼저 클렌징을 해야 할 부위는?

① 볼 부위　　　　② 눈 부위

③ 목 부위　　　　④ 턱 부위

해설 클렌징은 메이크업 리무버를 화장솜에 묻혀서 눈과 입술 부위의 포인트 메이크업을 먼저 제거한다.

07 포인트 메이크업 클렌징 과정 시 주의할 사항으로 틀린 것은?

① 콘택트렌즈를 뺀 후 시술한다.

② 아이라인을 제거 시 안에서 밖으로 닦아낸다.

③ 마스카라를 짙게 한 경우 강하게 자극하여 닦아낸다.

④ 입술화장을 제거 시 윗입술은 위에서 아래로, 아랫입술은 아래에서 위로 닦는다.

해설 눈, 입 부위는 매우 예민하므로 전용 클렌징제를 이용하여 부드럽게 닦아야 한다.

08 다음 중 세정력이 우수하며 지성, 여드름 피부에 가장 적합한 제품은?

① 클렌징 젤　　　　② 클렌징 오일

③ 클렌징 크림　　　　④ 클렌징 밀크

해설 클렌징 젤은 세정력이 뛰어나 이중세안이 필요 없으며 민감성 피부, 알레르기성 피부, 지성 및 여드름 피부에 적합하다.

09 클렌징 제품의 올바른 선택조건이 아닌 것은?

① 클렌징이 잘 되어야 한다.
② 피부의 산성막을 손상시키지 않는 제품이어야 한다.
③ 피부유형에 따라 적절한 제품을 선택해야 한다.
④ 충분하게 거품이 일어나는 제품을 선택한다.

해설 클렌징 제품의 특성에 따라 거품이 충분히 일어나지 않아도 세정력에는 영향을 미치지 않는다.

10 클렌징 제품과 그에 대한 설명이 바르게 짝지어진 것은?

① 클렌징 티슈 - 예민한 알레르기 피부에 좋으며 세정력이 우수하다.
② 폼 클렌징 - 눈 화장을 지울 때 자주 사용된다.
③ 클렌징 오일 - 물에 용해가 잘 되며 건성, 노화, 수분부족 지성피부 및 민감성 피부에 좋다.
④ 클렌징 밀크 - 화장을 연하게 하는 피부보다 두텁게 하는 피부에 좋으며, 쉽게 부패되지 않는다.

해설 클렌징 오일은 수분부족의 지성피부, 노화피부, 건조하고 민감한 피부에 좋다.

11 클렌징 제품의 선택과 관련된 내용과 가장 거리가 먼 것은?

① 피부에 자극이 적어야 한다.
② 피부의 유형에 맞는 제품을 선택해야 한다.
③ 특수 영양성분이 함유되어 있어야 한다.
④ 화장이 짙을 때는 세정력이 높은 클렌징 제품을 사용하여야 한다.

해설 클렌징 제품은 피부의 노폐물, 메이크업 등을 닦아내기 위한 것이므로 영양성분 함유와는 관련이 없다.

12 비누에 대한 설명으로 틀린 것은?

① 비누의 세정작용은 비누수용액이 오염과 피부 사이에 침투하여 부착을 약화시켜 떨어지기 쉽게 하는 것이다.
② 비누는 거품이 풍성하고 잘 헹구어져야 한다.
③ 비누는 세정작용뿐만 아니라 살균, 소독효과를 주로 가진다.
④ 메디케이티드 비누는 소염제를 배합한 제품으로 여드름, 면도 상처 및 피부 거칠음 방지효과가 있다.

해설 일반 비누는 주로 세정작용을 하며 약용비누인 데오도란트는 살균제를 배합한 제품으로 살균, 소독효과가 있다.

13 세정용 화장수의 일종으로 가벼운 화장의 제거에 사용하기에 가장 적합한 것은?

① 클렌징 오일
② 클렌징 워터
③ 클렌징 로션
④ 클렌징 크림

해설 클렌징 워터는 가벼운 화장의 제거 및 예민성 피부에도 좋다.

14 크림타입의 클렌징 제품에 대한 설명으로 옳은 것은?

① W/O타입으로 유성성분과 메이크업 제거에 효과적이다.
② 노화피부에 적합하고 물에 잘 용해가 된다.
③ 친수성으로 모든 피부에 사용가능하다.
④ 클렌징 효과는 약하나 끈적임이 없고 지성피부에 특히 적합하다.

해설 크림타입의 클렌징 제품은 친유성의 크림 상태(W/O)로 유분이 많고 세정력이 뛰어나 짙은 메이크업 제거에 적합하며 지성피부, 민감한 피부는 가급적 피한다.

15 클렌징 크림의 설명으로 맞지 않는 것은?

① 메이크업 화장을 지우는데 사용한다.
② 클렌징 로션보다 유성성분 함량이 적다.
③ 피지나 기름때와 같은 물에 잘 닦이지 않는 오염물질을 닦아내는데 효과적이다.
④ 깨끗하고 촉촉한 피부를 위해서 비누로 세정하는 것보다 효과적이다.

해설 클렌징 크림은 유성성분 함량이 클렌징 로션보다 많다.

16 클렌징 제품에 대한 설명으로 틀린 것은?

① 클렌징 밀크는 O/W 타입으로 친유성이며 건성, 노화, 민감성 피부에만 사용할 수 있다.

② 클렌징 오일은 일반 오일과 다르게 물에 용해되는 특성이 있고 탈수 피부, 민감성 피부, 약건성 피부에 사용하면 효과적이다.

③ 비누는 사용 역사가 가장 오래된 클렌징 제품이고 종류가 다양하다.

④ 클렌징 크림은 친유성과 친수성이 있으며 친유성은 반드시 이중세안을 해서 클렌징 제품이 피부에 남아 있지 않도록 해야 한다.

해설 클렌징 밀크는 친수성(O/W)의 로션타입으로 가벼운 화장 제거와 모든 피부에 사용이 가능하며 건성, 노화, 민감성 피부에 적합하다.

17 짙은 화장을 지우는 클렌징 제품 타입으로 중성과 건성피부에 적합하며, 사용 후 이중세안을 해야 하는 것은?

① 클렌징 크림　　② 클렌징 로션

③ 클렌징 워터　　④ 클렌징 젤

해설 클렌징 크림은 세정력이 뛰어나 짙은 메이크업 제거에 적합하며 유분이 많아 이중세안을 해야 한다.

18 클렌징 로션에 대한 알맞은 설명은?

① 사용 후 반드시 비누세안을 해야 한다.

② 친유성 에멀젼(W/O타입)이다.

③ 눈 화장, 입술화장을 지우는데 주로 사용한다.

④ 민감성 피부에도 적합하다.

해설 클렌징 로션
• 친수성의 로션상태 (O/W) 제품
• 이중세안이 필요 없음
• 클렌징 크림보다 세정력은 약하나 사용 후 느낌이 산뜻
• 가벼운 화장 제거에 용이하며 모든 피부에 사용
• 피부에 자극이 적어 건성, 민감성, 노화 피부에 적합
• 화장, 입술 화장은 메이크업 리무버로 지우는 것이 효과적

19 일반적인 클렌징에 해당되는 사항이 아닌 것은?

① 색조화장 제거

② 먼지 및 유분의 잔여물 제거

③ 메이크업 잔여물 및 피부표면의 노폐물 제거

④ 효소나 고마쥐를 이용한 깊은 단계의 묵은 각질 제거

해설 효소, 고마쥐, AHA를 이용하는 것은 딥 클렌징에 해당한다.

20 습포의 효과에 대한 내용과 가장 거리가 먼 것은?

① 온습포는 모공을 확장시키는데 도움을 준다.

② 온습포는 혈액순환 촉진, 적절한 수분공급의 효과가 있다.

③ 냉습포는 모공을 수축시키며 피부를 진정시킨다.

④ 온습포는 팩 제거 후 사용하면 효과적이다.

해설 팩 제거 후에는 냉습포를 사용하면 효과적이다.

21 피부관리 후 마무리 동작에서 수렴작용을 할 수 있는 가장 적합한 방법은?

① 건타월을 이용한 마무리 관리

② 미지근한 타월을 이용한 마무리 관리

③ 냉타월을 이용한 마무리 관리

④ 스팀타월을 이용한 마무리 관리

해설 냉습포는 모공을 수축시키고 피부진정, 수렴효과를 준다.

22 화장수의 작용이 아닌 것은?

① 피부에 남은 클렌징 잔여물 제거 작용

② 피부의 pH 밸런스 조절 작용

③ 피부에 집중적인 영양공급 작용

④ 피부 진정 또는 쿨링 작용

해설 피부에 집중적인 영양공급은 앰플, 로션, 영양크림에 의한 작용이다.

23 온습포의 작용으로 볼 수 없는 것은?

① 모공을 수축시키는 작용이 있다.

② 혈액순환을 촉진시키는 작용이 있다.

③ 피지분비선을 자극시키는 작용이 있다.

④ 피부조직에 영양공급이 원활히 될 수 있도록 작용한다.

해설 온습포는 모공이완, 냉습포는 모공수축이다.

24 클렌징 시술 준비과정의 유의사항과 가장 거리가 먼 것은?

① 고객에게 가운을 입히고 고객이 액세서리를 제거하여 보관하게 한다.

② 터번은 귀가 겹쳐지지 않게 조심한다.

③ 깨끗한 시트와 중간 타월로 준비된 침대에 눕힌 다음 큰 타월이나 담요로 덮어준다.

④ 터번이 흘러내리지 않도록 핀셋으로 다시 고정시킨다.

해설 터번은 핀셋으로 다시 고정할 필요 없이 적당한 압력으로 고정하면 된다.

25 습포에 대한 설명으로 맞는 것은?

① 피부미용 관리에서 냉습포는 사용하지 않는다.

② 해면을 사용하기 전에 습포를 우선 사용한다.

③ 냉습포는 피부를 긴장시키며 진정효과를 위해 사용한다.

④ 온습포는 피부미용 관리의 마무리 단계에서 피부 수렴효과를 위해 사용한다.

해설 • 냉습포는 피부미용 관리의 마무리 단계에 사용한다.

• 해면을 사용하여 클렌징 제품을 제거한 후 습포를 사용한다.

• 온습포는 노폐물 제거, 모공확장, 혈액순환 촉진을 위해 사용한다.

26 안면 클렌징 시술 시 주의사항 중 틀린 것은?

① 고객의 눈이나 코 속으로 화장품이 들어가지 않도록 한다.

② 근육결 반대 방향으로 시술한다.

③ 처음부터 끝까지 일정한 속도와 리듬감을 유지하도록 한다.

④ 동작은 근육이 처지지 않게 한다.

해설 클렌징은 근육결 방향으로 시술해야 한다.

27 습포에 대한 설명으로 틀린 것은?

① 타월은 항상 자비소독 등의 방법을 실시한 후 사용한다.

② 온습포는 팔의 안쪽에 대어서 온도를 확인한 후 사용한다.

③ 피부관리의 최종 단계에서 피부의 경직을 위해 온습포를 사용한다.

④ 피부관리 시 사용되는 습포에는 온습포와 냉습포의 두 종류가 일반적이다.

해설 냉습포는 피부관리의 최종 단계에 진정효과 및 수렴효과를 위해 사용한다.

28 클렌징 순서가 가장 적합한 것은?

① 클렌징 손동작 → 화장품 제거 → 포인트 메이크업 클렌징 → 클렌징 제품 도포 → 습포

② 화장품 제거 → 포인트 메이크업 클렌징 → 클렌징 제품 도포 → 클렌징 손동작 → 습포

③ 클렌징 제품 도포 → 클렌징 손동작 → 포인트 메이크업 클렌징 → 화장품 제거 → 습포

④ 포인트 메이크업 클렌징 → 클렌징 제품 도포 → 클렌징 손동작 → 화장품 제거 → 습포

해설 클렌징 순서는 포인트 메이크업 제거 → 클렌징 제품 도포 → 클렌징 손동작 → 화장품 제거 → 습포 처리

29 온습포의 효과는?

① 혈행을 촉진시켜 조직의 영양공급을 돕는다.

② 혈관수축 작용을 한다.

③ 피부수렴 작용을 한다.

④ 모공을 수축 시킨다.

해설 혈관과 모공수축, 피부수렴 작용은 냉습포의 효과이다.

30 화장수(스킨로션)를 사용하는 목적과 가장 거리가 먼 것은?

① 세안을 하고나서도 지워지지 않는 피부의 잔여물을 제거하기 위해서

② 세안 후 남아있는 세안제의 알칼리성 성분 등을 닦아내어 피부표면의 산도를 약산성으로 회복시켜 피부를 부드럽게 하기 위해서

③ 보습제, 유연제의 함유로 각질층을 촉촉하고 부드럽게 하면서 다음 단계에 사용할 제품의 흡수를 용이하게 하기 위해서

④ 각종 영양 물질을 함유하고 있어, 피부의 탄력을 증진시키기 위해서

> 해설 화장수 사용 목적은 클렌징 후 잔여물을 제거하고 각질층에 수분공급 및 피부의 pH 밸런스 조절 작용이다. 영양물질의 함유와 탄력증진은 에센스나 영양크림의 사용 목적이다.

31 다음 중 온습포의 효과가 아닌 것은?

① 혈액순환 촉진

② 모공확장으로 피지, 면포 등 불순물 제거

③ 피지선 자극

④ 혈관수축으로 염증 완화

> 해설 혈관수축은 냉습포의 효과이다.

32 클렌징 시술에 대한 내용 중 틀린 것은?

① 포인트 메이크업 제거 시 아이 립 메이크업 리무버를 사용한다.

② 방수(waterproof) 마스카라를 한 고객의 경우에는 오일 성분의 아이메이크업 리무버를 사용하는 것이 좋다.

③ 클렌징 동작 중 원을 그리는 동작은 얼굴의 위를 향할 때 힘을 빼고 내릴 때는 힘을 준다.

④ 클렌징 동작은 근육결에 따르고, 머리쪽을 향하게 하는 것에 유념한다.

> 해설 클렌징 동작을 할 때는 근육결의 방향으로 하고 피부에 주름이 생기거나 처지지 않도록 아래로 내리는 동작은 힘을 빼고 위로 올릴 때는 힘을 준다.

33 화장수의 도포 목적 및 효과로 옳은 것은?

① 피부 본래의 정상적인 pH 밸런스를 맞추어주며 다음 단계에 사용할 화장품의 흡수를 용이하게 한다.

② 죽은 각질 세포를 쉽게 박리시키고 새로운 세포 형성 촉진을 유도한다.

③ 혈액순환을 촉진시키고 수분증발을 방지하여 보습효과가 있다.

④ 항상 피부를 pH 5.5 약산성으로 유지시켜 준다.

> 해설 화장수 사용 목적은 클렌징 후 잔여물을 제거하고 각질층에 수분공급 및 피부의 pH 밸런스 조절 작용과 다음 단계에 사용할 제품의 흡수를 돕는다.

34 세안에 대한 설명으로 틀린 것은?

① 클렌징제의 선택이나 사용방법은 피부상태에 따라 고려되어야 한다.

② 청결한 피부는 피부관리 시 사용되는 여러 영양성분의 흡수를 돕는다.

③ 피부표면은 pH 4.5~6.5로서 세균의 번식이 쉬워 문제 발생이 잘 되므로 세안을 잘해야 한다.

④ 세안은 피부관리에 있어서 가장 먼저 행하는 과정이다.

> 해설 피부는 pH 4.5~6.5의 약산성상태로 세균의 번식이 어려우나 잦은 세안으로 피부가 알칼리성이 되면 세균의 번식이 쉬워진다.

35 화장수의 설명 중 잘못된 것은?

① 피부의 각질층에 수분을 공급한다.

② 피부에 청량감을 준다.

③ 피부에 남아있는 잔여물을 닦아준다.

④ 피부의 각질을 제거한다.

> 해설 피부의 각질 제거는 딥 클렌징의 효과이다.

정답	01	02	03	04	05	06	07	08
	②	②	④	①	④	②	③	①
	09	10	11	12	13	14	15	16
	④	③	③	③	②	①	②	①
	17	18	19	20	21	22	23	24
	①	④	④	④	③	③	①	④
	25	26	27	28	29	30	31	32
	③	②	③	④	①	④	④	③
	33	34	35					
	①	③	④					

4절 딥 클렌징

1 딥 클렌징의 목적 및 효과

1 딥 클렌징의 정의

1차 클렌징을 통해 제거되지 않은 표피의 불필요한 각질세포와 노폐물을 인위적인 방법으로 제거하는 것

2 딥 클렌징의 목적 및 효과

① 불필요한 각질세포 제거로 피부톤을 맑게 하고 피부표면을 매끄럽게 함
② 피부의 영양물질 흡수를 용이하게 하여 피부재생, 노화방지 작용
③ 모공 내의 피지, 면포, 여드름 및 노폐물 배출을 도움
④ 물리적인 딥 클렌징제의 자극은 혈액순환을 촉진

2 딥 클렌징의 제품 및 방법

1 물리적 딥 클렌징

> **참고** 물리적 딥 클렌징
>
> • 화장품, 손, 기기 등을 이용한 물리적 자극으로 노화된 묵은 각질을 제거하는 방법
> • 피부유형에 따라 주 1~2회 적용
> • 건성, 민감성 피부는 2주 1회 적용
> • 물리적 딥클렌징이 도움이 되는 피부 : 면포성 여드름, 여드름 상흔이 있는 피부, 과각화 피부, 지성피부, 모공이 큰 피부
> • 물리적 딥 클렌징이 부적합한 피부 : 예민 피부, 모세혈관확장 피부, 염증성 여드름 피부, 자외선으로 인해 손상된 피부 등

(1) 스크럽(scrub) 타입

① 알갱이가 있는 세안제로 얼굴에 적당량 도포 후 문질러 마찰을 통해 묵은 각질 제거
② 자연재료(곡류, 살구씨, 아몬드, 조개껍질가루, 흑설탕 등)나 인공재료(폴리에틸렌류의 미세알갱이 등) 사용
③ 관리방법
  • 적당한 양을 덜어 얼굴 전체에 펴 바름
  • 스티머를 이용하거나 브러시(프리마톨) 또는 손에 물을 묻혀 제품이 마르지 않도록 충분한 수분을 요함(각질이 연화되게 수분을 충분히 공급)
  • 3~4분 정도 스크럽 마사지를 한 후 젖은 해면으로 알갱이가 남지 않도록 깨끗이 제거
  • 알갱이가 눈이나 입, 코로 들어가지 않도록 유의

(2) 고마쥐(gommage) 타입

① 동물성, 식물성 각질분해 효소를 함유한 제품

② 적당량 도포 후 반 정도 말랐을 때 근육 결 방향으로 밀어서 묵은 각질을 제거

③ 관리방법

- 눈과 입술을 제외한 얼굴에 브러시나 손을 이용하여 펴 바름
- 반 건조 상태에서 한 손의 검지와 중지를 벌려 피부를 팽창시킨 후 다른 한 손의 중지와 약지를 이용하여 근육결 방향으로 밀어서 제거
- 예민한 피부부위는 밀어내지 않고 물을 묻혀서 제거

2 생화학적 딥 클렌징(생물학적 딥 클렌징)

(1) 효소(enzyme)

① 동·식물에 존재하는 단백질 분해 효소를 이용하여 묵은 각질을 제거함

참고 단백질 분해효소
• 파파야 : 파파인 • 파인애플 : 브로멜린 • 우유 : 펩신, 트립신

② 고마쥐 타입, 액체 타입, 파우더 타입, 폼 타입 등 다양한 형태

③ 관리방법

- 피부에 도포 후 5~10분 정도 지나면 효소 작용
- 스티머, 온습포를 이용하여 온도와 습도를 유지
- 문지르는 동작 없이 해면으로 제거

3 화학적 딥 클렌징

(1) AHA(α-hydroxy acid)

① 주로 과일에서 추출한 천연 과일산

② 각질세포의 응집력을 약화시켜 쉽게 묵은 각질 제거 유도

③ 노화된 각질로 인한 거칠어진 피부를 유연하게 함

④ 피부재생 효과로 색소침착, 잔주름 완화, 피지조절, 모공수축 효과

⑤ 스티머 사용을 하지 않고 젖은 해면으로 제거

참고 천연 과일산
• 글리콜릭산(glycolic acid) : 사탕수수에서 추출 • 젖산(lactic acid) : 우유에서 추출 • 구연산(citric acid) : 감귤류에서 추출 • 주석산(tartar acid) : 포도에서 추출 • 사과산(malic acid) : 사과에서 추출

(2) BHA(β-hydroxy acid)

① 화학적 각질제거제로 살리실산이 대표적
② 버드나무 껍질, 자작나무, 윈터그린 나뭇잎 등에서 추출
③ 모공 속의 피지를 흡수, 모공 입구의 각질을 제거하여 여드름 피부, 지성피부에 효과적

4 기기를 이용한 딥 클렌징

① **전동브러시(프리마톨, frimator)** : 브러시의 회전을 통해 죽은 각질세포와 노폐물 제거
② **스티머(steamer)** : 따뜻한 수증기로 혈액순환을 촉진하고 모공을 열어 묵은 각질제거를 용이하게 함
③ **전기세정(디스인크러스테이션, disincrustation)** : 갈바닉 전류를 이용하여 피부표면의 피지와 모공 내 불순물 제거

참고 | 딥 클렌징의 제품 형태

- 액체타입 : AHA, BHA
- 크림타입 : 고마쥐, 스크럽
- 분말타입 : 효소

---

01 딥 클렌징의 효과에 대한 설명이 아닌 것은?

① 피부표면을 매끈하게 한다.

② 면포를 강화시킨다.

③ 혈색을 좋아지게 한다.

④ 불필요한 각질세포를 제거한다.

[해설] 딥 클렌징은 모공 속의 피지와 불필요한 각질세포를 제거하며 면포를 연화시킨다.

02 딥 클렌징에 대한 설명으로 틀린 것은?

① 스크럽 제품의 경우 여드름 피부나 염증부위에 사용하면 효과적이다.

② 민감성 피부는 가급적 하지 않는 것이 좋다.

③ 효소를 이용할 경우 스티머가 없을 시 온습포를 적용할 수 있다.

④ 칙칙하고 각질이 두꺼운 피부에 효과적이다.

[해설] 스크럽 제품은 피부에 자극을 주므로 피부를 직접 문지르는 물리적 딥 클렌징은 염증성 여드름 피부, 민감성 피부는 피한다.

03 피부미용의 관점에서 딥 클렌징의 목적이 아닌 것은?

① 영양물질의 흡수를 용이하게 한다.

② 피지와 각질층의 일부를 제거한다.

③ 피부유형에 따라 주 1~2회 정도 실시한다.

④ 화학적 화상을 유발하여 피부세포 재생을 촉진한다.

[해설] 딥 클렌징의 목적은 불필요한 각질 세포와 노폐물을 제거하여 영양물질 흡수를 돕는다.

04 딥 클렌징의 효과 및 목적과 가장 거리가 먼 것은?

① 다음 단계의 유효성분 흡수율을 높여준다.

② 모공 깊숙이 있는 피지와 각질 제거를 목적으로 한다.

③ 피지가 모낭 입구 밖으로 원활하게 나오도록 해준다.

④ 효과적인 주름 관리가 되도록 해준다.

[해설] 딥 클렌징의 효과는 영양물질 흡수를 용이하게 하고 피부톤을 맑게 하며 피부표면을 매끄럽게 한다.

05 딥 클렌징의 효과에 대한 설명으로 틀린 것은?

① 면포를 연화시킨다.

② 피부표면을 매끈하게 해주고 혈색을 맑게 한다.

③ 클렌징의 효과가 있으며 피부의 불필요한 각질세포를 제거한다.

④ 혈액순환을 촉진시키고 피부조직에 영양을 공급한다.

[해설] 딥 클렌징의 효과
  • 불필요한 각질세포 제거 및 면포를 연화시킨다.
  • 혈액순환 촉진과 영양성분의 침투가 용이하다.
  • 피부조직의 영양공급과는 관련이 없다.

06 딥 클렌징의 효과로 틀린 것은?

① 모공 깊숙이 들어 있는 불순물을 제거한다.

② 미백효과가 있다.

③ 피부표면의 각질을 제거한다.

④ 화장품의 흡수 및 침투가 좋아진다.

[해설] 미백효과는 딥 클렌징의 효과나 목적이 아니다.

07 딥 클렌징의 효과와 가장 거리가 먼 것은?

① 모공의 노폐물 제거

② 화장품의 피부 흡수를 도와줌

③ 노화된 각질 제거

④ 심한 민감성 피부의 민감도 완화

해설 심한 민감성 피부는 자극이 강한 딥 클렌징을 하면 더 민감해질 수 있다.

08 천연 과일에서 추출한 필링제는?

① AHA ② 라틱산

③ TCA ④ 페놀

해설 AHA(알파하이드록시산)는 사탕수수, 감귤류, 포도 등에서 추출한 천연 과일산이다.

09 딥 클렌징 시 스크럽 제품을 사용할 때 주의해야 할 사항 중 틀린 것은?

① 코튼이나 해면을 사용하여 닦아낼 때 알갱이 가 남지 않도록 깨끗하게 닦아낸다.

② 과각화된 피부, 모공이 큰 피부, 면포성 여드 름 피부에는 적합하지 않다.

③ 눈이나 입 속으로 들어가지 않도록 조심한다.

④ 심한 핸들링을 피하며, 마사지 동작을 해서는 안 된다.

해설 스크럽은 알갱이로 문질러 마찰을 통해 각질을 제 거하는 방법으로 과각화된 피부, 모공이 큰 피부, 면포성 여드름 피부에 적합하다.

10 글리콜산이나 젖산을 이용하여 각질층에 침투시 키는 방법으로 각질세포의 응집력을 약화시키며 자연 탈피를 유도시키는 필링제는?

① phenol ② TCA

③ AHA ④ BP

해설 AHA는 각질 세포의 응집력을 약화시켜 자연탈피 를 유도한다.

11 다음 중 필링의 대상이 아닌 것은?

① 모세혈관확장 피부

② 모공이 넓은 지성피부

③ 일반 여드름 피부

④ 잔주름이 얇은 건성피부

해설 모세혈관확장 피부나 민감한 피부, 염증성 여드름 피부의 경우는 딥 클렌징을 피하는 것이 좋다.

12 딥 클렌징에 관한 설명으로 옳지 않은 것은?

① 화장품을 이용한 방법과 기기를 이용한 방법 으로 구분된다.

② AHA를 이용한 딥 클렌징의 경우 스티머를 이용한다.

③ 피부표면의 노화된 각질을 부드럽게 제거함 으로써 유용한 성분의 침투를 높이는 효과를 갖는다.

④ 기기를 이용한 딥 클렌징 방법에는 석션, 브 러시, 디스인크러스테이션 등이 있다.

해설 AHA(알파하이드록시산)는 스티머 사용을 하지 않 고 젖은 해면이나 냉타월로 제거한다.

13 딥 클렌징(deep cleansing) 시 사용되는 제품의 형태와 가장 거리가 먼 것은?

① 액체(AHA) 타입

② 고마쥐(gommage) 타입

③ 스프레이(spray) 타입

④ 크림(cream) 타입

해설	액체 타입	AHA, BHA
	크림 타입	고마쥐, 스크럽
	분말 타입	효소(enzyme)

14 **페이셜 스크럽(facial scrub)에 관한 설명 중 옳은 것은?**

① 민감성 피부의 경우에는 스크럽제를 문지를 때 무리하게 압을 가하지만 않으면 매일 사용해도 상관없다.

② 피부 노폐물, 세균, 메이크업 찌꺼기 등을 깨끗하게 지워주기 때문에 메이크업을 했을 경우는 반드시 사용한다.

③ 각화된 각질을 제거해 줌으로써 세포의 재생을 촉진해준다.

④ 스크럽제로 문지르면 신경과 혈관을 자극하여 혈액순환을 촉진시켜 주므로 15분 정도 충분히 마사지가 되도록 문질러 준다.

해설 클렌징을 통해 제거되지 않는 불필요한 각질, 노폐물을 알갱이가 있는 세안제로 피부를 직접 문지르는 동작이 마찰을 주므로 예민한 피부, 염증성 피부, 모세혈관 확장 피부에는 적합하지 않다.

15 **딥 클렌징 방법이 아닌 것은?**

① 디스인크러스테이션 ② 효소필링
③ 브러시 ④ 이온토포레시스

해설 이온토포레시스는 비타민 C와 같은 수용액의 유효성분을 피부 깊숙이 침투하는 데에 사용한다.

16 **클렌징이나 딥 클렌징 단계에서 사용하는 기기와 가장 거리가 먼 것은?**

① 베포라이저 ② 브러시머신
③ 진공 흡입기 ④ 확대경

해설 확대경은 여드름 제거 및 피부를 분석할 때 사용되는 기기이다.

17 **아하(AHA)의 설명이 아닌 것은?**

① 각질 제거 및 보습기능이 있다.

② 글리콜릭산, 젖산, 사과산, 주석산, 구연산이 있다.

③ 알파 하이드록시카프로익에시드(Alpha Hydroxycaproic Acid)의 약어이다.

④ 피부와 점막에 약간의 자극이 있다.

해설 아하(AHA)는 알파 하이드록시산(Alpha Hydroxy Acid)의 약어이다.

18 **딥 클렌징의 분류가 옳은 것은?**

① 고마쥐 – 물리적 각질관리
② 스크럽 – 화학적 각질관리
③ AHA – 물리적 각질관리
④ 효소 – 물리적 각질관리

해설

물리적 딥 클렌징	스크럽, 고마쥐
화학적 딥 클렌징	AHA , BHA
생화학적 딥 클렌징	효소(enzyme)

19 **딥 클렌징에 대한 내용으로 가장 적합한 것은?**

① 노화된 각질을 부드럽게 연화하여 제거한다.

② 피부표면의 더러움을 제거하는 것이 주목적이다.

③ 주로 메이크업의 제거를 위해 사용한다.

④ 고마쥐, 스크럽 등이 해당하며, 화학적 필링이라고 한다.

해설 ②,③는 클렌징의 목적이며, 고마쥐, 스크럽은 물리적 필링에 해당한다.

20 딥 클렌징 시술과정에 대한 내용 중 틀린 것은?

① 깨끗이 클렌징이 된 상태에서 적용한다.

② 필링제를 중앙에서 바깥쪽, 아래에서 위쪽으로 도포한다.

③ 고마쥐 타입은 팩이 마른 상태에서 근육결 대로 가볍게 밀어준다.

④ 딥 클렌징 단계에서는 수분 보충을 위해 스티머를 반드시 사용한다.

해설 AHA타입 등의 화학적 방법에는 냉타월이나 젖은 해면을 사용하고 효소관리는 스티머를 사용한다.

21 딥 클렌징과 관련이 가장 먼 것은?

① 더마스코프(dermascope)

② 프리마톨(frimator)

③ 엑스폴리에이션(exfoliation)

④ 디스인크러스테이션(disincrustation)

해설 더마스코프 기계는 피부 분석기에 포함된다.

22 딥 클렌징에 대한 설명으로 틀린 것은?

① 제품으로 효소, 스크럽 크림 등을 사용할 수 있다.

② 여드름성 피부나 지성피부는 주 3회 이상 하는 것이 효과적이다.

③ 피부 노폐물을 제거하고 피지의 분비를 조절하는데 도움이 된다.

④ 건성, 민감성 피부는 2주에 1회 정도가 적당하다.

해설 딥 클렌징은 주 1~2회가 적당하며 자주하면 피부가 예민해질 수 있다.

23 딥 클렌징의 대상으로 적합하지 않은 것은?

① 모세혈관확장 피부

② 모공이 넓은 지성피부

③ 비염증성 여드름 피부

④ 잔주름이 많은 건성피부

해설 모세혈관확장 피부, 민감한 피부에 딥 클렌징을 하면 더욱 예민해지기 때문에 딥 클렌징을 피한다.

24 딥 클렌징 관리 시 유의사항 중 옳은 것은?

① 눈의 점막에 화장품이 들어가지 않도록 조심한다.

② 딥 클렌징한 피부를 자외선에 직접 노출시킨다.

③ 흉터 재생을 위하여 상처부위를 가볍게 문지른다.

④ 모세혈관확장 피부는 부작용증에 해당하지 않는다.

해설 자외선 노출 후 흉터, 모세혈관확장 부위에는 딥 클렌징을 하면 더 예민해지고 자극을 주므로 피해야 한다.

25 다음 중 피부미용에서의 딥 클렌징에 속하지 않는 것은?

① 스크럽   ② 엔자임

③ AHA   ④ 크리스탈 필

해설 크리스탈 필은 병원에서 행해지는 의료영역의 딥클렌징이다.

26 다음 중 물리적인 딥 클렌징이 아닌 것은?

① 스크럽제

② 브러시(프리마톨)

③ AHA(Alpha Hydroxy Acid)

④ 고마쥐

해설 물리적 딥 클렌징은 손이나 기기 등을 이용하여 물리적으로 제거하는 방법이고 AHA, BHA는 화학적 딥클렌징으로 화학 성분을 이용한 각질 제거법이다.

27 딥 클렌징에 대한 설명으로 가장 거리가 먼 것은?

① 디스인크러스테이션은 주 2회 이상이 적당하다.

② 효소타입은 불필요한 각질을 분해하여 잔여물을 제거한다.

③ 디스인크러스테이션은 전기를 이용한 딥 클렌징 방법이다.

④ 예민 피부는 브러시 머신을 이용한 딥 클렌징을 삼간다.

해설 디스인크러스테이션은 갈바닉기기를 이용한 딥 클렌징으로 주 1회가 적당하다.

28 효소 필링제의 사용법으로 가장 적합한 것은?

① 도포한 후 약간 덜 건조된 상태에서 문지르는 동작으로 각질을 제거한다.

② 도포한 후 효소의 작용을 촉진하기 위해 스티머나 온습포를 사용한다.

③ 도포한 후 완전하게 건조되면 젖은 해면을 이용하여 닦아낸다.

④ 도포한 후 피부 근육결 방향으로 문지른다.

해설 효소의 작용을 촉진하기 위해 스티머나 온습포를 이용하고 죽은 각질을 녹인 후 해면으로 제거한다.

29 다음 중 스크럽 성분의 딥 클렌징을 피하는 것이 가장 좋은 피부는?

① 모공이 넓은 지성피부

② 모세혈관이 확장되고 민감한 피부

③ 정상피부

④ 지성 우세 복합성 피부

해설 스크럽 성분의 딥 클렌징은 자극을 줄 수 있으므로 모세혈관확장 피부나 민감성 피부에는 피한다.

30 각질제거용 화장품에 주로 쓰이는 것으로 죽은 각질을 빨리 떨어져 나가게 하고 건강한 세포가 피부를 구성할 수 있도록 도와주는 성분은?

① 알파-히드록시산

② 알파-토코페롤

③ 라이코펜

④ 리포좀

해설 알파-히드록시산은 AHA라고도 하고 죽은 각질제거와 피부재생을 도와준다.

31 효소필링이 적합하지 않은 피부는?

① 각질이 두껍고 피부표면이 건조하여 당기는 피부

② 비립종을 가진 피부

③ 화이트헤드, 블랙헤드를 가지고 있는 지성 피부

④ 자외선에 의해 손상된 피부

해설 자외선에 의해 손상된 피부나 민감성 피부, 모세혈관확장 피부는 딥 클렌징을 하지 않는 것이 좋다.

32 피부유형별 화장품 사용 시 AHA의 적용피부가 아닌 것은?

① 예민 피부

② 노화피부

③ 지성피부

④ 색소침착 피부

해설 AHA(알파-하이드록시산)는 사탕수수, 감귤류, 포도, 사과 등에서 추출한 천연 과일산으로 모세혈관확장피부, 민감한 피부에 자극을 줄 수 있으므로 주의한다.

정답	01	02	03	04	05	06	07	08
	②	①	④	④	④	②	④	①
	09	10	11	12	13	14	15	16
	②	③	①	②	③	③	④	④
	17	18	19	20	21	22	23	24
	③	①	①	④	①	②	①	①
	25	26	27	28	29	30	31	32
	④	③	①	②	②	①	④	①

5절 피부유형별 화장품 도포

1 화장품 도포의 목적 및 효과

1 개요
화장품 도포는 건강한 피부를 유지하고 용모를 아름답게 변화시켜 매력 증가, 청결 등을 위해 인체에 바르거나 뿌리는 것을 의미하며 인체에 미치는 영향이 미미해야 함

2 목적 및 효과
① **세정 작용** : 피부표면의 메이크업 잔여물, 먼지, 노폐물 등을 제거하여 청결유지
② **피부정돈 작용** : 세안 후 피부의 pH 밸런스를 맞추고 피부에 유·수분을 공급
③ **피부보호 작용** : 외부의 자극으로부터 보호하여 건강한 피부상태 유지
④ **영양공급 및 신진대사 활성화 작용** : 피부노화를 지연시켜 건강하고 탄력 있는 피부 유지

2 피부유형별 화장품 종류 및 선택과 관리방법

1 중성피부(정상피부)
한선과 피지선의 기능이 정상적으로 이루어져 유·수분 밸런스가 잘 유지되는 가장 이상적인 피부 유형

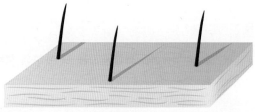

▲ 중성피부

(1) 특징
① 피부결이 매끄러우며 혈색이 좋고 촉촉함
② 피지분비 및 수분함량이 적절하여 세안 후 당기거나 번들거림이 없음
③ 탄력성이 좋으며 피부저항력이 높음
④ 화장이 잘 지워지지 않고 오랫동안 지속
⑤ 모공이 작고 피부 이상증상인 여드름, 색소침착, 피부질환 등이 쉽게 발생하지 않음
⑥ 20대 중반 이후 피부 건조화, 노화 현상이 다른 피부유형에 비해 빠름
⑦ 계절과 외부 환경에 의한 유·수분의 균형이 중요

(2) 관리목적

계절의 변화를 고려하여 가장 이상적인 현재의 피부 상태를 유지하도록 유·수분의 균형을 맞춰주는 것이 중요

(3) 화장품 선택 및 관리방법

① **클렌징** : 로션타입을 선택하여 메이크업 및 노폐물을 제거

② **딥 클렌징** : 주 1회(AHA, 효소, 스크럽, 고마지 등 이용)

③ **화장수** : 중성피부용 화장수를 사용하여 pH 균형을 맞춤

④ **매뉴얼 테크닉** : 주 1회 보습용 크림이나 마사지 크림으로 혈액순환과 신진대사를 활성화

⑤ **팩** : 주 1회 보습효과 팩 사용

⑥ **마무리** : 아이크림, 립크림, 보습용 크림과 낮에는 자외선차단제(SPF15 이상) 사용

2 건성피부

한선과 피지선의 기능 저하로 인하여 유·수분 함량이 부족하여 건조함을 느끼는 피부유형

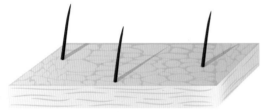

▲ 건성피부

(1) 특징

① 피지와 땀의 분비 저하로 유·수분의 균형이 깨어짐(각질층의 수분이 10% 이하)

② 피부표면이 항상 건조하며 윤기가 없음

③ 세안 후 피부 당김이 심하여 크림을 사용했을 때 곧바로 흡수

④ 메이크업이 잘 받지 않고 발라도 들떠버림

⑤ 피부가 얇고 모공이 작아 피부결이 섬세해 보임

⑥ 표정에 따라 잔주름이 쉽게 생기며 피부노화가 빨리 나타남

⑦ 피부보호막이 얇아서 기미, 주근깨가 생기기 쉬우며 민감성이나 모세혈관확장 피부로 전환되기 쉬움

(2) 관리목적

한선과 피지선 기능을 활성화시켜 피부에 유·수분 공급을 촉진함으로써 피부의 건조함, 주름 예방 및 개선

(3) 화장품 선택 및 관리방법

① **클렌징** : 노폐물과 메이크업을 제거하기 위해 로션이나 유분기 있는 크림타입 사용

② **딥 클렌징** : 고마쥐, 효소 타입으로 주 1회 관리

③ **화장수** : 보습효과가 높고 알코올 함량이 낮은 제품 사용

④ **매뉴얼 테크닉** : 주 1~2회 보습용 영양크림이나 마사지 크림을 사용하여 혈액순환 촉진

⑤ **팩** : 주 1~2회 콜라겐, 히알루론산, 세라마이드 등 성분의 보습팩 사용

⑥ **마무리** : 잔주름 예방을 위한 아이크림, 립크림, 보습용 크림과 낮에는 자외선차단제(SPF15 이상) 사용

참고	건성피부의 종류	
일반 건성	• 피지선 및 한선의 기능과 보습능력 저하로 인하여 유·수분 함량 부족
표피수분 부족	• 원인 : 외부 환경의 영향, 잘못된 피부관리 및 화장품 사용 • 특징 : 피부트러블 및 표피성 잔주름이 생기기 쉬움
진피수분 부족	• 원인 : 과도한 자외선 노출과 공해에 의한 진피 손상, 무리한 다이어트로 인한 영양결핍 등 • 특징 : 콜라겐 섬유와 섬유아세포의 손상 유발로 굵은 주름 생기기 쉬움

3 지성피부

피지분비 과잉으로 인해 피부 트러블이 일어나기 쉬운 피부로 피지분비가 지나치게 과도한 과잉 지성피부와 수분 부족 지성피부로 분류

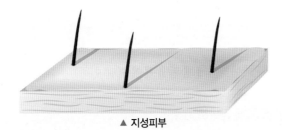

▲ 지성피부

(1) 특징

① 각질층이 정상피부보다 두꺼움

② 여드름과 뾰루지 발생이 잦으며 모공이 넓음

③ 과도한 피지분비로 인하여 얼굴이 번들거리며 화장이 잘 받지 않고 쉽게 지워짐

④ 피부색이 어둡고 칙칙하거나 모세혈관이 확장되어 붉은색을 띠기 쉬움

⑤ 피지선의 기능 저하로 20대 이후엔 중성피부로 전환되며 노화와 주름형성이 늦어짐

(2) 관리목적

과다하게 분비되는 피지 제거 및 피지분비를 조절하여 맑고 깨끗한 피부를 유지

(3) 화장품 선택 및 관리방법

① **클렌징** : 클렌징 젤, 클렌징 로션 사용
② **딥 클렌징** : 주 1회 효소나 고마쥐 타입을 선택하여 묵은 각질 및 피지 제거
③ **화장수** : 수렴화장수 사용
④ **매뉴얼 테크닉** : 주 1회 지성용 크림이나 유분함량이 적은 크림으로 짧게 관리
⑤ **팩** : 주 1~2회 보습 및 피지 흡착효과가 높은 클레이 팩(clay pack) 사용
⑥ **마무리** : 아이크림, 립크림, 지성용 크림과 낮에는 자외선 차단(SPF15 이상) 사용

4 복합성 피부

한 얼굴에 서로 다른 두 가지 이상의 피부유형을 가지고 있는 상태로 환경적 요인, 호르몬 변화, 피부관리 습관 등으로 인해 자주 발생

(1) 특징

① T-존을 제외한 광대뼈, 눈 주위, 볼 주위에 세안 후 심하게 당기는 현상
② T-존 부위의 모공이 특히 크며 기름기가 많고 면포 등 여드름이 발생하기 쉬움
③ 광대뼈, 볼 부위에 색소침착이 나타나는 경우가 많음
④ 피부결이 곱지 않고 피부 표면이 매끄럽지 않음
⑤ 눈가에 잔주름이 쉽게 생김

(2) 관리목적

두 가지 유형의 특징을 가진 피부로 유·수분의 균형유지에 중점을 두며 부위에 따라 차별적인 관리 시행

(3) 화장품 선택 및 관리방법

① **클렌징** : 노폐물과 메이크업을 제거하기 위해 클렌징 로션, 젤 타입 사용
② **딥 클렌징** : T-존은 고마쥐, 스크럽, U-존은 효소타입 사용
③ **화장수** : 보습과 수렴효과가 있는 화장수
④ **매뉴얼 테크닉** : 주 1회 보습용 영양크림이나 마사지 크림을 사용
⑤ **팩**
 • T-존은 피지 흡착이 높은 클레이 팩 사용
 • U-존은 보습효과가 있는 팩 사용(주 1회)
⑥ **마무리** : 아이크림, 립크림, 보습용 크림과 낮에는 자외선차단제(SPF15 이상) 사용

5 민감성 피부

정상피부에 비해 조절기능과 면역기능이 저하되어 있으며 가벼운 자극에도 민감하게 반응하는 피부유형

(1) 특징

① 외부자극이나 가벼운 자극에도 민감하게 반응
② 피부가 얇아 쉽게 붉어지거나 알레르기가 생기는 예민 피부

③ 주로 볼 부위에 모세혈관이 확장되어 있으며 이마, 눈가에 표정 주름살이 나타남

④ 홍반이 발생되는 부위나 피부가 얇은 부위에 색소침착 가능

⑤ 화장품을 바꾸어 사용할 시 민감 반응 예방을 위해 첩포검사(patch test) 실시

⑥ 표피 수분부족으로 쉽게 건조해지며 피부 당김이 심함

(2) 관리목적

알코올 성분이 함유된 화장품은 피하고 피부 자극을 최소화하여 진정, 보호, 안정감 있는 피부상태 유지

(3) 화장품 선택 및 관리방법

① 클렌징 : 민감성 전용 클렌징제 사용

② 딥 클렌징 : 저자극의 크림, 효소타입으로 2주 1회 시행, 민감도에 따라 생략 가능(스크럽제는 사용금지)

③ 화장수 : 보습 및 진정효과가 있는 무알코올(alcohol free toner) 화장수 사용

④ 매뉴얼 테크닉 : 민감성용 보습크림으로 부드럽고 짧게 시행

⑤ 팩 : 수분공급, 진정효과가 있는 아줄렌(azulene), 알로에 성분의 팩 사용(주 1회)

⑥ 마무리 : 아이크림, 립크림, 민감성 피부용 보습크림, 낮에는 자외선차단제(SPF15 이상) 사용

6 여드름 피부

피지선 자극으로 과잉 분비된 피지와 모공 입구의 죽은 각질세포의 축적으로 인해 모공 입구가 막혀 모공 내에 염증 반응이 유발된 피부 상태

(1) 특징

① 과도한 피지분비로 번들거리며 피부가 두껍고 매끄럽지 않음

② 시간이 갈수록 피부톤이 칙칙해지고 화장이 잘 지워짐

③ 모공 내 쌓인 각질로 피지가 배출되지 못함

④ 산성막 파괴로 인한 박테리아와 같은 세균증식이 용이

⑤ 스트레스 호르몬에 의해 피지분비가 증가하며 염증 발생이 잦음

⑥ 유전적인 요소에 영향을 받음

(2) 관리목적

피지분비 조절, 박테리아 증식 억제, 불필요한 각질 및 피지 제거하며 여드름 흉터 및 색소관리에 중점으로 증상 악화 방지

(3) 화장품 선택 및 관리방법

① 클렌징 : 유분기가 적은 클렌징제 타입의 제품 사용

② 딥 클렌징 : AHA, 살리실산, 비타민 A 등의 성분이 함유된 제품 사용

③ 화장수 : 살균효과가 있는 소염화장수, 수렴화장수 사용

④ 매뉴얼 테크닉 : 물리적 자극으로 여드름이 악화될 수 있으므로 가급적 피함

⑤ 팩 : 항균, 항염작용에 좋은 여드름 전용 팩 사용

⑥ 마무리 : 아이크림, 립크림, 피지조절 크림, 보습크림, 낮에는 자외선차단제(SPF15 이상) 사용

7 노화피부

나이가 들면서 생리기능 저하로 표피와 진피의 구조가 변화되어 피부가 얇아지고 외부 환경에 대한 반응력이 떨어져 피부의 보습력, 탄력성이 저하된 상태

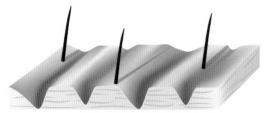

▲ 노화피부

(1) 특징
① 피부 건조로 잔주름이 생김
② 노폐물 축적으로 각질층이 두꺼워짐
③ 탄력성이 저하되어 모공이 넓음
④ 자외선 노출이 많은 경우 각질층이 두꺼워짐
⑤ 표피와 진피의 구조 변화로 피부가 얇아짐
⑥ 면역기능 저하, 피부 악건성화
⑦ 자외선 방어능력 저하로 색소침착 발생 용이
⑧ 자외선에 의해 DNA가 파괴되면 피부암 발생

(2) 관리목적
피부노화를 촉진하는 외부의 자극으로부터 피부 보호, 멜라닌 생성 억제 및 피부기능 활성화로 주름 완화, 결체조직 강화, 세포형성 촉진, 피부 노화 지연

(3) 화장품 선택 및 관리방법
① **클렌징** : 모든 타입의 클린징제 사용 가능
② **딥 클렌징** : 스크럽, 효소, AHA, 고마쥐 타입을 선택하여 사용
③ **화장수** : 보습력이 있는 유연화장수
④ **매뉴얼 테크닉** : 주 1회 이상 매뉴얼 테크닉을 통하여 피부에 영양공급 및 탄력증진
⑤ **팩** : 영양공급 및 콜라겐 팩 사용
⑥ **마무리** : 아이크림, 립크림, 재생영양크림과 낮에는 자외선차단제(SPF15 이상) 사용

8 모세혈관확장 피부

모세혈관 탄력 저하로 모세혈관이 확장 또는 파열되어 붉은 실핏줄이 보이는 피부상태

(1) 특징
① 피부가 얇고 모세혈관이 잘 보임
② 반복적인 모세혈관확장으로 코와 뺨 부위의 피부가 붉은색을 보임
③ 자외선에 약하며 자극에 반응이 빠름

④ 모공이 막혀 염증이 생기는 주사(rosacea) 피부로 전환 가능
⑤ 피부색은 흰 편이며 탄력이 적음

(2) 관리목적

인체 내·외부의 자극을 최소화하여 혈관을 튼튼하게 함

(3) 화장품 선택 및 관리방법

① 무알코올 제품으로 자극 삼가, 민감성 피부와 같은 방법으로 관리
② 자극적인 음식, 알코올, 카페인 함유 식품은 삼가
③ 피부진정 및 모세혈관 강화에 도움이 되는 아줄렌, 하마멜리스, 알로에 성분 등 사용
④ 림프 드레나지나 부드러운 마사지로 자극을 줄이고 필링은 주의
⑤ 모세혈관확장 전용제품을 사용하고 외출 시에는 피부보호를 위해 메이크업이나 자외선차단제 사용
⑥ 딥 클렌징은 2주에 1회 또는 민감도에 따라 생략 가능

9 색소침착 피부

자외선, 호르몬, 스트레스, 상처 등 인체 내·외부의 자극으로 인해 멜라닌색소가 증가되어 발생하는 피부상태

(1) 특징

① 30~40대의 여성에게 잘 나타나며, 재발이 잘 됨
② 피부가 건조하고 예민함을 동반
③ 기미, 주근깨, 검버섯, 잡티, 경계가 명확한 갈색점으로 나타남
④ 자외선, 호르몬, 스트레스, 선탠 등의 영향을 받음

(2) 관리목적

외출 시 자외선 차단에 신경을 쓰고 보습과 미백 위주의 관리로 멜라닌 색소침착 완화 및 예방

(3) 화장품 선택 및 관리방법

① 화학적 필링이나 AHA제품으로 주기적인 각질 제거
② 이온토프레시스 기기를 사용하여 비타민 C 등 미백을 위한 성분을 피부 내 공급
③ 보습과 미백 위주의 관리
④ 자외선 차단제를 꼼꼼히 바른 후 외출

참고 피부유형별 적합한 화장품 성분

건성피부	콜라겐, 엘라스틴, 히알루론산, 아보카도 오일
지성, 여드름 피부	아줄렌, 유황, 클레이, 캄퍼, 살리실산, 올리브 오일
민감성 피부	아줄렌, 위치하겔, 비타민 B_5, 클로로필
노화피부	비타민 E, 레티놀, 플라센타, AHA, 아보카도 오일

01 피부유형별 관리방법으로 적합하지 않은 것은?

① 복합성 피부 – 유분이 많은 부위는 손을 이용한 관리를 행하여 모공을 막고 있는 피지 등의 노폐물이 쉽게 나올 수 있도록 한다.

② 모세혈관확장 피부 – 세안 시 세안제를 손에서 충분히 거품을 낸 후 미온수로 완전히 헹구어 내고 손을 이용한 관리를 부드럽게 진행한다.

③ 노화피부 – 피부가 건조해지지 않도록 수분과 영양을 공급하고 자외선 차단제를 바른다.

④ 색소침착 피부 – 자외선 차단제를 색소가 침착된 부위에 집중적으로 발라준다.

해설 자외선 차단제는 색소의 침착을 방지하기 위한 것으로 외출 시 고르게 발라주어야 한다.

02 민감성 피부의 화장품 사용에 대한 설명으로 틀린 것은?

① 석고 팩이나 피부에 자극이 되는 제품의 사용을 피한다.

② 피부의 진정·보습효과가 뛰어난 제품을 사용한다.

③ 스크럽이 들어간 세안제를 사용하고 알코올 성분이 들어간 화장품을 사용한다.

④ 화장품 도포 시 첩포검사(patch test)를 하여 적합성 여부의 확인 후 사용하는 것이 좋다.

해설 민감성 피부는 피부에 자극을 주는 스크럽이 들어간 세안제는 피하며 무알코올 화장품 사용을 권장한다.

03 피부유형과 화장품의 사용목적이 틀리게 연결된 것은?

① 민감성 피부 – 진정 및 쿨링 효과

② 여드름 피부 – 멜라닌 생성 억제 및 피부기능 활성화

③ 건성피부 – 피부에 유·수분을 공급하여 보습 기능 활성화

④ 노화피부 – 주름완화, 결체조직 강화, 새로운 세포의 형성 촉진 및 피부보호

해설 멜라닌 생성억제 및 피부기능 활성화는 노화피부의 화장품 사용목적이다.

04 홈케어 관리 시에 여드름 피부에 대한 조언으로 맞지 않는 것은?

① 여드름 전용 제품을 사용

② 붉어지는 부위는 약간 진하게 파운데이션이나 파우더를 사용

③ 지나친 당분이나 지방 섭취는 피함

④ 지나치게 얼굴이 당길 경우 수분크림, 에센스 사용

해설 붉어지는 부위는 너무 진한 화장은 피하고 메이크업 시 무지방 파운데이션, 콤팩트를 사용하고 포인트 메이크업에 중점을 둔다.

05 피부유형별 화장품 사용방법으로 적합하지 않은 것은?

① 민감성 피부 – 무색, 무취, 무알콜 화장품 사용

② 복합성 피부 – T–존과 U–존 부위별로 각각 다른 화장품 사용

③ 건성피부 – 수분과 유분이 함유된 화장품 사용

④ 모세혈관확장 피부 – 일주일에 2번 정도 딥 클렌징제 사용

해설 모세혈관확장 피부의 딥 클렌징은 저자극 크림타입을 사용해 2주에 1회 정도 시행하고 피부의 민감도에 따라 생략해도 무방하며 물리적 제품은 피한다.

06 건성피부의 관리방법으로 틀린 것은?

① 알칼리성 비누를 이용하여 뜨거운 물로 자주 세안을 한다.

② 화장수는 알코올 함량이 적고 보습기능이 강화된 제품을 사용한다.

③ 클렌징 제품은 부드러운 밀크타입이나 유분기가 있는 크림타입을 선택하여 사용한다.

④ 세라마이드, 호호바 오일, 아보카도 오일, 알로에베라, 히아루론산 등의 성분이 함유된 화장품을 사용한다.

해설 알칼리성 비누는 피부의 산성막을 파괴시키기 때문에 가급적 사용을 금한다.

07 아토피성 피부에 관계되는 설명으로 옳지 않은 것은?

① 유전적 소인이 있다.
② 가을이나 겨울에 더 심해진다.
③ 면직물의 의복을 착용하는 것이 좋다.
④ 소아습진과는 관계가 없다.

해설 소아습진은 팔꿈치의 안쪽, 무릎의 뒤쪽, 목둘레 등에 주로 생기며 아토피성 피부와 관계가 있다.

08 피지와 땀의 분비 저하로 유·수분의 균형이 정상적이지 못하고, 피부결이 얇으며 탄력 저하와 주름이 쉽게 형성되는 피부는?

① 건성피부　　② 지성피부
③ 이상피부　　④ 민감성 피부

해설 건성피부는 피지와 땀의 분비 저하로 피부결이 얇고 주름이 쉽게 형성되며, 피부손상과 노화 현상이 빠르다.

09 여드름 발생의 주요 원인과 가장 거리가 먼 것은?

① 아포크린 한선의 분비증가
② 모낭 내 이상 각화
③ 여드름 균의 군락 형성
④ 염증반응

해설 아포크린 한선은 대한선으로 겨드랑이, 유두, 외이도, 항문 주변에 존재한다.

10 표피 수분부족 피부의 특징이 아닌 것은?

① 연령에 관계없이 발생한다.
② 피부조직에 표피성 잔주름이 형성된다.
③ 피부 당김이 진피(내부)에서 심하게 느껴진다.
④ 피부조직이 별로 얇게 보이지 않는다.

해설 ③은 진피 수분부족 피부의 특징이다.

11 팩 중 아줄렌 팩의 주된 효과는?

① 진정 효과　　② 탄력 효과
③ 항산화작용 효과　　④ 미백 효과

해설 아줄렌은 진정 효과가 있어 민감성 피부, 지성피부, 여드름 피부에 권장한다.

12 지성피부에 대한 설명 중 틀린 것은?

① 지성피부는 정상피부보다 피지분비량이 많다.
② 피부결이 섬세하지만 피부가 얇고 붉은색이 많다.
③ 지성피부가 생기는 원인은 남성호르몬의 안드로겐(androgen)이나 여성호르몬인 프로게스테론(progesterone)의 기능이 활발해져서 생긴다.
④ 지성피부의 관리는 피지 제거 및 세정을 주목적으로 한다.

해설 피부결이 섬세하며 얇고 붉은색을 띠는 피부는 민감성 피부의 특징이다.

13 피부유형별 적용 화장품 성분이 맞게 짝지어진 것은?

① 건성피부 – 클로로필, 위치하젤
② 지성피부 – 콜라겐, 레티놀
③ 여드름 피부 – 아보카도 오일, 올리브 오일
④ 민감성 피부 – 아줄렌, 비타민 B5

해설	
건성피부	콜라겐, 엘라스틴, 히알루론산, 아보카도 오일
지성, 여드름 피부	아줄렌, 유황, 클레이, 캄퍼, 살리실산, 올리브 오일
민감성 피부	아줄렌, 위치하젤, 비타민 B5, 클로로필
노화피부	비타민 E, 레티놀, 플라센타, AHA, 아보카도 오일

14 지성피부의 특징으로 맞는 것은?

① 모세혈관이 약화되거나 확장되어 피부표면으로 보인다.
② 피지분비가 왕성하여 피부 번들거림이 심하며 피부결이 곱지 못하다.
③ 표피가 얇고 피부표면이 항상 건조하고 잔주름이 쉽게 생긴다.
④ 표피가 얇고 투명해 보이며 외부자극에 쉽게 붉어진다.

해설 ① 모세혈관확장 피부
③ 건성피부
④ 민감성 피부

15 다음 보기와 같은 내용은 어떠한 타입의 피부관리 중점 사항인가?

> 피부의 완벽한 클렌징과 긴장완화, 보호, 진정, 안정 및 냉 효과를 목적으로 기기관리가 이루어져야 한다.

① 건성피부   ② 지성피부
③ 복합성 피부   ④ 민감성 피부

해설 민감성 피부는 붉어져 있기 때문에 보호, 진정, 냉 효과를 주어 붉어진 피부를 진정시킬 수 있는 관리가 필요하다.

16 지성피부를 위한 피부관리 방법은?

① 토너는 알코올 함량이 적고 보습기능이 강화된 제품을 사용한다.
② 클렌저는 유분기 있는 클렌징 크림을 선택하여 사용한다.
③ 동·식물성 지방 성분이 함유된 음식을 많이 섭취한다.
④ 클렌징 로션이나 산뜻한 느낌의 클렌징 젤을 이용하여 메이크업을 지운다.

해설 지성피부는 피지분비를 조절하여 번들거리지 않도록 하고, 각질 제거로 모공이 막히지 않게 하며 클렌징은 로션이나 젤 타입을 사용한다.

17 아래 설명과 가장 가까운 피부타입은?

> • 모공이 넓다.
> • 뾰루지가 잘 난다.
> • 정상피부보다 두껍다.
> • 블랙헤드가 생성되기 쉽다.

① 지성피부   ② 민감성 피부
③ 건성피부   ④ 정상피부

해설 지성피부는 과다한 피지분비로 뾰루지나 블랙헤드가 생성되기 쉽고, 모공이 넓고, 정상피부보다 두껍다.

18 건성피부의 특징과 가장 거리가 먼 것은?

① 각질층의 수분이 50% 이하로 부족하다.
② 피부가 손상되기 쉬우며 주름 발생이 쉽다.
③ 피부가 얇고 외관으로 피부결이 섬세해 보인다.
④ 모공이 작다.

해설 각질층의 수분이 10% 이하일 경우 건성피부에 해당한다.

19 피부유형에 맞는 화장품 선택이 아닌 것은?

① 건성피부 – 유분과 수분이 많이 함유된 화장품

② 민감성 피부 – 향, 색소, 방부제를 함유하지 않거나 적게 함유된 화장품

③ 지성피부 – 피지조절제가 함유된 화장품

④ 정상피부 – 오일이 함유되어 있지 않은 오일 프리(oil free) 화장품

해설 정상피부는 모든 타입의 화장품이 가능하며, 오일 프리는 미네랄 오일이 함유되어 있지 않은 화장품으로 지성피부나 여드름 피부에 적합하다.

20 피부유형과 관리 목적과의 연결이 틀린 것은?

① 민감피부 : 진정, 긴장 완화

② 건성피부 : 보습작용 억제

③ 지성피부 : 피지분비 조절

④ 복합피부 : 피지, 유·수분 균형 유지

해설 건성피부는 보습작용을 강화시켜 건조함과 잔주름 개선이 관리 목적이다.

21 피부유형에 대한 설명 중 틀린 것은?

① 정상피부 – 유·수분 균형이 잘 잡혀있다.

② 민감성 피부 – 각질이 드문드문 보인다.

③ 노화피부 – 미세하거나 선명한 주름이 보인다.

④ 지성피부 – 모공이 크고 표면이 귤껍질같이 보이기 쉽다.

해설 민감성 피부는 피부 특정부위가 붉어지거나 민감한 반응을 보이는 피부를 말하며 각질이 보이는 피부는 지성피부, 여드름 피부에서 나타나는 증상이다.

22 유분이 많은 화장품보다는 수분공급에 효과적인 화장품을 선택하여 사용하고, 알코올 함량이 많아 피지 제거 기능과 모공수축 효과가 뛰어난 화장수를 사용하여야 할 피부유형으로 가장 적합한 것은?

① 건성피부   ② 민감성 피부

③ 정상피부   ④ 지성피부

해설 지성피부에는 유분이 많은 화장품보다 수분이 많은 화장품 사용이 알맞다.

23 각 피부유형에 대한 설명으로 틀린 것은?

① 유성 지루피부 – 과잉 분비된 피지가 피부표면에 기름기를 만들어 항상 번질거리는 피부

② 건성 지루피부 – 피지분비 기능의 상승으로 피지는 과다 분비되어 표피에 기름기가 흐르나 보습기능이 저하되어 피부표면의 당김 현상이 일어나는 피부

③ 표피 수분부족 건성피부 – 피부 자체의 내적 원인에 의해 피부 자체의 수화기능에 문제가 되어 생기는 피부

④ 모세혈관확장 피부 – 코와 뺨 부위의 피부가 항상 붉거나 피부표면에 붉은 실핏줄이 보이는 피부

해설 표피 수분부족 건성피부는 자외선, 찬바람, 냉난방, 일광욕, 알맞지 않은 화장품 사용과 잘못된 피부관리 습관으로 연령에 상관없이 발생하고 피부조직이 얇고 표피성 잔주름이 형성된다.

24 다음 설명에 따르는 화장품이 가장 적합한 피부형은?

> 저자극성 성분을 사용하며, 향/알코올/색소/방부제가 적게 함유되어 있다.

① 지성피부   ② 복합성 피부

③ 민감성 피부   ④ 건성피부

해설 피부의 자극을 최소화하고 진정 작용이 있는 화장품 사용은 민감성 피부에 적합하다.

25 건성피부의 화장품 사용법으로 옳지 않은 것은?

① 영양, 보습 성분이 있는 오일이나 에센스

② 알코올이 다량 함유되어 있는 토너

③ 클렌저는 밀크타입이나 유분기가 있는 크림 타입

④ 토너로 보습기능이 강화된 제품

해설 알코올은 탈지효과가 있고 자극적이어서 유·수분이 부족한 건성피부가 더 건조해질 수 있기 때문에 수분과 영양을 공급해주는 제품을 선택한다.

26 실핏선 피부(cooper rose)의 특징이라고 볼 수 없는 것은?

① 혈관의 탄력이 떨어져 있는 상태이다.

② 피부가 대체로 얇다.

③ 지나친 온도 변화에 쉽게 붉어진다.

④ 모세혈관의 수축으로 혈액의 흐름이 원활하지 못하다.

해설 모세혈관의 확장으로 나타나는 현상이다.

27 세안 후 이마, 볼 부위가 당기며, 잔주름이 많고 화장이 잘 뜨는 피부유형은?

① 복합성 피부　　② 건성피부

③ 노화피부　　　④ 민감성 피부

해설 건성피부는 피지와 땀의 분비가 원활하지 못해 피부결이 얇고 세안 후 당김 증상과 잔주름이 많고 화장이 잘 뜨는 피부유형이다.

28 모세혈관확장 피부의 안면관리로 적당한 것은?

① 스티머(steamer)는 분무거리를 가까이 한다.

② 왁스나 전기마스크를 사용하지 않도록 한다.

③ 혈관확장 부위는 안면진공흡입기를 사용한다.

④ 비타민 P의 섭취를 피하도록 한다.

해설 왁스나 전기마스크를 사용하면 피부가 더 붉어지거나 예민해질 수 있기 때문에 사용하지 않는다.

29 피부타입과 화장품과의 연결이 틀린 것은?

① 지성피부 – 유분이 적은 영양크림

② 정상피부 – 영양과 수분크림

③ 민감성 피부 – 지성용 데이크림

④ 건성피부 – 유분과 수분크림

해설 민감성 피부에는 민감성 피부 전용 크림을 사용한다.

30 다음 중 건성피부에 적용되는 화장품 사용법으로 가장 적합한 것은?

① 낮에는 O/W형의 데이크림과 밤에는 W/O형의 나이트크림을 사용한다.

② 강하게 탈지시켜 피지샘 기능을 균형 있게 해주고 모공을 수축해주는 크림을 사용한다.

③ 봄·여름에는 W/O크림을 사용하고 가을, 겨울에는 O/W크림을 사용한다.

④ 소량의 하이드로퀴논이 함유된 크림을 사용한다.

해설 건성피부는 한선과 피지선의 기능 저하로 낮에는 O/W형의 데이크림과 밤에는 W/O형의 나이트크림을 사용한다.

31 여드름 피부에 관련된 설명으로 틀린 것은?

① 여드름은 사춘기에 피지 분비가 왕성해지면서 나타나는 비염증성, 염증성 피부 발진이다.

② 여드름은 사춘기에 일시적으로 나타나며 30대 정도에 모두 사라진다.

③ 다양한 원인에 의해 피지가 많이 생기고 모공 입구의 폐쇄로 인해 피지 배출이 잘 되지 않는다.

④ 선천적인 체질상 체내 호르몬의 이상 현상으로 지루성 피부에서 발생되는 여드름 형태는 심상성 여드름이라 한다.

해설 여드름은 30대 이후에도 스트레스 등으로 성인 여드름이 발생할 수 있다.

32 지성피부의 화장품 적용 목적 및 효과로 가장 거리가 먼 것은?

① 모공수축　　　② 피지분비 및 정상화

③ 유연회복　　　④ 항염·정화 기능

해설 과다하게 분비되는 피지를 제거하여 맑고 깨끗한 피부를 유지하기 위함이 지성피부의 화장품 적용 목적이지 유연회복은 아니다.

정답	01	02	03	04	05	06	07	08
	④	③	②	②	④	①	④	①
	09	10	11	12	13	14	15	16
	①	③	①	②	④	②	④	④
	17	18	19	20	21	22	23	24
	①	①	④	②	②	④	③	③
	25	26	27	28	29	30	31	32
	②	④	②	②	③	①	②	③

6절 매뉴얼 테크닉

1 매뉴얼 테크닉의 목적 및 효과

1 매뉴얼 테크닉의 정의

① 마사지(massage)의 어원은 '두드리다, 어루만지다'라는 아랍어 mass, '손'이라는 뜻의 라틴어 manus, '주무르다'라는 뜻의 그리스어 masso or massein 등에서 유래

② 손 또는 기기 및 다양한 도구를 이용하여 체계적이고 과학적인 방법으로 일정한 동작을 시행함으로써 신경과 근육계통의 문제점을 해소하고 전신순환의 효과를 높여주는 것

▲ 매뉴얼 테크닉

2 매뉴얼 테크닉의 목적 및 효과

① 노화된 각질 제거와 원활한 피부분비를 통하여 피부상태 개선

② 스트레스 완화로 심리적 안정감과 편안함 제공

③ 혈액순환 및 림프순환 촉진으로 신진대사 증진(내분비 기능)

④ 화장품의 유효물질 흡수를 도와 피부에 영양공급

⑤ 피부의 온도를 상승시켜 긴장된 근육 이완 및 통증완화

⑥ 피부의 결체조직에 긴장과 탄력성 부여

3 매뉴얼 테크닉을 적용할 수 없는 경우

① 독감 또는 고열이 있는 경우

② 고혈압, 당뇨병, 심장병 환자

③ 골절상으로 인한 통증, 수술 직후

④ 임신초기, 임신말기의 임산부(복부, 가슴마사지 금지)

⑤ 정맥류, 혈우병, 부종 등 혈액순환에 관한 질병이 있는 경우

⑥ 감염·염증성 피부 질환자

⑦ 생리 전후 피부가 민감한 상태일 경우

2 매뉴얼 테크닉의 종류 및 방법

매뉴얼 테크닉 종류에는 아래와 같이 7가지 기법이 있다.

> 쓰다듬기 : effleurage or stroking, 경찰법·무찰법
> 문지르기 : friction, 마찰법·강찰법
> 반죽하기 : petrissage or kneading, 유연법·유찰법
> 두드리기 : tapotement or percussion, 고타법·경타법·타진법
> 떨기·진동하기 : vibration or shaking, 진동법
> 압하기·누르기 : pressure or compression, 압박법
> 늘려주기 : streching or traction, 신전법·견인법

1 쓰다듬기(effleurage or stroking : 경찰법·무찰법)

(1) 동작
① 손가락과 손바닥 전체를 피부에 밀착시킨 후 부드럽게 쓰다듬고 어루만지는 동작
② 매뉴얼 테크닉의 시작과 마무리, 연결동작으로 자주 사용

(2) 효과
① 혈액순환 및 림프순환 촉진
② 근육이완 효과
③ 부드러움으로 인한 심리적 안정 효과

2 문지르기(friction : 마찰법·강찰법)

(1) 동작
① 두 손가락의 끝부분을 피부에 대고 원을 그리며 조금씩 이동하는 동작
② 안면 바깥 방향으로는 힘 있게, 안면 중심방향으로는 가볍게 움직이며 압력을 변화시킴
③ 주름이 생기기 쉬운 부위인 입가, 눈가에 중점적으로 실시

(2) 효과
① 혈액순환 촉진, 근육이완 효과
② 피부의 탄력성 증진
③ 신진대사 활성화로 결체조직 효과
④ 피지선 자극으로 노폐물 배출 용이

3 반죽하기·주무르기(petrissage or kneading : 유연법·유찰법)

(1) 동작
매뉴얼 테크닉 중 가장 강한 동작으로 손가락부위 전체를 이용하여 근육부위를 잡아 쥐었다가 풀며 반죽하듯이 주무르는 동작

(2) 효과

① 혈액 및 림프순환 촉진

② 피부 및 근육의 탄력성 증대

③ 체내 조직의 노폐물 제거

④ 근육마비, 근육피로 해소

(3) 유연법의 종류

① 풀링(fulling) : 피부를 주름잡듯이 하는 동작

② 롤링(rolling) : 나선형으로 굴리며 압박하는 동작

③ 린징(wringing) : 비틀어 짜는 동작

④ 처킹(chucking) : 가볍게 상, 하로 움직이는 동작

4 두드리기(tapotement or percussion : 고타법·경타법·타진법)

(1) 동작

① 빠르게 양손을 동시에 사용하여 두드리는 동작으로 손가락 끝, 손바닥 전체, 손의 측면, 주먹 등 사용

② 손의 모양이나 두드리는 강도에 따라 피부에 더욱 강하게 또는 약하게 작용

(2) 효과

① 피부탄력 증가

② 경직된 근육이완

③ 신경조직 자극으로 혈액순환 촉진

④ 만성근육 통증해소

(3) 고타법의 종류

① 태핑(tapping) : 손가락 끝 부분을 이용하여 두드리는 동작

② 커핑(cupping) : 손바닥을 오목하게 하여 두드리는 동작

③ 슬래핑(slapping) : 손바닥을 이용하여 두드리는 동작

④ 비팅(beating) : 주먹을 가볍게 쥐고 두드리는 동작

⑤ 해킹(hacking) : 손의 측면을 이용하여 두드리는 동작

5 떨기·진동하기(vibration or shaking : 진동법)

(1) 동작

① 손바닥 전체를 이용하여 피부를 흔들어 진동시키는 동작

② 손바닥 전체나 손가락에 힘을 주고 두 손을 동시에 움직여 피부에 빠르고 고른 진동을 줌

(2) 효과

① 혈액순환 및 림프순환 촉진

② 근육과 피부 긴장 이완

③ 피부 탄력성 부여

6 압하기 · 누르기(pressure or compression : 압박법)

엄지손가락의 끝 부분 및 손바닥 전체를 이용하여 압박하는 방법으로 신경 근육의 문제, 신진대사를 활발하게 함(신경통, 근육경련, 부종에 효과)

7 늘려주기(streching or traction : 신전법 · 견인법)

(1) 동작
① 근육이나 관절을 최대한 당겨서 늘려주며, 마사지 후 마무리 동작으로 자주 사용
② 스트레칭은 고객의 유연성을 고려하여 시행

(2) 효과
① 관절의 신전 증대
② 경직된 근육 이완
③ 신체 유연성 증가
④ 근육경련 예방 효과

> **참고 닥터 자켓법(Dr. Jacquet)**
> 자켓 박사에 의해 알려진 방법으로 피부를 꼬집듯이 잡아서 올려 가볍게 비틀거나 튕겨주는 동작 (모낭 내 피지와 여드름 배출에 효과)

3 매뉴얼 테크닉의 관리방법과 주의사항

1 매뉴얼 테크닉의 관리방법

① 손을 피부에 밀착시키고 손가락이나 손목은 힘을 빼고 강약을 주면서 연결하여 동작
② 말초에서 심장 쪽으로, 안에서 밖으로, 아래에서 위로 근육결 방향으로 행함
③ 강한 압력은 모세혈관이나 림프관 조직에 영향을 줄 수 있음
④ 적절한 속도와 리듬감으로 체중을 실어서 관리

2 매뉴얼 테크닉의 주의사항

① 청결을 위해 손톱은 짧게
② 손 온도는 고객의 체온에 맞추어 따뜻하고 부드럽게
③ 자외선에 의한 홍반이나 상처 난 피부는 매뉴얼 테크닉 삼가기
④ 정확한 속도와 동작의 연결성을 위해 일정한 리듬감 유지
⑤ 임산부의 복부나 가슴마사지 삼가기

01 매뉴얼 테크닉을 적용할 수 있는 경우는?

① 피부나 근육, 골격에 질병이 있는 경우
② 골절상으로 인한 통증이 있는 경우
③ 염증성 질환이 있는 경우
④ 피부에 셀룰라이트(cellulite)가 있는 경우

해설 셀룰라이트가 있는 경우에 매뉴얼 테크닉을 적용하면 셀룰라이트 분해와 감소 효과를 볼 수 있다.

02 신체 각 부위별 관리에서 매뉴얼 테크닉의 적용이 적합하지 않은 것은?

① 스트레스로 인해 근육이 경직된 경우
② 림프순환이 잘 안 되어 붓는 경우
③ 심한 운동으로 근육이 뭉친 경우
④ 하체 부종이 심한 임산부의 경우

해설 임산부에게는 주로 림프 드레나지를 시행하며 매뉴얼 테크닉을 적용할 경우 유산의 위험이 있다.

03 피부관리 시 매뉴얼 테크닉을 하는 목적과 가장 거리가 먼 것은?

① 정신적 스트레스 경감
② 혈액순환 촉진
③ 신진대사 활성화
④ 부종 감소

해설 부종 감소를 위한 수기요법은 림프 드레나지가 적합하다.

04 매뉴얼 테크닉에 대한 설명 중 거리가 먼 것은?

① 체내의 노폐물 배설 작용을 도와준다.
② 신진대사의 기능이 빨라져 혈압을 내려준다.
③ 몸의 긴장을 풀어줌으로써 건강한 몸과 마음을 갖게 한다.
④ 혈액순환을 도와 피부에 탄력을 준다.

해설 매뉴얼 테크닉이 혈압을 내려주지는 않는다.

05 매뉴얼 테크닉 시 피부미용사의 자세로 가장 적합한 것은?

① 허리를 살짝 구부린다.
② 발은 가지런히 모으고 손목에 힘을 뺀다.
③ 양팔은 편안한 상태로 손목에 힘을 준다.
④ 발은 어깨넓이만큼 벌리고 손목에 힘을 뺀다.

해설 관리사는 바른 자세를 유지하고 체중을 실어서 관리하도록 한다.

06 매뉴얼 테크닉의 부적용 대상과 가장 거리가 먼 것은?

① 임산부의 복부, 가슴 매뉴얼 테크닉
② 외상이 있거나 수술 직후
③ 오랫동안 서있는 자세로 인한 다리의 부종
④ 다리 부위에 정맥류가 있는 경우

해설 오랫동안 서 있는 자세로 인해 생긴 다리의 부종은 매뉴얼 테크닉의 대상이다.

07 안면 매뉴얼 테크닉의 효과와 가장 거리가 먼 것은?

① 피부세포에 산소와 영양소를 공급한다.
② 여드름을 없애준다.
③ 피부의 혈액순환을 촉진시킨다.
④ 피부를 부드럽고 유연하게 해주며 근육을 이완시켜 노화를 지연시킨다.

해설 혈액순환 촉진과 근육을 이완시켜 피부상태를 개선하지만 여드름 피부는 피지선 자극으로 여드름이 더 유발될 수 있다.

08 다음 중 매뉴얼 테크닉을 적용하는 데 가장 적합한 사람은?

① 손·발이 냉한 사람
② 독감이 심하게 걸린 사람
③ 피부에 상처나 질환이 있는 사람
④ 정맥류가 있어 혈관이 튀어 나온 사람

해설 손·발이 냉한 경우 매뉴얼 테크닉을 적용하면 혈액순환이 촉진되어 증상이 완화될 수 있다.

09 매뉴얼 테크닉의 효과가 아닌 것은?

① 내분비기능의 조절
② 결체조직에 긴장과 탄력성 부여
③ 혈액순환 촉진
④ 반사작용의 억제

해설 반사작용은 무의식적으로 일어나는 근육섬유의 운동으로 매뉴얼 테크닉 시 반사작용에 도움을 줄 수 있다.

10 매뉴얼 테크닉의 효과와 가장 거리가 먼 것은?

① 피부의 흡수 능력을 확대시킨다.
② 심리적 안정감을 준다.
③ 혈액의 순환을 촉진한다.
④ 여드름이 정리된다.

해설 여드름, 감염 등 염증성 질환에는 매뉴얼 테크닉을 적용하지 않는다.

11 신체 각 부위 관리에서 매뉴얼 테크닉의 효과와 가장 거리가 먼 것은?

① 혈액순환 및 림프순환 촉진
② 근육의 이완 및 강화
③ 피부의 염증과 홍반 증상의 예방
④ 심리적 안정감을 통한 스트레스 해소

해설 염증과 홍반 증상이 있는 피부에는 증상을 악화 시킬 수 있으므로 매뉴얼 테크닉을 하지 않는다.

12 매뉴얼 테크닉의 효과와 가장 거리가 먼 것은?

① 혈액순환 촉진
② 피부결의 연화 및 개선
③ 심리적 안정
④ 주름 제거

해설 주름 제거는 매뉴얼 테크닉의 효과와 관계가 없다.

13 매뉴얼 테크닉의 효과에 해당하지 않는 것은?

① 혈액순환을 촉진시킨다.
② 림프순환을 촉진시킨다.
③ 근육의 긴장을 감소하고 피부 온도를 상승하여 기분을 좋게 한다.
④ 가슴과 복부 관리를 통해 생리 시, 임신 초기 또는 말기에 진정 효과를 준다.

해설 생리 전·후로 피부가 민감한 상태일 때, 임신 초기, 말기에는 매뉴얼 테크닉을 적용하지 않는다.

14 매뉴얼 테크닉 기법 중 닥터 자켓법에 관한 설명으로 가장 적합한 것은?

① 디스인크러스테이션을 하기 위한 준비단계에 하는 것이다.
② 피지선의 활동을 억제한다.
③ 모낭 내 피지를 모공 밖으로 배출시킨다.
④ 여드름 피부를 클렌징 할 때 쓰는 기법이다.

해설 자켓 박사에 의해 알려진 방법으로 엄지와 검지를 이용하여 근육결 방향으로 부드럽게 끌어올려 꼬집듯이 비틀거나 튕겨주는 동작으로 모낭 내 피지와 여드름 등을 모공 밖으로 배출시키는 효과가 있다.

15 매뉴얼 테크닉의 동작 중 부드럽게 스쳐가는 동작으로 처음과 마지막, 연결동작으로 많이 사용하는 것은?

① 반죽하기 ② 쓰다듬기
③ 두드리기 ④ 진동하기

해설 쓰다듬기(effleurage : 경찰법, 무찰법)는 주로 매뉴얼 테크닉의 처음과 마지막에 연결동작으로 많이 사용한다.

16 매뉴얼 테크닉의 기본 동작에 대한 설명으로 틀린 것은?

① 에플로라지(effleurage) – 손바닥을 이용해 부드럽게 쓰다듬는 동작
② 프릭션(friction) – 근육을 횡단하듯 반죽하는 동작
③ 타포트먼트(tapotement) – 손가락을 이용하여 두드리는 동작
④ 바이브레이션(vibration) – 손 전체나 손가락에 힘을 주어 고른 진동을 주는 동작

해설 프릭션(friction)은 문지르기로 손가락의 끝부분이나 손바닥을 피부에 대고 원을 그리는 동작이다.

17 매뉴얼 테크닉의 기본 동작 중 하나인 쓰다듬기에 대한 내용과 가장 거리가 먼 것은?

① 매뉴얼 테크닉의 처음과 끝에 주로 이용된다.
② 혈액의 림프의 순환을 도모한다.
③ 자율신경계에 영향을 미쳐 피부에 휴식을 준다.
④ 피부에 탄력성을 증가시킨다.

해설 피부에 탄력성을 증가시키는 방법은 반죽하기(유연법), 문지르기(강찰법), 두드리기(고타법) 동작의 효과이다.

18 손가락이나 손바닥으로 연속적인 쓰다듬기 동작을 하는 매뉴얼 테크닉 방법은?

① 프릭션 ② 페트리사지
③ 에플로라지 ④ 러빙

해설 쓰다듬기(effleurage)는 경찰법·무찰법으로 시작과 마무리, 연결동작에 자주 사용된다.

19 다음 중 눈 주위에 가장 적합한 매뉴얼 테크닉의 방법은?

① 문지르기 ② 주무르기
③ 흔들기 ④ 쓰다듬기

해설 눈 주위는 민감한 부위이기 때문에 혈액순환을 촉진하고 근육을 이완시켜주는 쓰다듬기가 적합하다.

20 매뉴얼 테크닉의 쓰다듬기(effleurage) 동작에 대한 설명 중 맞는 것은?

① 피부 깊숙이 자극하여 혈액순환을 증진한다.
② 근육에 자극을 주기 위하여 깊고 지속적으로 누르는 방법이다.
③ 매뉴얼 테크닉의 시작과 마무리에 사용한다.
④ 손가락으로 가볍게 두드리는 방법이다.

해설 쓰다듬기(effleurage)는 경찰법·무찰법으로 불리며 매뉴얼 테크닉의 시작과 마무리 동작으로 피부를 부드럽게 쓰다듬어 피부에 휴식을 준다.

21 매뉴얼 테크닉 시 가장 많이 이용되는 기술로 손바닥을 편평하게 하고 손가락을 약간 구부려 근육이나 피부표면을 쓰다듬고 어루만지는 동작은?

① 프릭션(friction)
② 에플로라지(effleurage)
③ 페트리사지(petrissage)
④ 바이브레이션(vibration)

해설 쓰다듬기(effleurage)는 매뉴얼 테크닉 시 가장 많이 이용되는 동작이다.

22 피부미용 시 처음과 마지막 동작 또는 연결 동작으로 이용되는 매뉴얼 테크닉은?

① 에플로라지(effleurage)
② 타포트먼트(tapotement)
③ 니딩(kneading)
④ 롤링(rolling)

해설 쓰다듬기(effleurage)는 매뉴얼 테크닉의 시작과 마무리, 연결 동작에 주로 사용한다.

23 매뉴얼 테크닉의 기본 동작 중 신경조직을 자극하여 혈액순환을 촉진시켜 피부 탄력성 증가에 가장 옳은 효과를 주는 것은?

① 쓰다듬기　　　② 문지르기
③ 두드리기　　　④ 반죽하기

해설 두드리기 동작은 혈액순환을 촉진, 피부의 탄력성을 증가시킨다.

24 매뉴얼 테크닉 방법 중 두드리기의 효과와 가장 거리가 먼 것은?

① 피부진정과 긴장완화 효과
② 혈액순환 촉진
③ 신경 자극
④ 피부의 탄력성 증대

해설 피부진정과 긴장완화는 쓰다듬기의 효과이다.

25 매뉴얼 테크닉의 종류 중 기본동작이 아닌 것은?

① 두드리기(tapotement)
② 문지르기(friction)
③ 흔들어주기(vibration)
④ 누르기(press)

해설 매뉴얼 테크닉의 주요 기본동작은 쓰다듬기, 주무르기, 두드리기, 문지르기, 흔들어주기이다.

26 신체 각 부위 매뉴얼 테크닉 방법에 대한 내용 중 틀린 것은?

① 규칙적인 리듬과 속도를 유지하면서 관리한다.
② 전신에 대한 매뉴얼 테크닉은 강하면 강할수록 효과가 좋다.
③ 전신 매뉴얼 테크닉은 림프절이 흐르는 방향으로 실시한다.
④ 전신에 손바닥을 밀착시키고 체간(몸통)을 이용하여 관리한다.

해설 매뉴얼 테크닉 시 압력이 너무 강하면 림프관, 모세혈관 조직이 손상될 수 있으므로 적절한 강약을 조절하여 시행한다.

27 매뉴얼 테크닉을 이용한 관리 시 그 효과에 영향을 주는 요소와 가장 거리가 먼 것은?

① 속도와 리듬
② 피부결의 방향
③ 연결성
④ 다양하고 현란한 기교

해설 속도가 빠르면 결체조직 깊숙이 효과를 주지 못하며 심장의 맥박속도에 맞춰 연결시키면서 피부결의 방향에 맞게 근육을 이완시키면서 혈액순환을 촉진시킨다.

28 매뉴얼 테크닉 시술 시 주의해야 할 사항이 아닌 것은?

① 피부미용사는 손의 온도를 따뜻하게 하여 고객이 차갑게 느끼지 않도록 한다.
② 처음과 마지막 동작은 주무르기 방법으로 부드럽게 시술한다.
③ 동작마다 일정한 리듬을 유지하면서 정확한 속도를 지키도록 한다.
④ 피부타입과 피부상태의 필요성에 따라 동작을 조절한다.

해설 주무르기 방법은 매뉴얼 테크닉 중 가장 강한 동작이므로 처음과 마지막 동작은 쓰다듬기 동작으로 마무리 한다.

29 매뉴얼 테크닉 작업 시 주의사항으로 옳은 것은?

① 동작은 강하게 하여 경직된 근육을 이완시킨다.

② 속도는 빠르게 하여 고객에게 심리적인 안정을 준다.

③ 손동작은 머뭇거리지 않도록 하며 손목이나 손가락의 움직임은 유연하게 한다.

④ 매뉴얼 테크닉을 할 때는 반드시 마사지 크림을 사용하여 시술한다.

해설 매뉴얼 테크닉 시 피부타입에 맞는 크림, 오일 등을 사용하며, 동작은 일정한 속도로 리듬감 있게 시행하고 압은 적절히 조절한다.

30 매뉴얼 테크닉의 방법에 대한 설명이 옳은 것은?

① 고객의 병력을 꼭 체크한다.

② 손을 밀착시키고 압은 강하게 한다.

③ 관리 시 심장에서 가까운 쪽부터 시작한다.

④ 충분한 상담을 통하되 피부미용사는 의사가 아니므로 몸 상태를 살펴볼 필요는 없다.

해설 심장질환자와 고혈압 환자, 혈액순환 질병이 있는 자, 전염성 피부질환, 염증 등 매뉴얼 테크닉을 적용할 수 없는 경우가 있으므로 고객의 병력을 꼭 체크해야 한다.

31 신체 각 부위별 매뉴얼 테크닉을 하는 경우 고려해야 할 유의사항과 가장 거리가 먼 것은?

① 피부나 근육, 골격에 질병이 있는 경우는 피한다.

② 피부에 상처나 염증이 있는 경우는 피한다.

③ 너무 피곤하거나 생리중일 경우는 피한다.

④ 강한 압으로 매뉴얼 테크닉을 오래하여야 한다.

해설 매뉴얼 테크닉 시 체중을 실어서 적절한 압으로 강, 약을 조절하면서 시간 내에 끝낸다.

32 매뉴얼 테크닉의 주의사항이 아닌 것은?

① 동작은 피부결 방향으로 한다.

② 청결하게 하기 위해서 찬물에 손을 깨끗이 씻은 후 바로 마사지한다.

③ 시술자의 손톱은 짧아야 한다.

④ 일광으로 붉어진 피부나 상처가 난 피부는 매뉴얼 테크닉을 피한다.

해설 관리사의 손은 항상 따뜻하게 하여 고객이 불편함을 느끼지 않게 한다.

33 매뉴얼 테크닉 시술에 대한 내용으로 틀린 것은?

① 매뉴얼 테크닉 시 모든 동작이 연결될 수 있도록 해야 한다.

② 매뉴얼 테크닉 시 중추부터 말초 부위로 향해서 시술해야 한다.

③ 매뉴얼 테크닉 시 손놀림도 균등한 리듬을 유지해야 한다.

④ 매뉴얼 테크닉 시 체온의 손실을 막는 것이 좋다.

해설 매뉴얼 테크닉은 말초에서 심장방향으로 실시한다.

정답	01	02	03	04	05	06	07	08
	④	④	④	②	④	③	②	①
	09	10	11	12	13	14	15	16
	④	④	③	④	④	③	②	②
	17	18	19	20	21	22	23	24
	④	③	④	③	②	①	③	①
	25	26	27	28	29	30	31	32
	④	②	④	②	③	①	④	②
	33							
	②							

7절 팩과 마스크

1 팩과 마스크의 목적 및 효과

1 팩과 마스크의 정의

(1) 팩

① package의 '포장하다, 둘러싸다'에서 유래된 용어

② 피부에 도포 후 차단막을 형성하지 않고 외부 공기가 통하며 굳지 않는 제형

▲ 팩

(2) 마스크

피부에 도포 후 굳어져 외부 공기를 차단시켜 유효성분 침투 용이

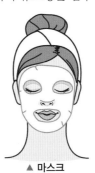

▲ 마스크

참고	팩과 마스크의 차이	
팩	피부에 도포 시 굳거나 차단막을 형성하지 않고 외부 공기를 통과시킴
마스크	피부에 도포 후 굳어져 외부 공기를 차단시키므로써 유효성분 침투 용이

2 팩과 마스크의 목적 및 효과

팩 재료나 원료성분의 특성에 따라 진정, 수렴, 보습작용 등의 효과가 있음

① 잔주름 완화, 노화방지 효과

② 각질과 모공의 노폐물 제거 및 진정작용

③ 유효성분침투로 피부에 필요한 수분과 영양 공급

④ 피부의 보습, 재생, 탄력 강화에 효과

⑤ 색소침착을 조절하여 피부색을 맑고 투명하게 함

⑥ 외부의 공기유입 차단으로 수분 증발이 억제되어 피부가 유연하고 촉촉함

⑦ 피부의 온도 상승으로 혈액순환이 촉진되어 산소와 영양 공급 활발

2 팩과 마스크의 종류

1 제거방법에 따른 분류

(1) 필 오프 타입(peel off type)

① 젤 또는 액체 형태로 도포 후 건조되면서 얇은 필름 막을 형성

② 피지, 노폐물 및 죽은 각질세포가 함께 제거되어 피부 청정효과 부여

③ 피부의 긴장감, 탄력효과

(2) 워시 오프 타입(wash off type)

① 물로 씻어서 제거하는 제품으로 크림, 젤, 거품, 클레이, 분말 등 다양한 제형

② 제품을 도포한 다음 10~20분 경과 후 젖은 해면, 습포 또는 미온수로 제거

③ 피부에 자극을 주지 않고 물로 씻어내므로 사용 후 상쾌함

(3) 티슈 오프 타입(tissue off type)

① 티슈로 닦아내는 방법으로 흡수가 잘 되는 크림이나 젤 형태

② 제품을 도포한 다음 10~15분 경과 후 티슈로 찍어내듯 여분의 잔여물을 가볍게 제거

③ 보습과 영양공급이 뛰어나 건성·노화 피부에 효과

④ 여드름·지성피부에는 부적합

2 제형에 따른 분류

(1) 파우더 타입(powder type)
① 파우더 성질을 이용하여 피부의 습기와 피지흡착
② 증류수와 화장수 등과 섞어서 사용하며 입자가 고울수록 흡착력이 큼
③ 건조를 막기 위해 스팀, 온습포 등 이용

(2) 크림 타입(cream type)
① 보습·유연효과가 뛰어나 민감성, 건성, 노화피부에 사용하기 적합
② 유화형태로 제품을 도포 후 10~20분이 지나면 제품은 그대로 있고 유효성분만 흡수
③ 가장 보편적으로 사용하는 제형으로 필요에 따라 랩, 적외선램프 사용 가능

(3) 젤 타입(gel type)
① 투명한 수성의 젤 형태로 사용할 때 청량감이 있어 민감한 피부에 효과
② 피부 진정효과와 보습효과가 있어 지성피부, 여드름 피부에 효과적
③ 물로 닦아내는 워시 오프 타입(wash of type)이 많음

(4) 점토 타입(clay type)
① 주성분은 진흙, 점토 등으로 카올린, 탈크, 아연, 이산화티탄 등의 분말성분과 글리세린 등의 보습 성분을 혼합하여 만든 제품
② 흡착력이 뛰어나 피지, 노폐물 제거와 살균, 소독, 항염 작용에 효과적
③ 복합성 피부, 지성피부, 여드름 피부에 적합

(5) 종이 타입(sheet type)
① 콜라겐이나 다른 활성성분을 건조시킨 종이를 증류수, 화장수에 적셔 사용
② 보습·진정효과 탁월

(6) 고무 타입(rubber type)
① 고무모양으로 응고되며 해초에서 추출한 주성분인 알긴산으로 고무마스크, 모델링 팩마스크라고 도 함
② 차단막 효과로 앰플, 영양크림 등을 효과적으로 흡수

3 온도에 따른 분류

(1) 웜 마스크(warm mask)
① 열 발생으로 혈관을 확장시켜 혈액순환을 원활하게 하고 피지선과 한선의 활동을 증진
② 석고 마스크, 파라핀 마스크 등이 있음

(2) 콜드 마스크(cold mask)
① 차가운 팩으로 신선함과 상쾌함을 느낄 수 있으며 수렴작용
② 고무(모델링) 마스크, 콜라겐 벨벳 마스크, 냉동요법 등이 있음

4 특수 마스크

(1) 석고 마스크(gypsum mask)

석고와 물 또는 석고용 특수용액의 교반작용 후 크리스털 성분이 열을 발산하여 굳어짐

① 도포 후 40℃ 이상 온도가 오르며, 발산된 열에 의해 혈액순환 촉진

② 피부를 밀폐시켜 열을 내게 하므로 석고 적용 전에 도포한 베이스 크림이 피부 깊숙이 침투되어 영양공급

③ 혈액순환을 촉진시켜 피부에 생기와 탄력 증진

④ 피지 및 노폐물 배출에 효과적

⑤ 이중 턱과 늘어진 피부에 모델링 효과

⑥ 건성피부, 노화피부의 영양흡수에 가장 효과적

> **참고** 석고 마스크 시 주의사항
>
> • 석고 마스크 사용 전에 폐쇄공포증이 있는지 확인
> • 예민한 피부, 모세혈관확장 피부, 화농성 여드름 피부는 피함

(2) 고무 마스크(rubber type)

주로 해조류에서 추출한 알긴산이 주성분으로 파우더 형태로 되어 있어 물이나 젤과 혼합하여 바르면 고무처럼 응고되면서 마스크의 활성성분을 흡수시킴

① 수분공급, 진정작용 효과가 뛰어남

② 모든 피부 적용 가능

③ 고무 마스크 전에 앰플, 에센스 등을 도포할 경우 제품 침투 촉진

(3) 콜라겐 벨벳(collagen velvet)

천연 콜라겐을 냉동 건조시켜 종이와 같은 시트 형태로써 정제수 또는 화장수에 적셔 사용하는 마스크

① 수분이 부족한 건성피부, 노화피부에 적합

② 여드름 피부, 필링 후 진정·재생관리에 효과적

③ 새로운 콜라겐 섬유형성 촉진

④ 피부 깊숙이 수분을 공급하고 탄력과 잔주름 예방

⑤ 피부에 유효성분이 잘 침투하기 위해 기포가 생기지 않도록 주의

(4) 파라핀 마스크(paraffin mask)

파라핀 내의 열과 오일이 모공을 열어 주고, 피부를 코팅하는 과정에서 발한작용이 일어남

① 파라핀의 발열작용은 혈액순환을 원활하게 함

② 수분부족 피부의 수분 밸런스 회복

③ 발한작용에 의한 슬리밍 효과

④ 모공을 확장시켜 크림, 앰플 등의 제품 침투 촉진

⑤ 노화피부, 건성피부에 효과적

⑥ 민감성 피부, 화농성 여드름 피부, 모세혈관확장 피부에는 사용을 피함

(5) 천연 팩

① 사람이 먹을 수 있는 모든 것으로 1회분만 만들어 즉시 사용
② 소량의 독성이 있는 경우도 있어 민감한 피부의 경우 트러블 유발에 주의

천연재료	효과	적용피부
달걀 노른자	영양공급, 미백	건성, 노화
달걀 흰자	세정, 피지 제거	지성, 여드름
살구씨	미백, 노화방지	기미, 건성, 노화
감자	소염, 진정	여드름, 썬번
오이	미백, 수분공급, 진정	여드름, 기미, 썬번
요구르트	영양, 보습	건성, 노화
레몬	미백, 청결, 이완, 탄력	기미, 노화, 색소
사과	노폐물 제거	여드름, 지성피부
알로에, 해초	소염, 진정	염증
포도, 키위	미백	색소침착
연근	미백	기미, 썬번
우유	미백	건성, 노화

(6) 한방 팩

① 한방에 사용되는 재료는 냉장고나 서늘한 곳에 보관
② 독성으로 인해 피부트러블 유발 가능
③ 가루나 농축 액화시켜 사용
④ 색소침착, 건성, 여드름 등 문제성 피부에 효과적

한방재료	효과	적용피부
쑥, 율무	영양, 수분, 청정	정상
구기자, 황금, 백복령	영양, 수분, 유연	건성, 노화
율피, 감초, 진피, 맥반석, 박하	청정 수렴	지성, 여드름
행인, 백강잠, 녹두, 도인	미백, 청정, 탄력	미백, 색소침착

참고 젤라틴 마스크

중탕으로 녹여진 제품을 온도 테스트 후 브러시로 도포(예민피부 진정작용에 효과적)

3 팩과 마스크의 사용방법 및 주의사항

1 팩과 마스크의 사용방법

① 딥 클렌징 또는 마사지 후 사용하고 피부유형에 적합한 제품 선택

② 제품의 적절한 사용방법에 따라 양을 잘 조절하여 사용

③ 팩의 도포 시간은 제품에 따라 다르나 일반적으로 10~20분 사이

④ 팩을 바르는 순서는 턱, 볼, 코, 이마, 목 순이며, 방향은 안에서 바깥으로, 제거 시에는 아래에서 위로 제거함

⑤ 눈 부위는 진정용 화장수를 적신 아이패드를 적용하여 안정감을 줌

⑥ 크림, 젤 형태의 제품은 손 또는 브러시로 도포, 분말 형태는 물과 혼합 후 브러시나 스파츌라 이용하여 도포

⑦ 두 가지 이상의 팩을 적용시킬 시에는 수분 흡수 효과가 큰 것을 먼저 적용

2 팩과 마스크의 사용 시 주의사항

① 피부에 상처가 있을 시 사용 금지

② 팩 사용 전 고객의 알레르기 유무 확인

③ 팩의 효능과 온도 등 고객에게 미리 알림

④ 천연 팩은 반드시 사용 직전에 만들고, 한방 팩은 3가지 이상 혼합 자제

⑤ 팩 도포 시 눈, 코, 입, 귀에 들어가거나 흘러내리지 않도록 주의

⑥ 도포 후 적정 적용시간 엄수

⑦ 눈썹, 눈 주위, 입술 위는 가급적 팩 사용을 피함

01 팩의 목적이 아닌 것은?

① 노폐물의 제거와 피부정화
② 혈액순환 및 신진대사 촉진
③ 영양과 수분공급
④ 잔주름 및 피부건조 치료

해설 팩의 목적은 치료보다는 예방에 있다.

02 피부관리에서 팩 사용 효과가 아닌 것은?

① 수분 및 영양공급　　② 각질 제거
③ 치료 작용　　　　　④ 피부 청정작용

해설 치료 작용을 하는 것은 피부미용의 영역이 아닌 의료의 영역이다.

03 팩제의 사용 목적이 아닌 것은?

① 팩제가 건조하는 과정에서 피부에 심한 긴장을 준다.
② 일시적으로 피부의 온도를 높여 혈액순환을 촉진한다.
③ 노화한 각질층 등을 팩제와 함께 제거시키므로 피부표면을 청결하게 할 수 있다.
④ 피부의 생리기능에 적극적으로 작용하여 피부에 활력을 준다.

해설 팩제의 사용 목적은 진정, 수렴, 보습, 영양을 공급하여 건강한 피부를 유지하기 위함이다.

04 팩의 목적 및 효과와 가장 거리가 먼 것은?

① 피부의 혈행 촉진 및 청정작용
② 진정 및 수렴작용
③ 피부보습
④ 피하지방의 흡수 및 분해

해설 팩의 목적과 효과는 피부상태의 개선으로 피하지방의 흡수 및 분해는 팩의 효과가 아니다.

05 도포 후 온도가 40℃ 이상 올라가며, 노화피부 및 건성피부에 필요한 영양흡수 효과를 높이는데 가장 효과적인 마스크는?

① 석고 마스크　　　　② 콜라겐 마스크
③ 머드 마스크　　　　④ 알긴산 마스크

해설 석고 마스크는 열을 발생하여 혈액순환을 촉진시키고 영양물질의 침투를 용이하게 하며, 노화피부, 건성피부에 효과적이다.

06 팩의 설명으로 옳은 것은?

① 파라핀 팩은 모세혈관확장 피부에 사용을 피한다.
② wash-off 타입의 팩은 건조되어 얇은 필름을 형성하며 피부 청결에 효과적이다.
③ peel-off 타입의 팩은 도포 후 일정시간 지나 미온수로 닦아내는 형태의 팩이다.
④ 건성피부에 적용 시 도포하여 건조시키는 것이 효과적이다.

해설
• 파라핀 팩은 열이 발생하므로 열에 예민한 모세혈관확장 피부에는 더 자극적이기에 피해야 한다.
• wash-off 타입은 팩을 도포 후 일정시간 후 미온수로 씻거나 닦아내는 타입이다.
• peel-off 타입은 필름을 형성하여 피부에 남은 잔여물까지 벗겨내는 타입이기에 청결에 효과적인 팩이다.
• 건성피부의 경우에는 수분이 지속적으로 유지되는 팩을 사용한다.

07 마스크에 대한 설명 중 틀린 것은?

① 석고 – 석고와 물의 교반작용 후 크리스탈 성분이 열을 발산하여 굳어진다.
② 파라핀 – 열과 오일이 모공을 열어주고, 피부를 코팅하는 과정에서 발한 작용이 발생한다.
③ 젤라틴 – 중탕되어 녹여진 팩제를 온도 테스트 후 브러시로 바르는 예민피부용 진정 팩이다.
④ 콜라겐 벨벳 – 천연 용해성 콜라겐의 침투가 이루어지도록 기포를 형성시켜 공기층의 순환이 되도록 한다.

해설 콜라겐 벨벳은 천연 용해성 콜라겐의 침투가 잘 이루어지도록 기포가 생기지 않도록 밀착시켜야 한다.

08 다음에서 설명하는 팩(마스크)의 재료는?

> 열을 내서 혈액순환을 촉진시키고 또한 피부를 완전 밀폐시켜 팩(마스크) 도포 전에 바르는 앰플과 영양액 및 영양크림의 성분이 피부 깊숙이 흡수되어 피부개선에 효과를 줌

① 해초   ② 석고
③ 꿀   ④ 아로마

해설 석고 마스크는 온도가 40℃ 이상 올라가 혈액순환을 촉진시키고 밀폐를 통해 도포 전에 바른 영양물질을 피부 깊숙이 흡수시키며 노화피부, 건성피부에 효과적이다.

09 필 오프 타입 마스크의 특징이 아닌 것은?

① 젤 또는 액체형태의 수용성으로 바른 후 건조되면서 필름 막을 형성한다.
② 볼 부위는 영양분의 흡수를 위해 두껍게 바른다.
③ 팩 제거 시 피지나 죽은 각질 세포가 함께 제거되므로 피부청정 효과를 준다.
④ 일주일에 1~2회 사용한다.

해설 필 오프 타입 마스크는 바른 후 건조되면서 얇은 필름 막을 형성해 떼어내는 타입으로 얇고 균일하게 바른다.

10 다음의 설명에 가장 적합한 팩은?

> • 효과 : 피부타입에 따라 다양하게 사용되며 유화형태이므로 사용감이 부드럽고 침투가 쉬움
> • 사용방법 및 주의사항 : 사용량만큼 필요한 부위에 바르고 필요에 따라 호일, 랩, 적외선램프 사용

① 크림팩   ② 벨벳(시트)팩
③ 분말팩   ④ 석고팩

해설 크림팩은 자극이 적어 건성, 노화, 민감성 피부에 적합하며 보습, 영양공급 효과가 뛰어나다.

11 워시 오프 타입의 팩이 아닌 것은?

① 크림팩   ② 거품팩
③ 클레이팩   ④ 젤라틴팩

해설 워시 오프 타입은 물로 씻어내는 타입이며, 젤라틴팩은 막을 떼어내는 필 오프 타입(peel off type)에 속한다.

12 콜라겐 벨벳 마스크는 어떤 타입이 주로 사용되는가?

① 시트 타입   ② 크림 타입
③ 파우더 타입   ④ 젤 타입

해설 콜라겐 벨벳 마스크는 용해성 콜라겐을 동결 건조시켜 종이 형태로 만든 시트 타입 마스크로 사용 시 물이나 용액에 적셔 기포가 형성되지 않도록 밀착시켜야 한다.

13 다음 중 피지분비가 많은 지성, 여드름성 피부의 노폐물 제거에 가장 효과적인 팩은?

① 오이팩   ② 석고팩
③ 머드팩   ④ 알로에겔팩

해설 머드팩은 흡착력이 뛰어나 피지, 노폐물 제거에 효과적이므로 지성, 여드름 피부에 적합하다.

14 벨벳 마스크 사용 시 기포를 제거해야 하는 이유는?

① 기포가 생기면 마스크의 모양이 예쁘지 않기 때문이다.
② 기포가 생기면 마스크의 적용시간이 길어지기 때문이다.
③ 기포가 생기면 고객이 불편해 하기 때문이다.
④ 기포가 생기는 부분에는 마스크의 성분이 피부에 침투하지 않기 때문이다.

해설 벨벳 마스크 사용 시 기포가 생기면 마스크의 유효성분이 피부에 골고루 침투되지 않는다.

15 콜라겐 벨벳 마스크의 설명으로 틀린 것은?

① 피부의 수분 보유량을 향상시켜 잔주름을 예방한다.

② 필링 후 사용하여 피부를 진정시킨다.

③ 천연 콜라겐을 냉동 건조시켜 만든 마스크이다.

④ 효과를 높이기 위해 비타민을 함유한 오일을 흡수시킨 후 실시한다.

해설 콜라겐은 수용성 물질이므로 유분기 있는 제품을 흡수시킨 후 실시하면 침투가 잘 되지 않는다.

16 두 가지 이상의 다른 종류의 마스크를 적용시킬 경우 가장 먼저 적용시켜야 하는 마스크는?

① 가격이 높은 것

② 수분흡수 효과를 가진 것

③ 피부로의 침투시간이 긴 것

④ 영양성분이 많이 함유된 것

해설 수분흡수 효과가 좋은 마스크를 먼저 적용시킨다.

17 피부타입에 따른 팩의 사용이 잘못된 것은?

① 건성피부 – 클레이 마스크

② 지성피부 – 클레이 마스크

③ 노화피부 – 벨벳 마스크

④ 여드름피부 – 머드팩

해설 건성피부는 보습을 위한 팩, 크림 팩, 석고 마스크가 적합하며 클레이 마스크는 피지를 흡착하고 피부의 청정효과를 위해 사용하는 제품으로 지성피부에 적합하다.

18 천연팩에 대한 설명 중 틀린 것은?

① 사용할 횟수를 모두 계산하여 미리 만들어 준비해둔다.

② 신선한 무공해 과일이나 야채를 이용한다.

③ 만드는 방법과 사용법을 잘 숙지한 다음 제조한다.

④ 재료의 혼용 시 각 재료의 특성을 잘 파악한 다음 사용하여야 한다.

해설 천연팩의 경우는 변질의 위험이 있으므로 만드는 즉시 사용하여야 한다.

19 온열 석고 마스크의 효과가 아닌 것은?

① 열을 내어 유효성분을 피부 깊숙이 흡수시킨다.

② 혈액순환을 촉진시켜 피부에 탄력을 준다.

③ 피지 및 노폐물 배출을 촉진한다.

④ 자극 받은 피부에 진정효과를 준다.

해설 석고 마스크는 늘어진 피부를 끌어올려 모델링 효과를 주지만 시술 시 열이 발생하면서 피부에 자극을 줄 수 있다.

20 팩의 제거방법에 따른 분류가 아닌 것은?

① 티슈 오프 타입(tissue off type)

② 석고 마스크 타입(gypsum mask type)

③ 필 오프 타입(peel off type)

④ 워시 오프 타입(wash off type)

해설 팩의 제거방법에 따른 구분 : 필 오프 타입, 워시 오프 타입, 티슈 오프 타입

21 팩에 대한 내용 중 적합하지 않은 것은?

① 건성피부에는 진흙팩이 적합하다.

② 팩은 사용목적에 따른 효과가 있어야 한다.

③ 팩 재료는 부드럽고 바르기 쉬워야 한다.

④ 팩의 사용에 있어서 안전하고 독성이 없어야 한다.

해설 진흙팩(머드팩)은 피지를 흡착하는 작용이 있어 지성, 여드름 피부에 효과적이다.

22 파우더 타입의 머드팩에 대한 설명으로 옳은 것은?

① 유분을 공급하므로 노화·재생관리가 필요한 피부에 사용

② 피지를 흡착하고 살균, 소독 및 항염 작용이 있어 지성 및 여드름 피부에 사용

③ 항염 작용이 있어 민감한 피부관리에 사용

④ 보습작용이 뛰어나 눈가나 입술관리에 사용

해설 파우더 타입의 머드팩은 피지흡착력, 살균, 소독, 항염 작용이 뛰어나 여드름 피부, 지성피부에 효과적이다.

23 팩의 분류에 속하지 않는 것은?

① 필 오프(peel-off) 타입

② 워시 오프(wash-off) 타입

③ 시트(sheet) 타입

④ 워터(water) 타입

해설 팩은 제거 방법에 따라 필 오프 타입, 워시 오프 타입, 티슈 오프 타입이 있으며 시트 타입도 필 오프 타입에 포함된다.

24 마스크의 종류에 따른 사용 목적이 틀린 것은?

① 콜라겐 벨벳 마스크 – 진피 수분공급

② 고무 마스크 – 진정, 노폐물 흡착

③ 석고 마스크 – 영양성분 침투

④ 머드 마스크 – 모공청결, 피지흡착

해설 콜라겐 벨벳 마스크는 수용성으로 피부 진피까지 수분을 공급하기에는 분자구조가 커서 어렵다.

25 팩의 사용방법에 대한 내용 중 틀린 것은?

① 천연 팩은 흡수시간을 길게 유지할수록 효과적이다.

② 팩의 진정 시간은 제품에 따라 다르나 일반적으로 10~20분 정도의 범위이다.

③ 팩을 사용하기 전 알레르기 유무를 확인한다.

④ 팩을 하는 동안 아이패드를 적용한다.

해설 천연 팩제는 재료 자체에 소량의 독성이 있으므로 팩 시간을 길지 않게 10~20분 정도로 한다.

26 팩과 관련한 내용 중 틀린 것은?

① 피부상태에 따라서 선별해서 사용해야 한다.

② 팩을 바르기 전 냉타월로 피부를 진정시킨 후 사용하면 효과적이다.

③ 피부에 상처가 있는 경우에는 사용을 금한다.

④ 눈썹, 눈 주위, 입술 위는 팩 사용을 피한다.

해설 팩을 제거한 후 냉타월을 사용하면 수렴효과를 준다.

27 팩 사용 시 주의사항이 아닌 것은?

① 피부타입에 맞는 팩제를 사용한다.

② 잔주름 예방을 위해 눈 위에 직접 덧바른다.

③ 한방팩, 천연팩 등은 즉석에서 만들어 사용한다.

④ 안에서 바깥방향으로 바른다.

해설 눈 부위는 자극을 줄 수 있으므로 진정용 화장수를 적신 화장솜으로 가리고 눈과 입 부위를 제외한 얼굴과 목에 팩을 도포한다.

정답	01	02	03	04	05	06	07	08
	④	③	①	④	①	①	④	②
	09	10	11	12	13	14	15	16
	②	①	④	①	③	④	④	②
	17	18	19	20	21	22	23	24
	①	①	④	②	①	②	④	①
	25	26	27					
	①	②	②					

8절 제모

1 제모의 개요

1 제모의 정의
제모란 미용상 불필요한 신체의 털을 도구를 사용하여 일시적, 영구적으로 제거하는 것

2 제모의 목적 및 효과
① 신체 노출 부위의 털을 제거하여 아름답고 매끄러운 피부 표현
② 얼굴의 경우 솜털을 제거함으로써 메이크업과 마사지의 효과 상승
③ 모근까지 제거할 경우 재성장이 쉽게 일어나지 않음

2 제모의 종류 및 방법

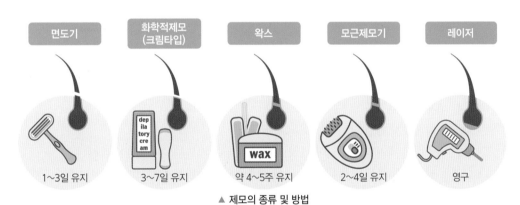

면도기	화학적제모 (크림타입)	왁스	모근제모기	레이저
1~3일 유지	3~7일 유지	약 4~5주 유지	2~4일 유지	영구

▲ 제모의 종류 및 방법

1 영구적 제모(epilation)
(1) 종류
① 전기분해법
- 직류 전기를 이용하여 모근까지 제거하는 방법
- 전기침을 모근 하나하나에 꽂은 후 순간적으로 전류를 보내 모낭을 파괴하는 방법
- 여러 번의 시술로 시간이 오래 걸리며 통증 동반
② 전기응고술
고주파에서 발생하는 고열로 털을 만드는 세포(모모세포)를 태워 파괴하는 방법
③ 레이저 제모
- 사용이 편리하고 효율적이며 안전함
- 털을 만드는 모모세포를 영구적으로 파괴시켜 털이 나지 않게 하는 방법

2 일시적 제모(depilation)

(1) 종류

① 면도기를 사용한 제모
- 면도기를 사용해서 피부표면에 나와있는 모간부만 제거
- 짧은 시간에 제거가 가능한 가장 손쉬운 방법
- 감염, 염증을 일으킬 수 있음
- 목욕이나 샤워 후 털이 부드러워졌을 때 거품을 내어 모공을 약간 확장시킨 후 제거
- 주기적인 면도로 인해 털이 굵고 거세게 자라며, 모근까지 제거가 불가능하여 곧 다시 재성장함

② 족집게를 사용한 제모
- 좁은 부위에 난 털을 제거할 때 사용
- 눈썹 정리, 왁스 제모 후 덜 뽑힌 잔여 털을 제거할 때 사용
- 털이 자라는 방향으로 제거
- 수렴 화장수로 정리 후 진정 로션 도포
- 지속적으로 실시할 경우 피부가 늘어지는 단점

③ 화학적 제모(크림타입)
- 크림, 액체, 연고 형태로 함유된 화학성분이 털을 연화시켜 닦아내어 제거
- 강알칼리성으로 피부를 자극하므로 안전을 위해 사전에 첩포검사(패치 테스트) 실시
- 일시적인 제모법으로 피부표면에 나온 모간 부분만 제거되어 3~4일 후면 다시 재성장
- 도포 후 5~10분 정도 경과 후 온수로 씻음
- 산성화장수로 정리 후 진정 로션이나 크림 도포

④ 왁스를 이용한 제모
- 피부 관리실에서 가장 많이 사용되는 방법
- 모근까지 털이 제거되므로 털이 다시 자라나는 데는 시일(약 4~5주)이 걸림
- 신체의 광범위한 부위를 짧은 시간 내에 효과적으로 제거
- 제모를 하고자 하는 부위를 한 번에 제거하여 즉각적인 결과를 얻음
- 피부나 모낭 등에 화학적 해를 주지 않음
- 일시적 제모법이나 반복적인 왁싱은 모유두의 모모세포가 퇴행되어 털이 얇아짐

(2) 온왁스(warm wax)

왁스 워머에 데워서 녹인 후 사용하는 제품

① 하드 왁스(hard wax, no-strip wax)
- 부직포를 사용하지 않음
- 털의 성장 방향으로 바르고, 왁스 가장자리 한쪽에 손잡이를 만들어서 털 성장 반대 방향으로 제거
- 눈썹, 입 주위, 겨드랑이, 비키니 라인과 같이 피부가 얇고 예민한 부분에 사용

② 소프트 왁스(soft wax, strip wax)
- 약 50℃ 정도에서 유동상태가 된 왁스를 털의 성장 방향으로 바르고 부직포를 부착시켜 털 성장 반대 방향으로 제거
- 부직포를 떼어내기까지 시간을 지체하면 왁스가 응고되어 털이 잘 제거되지 않음
- 온도가 너무 높으면 화상을 입을 수 있으므로 온도를 체크 후 사용
- 신체의 모든 부위에 가능

(3) 냉왁스(cold wax)
① 실내에서 유동상태로 되어 있어 데우지 않고 그대로 사용
② 사용방법은 온왁스와 동일
③ 굵거나 거센 털은 온왁스에 비해 잘 제거되지 않는게 단점

3 부위별 제모방법

1 액와(겨드랑이) 제모
① 팔을 머리 쪽으로 올리게 한 후 털이 긴 경우에는 약 1cm 정도 길이로 자름
② 털 성장 방향으로 원형 형태를 만들어 왁스를 도포
③ 왁스가 완전히 마르기 전에 가장자리를 들어올려 손잡이를 만듦
④ 털 성장 반대 방향으로 신속히 제거

2 팔 제모
팔의 위에서 아랫 방향으로 왁스를 도포하고 털 성장 반대 방향으로 털 제거

3 다리 제모
대퇴부와 하퇴부로 나누어서 실시
① 대퇴부 위에서 아래 방향으로 도포 후 털 성장 반대 방향으로 제거
② 하퇴부는 무릎에서 발목 방향으로 하고 무릎은 세워서 털 성장 반대 방향으로 제거
③ 종아리는 엎드려서 발목 방향으로 도포 후 털 성장 반대 방향으로 제거

4 눈썹 제모
① 눈썹 윗부분, 눈두덩이, 눈썹사이 순서로 주변의 잔털을 제거
② 제모 후 눈썹 가위와 족집게를 사용하여 눈썹 형태 완성

5 코 밑 제모
① 코 밑의 털은 2가지 이상의 방향으로 자라므로 나누어서 제거
② 입술 부위는 민감하여 떼어낼 때 한 손은 입술 중간 위에 대고 부직포를 신속히 제거

6 제모 시 주의사항

① 음주 후 제모는 절대 금지

② 장시간의 목욕, 사우나 직후는 피함

③ 제모 부위는 땀이나 유분기를 닦고 완전히 건조 후 실시

④ 상처나 염증, 피부질환, 정맥류, 혈관이상, 당뇨병 등의 증상이 있는 경우

⑤ 피부감염 방지를 위해 제모 후 24시간 내에 목욕, 사우나, 자외선 등의 자극을 피함

참고   소프트 왁스의 순서   🏠

시술부위 소독하기 → 파우더로 유·수분 제거 → 왁스의 온도 체크 → 왁스 도포(털 성장 방향) → 부직포 붙이기 → 부직포 떼어내기(털 성장 반대방향으로 눕혀서 신속히) → 족집게로 정리 → 진정 제품 도포

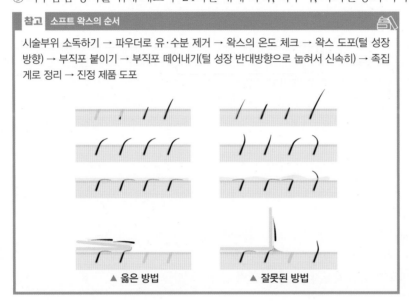

▲ 옳은 방법   ▲ 잘못된 방법

01 왁스와 머절린(부직포)을 이용한 일시적 제모의 특징으로 가장 적합한 것은?

① 제모하고자 하는 털을 한 번에 제거하여 즉각적인 결과를 가져온다.

② 넓은 부분의 불필요한 털을 제거하기 위해서는 많은 비용이 든다.

③ 깨끗한 외관을 유지하기 위해서 반복 시술을 하지 않아도 된다.

④ 한 번 시술을 하면 다시는 털이 나지 않는다.

해설 왁스를 이용한 일시적 제모는 광범위한 부위의 털을 제거하므로 적은 비용과 즉각적인 결과를 내지만 4~6주 후 반복시술이 필요하다.

02 제모의 종류와 방법 중 옳은 것은?

① 일시적 제모는 면도, 가위를 이용한 커팅법, 화학적 제모, 전기침 탈모법이 있다.

② 영구적 제모는 전기 탈모법, 전기핀셋 탈모법, 탈색법이 있다.

③ 제모 시 사용되는 왁스는 크게 콜드왁스와 웜 왁스로 구분할 수 있다.

④ 왁스를 이용한 제모법은 피부나 모낭 등에 화학적 해를 미치는 단점이 있다.

해설 • 일시적 제모 : 면도, 커팅법, 탈색법, 왁싱, 화학적 제모
• 영구적 제모 : 전기 탈모법, 전기핀셋 탈모법
• 피부나 모낭에 화학적 해를 입히는 것은 화학적 제모

03 제모 관리에서 왁스 제모법의 장점이 아닌 것은?

① 신체의 광범위한 부위를 짧은 시간 내에 효과적으로 제거할 수 있다.

② 털을 닳게 하여 제거하는 방법이므로 통증이 적다.

③ 다른 일시적 제모제보다 제모 효과가 4~5주 정도 오래 지속된다.

④ 피부나 모낭 등에 화학적 해를 미치지 않는다.

해설 털을 닳게 하여 제거하는 왁스의 제모법은 없다.

04 제모시술 중 올바른 방법이 아닌 것은?

① 시술자의 손을 소독한다.

② 머절린(부직포)을 떼어낼 때 털이 자란 방향으로 떼어낸다.

③ 스파츌라에 왁스를 묻힌 후 손목 안쪽에 온도 테스트를 한다.

④ 소독 후 시술 부위에 남아 있을 유·수분을 정리하기 위하여 파우더를 사용한다.

해설 머절린(부직포)을 떼어낼 때는 털이 자란 반대 방향으로 한 번에 떼어낸다.

05 제모의 설명으로 틀린 것은?

① 왁싱을 이용한 제모는 얼굴이나 다리의 털을 제거하는 데 적합하며 모근까지 제거되기 때문에 보통 4~5주 정도 지속된다.

② 제모 적용부위를 사전에 깨끗이 씻고 소독한다.

③ 제모 후에 진정 제품을 피부표면에 발라준다.

④ 왁스를 바른 후 떼어 낼 때는 아프지 않게 천천히 떼어 내는 것이 좋다.

해설 왁스를 바른 후 떼어 낼 때는 털의 반대 방향으로 재빠르게 제거한다.

06 왁스를 이용한 제모의 부적용증과 가장 거리가 먼 것은?

① 신부전   ② 정맥류

③ 당뇨병   ④ 과민한 피부

해설 궤양 또는 종기가 있는 경우, 정맥류, 혈관이상, 당뇨병 환자, 피부 질환자, 알레르기 피부, 자외선으로 화상을 입은 경우, 생리중일 때 제모를 피하는 것이 좋다.

07 왁스 시술에 대한 내용 중 옳은 것은?

① 제모하기 적당한 털의 길이는 2cm이다.

② 온왁스의 경우 왁스는 제모 실시 직전에 데운다.

③ 왁스를 바른 위에 머절린(부직포)은 수직으로 세워 떼어낸다.

④ 남아있는 왁스의 끈적임은 왁스 제거용 리무버로 제거한다.

> 해설 털의 길이는 1cm가 적당하며, 온왁스는 녹이는 시간이 있으므로 미리 데워두며 부직포는 비스듬히 눕혀서 떼어낸다.

08 눈썹이나 겨드랑이 등과 같이 연약한 피부의 제모에 사용하며, 부직포를 사용하지 않고 체모를 제거할 수 있는 왁스(wax) 제모방법은?

① 소프트(soft) 왁스법

② 콜드(cold) 왁스법

③ 물(water) 왁스법

④ 하드(hard) 왁스법

> 해설 하드 왁스는 녹여서 피부에 직접 바르고 굳힌 다음 왁스 자체를 떼어내는 방법으로 주로 겨드랑이, 눈썹, 입술 부위에 사용한다.

09 일시적 제모방법 가운데 겨드랑이 및 다리의 털을 제거하기 위해 피부관리실에서 가장 많이 사용되는 제모방법은?

① 면도기를 이용한 제모

② 레이저를 이용한 제모

③ 족집게를 이용한 제모

④ 왁스를 이용한 제모

> 해설 왁스를 이용한 제모는 일시적 제모방법으로 피부관리실에서 가장 많이 사용하는 제모법이다.

10 화학적 제모와 관련된 설명이 틀린 것은?

① 화학적 제모는 털을 모근으로부터 제거한다.

② 제모 제품은 강알칼리성으로 피부를 자극하므로 사용 전 첩포검사를 실시하는 것이 좋다.

③ 제모 제품 사용 전 피부를 깨끗이 건조시킨 후 적정량을 바른다.

④ 제모 후 산성 화장수를 바른 뒤에 진정 로션이나 크림을 흡수시킨다.

> 해설 화학적 제모는 화학성분이 함유되어 있는 크림을 도포해 피부표면의 털(모간부)만 제거하는 방법이다.

11 다음 중 화학적인 제모방법은?

① 제모크림을 이용한 제모

② 온왁스를 이용한 제모

③ 족집게를 이용한 제모

④ 냉왁스를 이용한 제모

> 해설 화학적 제모는 화학 성분이 함유되어 있는 크림을 도포하여 털을 연화시켜 모간을 제거하는 방법이다.

12 왁스를 이용한 제모방법으로 적합하지 않은 것은?

① 피지막이 제거된 상태에서 파우더를 도포한다.

② 털이 성장하는 방향으로 왁스를 바른다.

③ 쿨왁스를 바를 때는 털이 잘 제거되도록 왁스를 얇게 바른다.

④ 남은 왁스를 오일로 제거한 후 온습포로 진정한다.

> 해설 남은 왁스는 오일 리무버로 제거한 후 진정 젤을 바르거나 냉습포로 진정한다.

13 제모의 방법에 대한 내용 중 틀린 것은?

① 왁스는 모간을 제거하는 방법이다.

② 전기응고술은 영구적인 제모방법이다.

③ 전기분해술은 모유두를 파괴시키는 방법이다.

④ 제모크림은 일시적인 제모방법이다.

> 해설 모간을 제거하는 방법은 화학적 제모이다.

14 제모할 때 왁스는 일반적으로 어떻게 바르는 것이 적합한가?

① 털이 자라는 방향

② 털이 자라는 반대 방향

③ 털이 자라는 왼쪽 방향

④ 털이 자라는 오른쪽 방향

> 해설 왁스는 털이 자라는 방향으로 바르고 제거할 때는 털이 자라는 반대 방향으로 제거한다.

15 주로 피부관리실에서 사용되고 있는 제모방법은?

① 면도(shaving)

② 왁싱(waxing)

③ 전기응고술(epilation electrolysis)

④ 전기분해술(coagulation)

해설 일반적으로 피부관리실에서 가장 많이 사용되는 제모는 왁스를 이용한 제모이다.

16 일시적인 제모방법에 해당되지 않는 것은?

① 제모크림　　　② 왁스

③ 전기응고술　　④ 족집게

해설 전기응고술은 털을 만드는 세포(모모세포)를 파괴시키는 영구적 제모방법이다.

17 제모관리 중 왁싱에 대한 내용과 가장 거리가 먼 것은?

① 겨드랑이 및 입술 주위의 털을 제거 시에는 하드왁스를 사용하는 것이 좋다.

② 콜드왁스(cold wax)는 데울 필요가 없지만 온 왁스(warm wax)에 비해 제모능력이 떨어진다.

③ 왁싱은 레이저를 이용한 제모와는 달리 모유두의 모모세포를 퇴행시키지 않는다.

④ 다리 및 팔 등의 넓은 부위의 털을 제거할 때에는 부직포 등을 이용한 온왁스가 적합하다.

해설 왁싱은 일시적인 제모에 속하나 여러 번 반복하면 모모세포의 기능이 퇴행되어 털이 얇아진다.

18 일시적 제모에 해당하지 않은 것은?

① 족집게　　　② 제모용 크림

③ 왁싱　　　　④ 레이저 제모

해설 레이저 제모는 모모세포를 파괴시키는 영구적 제모 방법이다.

19 다음 중 일시적 제모에 속하지 않는 것은?

① 전기분해법을 이용한 제모

② 족집게를 이용한 제모

③ 왁스를 이용한 제모

④ 화학 탈모제를 이용한 제모

해설 전기분해법을 이용하여 모근에 전기침을 꽂아 모근을 파괴하는 방법은 영구적 제모에 속한다.

20 웜왁스를 이용하여 제모하는 방법으로 옳은 것은?

① 제모 전에는 로션을 발라 피부를 보호한다.

② 왁스는 털이 난 방향으로 발라준다.

③ 왁스를 제거할 때는 천천히 떼어낸다.

④ 제모 후에는 온습포를 이용해 시술 부위를 진정시킨다.

해설 제모 전에는 파우더로 유·수분을 제거한 후 왁스는 털이 난 방향으로 바르고, 제거 시에는 반대 방향으로 재빨리 떼어낸 후 냉습포와 진정 젤로 마무리한다.

21 다리 제모의 방법으로 틀린 것은?

① 머슬린 천을 이용할 때는 수직으로 세워서 떼어낸다.

② 대퇴부는 윗 부분부터 밑 부분으로 각 길이를 이등분 정도 나누어 내려가며 실시한다.

③ 무릎 부위는 세워놓고 실시한다.

④ 종아리는 고객을 엎드리게 한 후 실시한다.

해설 머슬린 천을 이용 시에는 털 성장 반대 방향으로 눕혀서 수평으로 떼어내야 털이 끊어지지 않는다.

22 제모 시 유의사항이 아닌 것은?

① 염증이나 상처, 피부질환이 있는 경우는 하지 말아야 한다.

② 장시간의 목욕이나 사우나 직후는 피한다.

③ 제모 부위는 유분기와 땀을 제거한 다음 완전히 건조된 후 실시한다.

④ 제모를 한 부위는 즉시 물로 깨끗하게 씻어주어야 한다.

해설 제모를 한 부위는 모공이 열려 있으므로 냉습포를 사용하여 피부를 진정시키고 진정 젤을 발라주며, 피부감염 방지를 위해 24시간 이내에 목욕, 비누 사용, 세안, 메이크업, 햇빛의 자극을 피하는 것이 좋다.

정답	01	02	03	04	05	06	07	08
	①	③	②	②	④	①	④	④
	09	10	11	12	13	14	15	16
	④	①	①	④	①	①	②	③
	17	18	19	20	21	22		
	③	④	①	②	①	④		

9절 전신관리

1 전신관리의 목적 및 효과

1 전신관리의 정의
전신(등, 가슴, 복부, 팔, 다리)의 피부와 체형을 건강하고 아름답게 관리하는 것

2 전신관리의 목적 및 효과
① 피부의 탄력성과 흡수성을 증가
② 혈액순환과 림프순환 촉진으로 노폐물 제거
③ 근육의 이완 및 강화 효과
④ 영양물질이나 산소의 공급이 원활해져 신진대사 촉진
⑤ 신체의 면역력 증가
⑥ 정신적, 육체적인 스트레스 및 피로 해소

3 전신관리의 단계
수(水)요법(샤워, 목욕) → 전신 각질 제거 → 전신 마사지 → 바디 랩핑 → 마무리

2 전신관리의 종류 및 방법

1 수요법(water therapy, hydrotherapy)
물의 다양한 물리적·화학적 성질을 이용하여 혈액순환 촉진, 독소배출, 세포재생 등 피부미용에 도움을 주는 관리법

(1) 수요법 시 주의사항
① 수요법은 대개 5~30분이 적당함
② 수요법 전에는 잠깐 휴식을 취함
③ 수요법 후에는 물을 많이 마셔서 수분 보충
④ 식사 직후는 피하고 적어도 1시간 후 실시

(2) 수요법의 종류

월풀관리 목욕관리 (whirl pool bath)	• 월풀은 수많은 분출구로 물을 분출시켜 각 부분의 신체를 마사지하고 기포를 이용해 거품 효과를 냄 • 물과 공기방울에 의해 노폐물 제거와 신진대사를 원활하게 하여 심신의 안정을 얻음 • 솔트, 아로마 제품, 해초제품 등을 입욕 시 혼합하여 체내에 공급
비시 샤워 (vichy shower)	• 누운 상태에서 수많은 물줄기로 척추와 전신을 마사지함으로써 근육을 이완시켜 긴장감을 완화함
제트 샤워 (jet shower)	• 고압으로 4~5m 떨어진 거리에서 물을 분출하여 전신 마사지하는 방법 • 체형관리에 효과적이며 물의 분출 형태와 수압은 부위별 자극 강도에 따라 조절 가능

2 전신 각질 제거
① 스크럽 제품이나 타월, 브러시 등으로 부드럽게 마찰하여 피부의 죽은 각질 제거
② 각질 제거 효과를 강화시키기 위해 브러시 세정기 사용 가능

3 전신마사지

(1) 스웨디시 마사지(swedish massage)
① 19C 초 스웨덴 의사 헨리 링(Pehr Henrik Ling)에 의해 창시
② 다섯 가지 기본동작을 활용하여 신경과 근육을 이완시키고 혈액과 림프의 순환을 원활하게 하는 서양의 대표적인 수기요법
③ 세계 3대 마사지 중 하나로 여러 마사지 기법들을 과학적이고 체계적으로 발전
④ 효과
  • 인체의 각 기관으로 산소공급 활성화
  • 관절의 통증부위를 완화하여 관절을 유연하게 함
  • 근육의 긴장을 이완시켜 혈액순환 촉진
  • 대사 물질, 노폐물을 배출시켜 통증 경감
  • 피로회복과 심리적 스트레스 완화
⑤ 적용방법 및 주의사항
  • 심장에서 먼 곳으로부터 심장을 향하여 하는 것이 원칙
  • 기본 테크닉 동작 : 에플러라지(effleurage), 페트리사지(petrissage), 프릭션(friction), 타포트먼트(tapotement), 바이브레이션(vibration)

(2) 림프 드레나지(lymph drainage)
① 1930년대 덴마크의 에밀 보더(Emil Vodder) 박사에 의해 개발된 요법
② 림프순환 촉진으로 대사물질과 노폐물을 배출시켜 조직 대사를 원활하게 함

③ 효과
- 독소배출, 노폐물 제거
- 림프의 흐름을 개선시켜 질병에 대한 면역력 강화
- 피부재생 작용, 수술 후 부종 및 상처치유에 효과적
- 혈액순환 장애나 영양불량으로 인해 나빠진 피부상태 호전
- 긴장된 근육이완, 통증완화
- 여드름 피부, 모세혈관확장 피부, 부종완화, 셀룰라이트 관리에 효과적

④ 적용방법 및 주의사항
- 오일 사용을 자제하되 필요시 2~3방울 정도로 림프순환의 방향대로 시행
- 정지상태의 회전동작, 원동작, 퍼올리기동작, 펌프동작 4가지 기본동작으로 이루어짐
- 급성염증, 혈전증, 심부전증, 감염성 피부, 천식의 경우 금함

참고 림프 드레나지의 기본 손동작

정지상태 원동작 (stationary circle)	손가락 또는 손 전체를 이용해 피부에 원을 그리면서 림프 순환 배출 방향으로 압을 주는 동작
펌프동작 (pump technique)	손을 바닥 쪽으로 구부리고 손목을 새끼손가락 쪽으로 굽힌 후, 손을 등 쪽으로 펴면서 손목을 엄지손가락 방향으로 이동하여 림프 순환 배출 방향으로 움직이는 기법
퍼올리기동작 (scoop technique)	손바닥을 펴고 손등이 아래로 향하게 하여 위쪽으로 올리면서 손목 회전을 이용하여 퍼올리는 기법
회전동작 (rotary technique)	엄지와 손바닥 전체를 피부에 밀착시킨 후 나선형으로 밀어내는 동작

(3) 아로마테라피(aromatherapy)
① 아로마(aroma, 향기)와 테라피(therapy, 치료, 치유)의 합성어로 '향기를 이용한 치료법'을 의미
② 식물에서 추출한 에센셜 오일로 호흡기와 피부를 통해 체내로 흡수되어 심리적 안정감을 줌
③ 효과
- 스트레스를 해소하고 신경을 안정시킴
- 피부 재생 기능을 촉진하여 여드름 관리에 효과적
- 통증이나 근육경직에 도움을 줌
- 혈액순환과 체내 노폐물 배출
- 신체의 면역기능을 높여주고, 정신적, 육체적 조화를 유지하도록 도움

④ 적용방법 및 주의사항
- 에센셜 오일은 순도가 높은 고농축이므로 직접 피부에 바르지 않고 식물성 오일과 희석하여 사용
- 공기 중의 산소와 빛에 의해 변질될 수 있으므로 반드시 어두운 갈색병에 보관
- 에센셜 오일을 사용할 때에는 안정성을 위해 정해진 용법을 준수

표피 → 진피 → 체액(조직액 및 간질액) → 림프계 → 혈액 → 전신

(4) 경락마사지(meridain massage)

① 한의학의 기본이론 중 하나로 눈에 보이지 않는 인체의 기혈운행 통로, 즉 기혈의 순환계를 의미
② 정체된 신체 부위에 기(에너지)의 흐름을 원활하게 하기 위해 수기(手技)를 이용하여 경락을 자극하는 방법
③ 경락의 흐름을 이용하여 인체의 장부까지 영향을 주는 마사지 방법
④ 효과
  • 얼굴 축소 및 체형관리에 효과
  • 피부노화를 예방하고 피부에 윤기 부여
  • 근육의 긴장과 통증을 완화
  • 인체의 생리기능을 활성화시켜 자연 치유력 기능 증가
  • 내분비선의 기능 조절, 면역력 증가
  • 림프순환을 원활하게 하고 노폐물 체외로 배출
  • 에너지와 호르몬의 불균형을 해소함으로써 비만관리에 효과

(5) 아유르베딕 마사지(ayurvedic massage)

① 인도의 전통의학으로 삶 또는 인생이라는 의미의 '아유르(Ayur)+베다(Veda)'의 합성어
② 체질에 따른 식물성 오일, 에센셜 오일 등을 사용하여 마사지
③ 효과
  • 몸에 유연성을 주고 피부에 탄력부여
  • 두통, 불면증, 스트레스 해소에 도움을 주고 심신을 안정시킴
  • 피로회복 및 신체의 면역력 강화
  • 오일 마사지법으로 독소배출과 비만에 효과
  • 혈액순환 장애로 인한 근육통, 신경통에 효과

(6) 타이마사지(thai massage)

① 태국의 전통 의술 기법으로 명상, 요가, 호흡법을 이용하여 신체 조직을 이완시킴으로써 신체를 정화하고 운동시키는 스트레칭 마사지
② 에너지의 통로인 '센'을 자극하여 정체된 에너지를 해소해주는 마사지 법
③ 효과
  • 유연성이 증대되며 통증을 완화
  • 근육과 관절의 기능이 좋아짐
  • 혈액순환으로 인해 신체적, 정신적 피로 해소
  • 신진대사 촉진으로 면역력 증대

(7) 스톤테라피

① 열전도율이 높은 현무암을 이용한 마사지로 아메리카 인디언으로부터 유래

② 현무암을 뜨겁게 데워 인체에 적용시키면 원적외선이 다량 방출되어 근육의 상부조직 및 관절에 효과적

③ 효과
- 인체의 체온을 유지시켜 근육 이완, 육체의 피로 회복
- 신체적, 정신적 스트레스 완화
- 혈액 및 신진대사를 촉진시키고 신경계를 자극
- 에너지 순환을 도와 소화기능 강화
- 피부에 영양공급

(8) 셀룰라이트 관리

① 셀룰라이트는 주로 여성에게 나타나며 세포의 신진대사 활동 저하로 발생

② 주로 여성의 둔부, 허벅지, 상완 등에 많이 발생하며 피부표면이 울퉁불퉁한 현상

③ 셀룰라이트는 일종의 림프순환 장애 증상으로 순환기 비만이라고도 함

④ 요인
- 유전적 요인으로는 순환계의 장애
- 내분비계 불균형, 정맥울혈과 림프정체 등
- 림프순환 저하로 피하지방이 축적되어 뭉친 현상
- 지방세포 크기의 증가
- 결합조직이 경화되어 뭉쳐있는 상태

⑤ 관리방법
- 혈액순환 촉진을 위해 매일 적절한 운동 권장
- 조직액 내의 노폐물 배설 촉진 및 정체된 조직액 제거를 위해 림프 드레나지를 정기적으로 실시
- 노폐물 배출에 효과가 있는 아로마 에센셜 오일(주니퍼베리, 사이프러스, 제라늄, 파츌리 등) 사용
- 원활한 신진대사를 위해 균형 있는 영양섭취와 운동을 통해 체내의 불필요한 노폐물 축적 방지

(9) 반사요법

① 인체의 각 기관과 연결된 특정 부위(손, 발, 귀)의 반사구를 손이나 도구로 자극하는 방법

② 효과
- 신경 반사구를 통하여 인체의 내부기관 활성화
- 발 반사구 자극으로 혈액순환 촉진 및 신진대사 증진
- 신체 기능 활성화로 자연치유력 증대

③ 주의사항
- 수술 후, 당뇨, 심장질환이 있는 경우
- 정맥류 및 발의 질환, 상처가 있는 경우
- 신체의 감염성 질환 및 염증이 있는 경우

(10) 바디 랩

① 허브, 머드, 슬리밍 크림 등을 관리 부위에 도포한 후 랩이나 메탈호일, 시트 등을 활용하여 감싸는 방법으로 부종, 셀룰라이트 관리에 효과적

② **효과**
- 모공 확장으로 제품흡수 용이
- 독소 및 노폐물 배출, 순환촉진 효과

③ **관리방법**
- 관리 부위를 마사지 후 전용제품을 바르고 20~30분 정도 랩을 씌움
- 랩을 감쌀 때는 혈액순환에 방해가 되지 않도록 랩을 너무 조이지 않게 감쌈
- 발한작용을 돕기 위해 수증기나 드라이히터 등 열관리를 겸하기도 함
- 상처가 있거나 고혈압, 당뇨, 임산부, 심장질환자는 금지

01 다음 중 인체의 임파선을 통한 노폐물의 이동을 통해 해독작용을 도와주는 관리방법은?

① 반사요법 ② 바디 랩
③ 향기요법 ④ 림프 드레나지

해설 림프 드레나지는 림프순환을 촉진시키고 노폐물을 배출하여 신체 면역작용을 증진시키는 마사지 기법이다.

02 물의 수압을 이용해 혈액순환을 촉진시켜 체내의 독소배출, 세포재생 등의 효과를 증진시킬 수 있는 건강증진 방법은?

① 아로마테라피(aromatherapy)
② 하이드로테라피(hydrotherapy)
③ 스톤테라피(stonetherapy)
④ 허벌테라피(hebaltherapy)

해설 수요법(hydrotherapy)은 물의 수압을 이용해 혈액순환을 촉진시키는 방법이다.

03 바디 랩에 관한 설명으로 틀린 것은?

① 비닐을 감쌀 때는 타이트하게 꽉 조이도록 한다.
② 수중기나 드라이히터는 몸을 따뜻하게 하기 위해서 사용되기도 한다.
③ 보통 사용되는 제품은 앨쥐나 허브, 슬리밍 크림 등이다.
④ 이 요법은 독소제거나 노폐물의 배출 증진, 순환 증진을 위해서 사용된다.

해설 바디 랩을 감쌀 때는 피부가 호흡할 수 있도록 타이트하게 하기보다는 적당한 압력으로 행한다.

04 관리방법 중 수요법(water therapy, hydrotherapy) 시 지켜야 할 수칙이 아닌 것은?

① 식사 직후에 행한다.
② 수요법은 대개 5분에서 30분까지가 적당하다.
③ 수요법 전에는 잠깐 쉬도록 한다.
④ 수요법 후에는 주스나 향을 첨가한 물이나 이온음료를 마시도록 한다.

해설 수요법을 할 경우 식사 직후 바로 하면 소화에 자극이 될 수 있으므로 최소 한 시간 이후에 실시하는 것이 좋다.

05 셀룰라이트 관리에서 중점적으로 행해야 할 관리방법은?

① 근육의 운동을 촉진시키는 관리를 집중적으로 행한다.
② 림프순환을 촉진시키는 관리를 한다.
③ 피지가 모공을 막고 있으므로 피지배출 관리를 집중적으로 행한다.
④ 한선이 막혀 있으므로 한선관리를 집중적으로 행한다.

해설 셀룰라이트는 신진대사와 혈액순환, 림프순환이 원활하지 않아 피하지방층의 지방이 과잉 축적되어 노폐물 배출이 어려워진 상태이므로 림프순환을 촉진시키는 관리가 적합하다.

06 다음 중 노폐물과 독소 및 과도한 체액의 배출을 원활하게 하는 효과에 가장 적합한 관리방법은?

① 지압 ② 인디안 헤드 마사지
③ 림프 드레나지 ④ 반사요법

해설 림프 드레나지는 림프의 순환을 촉진시켜 노폐물을 배출하고 조직의 신진대사를 원활하게 해주는 관리방법이다.

07 림프 드레나지를 금해야 하는 증상에 속하지 않은 것은?

① 심부전증   ② 혈전증

③ 켈로이드증   ④ 급성염증

해설 림프 드레나지를 피해야 하는 경우는 감염성 피부, 심부전증, 혈전증, 급성염증, 악성종양, 결핵, 알레르기성 피부이며 켈로이드증은 진피 내 섬유조직의 과성장으로 흉터가 아물면서 우둘투둘하게 솟아오르는 현상이다.

08 셀룰라이트(cellulite)의 설명으로 옳은 것은?

① 수분이 정체되어 부종이 생긴 현상

② 영양섭취의 불균형 현상

③ 피하지방이 축적되어 뭉친 현상

④ 화학물질에 대한 저항력이 강한 현상

해설 셀룰라이트는 신진대사와 혈액순환, 림프순환의 문제로 피하지방이 과잉 축적되어 뭉친 현상을 말한다.

09 림프 드레나지의 대상이 되지 않는 피부는?

① 모세혈관확장 피부

② 일반적인 여드름 피부

③ 부종이 있는 셀룰라이트 피부

④ 감염성 피부

해설 감염성 피부는 림프 드레나지 시술 시 감염을 빠르게 진행 시킬 수 있으므로 피해야 한다.

10 셀룰라이트(cellulite)의 원인이 아닌 것은?

① 유전적 요인

② 지방세포수의 과다 증가

③ 내분비계 불균형

④ 정맥울혈과 림프 정체

해설 셀룰라이트(cellulite) 주원인은 유전적 요인, 호르몬의 불균형, 림프 정체 등이며 지방세포수의 과다 증가는 비만의 원인에 해당한다.

11 셀룰라이트에 대한 설명이 틀린 것은?

① 노폐물 등이 정체되어 있는 상태

② 피하지방이 비대해져 정체되어 있는 상태

③ 소성결합조직이 경화되어 뭉쳐져 있는 상태

④ 근육이 경화되어 딱딱하게 굳어 있는 상태

해설 셀룰라이트는 림프순환 저하로 피하지방과 노폐물이 축적되어 뭉친 현상이다.

12 림프 드레나지 기법 중 손바닥 전체 또는 엄지손가락을 피부 위에 올려놓고 앞으로 나선형으로 밀어내는 동작은?

① 정지상태 원동작   ② 펌프동작

③ 퍼올리기동작   ④ 회전동작

해설

정지상태 원동작	손끝 부위나 손바닥을 이용하여 림프순환 배출 방향으로 압을 주는 동작
펌프동작	엄지손가락과 나머지 손가락을 둥글게 하여 림프 방향대로 손목을 움직여 위로 올릴 때 압을 주는 동작
퍼올리기 동작	손바닥으로 손목을 회전하여 퍼올리는 동작
회전동작	손바닥 전체나 엄지손가락을 이용하여 나선형으로 밀어내는 동작

13 림프 드레나지의 주 대상이 되지 않는 피부는?

① 모세혈관확장 피부

② 튼 피부

③ 감염성 피부

④ 부종이 있는 셀룰라이트 피부

해설 림프 드레나지를 피해야 하는 피부로는 감염성 피부, 혈전증, 급성염증 및 만성적 염증성 질환, 심부전증, 천식, 알레르기성 피부, 악성종양, 결핵 등이 있다.

14 셀룰라이트(cellulite)에 대한 설명 중 틀린 것은?

① 오렌지 껍질 피부 모양으로 표현된다.
② 주로 여성에게 많이 나타난다.
③ 주로 허벅지, 둔부, 상완 등에 많이 나타나는 경향이 있다
④ 스트레스가 주원인이다.

해설 셀룰라이트(cellulite) 주원인은 유전적 요인, 호르몬의 불균형, 림프 정체 등이다.

15 림프 드레나지를 적용할 수 있는 경우에 해당되는 것은?

① 림프절이 심하게 부어있는 경우
② 전염성의 문제가 있는 피부
③ 열이 있는 감기 환자
④ 여드름이 있는 피부

해설 림프 드레나지는 여드름 피부, 모세혈관확장 피부, 셀룰라이트 피부, 수술 후 상처 회복에 효과가 좋다.

16 림프 드레나지의 주된 작용은?

① 혈액순환과 신진대사 저하
② 노폐물과 독소 물질을 림프절로 운반
③ 피부조직 강화
④ 림프순환 저하

해설 림프 드레나지는 림프 흐름을 개선하여 노폐물을 배출시키고 조직의 대사를 원활하게 한다.

17 림프 드레나지의 특징으로 올바른 것은?

① 체액의 순환을 도와 노폐물 제거 및 부종완화
② 심장에서 말초방향으로 적용
③ 원활한 순환을 위해 강한 압을 사용
④ 임산부는 위험하므로 부적용 대상자에 해당

해설 림프 드레나지는 혈액 및 림프순환을 원활하게 하여 독소와 노폐물을 배출하는 효과가 있으며, 테크닉을 적용할 때는 말초에서 심장방향으로 해야하며 가볍게 쓰다듬기 동작을 한다. 부종이 심한 임산부에게 가벼운 림프 드레나지 동작은 도움이 될 수 있다.

18 림프 드레나지 기법 중 어느 것을 설명한 동작인가?

> 팔, 다리 등에 적용하며 양쪽 손바닥을 펴고 손등을 아래로 향하게 하여 위쪽으로 압을 주며 올리면서 네 손가락을 가지런히 하여 손목을 회전하는 동시에 압을 주며 위쪽으로 쓸어 올리는 동작

① 정지 상태 원동작 ② 펌프 기법
③ 퍼올리기 기법 ④ 회전 기법

해설
• 정지 상태 원동작 : 림프절 및 얼굴, 목 부위에 손바닥 및 손끝으로 림프의 방향으로 가벼운 압을 적용하여 쓸어주는 동작
• 펌프 기법 : 팔과 다리에 많이 적용하는 동작으로 손 끝에 압을 주지 않고 손바닥 부위를 이용하여 손목을 위로 움직이는 동작
• 회전 기법 : 주로 평평한 신체 부위에 적용하며 전체 손가락을 신체의 평평한 부분에 밀착하여 피부를 약간 늘린 후 손바닥 전체를 피부 표면에 밀착시켜 옆으로 회전하는 동작

19 림프 드레나지의 주의사항으로 옳지 않은 것은?

① 가벼운 압을 이용해 부드럽게 피부에 밀착하여 관리
② 부위에 상관없이 심장방향으로 적용한다.
③ 1~5초 간격으로 한 자리에서 5~7회 정도 부드럽게 반복 시행
④ 관리 효과를 위해 주 2회 총 10회 이상 실시

해설 림프 드레나지는 최종적으로는 심장 방향이나 부위에 따라 가까운 림프절 방향으로 적용한다. 배꼽 기준으로 상복부는 액와 방향, 하복부는 서혜부 방향으로 적용한다.

20 다음 중 림프 드레나지를 적용할 수 없는 대상은?

① 부종 ② 셀룰라이트
③ 암 ④ 여드름

해설 암이나 염증은 림프 순환 촉진 시 다른 부위로 이동할 수 있으므로 적용하지 않는다.

정답	01	02	03	04	05	06	07	08
	④	②	①	①	②	③	③	③
	09	10	11	12	13	14	15	16
	④	②	④	④	③	④	④	②
	17	18	19	20				
	①	③	②	③				

10절 마무리 관리

1 마무리 관리의 목적 및 효과

1 마무리 관리의 정의
얼굴 및 전신관리가 끝난 후 기초화장품을 사용하여 피부를 정리하는 단계

2 마무리 관리의 목적 및 효과
① 피부타입에 맞는 화장수로 피부결 정돈
② 피부에 유·수분을 공급
③ 외부의 유해한 요소로부터 피부 보호
④ 피부의 노화를 예방하여 건강한 상태를 유지

2 마무리 관리 방법

1 마무리 관리 방법
긴 시간 동안의 피부관리로 인해 근육을 이완시킬 수 있는 동작으로 마무리함으로써 고객의 만족도를 최대로 이끌어낸다.
① 팩 제거 후 냉습포로 피부에 긴장감 부여
② 화장수 사용으로 피부의 유·수분 밸런스와 피부 진정효과
③ 눈 주위에 아이크림을 바르고 로션, 크림, 자외선 차단제 순으로 바름
④ 머리 및 뒷목 부위를 풀어주고 스트레칭 실시
⑤ 당일 적용한 피부관리 내용을 고객카드에 기록 후 홈 케어 방법 조언
⑥ 베드 및 관리구역을 청결하게 정리

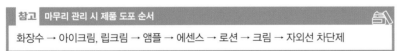

참고 마무리 관리 시 제품 도포 순서

화장수 → 아이크림, 립크림 → 앰플 → 에센스 → 로션 → 크림 → 자외선 차단제

2 관리종료 후 피부미용사가 해야 할 필수사항
① 피부관리 기록카드에 관리내용과 사용 화장품에 대해 기록
② 고객에게 따뜻한 차를 제공
③ 고객에게 홈 케어 조언을 하고, 고객차트에도 기록하여 추후 참고 자료로 활용
④ 피부미용관리가 마무리되면 베드와 주변을 청결하게 정리

01 슬리밍 제품을 이용한 관리에서 최종 마무리 단계에서 시행해야 하는 것은?

① 피부 노폐물을 제거한다.
② 진정파우더를 바른다.
③ 매뉴얼 테크닉 동작을 시행한다.
④ 슬리밍과 피부 유연제 성분을 피부에 흡수시킨다.

해설 슬리밍 관리는 피부에 자극을 주므로 마무리 단계에서 파우더를 발라 피부를 진정시킨다.

02 피부관리 시 마무리 동작에 대한 설명 중 틀린 것은?

① 장시간 동안의 피부관리로 인해 긴장된 근육의 이완을 도와 고객의 만족을 최대로 향상시킨다.
② 피부타입에 적당한 화장수로 피부결을 일정하게 한다.
③ 피부타입에 적당한 앰플, 에센스, 아이크림, 자외선 차단제 등을 피부에 차례로 흡수시킨다.
④ 딥 클렌징제를 사용한 다음 화장수로만 가볍게 마무리 관리해주어야 자극을 최소화 할 수 있다.

해설 피부관리의 순서 : 클렌징 → 딥 클렌징 → 매뉴얼 테크닉 → 팩

03 피부관리 후 피부미용사가 마무리해야 할 사항과 가장 거리가 먼 것은?

① 피부관리 기록카드에 관리내용과 사용 화장품에 대해 기록한다.
② 고객이 집에서 자가 관리를 잘하도록 홈 케어에 대해서도 기록하여 추후 참고 자료로 활용한다.
③ 반드시 메이크업을 해준다.
④ 피부미용 관리가 마무리되면 베드와 주변을 청결하게 정리한다.

해설 마무리 동작에서 반드시 메이크업을 해줄 필요는 없다.

04 피부관리실에서 피부관리 시 마무리 관리에 해당하지 않는 것은?

① 피부타입에 따른 화장품 바르기
② 자외선차단 크림 바르기
③ 머리 및 뒷목 부위 풀어주기
④ 피부상태에 따라 매뉴얼 테크닉 하기

해설 매뉴얼 테크닉은 피부관리 중에 행하는 동작이다.

05 다음 중 당일 적용한 피부관리 내용을 고객카드에 기록하고 자가 관리방법을 조언하는 단계는?

① 피부관리 계획 단계
② 피부분석 및 진단 단계
③ 트리트먼트(treatment) 단계
④ 마무리 단계

해설 자가 관리방법을 조언해주는 단계는 마무리 단계에 해당된다.

06 마무리 관리 시 제품의 도포 순서로 가장 바르게 연결된 것은?

① 앰플 → 로션 → 에센스 → 크림
② 크림 → 에센스 → 앰플 → 로션
③ 에센스 → 로션 → 앰플 → 크림
④ 앰플 → 에센스 → 로션 → 크림

해설 제품 도포 순서 : 앰플 → 에센스 → 로션 → 크림

정답	01	02	03	04	05	06
	②	④	③	④	④	④

2장

피부학

///

1절 피부와 부속기관

2절 피부와 영양

3절 피부장애와 질환

4절 피부와 광선

5절 피부면역

6절 피부노화

1절 피부와 부속기관

1 피부의 정의와 기능

1 피부의 정의

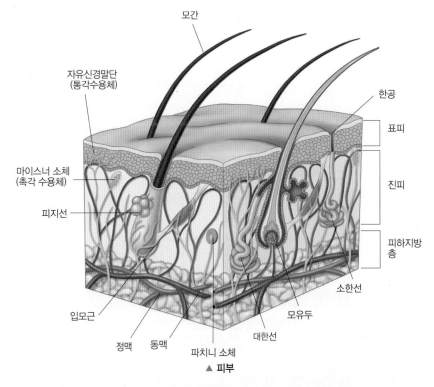

▲ 피부

① 외부를 둘러싸고 있는 기관으로, 체내의 모든 기관 중 가장 큰 기관
② 피부는 표피, 진피, 피하지방층의 3개 층으로 구성
③ 피부의 부속기관으로 한선(땀샘), 피지선(기름샘), 모발(털), 손톱, 발톱 등이 있음
④ 성인의 경우 피부가 차지하는 비중은 체중의 약 15~17%
⑤ 성인은 평균 약 1.6m²(여성)~1.8m²(남성)의 면적을 가짐
⑥ 성인은 평균 약 1.2mm의 두께를 가짐
⑦ 가장 이상적인 피부의 pH 범위는 pH 4.5~6.5로 약산성 상태
⑧ 눈꺼풀의 피부가 가장 얇고 손바닥과 발바닥의 피부가 가장 두꺼움
⑨ 피부소릉과 피부소구의 높낮이의 차이가 적을수록 피부결이 좋아 보이며 차이가 심할수록 피부는 거칠어 보임

> **참고** 피부소릉과 피부소구
> • 피부소릉 : 피부의 융기된 부분, 피부표면의 높은 부분, 한공 발달
> • 피부소구 : 피부의 가느다란 홈, 피부표면의 낮은 부분, 모공 발달

2 피부의 기능

(1) 보호기능
① 피부의 각질층과 피부지질은 외부로부터의 물리적인 자극이나 자외선 등과 같은 유해물질에 대한 방어막 역할 수행
② 수분의 과도한 인체 내부로의 유입과 외부로의 유실 방지
③ 각질층의 케라틴 단백질과 천연피지막은 화학물질에 대한 저항성이 있어, 일정 농도의 산과 알칼리 성분 중화
④ 피부표면은 pH 5.5 부근의 약산성 지질막으로 덮여있어 세균 발육 억제

(2) 체온조절기능
① 추울 때 모공과 한공을 닫아 표면적을 감소시키고, 혈관수축으로 열 발산을 억제
② 더울 때 모공과 한공을 열어 표면적을 넓히며, 혈관확장으로 열 발산을 증가시키고, 땀 분비로 체온을 낮춤

(3) 감각 · 지각기능
피부는 인체의 최대 감각기관으로 촉각, 온각, 냉각, 압각, 통각 등 풍부한 감각수용체가 분포되어 있음

촉각	1cm²당 25개	• 피부에 닿아서 느끼는 감각 • 손가락 끝, 입술, 혀끝에서 예민하게 느껴짐
온각	1cm²당 1~2개	• 따뜻함을 느끼는 감각 • 피부가 느끼는 감각 중 가장 둔감한 감각
냉각	1cm²당 12개	• 차가움을 느끼는 감각 • 피부보다 낮은 온도의 자극을 느끼는 감각
압각	1cm²당 6~8개	• 눌렸을 때 압력을 느끼는 감각 • 피부를 압박하거나 잡아당길 때 피부 깊숙이 느껴지는 감각
통각	1cm²당 100~200개	• 통증이 느껴지는 감각 • 피부에 존재하는 감각 중 가장 많이 분포

(4) 분비 · 배설기능
① 피지선에서 분비되는 하루 피지의 분비량은 전체적으로 1~2g 정도
② 한선에서 분비되는 하루의 땀 분비량은 600~700ml 정도
③ 피지와 땀이 섞여 얇은 피지막을 형성하여 수분증발과 이물질 침투를 억제

(5) 흡수기능
① 피부에는 피지막, 다량의 각질세포와 세포간지질 등의 방어막이 형성되어, 있어 대부분의 외부 물질은 피부 내부로 침투하기 어려움
② 피부에 잘 흡수되는 물질은 지용성 성분으로 피지에 잘 녹는 물질임(연고, 화장품 등)
③ 대부분의 물질 흡수 경로는 모공, 한공, 각질세포와 각질층의 각질세포 사이 공간을 통해 흡수됨

(6) 저장기능

① 피하지방 조직은 에너지와 영양소의 저장소로서의 역할 담당
② 피부는 많은 양의 수분과 혈액을 저장하고 있음

(7) 재생기능

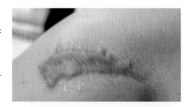

① 피부는 상처를 입어도 피부세포 재생력에 의해 곧 원래의 모양
   으로 복구됨
② 켈로이드 : 진피의 결합조직의 과도한 증식력에 의해 흉터부분
   이 융기되어 비대해지는 피부질환

(8) 비타민 D 형성기능

① 표피 과립층의 과립 내에 존재하는 프로비타민 D는 자외선 B에 의해 비타민 D로 활성화
② 비타민 D는 칼슘과 인의 대사에 관여하여 뼈의 생성과 발육을 도와주는 역할을 함
③ 비타민 D를 제외한 다른 비타민들은 식품을 통해 섭취해야 함

(9) 면역기능

① 피부에는 랑게르한스세포, 대식세포, 림프구, 비만세포 등 다양한 면역세포들 존재
② 병원체 등의 외부 이물질이 침투 시 인체를 보호하는 면역기능 수행

2 피부의 구조

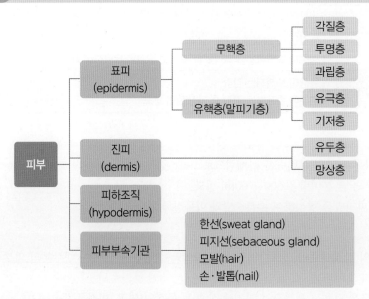

1 표피

(1) 표피의 특징

① 외배엽에서 기원하였으며, 피부의 가장 바깥층 형성

② 표피 두께

- 신체 부위와 각질층 두께에 따라 다양함
- 눈꺼풀이 0.04mm로 가장 얇고, 손·발바닥이 1~1.5mm로 가장 두꺼움

③ 표피의 구조

- 아래층에서 위층으로 기저층 → 유극층 → 과립층 → 투명층(손·발바닥) → 각질층 순으로 총 5층으로 형성
- 유핵층 : 기저층, 유극층
- 무핵층 : 과립층, 투명층, 각질층

④ 혈관과 신경이 없으며, 진피의 모세혈관으로부터 영양을 공급받음

⑤ 자외선, 세균 등 외부자극으로부터 피부 내부를 보호하고, 과도한 수분 증발을 막아 피부와 모발에 윤기 제공

(2) 표피의 구조

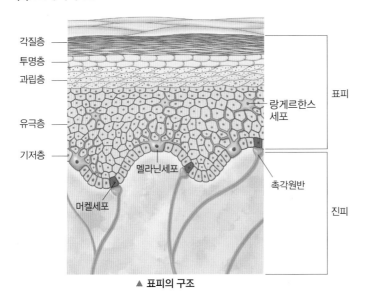

▲ 표피의 구조

각질층	• 표피의 가장 바깥층의 무핵 세포층 • 약 15~20층, 납작하고 단단한 각질형성세포(각질세포)로 구성 • 납작한 각질세포가 기왓장 모양으로 엇갈려 쌓여있고, 표피의 각화과정을 통해 박리현상을 일으키는 층 • 주성분 : 케라틴단백질 58%, 천연보습인자(N.M.F) 31%, 세포간지질 11% • 수분함유량 : 각질층 전체 평균 약 15~30%, 상층부 약 10~20%(정상 10% 이상, 건조 10% 미만), 수분 부족 시 예민하며 잔주름 발생 용이 • 각질층과 각질층 사이에는 라멜라층상구조를 이루고 있는 세포간지질이 존재하여, 각질층을 단단히 결합하는 세포간 접착제 역할 및 표피 수분손실 억제 • 자외선, 박테리아 등 외부환경으로부터 인체 내부를 보호하는 피부장벽기능 수행
투명층	• 각질층 바로 아래의 무핵 세포층 • 약 2~3층, 작고 투명한 각질형성세포(투명세포)로 구성 • 손·발바닥에만 분포 • 세포내에 엘라이딘(elaidin)이라는 무색투명의 반유동성 단백질 함유
과립층	• 유극층과 각질층의 중간에 위치한 무핵 세포층 • 2~5층, 편평한 방추형의 각질형성세포(과립세포)로 구성 • 세포의 각질화가 시작되는 첫 단계 • 수분함유량 : 저층부 약 70%, 상층부로 갈수록 약 30% 감소 • 세포질 내 과립 포함 : 각화유리질과립(케라토하이알린과립), 층판소체(라멜라과립) 등 • 수분증발저지막(레인방어막) 존재 : 외부의 이물질과 과도한 수분침투 방지 및 피부 내부의 수분증발 억제
유극층	• 표피 중 가장 두꺼운 층으로 유핵 세포층 • 5~10층, 다각형의 각질형성세포(유극세포)로 구성 • 세포 표면에 일정한 간격으로 존재하는 가시모양의 돌기(세포간교)가 있어 유극층 또는 가시층이라고 함 • 수분함유량 : 표피의 약 70% • 세포재생 가능 • 피부 면역에 중요한 역할을 하는 랑게르한스세포 존재
기저층	• 표피 중 가장 아래에 위치한 유핵 세포층 • 단층, 원주형 또는 입방형 각질형성세포로 구성 • 수분함유량 : 표피의 약 70% • 세포분열 가능 : 진피 유두층의 모세혈관을 통해 영양을 공급받아 새로운 세포 형성, 세포분열은 밤 10시~새벽 2시 사이에 가장 활발히 이루어짐 • 각질형성세포(각질세포)와 색소형성세포(멜라닌세포), 머켈세포(촉각) 존재

참고	천연보습인자, 세포간지질, 엘라이딘, 레인방어막	

천연보습인자 (N.M.F)	• Natural Moisturizing Factor • 주성분 : 아미노산 40%, 피롤리돈 카르본산 12%, 젖산염 12%, 요소 7% 등 • 각질층 상부에 존재하는 수용성 저분자로 각질층의 수분함량 결정
세포간지질	• 주성분 : 세라마이드 50% 이상, 지방산 30%, 콜레스테롤 15% 등 • 각질세포와 각질세포 사이를 채우고 있는 간충물질로써 세포간 접착제 역할 • 라멜라층상 구조를 형성하여 각질층 구조 유지 및 피부장벽기능 수행 • 외부 유해 물질 침투 방지, 피부 내부의 수분증발 억제 및 외부의 과도한 수분 침투 방지
엘라이딘	• 빛을 굴절 및 반사시켜 자외선을 침투를 막아 피부염 방지 • 과도한 수분침투 및 손실 방지
레인방어막	• 과립층에 존재하며, 수분증발저지막(rain membrein)이라고도 함 • 외부로부터 이물질 및 과도한 수분침투를 막고, 피부 내부의 수분증발 억제 • 외부의 물리적·화학적 자극을 방어함으로써 피부염 유발 방지

라멜라층상구조 / 각질형성세포 / 세포간지질

▲ 세포간지질

(3) 표피의 구성세포

각질형성세포 (keratinocyte)	• 각질(케라틴, keratin)을 만들어 내는 세포, 표피세포의 90% 이상 차지 • 기저층에서 세포분열을 통해 생성 • 각화과정, 각질화 과정(keratinization) : 기저층에서 세포분열 후 생성된 각질형성세포가 유극층, 과립층, 투명층으로 올라가면서 분화되어 최상층인 각질층에 이르러 편평하고 딱딱한 죽은 각질세포가 되는 과정을 말하며, 최종적으로 각질이 된 후, 피부표면에서 떨어져 나감 • 피부재생주기(skin turnover time) : 평균 28일(약 4주), 기저층으로부터 각질층에 도달하는 기간이 약 14일, 각질층에서 머물렀다가 탈락되기까지 약 14일 소요
색소형성세포 (멜라닌세포) (melanocyte)	• 외배엽의 신경 능선에서 유래한 수상돌기를 가진 세포 • 표피의 기저층에 존재, 표피세포의 약 4~10% 이상 차지 • 멜라닌색소를 생성하여 자외선으로부터 피부 보호 • 멜라닌세포의 수는 민족과 피부색에 관계없이 동일하나, 멜라닌과립(melanosom)의 형태와 색상, 크기, 활성도가 다름 • 피부색은 주로 멜라닌과립의 활성도에 따른 멜라닌의 생산량에 의해 결정되며, 그 외 카로틴(노랑), 헤모글로빈(빨강) 등이 관여 • 노화에 의해 멜라닌세포 수 감소

랑게르한스세포 (langerhans cell)	• 주로 유극층에 존재하며, 방추형의 별모양으로 수상돌기를 가진 면역담당 세포 • 표피세포의 2~8% 차지 • 외부에서 침입한 항원을 탐지하여 면역세포인 T림프구로 전달함으로써 세포성 면역 유발 • 노화 및 자외선 등에 의해 랑게르한스세포 수 감소
머켈세포 (merkel cell)	• 표피의 기저층에 존재하는 촉각 세포 • 털이 존재하는 피부 부위 외에도 손바닥, 발바닥, 입술, 콧속, 생식기 등 광범위한 부위에 존재 • 진동, 가벼운 촉각 감지

2 진피

(1) 진피의 특징

① 피부 전체의 90% 이상을 차지하고 있는 실질적 피부로 유두층과 망상층으로 구분됨
② 피부 부속기관인 한선, 피지선, 신경, 림프관, 모발, 혈관, 지각신경, 입모근 등 존재
③ 지각신경, 자율신경이 분포하여 감각을 수용
④ 모세혈관을 통해 표피에 영양 및 산소를 공급함으로써 피부 재생에 기여
⑤ 유해균 침입 시 백혈구에 의한 식균작용으로 면역기능 수행

(2) 진피의 구조

유두층	• 진피 상부로 전체 진피의 약 10~20% 차지 • 표피의 기저층과 결합되어 유두모양(물결모양) 형성 • 유두층의 수분은 피부의 팽창과 탄력에 영향을 미치며, 손상 시 흉터 발생 • 모세혈관, 림프관, 신경말단이 풍부하게 분포되어 표피에 영양소와 산소를 공급 • 혈액순환, 림프순환 등을 통한 물질교환이 이루어짐 • 신경전달 및 감각 수용체인 촉각과 통각이 위치
망상층	• 진피 하부로 전체 진피의 약 80~90% 차지 • 그물모양의 단단하고 불규칙한 결합조직 • 교원섬유(콜라겐)가 굵은 다발형태로 존재하며, 가느다란 탄력섬유(엘라스틴)와 서로 얽혀 망상구조를 이룸 • 진피 섬유들은 랑거선(langer line, 피부할선)이라고 하는 일정한 방향성을 가지고 배열됨

(3) 진피의 구성세포

섬유아세포	• 진피를 구성하는 주된 세포 • 콜라겐, 엘라스틴, 기질성분을 형성
대식세포	• 선천적 면역세포 • 세균, 바이러스 등 침입한 세균 등을 포식하여 제거 후, 면역정보를 림프구에 전달하는 역할
비만세포	• 알러지(allergy) 반응을 일으키는 주요 면역세포 • 염증매개물질인 과립상의 히스타민(histamine)을 함유하여 염증반응에 대한 중요한 역할을 함

(4) 진피의 구성물질

교원섬유 (콜라겐) (collagen)	• 진피의 90%를 차지하는 주성분으로 섬유아세포에서 생성 • 피부, 연골, 건(힘줄) 등을 형성하는 구성섬유 단백질인 교원질로 구성 • 백섬유 조직으로 끓는 물에 넣으면 젤라틴화 됨 • 장력, 물리적 외력에 대한 저항력 제공 • 우수한 보습능력으로 피부관리 제품에도 많이 함유되어 있음 • 피부가 노화될 경우 콜라겐 함량이 낮아져 주름 발생이 쉬움
탄력섬유 (엘라스틴) (elastin)	• 진피 성분의 약 4%를 차지하며 섬유아세포에서 생성 • 황섬유 조직으로 관절을 연결하는 인대를 형성하기도 함 • 교원섬유에 비해 가늘고 짧지만, 신축성이 좋아 1.5배까지 늘어나며, 원래의 모양으로 쉽게 돌아가는 성질이 있음 • 피부가 노화될 경우 엘라스틴 함량이 낮아져 피부 탄력을 잃게 됨
기질 (무코다당류)	• 진피의 결합섬유 사이를 채우고 있는 물질로 섬유아세포에서 생성 • 무코다당류로 구성돼 있으며, 주로 히알루론산(hyaluronic acid)이 40% 이상 차지 • 자기 몸무게의 수백 배에 해당하는 다량의 수분을 보유할 수 있는 성질이 있음

3 피하조직

(1) 피하조직의 특징

① 피부의 최하층으로 진피와 근육사이에 위치
② 진피에서 내려온 가는 결합조직이 느슨한 그물모양으로 지방조직 덩어리(지방엽)를 형성
③ 신체의 체지방 비율에 따라 비만의 정도가 결정됨
④ 손바닥, 발바닥, 구륜근, 안륜근, 귀부위 등에는 지방조직이 거의 없음
⑤ 피하지방층의 두께는 성별, 연령, 영양상태, 신체부위, 호르몬 분비 정도에 따라 다름
⑥ 남성에 비해 여성이, 성인보다 소아가 더 발달됨

(2) 피하조직의 기능

영양분 저장	과잉 섭취한 영양분을 지방세포 내에 지방산과 글리세롤 형태로 저장하였다가 필요 시 에너지원으로 사용
체온 유지	열손실을 방지하여 몸의 체온을 따뜻하게 유지하는 역할(단열제 역할)
체형 형성	신체에 부드러운 곡선과 탄력성을 제공
충격 흡수	외부로부터의 압력이나 충격을 흡수하여 인체 내부 보호

(3) 셀룰라이트

① 인체의 대사과정에서 생성된 수분, 노폐물, 독소 등이 배설되지 못하고 피부조직에 과다하게 축적된 상태
② 피하지방이 축적되어 뭉친 현상으로 순환장애(림프순환)가 원인
③ 허벅지, 엉덩이, 복부에 주로 발생하는 오렌지 껍질 모양의 울퉁불퉁한 피부결절 형성

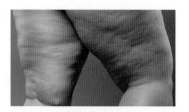

3 피부 부속기관의 구조 및 기능

1 한선

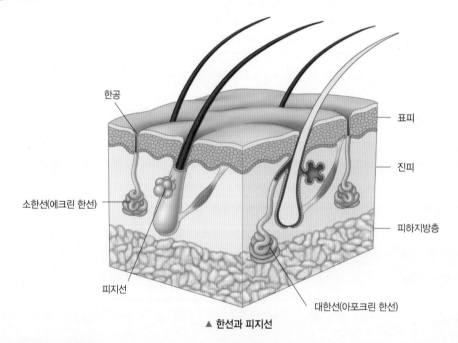

▲ 한선과 피지선

(1) 한선의 특징

① 진피층에 위치한 실뭉치 모양의 분비선으로 한선이라고도 함
② 액상의 분비물인 땀을 분비하며, 입술과 생식기를 제외한 전신에 분포
③ 한선은 크기와 기능에 따라 소한선(에크린선)과 대한선(아포크린선)의 두 종류로 분류
④ **한선의 역할** : 체온조절, 분비물 배출, 땀 분비 등

> **참고** **땀의 역할**
> - 땀의 가장 중요한 역할은 체온조절기능으로, 땀 증발에 의한 열 발산을 통해 체온을 일정하게 유지시킴
> - 땀은 피지와 함께 피부 건조를 막고, 피부 표면을 촉촉하게 유지시킴
> - 인체는 땀 분비를 통해 체내에 쌓인 노폐물과 독소 등을 함께 배출

(2) 소한선(에크린 한선)

① 한공(땀구멍)은 피부표면에 독립적으로 존재
② 특정 부위(입술, 생식기 등)를 제외한 거의 전신에 분포
③ 손바닥, 발바닥, 이마 부위에 가장 많이 분포
④ 에크린선은 무색, 무취의 땀 분비

(3) 대한선(아포크린 한선)

① 사춘기 이후에 주로 발달되며, 겨드랑이, 대음순, 배꼽 주변 등에 주로 분포
② 아포크린선은 모낭에 부속되어 모공을 통해 피지와 함께 소량의 땀 분비
③ 분비 후 땀의 산도가 붕괴되면서 심하면 나쁜 냄새를 동반함(액취증 유발)
④ 아포크린선의 땀 냄새는 남성보다 여성에게서 강하게 나타남
⑤ 인종적으로는 흑인의 피부에 가장 많이 분포하고 있음

> **참고** **나쁜 냄새의 주요 원인**
> 아포크린선에서 분비되는 땀 자체는 무취, 무색, 무균성이나, 피부표면에 배출된 후 피부에서 기생하는 박테리아가 피지와 땀의 염분을 섭취 후 대사된 산성물질(지방산과 암모니아)의 냄새가 나는 것

(4) 땀의 이상분비

다한증	• 과도하게 땀 분비가 일어나는 증상 • 원인 : 자율신경계의 이상
소한증	• 비정상적으로 땀의 분비가 감소하는 증상 • 원인 : 갑상선 기능의 저하, 신경계 질환
무한증	• 땀이 전혀 나오지 않는 증상 • 원인 : 중추신경장애, 말초신경장애
액취증	• 겨드랑이 등에서 악취를 유발하는 증상 • 원인 : 대한선(아포크린 한선)의 기능항진

2 피지선

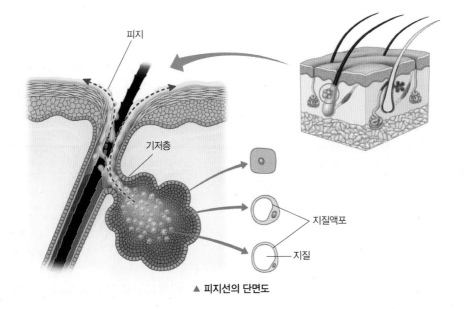

피지

기저층

지질액포

지질

▲ 피지선의 단면도

(1) 피지선의 특징
① 진피층에 위치한 작은 포도송이 모양의 분비선으로 기름샘이라고도 함
② 모낭에 연결되어 모공을 통해 피지를 분비
③ 손·발바닥을 제외한 신체의 대부분 부위에 분포
④ 얼굴, 특히 코 주위, 머리, 가슴 부위 등에 다량 존재
⑤ 사춘기 시기에 집중적으로 활성화
⑥ 입술, 성기, 유두, 귀두 등에는 모낭에 연결되지 않고 단독으로 있는 독립 피지선 존재

(2) 피지의 역할
① 피지의 1일 분비량은 평균 약 1~2g 정도
② 피부표면에 얇은 약산성의 기름막을 형성하여 피부의 천연 보호막 역할을 함
③ 피부표면으로부터 수분증발 억제 및 이물질 침투 방지
④ pH 4.5~6.5의 약산성으로 살균작용
⑤ 보통의 상태에서 W/O(water in oil) 유중수형의 유화상태로 존재
⑥ 땀을 많이 흐르게 되면 O/W(oil in water) 수중유형의 유화상태가 됨

> **참고** 피부의 pH와 땀
>
> 피부표면의 pH에 가장 큰 영향을 미치는 것은 피지와 땀으로, 보통의 상태에서 pH는
> 4.5~6.5로 약산성막을 형성하지만, 체온 상승 시에는 땀 분비량의 증가로 인해 피부표면
> 에 수분이 많아져, 피부의 pH는 중성 혹은 약알칼리성으로 나타남

3 모발

(1) 모발의 특징

① 손·발바닥, 입술, 유두, 생식기의 일부를 제외하고 인체의 대부분을 덮고 있음
② 모발의 분포 및 두께는 주로 유전 및 호르몬의 영향에 의해 결정
③ 감각, 특히 촉각기능과 보호기능, 장식적 기능을 함
④ 피지선 아래쪽 모낭부위에 입모근이 부착되어, 추위, 놀라움, 두려움 등을 느낄 때 모발을 일으켜
세움

(2) 모발의 성장주기

① 모발은 일정한 성장주기를 가지고 있어 성장기에서 퇴화기를 거쳐 휴지기에 탈모되면서 새로운
모발이 자라서 밖으로 나옴
② 정상적인 모발탈락 수 : 약 100개

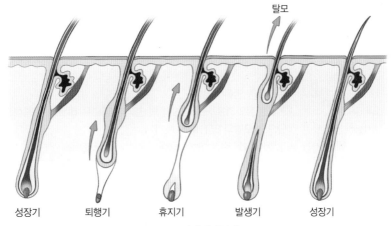

▲ 모발의 생장주기

성장기(anagen)	전체의 약 88%, 약 3~5년, 모발이 왕성하게 자라는 시기
퇴화기(catagen)	전체의 약 11%, 약 3~4주, 모발의 생장이 쇠퇴되는 시기
휴지기(telogen)	전체의 약 1%, 약 2~3개월, 모발의 생장이 정지되는 시기

(3) 모발의 구조

모간(hair shaft)	• 피부표면에 나와 있는 모발 부분
모근(hair root)	• 피부 내부에 있는 부분
모구(hair bulb)	• 모낭 아래쪽에 둥근 모양
모유두(hair papilla)	• 모구 아래쪽이 오목하게 들어간 중심부 • 모발의 영양을 관장하는 풍부한 혈관과 신경이 분포
모기질(hair matrix)	• 모발을 만들어 내는 모모세포가 밀집해 있는 세포층 • 모유두에 흐르는 모세혈관으로부터 영양분을 공급받아 분열과 증식을 통해 모발 형성

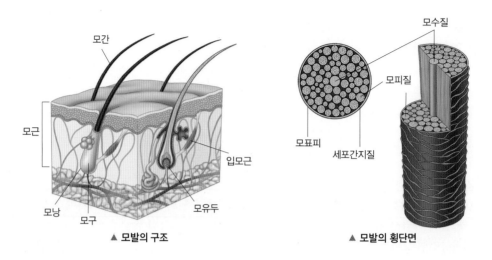

▲ 모발의 구조　　　　　　　　　　　▲ 모발의 횡단면

(4) 모발의 횡단면

모표피 (cuticle)	• 모근에서 모발의 끝을 향해서 비늘모양으로 겹쳐져 안쪽의 모피질을 둘러쌈으로서 보호하는 역할
모피질 (cortex)	• 큐티클층 안쪽에 있음 • 케라틴질의 피질세포가 모발의 길이 방향으로 비교적 규칙적으로 늘어선 세포 집단으로 모발의 85~90% 차지 • 모발 색상을 결정하는 과립상의 멜라닌 색소 함유
모수질 (medula)	• 모발의 중심부에 구멍이 난 벌집형태의 세포가 축 방향으로 줄지어 있는 형태 • 공기를 함유하고 있어 보온성을 높임

(5) 입모근(털세움근)

① 자율신경(교감신경)의 지배를 받음
② 추위나 공포가 느껴질 때 반사적으로 수축하여 털을 세워 소름을 돋게 함
③ 표피층을 두텁게 하여 열손실을 차단하는 근육으로 체온 조절에 영향을 미침
④ 눈썹, 속눈썹, 코털, 겨드랑이, 뺨 등을 제외한 전신에 분포

4 손톱과 발톱

(1) 손톱과 발톱의 특징

① 매우 단단한 형태의 케라틴 성분의 얇은 중층편평상피로 구성
② 정상적인 손·발톱의 교체는 대략 6개월 가량
③ 밤과 겨울보다 낮과 여름에 특히 잘 자람
④ 개인에 따라 성장의 속도는 차이가 있지만 매일 0.1mm 가량 성장
⑤ 손끝과 발끝을 보호하며, 물건을 잡을 때 받침대 역할

(2) 건강한 손톱과 발톱의 조건

① 손·발톱의 표면이 매끈하고 갈라짐 없이 단단하고 탄력이 있어야 함

② 바닥에 강하게 부착되어 있어야 하며, 아치모양을 형성

③ 윤기가 흐르며 연한 분홍빛을 띠고, 손·발톱 뿌리에 조반월이 또렷하게 나타나야 함

(3) 손톱과 발톱의 구조

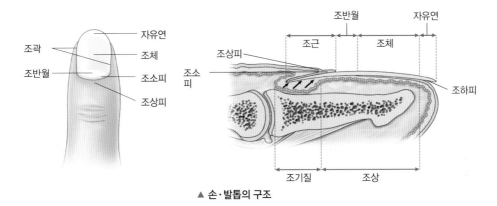

▲ 손·발톱의 구조

조모(nail matrix)	손·발톱을 계속적으로 생성하는 부분
조근(nail rute)	손·발톱뿌리, 손·발톱 안쪽의 숨겨진 부분
조상피(큐티클)(cuticle)	손톱의 뿌리를 덮은 얇은 피부 부분
조상(nail bed)	손·발톱을 받치고 있는 핑크색의 피부 부분
조갑(조체) (nail body)	손·발톱의 몸통, 눈에 보이는 넓은 부분
조반월(nail lunula)	자라나온 손·발톱 중 완전히 케라틴화 되지 않은 반달 모양의 흰 부분
자유연(free edge)	손·발톱의 끝부분

01 성인의 경우 피부가 차지하는 비중은 체중의 약 몇 %인가?

① 5~7%   ② 15~17%

③ 25~27%   ④ 35~37%

해설 성인의 경우 피부가 차지하는 비중은 체중의 약 15~17% 정도이다.

02 다음 중 가장 이상적인 피부의 pH 범위는?

① pH 3.5~4.5   ② pH 5.2~5.8

③ pH 6.5~7.2   ④ pH 7.5~8.2

해설 피부의 이상적인 pH 범위는 pH 5.2~5.8 사이의 약산성 상태이다.

03 일반적으로 피부표면의 pH는?

① 약 4.5~5.5   ② 약 9.5~10.5

③ 약 2.5~3.5   ④ 약 7.5~8.5

해설 일반적인 피부의 pH는 약 4.5~5.5로 약산성 상태이다.

04 다음 중 피부의 기능이 아닌 것은?

① 보호작용   ② 체온조절작용

③ 감각작용   ④ 순환작용

해설 순환작용을 하는 것은 림프나 혈액과 관련이 있다.

05 피부의 기능이 아닌 것은?

① 보호작용   ② 체온조절작용

③ 비타민 A 합성작용   ④ 호흡작용

해설 피부의 기능 중 비타민 D 합성작용이 있다. 비타민 D를 제외한 다른 비타민들은 음식을 통해서만 섭취 가능하다.

06 피부의 기능에 대한 설명으로 틀린 것은?

① 인체내부기관을 보호한다.

② 체온조절을 한다.

③ 감각을 느끼게 한다.

④ 비타민 B를 생성한다.

해설 피부는 비타민 D를 생성하는 기능이 있다.

07 피부가 느끼는 오감 중에서 가장 감각이 둔감한 것은?

① 냉각(冷覺)   ② 온각(溫覺)

③ 통각(痛覺)   ④ 압각(壓覺)

해설 피부 1cm²당 온각 1~2개, 압각 6~8개, 냉각 12개, 촉각 25개, 통각 100~200개의 감각점을 가지고 있어 온각이 가장 둔감하다.

08 피부에 존재하는 감각기관 중 가장 많이 분포하는 것은?

① 촉각점   ② 온각점

③ 냉각점   ④ 통각점

해설 피부에 가장 많이 분포하는 감각기관은 통각이다. 온각 〈 압각 〈 냉각 〈 촉각 〈 통각 순이다.

09 피부구조에 대한 설명 중 틀린 것은?

① 피부는 표피, 진피, 피하지방층의 3개 층으로 구성된다.
② 표피는 일반적으로 내측으로부터 기저층, 투명층, 유극층, 과립층 및 각질층의 5층으로 나뉜다.
③ 멜라닌세포는 표피의 기저층에 산재한다.
④ 멜라닌세포수는 민족과 피부색에 관계없이 일정하다.

해설 표피는 일반적으로 내측으로부터 기저층, 유극층, 과립층, 투명층, 각질층 순서이다.

10 다음 중 표피층을 순서대로 나열한 것은?

① 각질층, 유극층, 투명층, 과립층, 기저층
② 각질층, 유극층, 망상층, 기저층, 과립층
③ 각질층, 과립층, 유극층, 투명층, 기저층
④ 각질층, 투명층, 과립층, 유극층, 기저층

해설 표피는 외측으로부터 각질층 → 투명층 → 과립층 → 유극층 → 기저층으로 존재한다.

11 피부의 각화과정(keratinization)이란?

① 피부가 손톱, 발톱으로 딱딱하게 변하는 것을 말한다.
② 피부세포가 기저층에서 각질층까지 분열되어 올라가 죽은 각질세포로 되는 현상을 말한다.
③ 기저세포 중의 멜라닌 색소가 많아져서 피부가 검게 되는 것을 말한다.
④ 피부가 거칠어져서 주름이 생겨 늙는 것을 말한다.

해설 각화과정은 피부세포가 기저층에서 각질층까지 분열되어 올라가 죽은 각질세포로 되는 현상을 말하며, 보통 28일(약 4주)을 주기로 박리된다.

12 비듬이나 때처럼 박리현상을 일으키는 피부층은?

① 표피의 기저층
② 표피의 과립층
③ 표피의 각질층
④ 진피의 유두층

해설 비듬이나 때처럼 박리현상(각질탈락)이 일어나는 피부층은 표피의 각질층이다.

13 피부 각질형성세포의 일반적 각화주기는?

① 약 1주
② 약 2주
③ 약 3주
④ 약 4주

해설 각질형성세포는 약 28일(4주)을 주기로 박리현상이 일어난다.

14 피부의 각질층에 존재하는 세포간지질 중 가장 많이 함유된 것은?

① 세라마이드(ceramide)
② 콜레스테롤(cholesterol)
③ 스쿠알렌(squalene)
④ 왁스(wax)

해설 세포간지질 중 세라마이드가 가장 많이 함유되어 있으며, 세라마이드 50%, 지방산 30%, 콜레스테롤 15% 등을 함유하고 있다.

15 피부의 천연보습인자(NMF)의 구성성분 중 가장 많은 분포를 나타내는 것은?

① 아미노산
② 요소
③ 피롤리돈카르본산
④ 젖산염

해설 NMF 중 아미노산이 가장 많이 함유되어 있으며, 아미노산 40%, 피롤리돈카르본산 12%, 젖산염 12%, 요소 7% 등을 함유하고 있다.

16 천연보습인자(NMF)의 구성성분 중 40%를 차지하는 중요성분은?

① 요소
② 젖산염
③ 무기염
④ 아미노산

해설 천연보습인자(NMF)의 구성성분 중 아미노산이 40%로 가장 많이 차지하고 있다.

17 천연보습인자의 설명으로 틀린 것은?

① NMF(Natural Moisturizing Factor)

② 피부 수분보유량을 조절한다.

③ 아미노산, 젖산, 요소 등으로 구성된다.

④ 수소이온농도의 지수유지를 말한다.

해설 수소이온농도의 지수는 pH를 의미하며 pH는 0에서 14까지 있으며, 7 미만은 산성을, 7은 중성을, 7 이상은 알칼리성을 나타낸다.

18 각화유리질과립은 피부 표피의 어떤 층에 주로 존재하는가?

① 과립층　　　　② 유극층

③ 기저층　　　　④ 투명층

해설 세포질 내 각화유리질과립을 포함하기 때문에 과립층이라고 불린다.

19 표피 중에서 피부로부터 수분이 증발하는 것을 막는 층은?

① 각질층　　　　② 기저층

③ 과립층　　　　④ 유극층

해설 과립층에는 내부로부터 수분증발을 막고 외부로부터 이물질 침투를 방어하기 위한 수분저지막이 존재한다.

20 손바닥과 발바닥 등 비교적 피부층이 두터운 부위에 주로 분포되어 있으며 수분침투를 방지하고 피부를 윤기 있게 해주는 기능을 가진 엘라이딘이라는 단백질을 함유하고 있는 표피 세포층은?

① 각질층　　　　② 유두층

③ 투명층　　　　④ 망상층

해설 반유동성 단백질인 엘라이딘은 투명층에 존재한다.

21 피부 표피 중 가장 두꺼운 층은?

① 각질층　　　　② 유극층

③ 과립층　　　　④ 기저층

해설 표피에서 가장 두꺼운 층은 유극층이다.

22 멜라닌세포가 주로 분포되어 있는 곳은?

① 투명층　　　　② 과립층

③ 각질층　　　　④ 기저층

해설 기저층에는 각질형성세포와 멜라닌세포가 약 10:1로 분포하고 있다.

23 원주형의 세포가 단층으로 이어져 있으며 각질 형성세포와 색소형성세포가 존재하는 피부세포층은?

① 기저층　　　　② 투명층

③ 각질층　　　　④ 유극층

해설 기저층에는 각질형성세포와 색소형성세포(멜라닌세포), 머켈세포(촉각세포)가 존재한다.

24 우리피부의 세포가 기저층에서 생성되어 각질세포로 변화하여 피부표면으로부터 떨어져 나가는데 걸리는 기간은?

① 대략 60일　　　② 대략 28일

③ 대략 120일　　　④ 대략 280일

해설 우리피부의 세포 각화주기는 대략 28일(약 4주)이다.

25 피부의 각질(케라틴)을 만들어 내는 세포는?

① 색소세포   ② 기저세포

③ 각질형성세포   ④ 섬유아세포

해설 피부의 각질을 만들어내는 세포는 각질형성세포이다.

26 피부색상을 결정짓는데 주요한 요인이 되는 멜라닌 색소를 만들어 내는 피부층은?

① 과립층   ② 유극층

③ 기저층   ④ 유두층

해설 기저층의 색소형성세포(멜라닌세포)에서 멜라닌 색소를 만들어낸다.

27 피부색소인 멜라닌을 주로 함유하고 있는 세포층은?

① 각질층   ② 과립층

③ 기저층   ④ 유극층

해설 기저층에 존재하는 색소형성세포에서 멜라닌을 생성한다.

28 피부에 있어 색소세포가 가장 많이 존재하고 있는 곳은?

① 표피의 각질층   ② 표피의 기저층

③ 진피의 유두층   ④ 진피의 망상층

해설 색소세포는 각질형성세포, 머켈세포 등과 함께 표피의 기저층에 존재한다.

29 다음 중 멜라닌세포에 관한 설명으로 틀린 것은?

① 멜라닌의 기능은 자외선으로부터의 보호작용이다.

② 과립층에 위치한다.

③ 색소제조세포이다.

④ 자외선을 받으면 왕성하게 활성한다.

해설 멜라닌세포는 기저층에 존재한다.

30 피부의 색소와 관계가 가장 먼 것은?

① 에크린   ② 멜라닌

③ 카로틴   ④ 헤모글로빈

해설 에크린은 땀을 분비하는 소한선이다. 피부색은 멜라닌(흑갈색), 카로틴(노란색), 헤모글로빈(빨간색) 등에 의해 결정된다. 카로틴이 풍부한 음식을 많이 섭취하면 손·발바닥이 노래진다.

31 표피에서 촉감을 감지하는 세포는?

① 멜라닌세포   ② 머켈세포

③ 각질형성세포   ④ 랑게르한스세포

해설 머켈세포는 촉감을 감지하는 촉각세포이다. 랑게르한스세포는 면역과 관련이 있다.

32 다음 중 표피층에 존재하는 세포가 아닌 것은?

① 각질형성세포   ② 멜라닌세포

③ 랑게르한스세포   ④ 비만세포

해설 비만세포는 섬유아세포, 대식세포 등과 함께 진피층에 존재한다.

33 피부의 주체를 이루는 층으로서 망상층과 유두층으로 구분되며 피부조직 외에 부속기관인 혈관, 신경관, 림프관, 땀샘, 기름샘, 모발과 입모근을 포함하고 있는 곳은?

① 표피   ② 진피

③ 근육   ④ 피하조직

해설 피부층은 표피, 진피, 피하조직으로 구성되며, 위의 설명은 진피에 대한 것이다.

34 모세혈관이 위치하며 콜라겐 조직과 탄력적인 엘라스틴섬유 및 무코다당류로 구성되어 있는 피부의 부분은?

① 표피   ② 유극층

③ 진피   ④ 피하조직

해설 진피는 콜라겐, 엘라스틴, 무코다당류로 구성되어 있으며, 그 외에 모세혈관, 신경관, 림프관, 땀샘, 피지선, 모발, 입모근 등을 포함하고 있다.

35 교원섬유(collagen)와 탄력섬유(elastin)로 구성되어 있어 강한 탄력성을 지니고 있는 곳은?

① 표피   ② 진피

③ 피하조직   ④ 근육

해설 진피는 교원섬유와 탄력섬유로 구성되어 있어 강한 탄력성을 지니고 있다.

36 피부의 구조 중 콜라겐과 엘라스틴이 자리 잡고 있는 층은?

① 표피   ② 진피

③ 피하조직   ④ 기저층

해설 진피층에는 콜라겐과 엘라스틴, 무코다당류가 자리 잡고 있다.

37 콜라겐과 엘라스틴이 주성분으로 이루어진 피부조직은?

① 표피상층   ② 표피하층

③ 진피조직   ④ 피하조직

해설 콜라겐과 엘라스틴이 주성분인 피부조직은 진피조직이다.

38 다음 중 진피의 구성세포는?

① 멜라닌세포   ② 랑게르한스세포

③ 섬유아세포   ④ 머켈세포

해설 섬유아세포는 진피의 구성세포로 콜라겐과 엘라스틴, 기질을 만들어내는 세포이다. 멜라닌세포, 랑게르한스세포, 머켈세포는 표피의 구성세포이다.

39 진피에 함유되어 있는 성분으로 우수한 보습능력을 지녀 피부관리 제품에도 많이 함유되어 있는 것은?

① 알코올(alcohol)   ② 콜라겐(collagen)

③ 판테롤(panthenol) ④ 글리세린(glycerine)

해설 콜라겐은 진피에 함유되어 있는 성분으로 우수한 보습능력을 지니어 화장품 성분으로 많이 사용된다.

40 콜라겐(collagen)에 대한 설명으로 틀린 것은?

① 노화된 피부는 콜라겐 함량이 낮다.

② 콜라겐이 부족하면 주름이 발생하기 쉽다.

③ 콜라겐은 피부의 표피에 주로 존재한다.

④ 콜라겐은 섬유아세포에서 생성된다.

해설 콜라겐은 피부의 진피에 주로 존재한다.

41 셀룰라이트(cellulite)의 설명으로 옳은 것은?

① 수분이 정체되어 부종이 생긴 현상

② 영양섭취의 불균형 현상

③ 피하지방이 축척되어 뭉친 현상

④ 화학물질에 대한 저항력이 강한 현상

해설 셀룰라이트는 피하지방이 축적되어 뭉친 현상이다.

42 우리 몸의 대사 과정에서 배출되는 노폐물, 독소 등이 배설되지 못하고 피부조직에 남아 비만으로 보이며 림프순환이 원인인 피부현상은?

① 쿠퍼로제　　　　② 켈로이드

③ 알레르기　　　　④ 셀룰라이트

해설 피하지방이 너무 많으면 피하지방층의 혈관이나 림프관이 눌려 혈액순환이 원활하지 못하게 된다. 피하지방이 축적되어 뭉치게 되면서 피부표면이 귤 껍질처럼 울퉁불퉁해 지는데 이것을 '셀룰라이트' 라고 한다.

43 한선에 대한 설명 중 틀린 것은?

① 체온조절기능이 있다.

② 진피와 피하지방 조직의 경계부위에 위치한다.

③ 입술을 포함한 전신에 존재한다.

④ 에크린선과 아포크린선이 있다.

해설 한선은 입술과 생식기를 제외한 전신에 존재한다.

44 다음 중 땀샘의 역할이 아닌 것은?

① 체온조절　　　　② 분비물 배출

③ 땀 분비　　　　④ 피지 분비

해설 피지 분비는 피지선의 역할이다.

45 땀샘에 대한 설명으로 틀린 것은?

① 에크린선은 입술뿐만 아니라 전신피부에 분 포되어 있다.

② 에크린선에서 분비되는 땀은 냄새가 거의 없다.

③ 아포크린선에서 분비되는 땀의 분비량은 소 량이나 나쁜 냄새의 요인이 된다.

④ 아포크린선에서 분비되는 땀 자체는 무취, 무 색, 무균성이나 표피에 배출된 후, 세균의 작 용을 받아 부패하여 냄새가 나는 것이다.

해설 에크린선은 입술과 생식기를 제외한 전신피부에 분 포되어 있다.

46 땀의 분비가 감소하며 갑상선 기능의 저하, 신경 계 질환의 원인으로 나타나는 것은?

① 다한증　　　　② 소한증

③ 무한증　　　　④ 액취증

해설 소한증은 갑상선 기능 저하, 신경계통 질환에 의해 비정상적으로 땀의 분비가 감소하는 증상이다.

47 에크린 한선에 대한 설명으로 틀린 것은?

① 실밥을 둥글게 한 것 같은 모양으로 진피 내 에 존재한다.

② 사춘기 이후에 주로 발달한다.

③ 특수한 부위를 제외한 거의 전신에 분포한다.

④ 손바닥, 발바닥, 이마에 가장 많이 분포한다.

해설 사춘기 이후에 주로 발달하는 것은 아포크린 한선 이다.

48 사춘기 이후에 주로 분비되며, 모공을 통하여 분 비되어 독특한 채취를 발생시키는 것은?

① 소한선　　　　② 대한선

③ 피지선　　　　④ 갑상선

해설 대한선은 모공과 연결되어 있어 모공을 통해 분비 되며, 독특한 채취를 발생시키는 액취증과 관련이 있다.

49 아포크린 한선의 설명으로 틀린 것은?

① 아포크린 한선의 냄새는 여성보다 남성에게 강하게 나타난다.
② 땀의 산도가 붕괴되면서 심한 냄새를 동반한다.
③ 겨드랑이, 대음순, 배꼽주변에 존재한다.
④ 인종적으로 흑인이 가장 많이 분비한다.

해설 아포크린 한선의 냄새는 남성보다 여성에게 강하게 나타나며, 특히 생리직전에 아포크린 한선의 활동이 활발해진다.

50 피지선에 대한 내용으로 틀린 것은?

① 진피층에 놓여 있다.
② 손바닥과 발바닥, 얼굴, 이마 등에 많다.
③ 사춘기 남성에게 집중적으로 분비된다.
④ 입술, 성기, 유두, 귀두 등에 독립 피지선이 있다.

해설 피지선은 손바닥과 발바닥에는 없다.

51 인체에 있어 피지선이 전혀 없는 곳은?

① 이마   ② 코
③ 귀   ④ 손바닥

해설 피지선은 손바닥과 발바닥에는 없다.

52 다음 중 피지선이 분포되어 있지 않은 부위는?

① 손바닥   ② 코
③ 가슴   ④ 이마

해설 피지선은 손·발바닥을 제외한 신체의 대부분에 분포하며, 손·발바닥에는 한선이 발달되어 있다.

53 피지선에 대한 설명으로 틀린 것은?

① 피지를 분비하는 선으로 진피층에 위치한다.
② 피지선은 손바닥에는 없다.
③ 피지의 1일 분비량은 10~20g 정도이다.
④ 피지선이 많은 부위는 코 주위이다.

해설 피지의 1일 분비량은 1~2g 정도이다.

54 성인이 하루에 분비하는 피지의 양은?

① 약 1~2g   ② 약 0.1~0.2g
③ 약 3~5g   ④ 약 5~8g

해설 성인이 하루에 분비하는 피지의 양은 약 1~2g정도이다.

55 피부에서 피지가 하는 작용과 관계가 가장 먼 것은?

① 수분증발 억제   ② 살균작용
③ 열발산 방지작용   ④ 유화작용

해설 피지막은 얇은 피부 보호막을 형성하여, 수분증발 억제, 살균작용, 유화작용을 한다.

56 피부의 피지막은 보통 상태에서 어떤 유화상태로 존재하는가?

① W/O 유화   ② O/W 유화
③ W/S 유화   ④ S/W 유화

해설 피부의 피지막은 보통 오일에 물이 분산되어 있는 W/O(water in oil) 유화상태로 존재한다.

57 다음 중 피부표면의 pH에 가장 큰 영향을 주는 것은?

① 각질 생성   ② 침의 분비
③ 땀의 분비   ④ 호르몬의 분비

해설 피부표면의 pH에 땀과 피지가 영향을 준다.

58 다음 단면도에서 모발의 색상을 결정짓는 멜라닌 색소를 함유하고 있는 모피질(毛皮質: cortex)은?

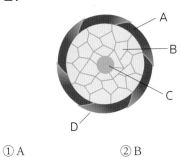

① A   ② B
③ C   ④ D

해설 A는 모표피, B는 모피질, C는 모수질, D는 모표피를 나타낸다.

59 다음 중 입모근과 가장 관련 있는 것은?

① 수분 조절   ② 체온 조절
③ 피지 조절   ④ 호르몬 조절

해설 입모근은 추위가 느껴질 때 반사적으로 수축하여 털을 세워 공기층을 두껍게 하는 근육으로 체온 조절과 관련이 있다.

60 손톱, 발톱의 설명으로 틀린 것은?

① 정상적인 손·발톱의 교체는 대략 6개월 가량 걸린다.
② 개인에 따라 성장의 속도는 차이가 있지만 매일 1mm 가량 성장한다.
③ 손끝과 발끝을 보호한다.
④ 물건을 잡을 때 받침대 역할을 한다.

해설 개인에 따라 성장의 속도는 차이가 있지만 보통 손·발톱은 매일 0.1mm 가량, 한달에 3mm 정도 자란다.

61 건강한 손톱에 대한 설명으로 틀린 것은?

① 바닥에 강하게 부착되어야 한다.
② 단단하고 탄력이 있어야 한다.
③ 윤기가 흐르며 노란색을 띠어야 한다.
④ 아치모양을 형성해야 한다.

해설 건강한 손톱은 윤기가 흐르며 연한 분홍빛을 띠어야 한다.

정답	01	02	03	04	05	06	07	08
	②	②	①	④	③	④	②	④
	09	10	11	12	13	14	15	16
	②	④	②	③	④	①	①	④
	17	18	19	20	21	22	23	24
	④	①	③	③	②	④	①	②
	25	26	27	28	29	30	31	32
	③	③	③	②	②	①	②	④
	33	34	35	36	37	38	39	40
	②	③	②	②	③	③	②	③
	41	42	43	44	45	46	47	48
	③	④	③	④	①	②	②	②
	49	50	51	52	53	54	55	56
	①	②	④	①	③	①	③	①
	57	58	59	60	61			
	③	②	②	②	③			

2절 피부와 영양

1 영양소의 개요

1 영양소의 정의
① **영양** : 인간이 살아가려면 세포가 지속적으로 활동해야 하며, 외부로부터 세포를 구성하는 물질과 생명 활동에 필요한 에너지를 내는 영양물질이 끊임없이 공급되어야 함
② **영양소** : 외부로부터 섭취한 것으로 몸을 구성하거나 에너지원으로 쓰이는 물질

2 영양소의 기능 및 종류
① 에너지원으로 쓰이는 필수 3대 영양소 : 탄수화물, 단백질, 지방
② 몸을 구성하거나 생리작용 조절에 관여하는 영양소 : 비타민, 무기질, 물

구성영양소	• 신체 조직을 구성하고 유지 • 단백질, 무기질
열량영양소	• 신체 활동에 필요한 에너지 공급 • 탄수화물, 단백질, 지방
조절영양소	• 체내의 생리기능 조절 • 단백질, 무기질, 비타민, 물

2 3대 영양소, 비타민, 무기질

1 3대 영양소
(1) 탄수화물(당질)
① **구성 원소** : 탄소(C), 수소(H), 산소(O)
② **열량** : 1g당 4kcal의 에너지원
③ **구성 단위** : 단당류(포도당, 과당, 갈락토오스), 이당류(맥아당, 자당, 유당), 다당류(녹말, 글리코겐, 섬유소)
④ **급원 식품** : 밥, 국수, 빵, 고구마, 감자, 과일 등
⑤ **기능** : 주로 에너지원으로 사용
⑥ 소화 흡수율이 99%에 가까움
⑦ 필요이상 섭취 시 간과 근육에 글리코겐으로 저장되거나 지방으로 전환되어 저장됨
⑧ 장에서 포도당, 과당 및 갈락토오스로 흡수됨

(2) 단백질

① **구성 원소** : 탄소(C), 수소(H), 산소(O), 질소(N)

② **열량** : 1g당 4kcal의 에너지원

③ **기본 단위** : 아미노산(아미노산의 배열 순서에 따라 단백질의 종류가 결정)

④ **급원 식품** : 소고기, 돼지고기, 생선, 달걀, 치즈, 우유 등

⑤ **기능** : 주로 에너지원으로 사용, 근육, 조직, 머리카락, 뼈 등의 신체조직 구성

(3) 지방(지질)

① **구성 원소** : 탄소(C), 수소(H), 산소(O)

② **열량** : 1g당 9kcal의 에너지원

③ **구성 단위** : 지방산과 글리세롤

④ **급원식품** : 깨, 버터, 식용류, 참기름, 땅콩 등

⑤ **기능** : 주로 에너지원으로 사용, 세포막의 구성성분
  - 지용성 비타민의 흡수와 운반을 도움
  - 생체막 성분으로 체구성 역할과 피부보호 역할
  - 피하지방은 체온유지 및 장기보호기능

⑥ 필요이상 섭취 시 내장이나 피부 밑에 체지방의 형태로 저장

⑦ 포화지방산과 불포화지방산

포화지방산	상온에서 고체상태	육류, 유제품	심혈관질환
불포화지방산	상온에서 액체상태	올리브유, 식용유, 생선	콜레스테롤 억제 기능, 항노화기능

⑧ 필수지방산
  - 반드시 음식으로 섭취해야 하는 지방산
  - 리놀레산, 알파(α) 리놀렌산, 아라키돈산
  - 모두 불포화지방산에 속함

2 비타민

(1) 비타민의 역할

① 적은 양으로 체내 기능을 조절해주는 영양소(조절영양소)

② 비타민 D를 제외한 나머지 비타민은 체내에서 합성되지 않아 음식물로 섭취하여 공급

③ 섭취량이 부족하면 신진 대사가 원활하지 않고 결핍증이 유발됨

④ 세포의 성장 촉진 및 생리대사의 보조 역할

⑤ 신경안정 및 면역기능 강화작용

(2) 지용성 비타민

종류	생리작용	결핍증	급원식품
비타민 A (레티노이드)	• 시력보호 • 피부건강 • 성장촉진	• 야맹증, 성장부진 • 상피각질 (피부 건조 및 거칠어짐)	• 녹황색 채소, 간, 난황 등
비타민 D (칼시페롤)	• 자외선을 통한 피부 합성 • 칼슘과 인의 흡수촉진 • 뼈 생성 촉진	• 어린이-구루병 • 성인-골연화증, 골다공증	• 간, 난황, 등푸른 생선 등

비타민 E
(토코페롤)
	• 항산화 작용
	• 생식기능 강화
	• 혈액순환 촉진 및 피부 청정
	  효과
		• 불임증	• 식물성 기름, 난황,
			  녹황색 채소 등

비타민 K (필로퀴논)	• 혈액응고 촉진	• 혈액응고 장애	• 녹황색 채소, 간, 콩류 등

(3) 수용성 비타민

종류	생리작용	결핍증	급원식품
비타민 B_1 (티아민)	• 당질대사의 조효소 • 신경전달물질 합성의 보조 효소	• 각기병, 소화불량, 피로	• 배아, 콩류, 돼지고기, 견과류 등

비타민 B_2
(리보플라빈)
	• 단백질 및 당질 대사의
	  보조 효소
		• 구순구각염, 설염
		  (혀의 염증)
			• 유제품, 육류, 생선, 콩,
			  계란, 녹색채소 등

비타민 B_3 (나이아신)	• 에너지 대사, 피부 염증 완화 • 필수아미노산인 트립토판으로 부터 전환	• 펠라그라병	• 참치, 땅콩, 육류, 버섯 등
비타민 B_6 (피리독신)	• 단백질 대사의 보조효소	• 피부염, 면역력 저하	• 생선, 돼지고기, 닭고기, 계란, 콩 등

비타민 B_9
(엽산)
	• 아미노산 합성 및 세포 재생에
	  관여
		• 빈혈, 성장장애, 신경이상	• 콩류, 현미, 시리얼, 녹색
			  채소, 과일류 등

비타민 B_{12}
(코발라민)
	• 적혈구 생성 및 엽산 대사과정
	  에 관여
		• 악성 빈혈, 신경장애	• 소고기, 굴, 조개, 녹색채
			  소, 과일류 등

비타민 C (아스코르빈산)	• 교원질(콜라겐) 형성 • 호르몬 합성에 관여 • 항산화작용으로 조기노화 예방 • 미백기능 및 색소침착 방지 • 주근깨, 기미 등의 미백제로 사용	• 괴혈병, 피부와 잇몸출혈 • 빈혈, 치아 발육 지연	• 토마토, 딸기, 양배추, 감귤류 등

종류	생리작용	결핍증	급원식품
비타민 H (비오틴)	• 지방 및 당질 대사에 관여	• 피부염, 피부건조증, 탈모	• 달걀노른자, 땅콩, 간, 우유, 치즈 등
비타민 P (바이오플라 보노이드)	• 모세혈관 강화 • 비타민 C 상승제	• 출혈, 타박상 시 멍이 쉽게 듦	• 녹색채소, 감귤류, 체리 등

참고 지용성 비타민과 수용성 비타민

지용성 비타민	수용성 비타민
기름(지방)에 녹는 비타민	물에 녹는 비타민
필요이상 섭취 시, 체외로 배출되지 않고 간이나 지방조직에 축척되어 과잉증 유발	필요이상 섭취 시, 여분의 양은 소변을 통해 배출됨
결핍증세가 서서히 나타남	결핍증세가 빠르게 나타남
필요량을 매일 공급할 필요 없음	필요량을 매일 공급하여야 함
전구체가 존재	전구체가 없음
비타민 A, 비타민 D, 비타민 E, 비타민 K	비타민 B 복합체, 비타민 C, 비타민 H, 비타민 P

3 무기질

(1) 무기질의 특징

① 생물체를 구성하는 원소 중 탄소(C), 수소(H), 산소(O), 질소(N)를 제외한 나머지 원소
② 생물체 내에서 에너지원이 되지 않으나 생물체의 중요한 구성성분
③ 다량 무기질과 미량 무기질로 나누어짐

(2) 다량 무기질

종류	생리작용	결핍증	급원식품
칼슘(Ca)	• 골격과 치아의 주성분 • 체내 대사에 관여	• 어린이-구루병 • 성인-골연화증 • 뼈와 이가 약해짐	• 우유, 유제품, 뼈째 먹는 생선
인(P)	• 칼슘과 같이 골격과 치아 형성에 중요한 역할	• 골격 및 근육 약화	• 우유, 치즈, 달걀 노른자, 육류, 어류
마그네슘(Mg)	• 골격과 치아 및 효소의 구성 성분	• 안면근경련 • 심장기능 약화	• 녹색채소, 우유, 고기, 땅콩
나트륨(Na)	• 삼투압 조절 • 근육 및 신경의 자극 전도	• 심장병, 신장병, 고혈압	• 소금
칼륨(K)	• 근육 및 신경 조절	• 신경 및 근육 활동 장애	• 고기, 채소, 우유

(3) 미량 무기질

종류	생리작용	결핍증	급원식품
철분(Fe)	• 혈액에 산소공급	• 빈혈, 체온 유지능력 저하, 면역기능 감소	• 달걀, 생선, 간, 육류, 녹색채소
아연(Zn)	• 염증 억제 작용 • 인슐린 합성에 관여	• 미각 및 후각 감퇴, 성장지연	• 생선, 육류, 달걀노른자, 간, 버섯
구리(Cu)	• 체내 생화학반응의 촉매제 역할 • 뼈와 적혈구 생성	• 빈혈, 골격 이상 및 백혈구 감소	• 아몬드, 콩, 브로콜리, 마늘, 버섯, 건포도, 연어
요오드(I)	• 갑상선 호르몬의 구성성분	• 갑상선 기능 저하증	• 해산물, 해조류, 마늘, 버섯, 콩, 시금치

01 탄수화물에 대한 설명으로 옳지 않은 것은?

① 당질이라고도 하며 신체의 중요한 에너지원이다.

② 장에서 포도당, 과당 및 갈락토오스로 흡수된다.

③ 지나친 탄수화물의 섭취는 신체를 알칼리성 체질로 만든다.

④ 탄수화물의 소화흡수율은 99%에 가깝다.

> 해설 • 탄수화물의 섭취는 신체를 산성 체질로 만듦
> • 산성 식품 : 육류, 곡물류, 달걀, 어패류, 가공식품, 인스턴트
> • 알칼리성 식품 : 과일류, 발효식품, 채소류, 해조류

02 체조직 구성영양소에 대한 설명으로 틀린 것은?

① 지질은 체지방의 형태로 에너지를 저장하며 생체막 성분으로 체구성 역할과 피부의 보호 역할을 한다.

② 지방이 분해되면 지방산이 되는데 이중 불포화지방산은 인체 구성성분으로 중요한 위치를 차지하므로 필수지방산이라고도 한다.

③ 필수지방산은 식물성 지방보다 동물성 지방을 먹는 것이 좋다.

④ 불포화지방산은 상온에서 액체상태를 유지한다.

> 해설 필수지방산은 포화지방산 함량이 높은 동물성 지방보다 포화지방산 함량이 낮은 식물성 지방을 먹는 것이 좋다.

03 다음 비타민에 대한 설명 중 틀린 것은?

① 비타민 A가 결핍되면 피부가 건조해지고 거칠어진다.

② 비타민 C는 교원질 형성에 중요한 역할을 한다.

③ 레티노이드는 비타민 A를 통칭하는 용어이다.

④ 비타민 A는 많은 양이 피부에서 합성된다.

> 해설 비타민 D를 제외한 다른 모든 비타민은 인체에서 합성되지 않아 반드시 식품을 통해 섭취해야 한다.

04 성장촉진, 생리대사의 보조역할, 신경안정과 면역기능 강화 등의 역할을 하는 영양소는?

① 단백질　　　　② 비타민

③ 무기질　　　　④ 지방

> 해설 • 단백질과 지방은 인체를 구성하고 열량을 제공하며, 체내 생리기능을 조절한다.
> • 무기질은 신체의 골격과 구조를 이루는 구성요소이다.

05 피부색소를 퇴색시키며 기미, 주근깨 등의 치료에 주로 쓰이는 것은?

① 비타민 A　　　② 비타민 B

③ 비타민 C　　　④ 비타민 D

> 해설 비타민 C는 기미, 주근깨 치료에 주로 쓰이며 피부색소를 없애는 비타민이다.

06 기미, 주근깨 피부관리에 가장 적합한 비타민은?

① 비타민 A　　　② 비타민 B₁

③ 비타민 B₂　　　④ 비타민 C

> 해설 비타민 C는 기미, 주근깨 등의 미백제로 사용된다.

07 기미가 생기는 원인으로 가장 거리가 먼 것은?

① 정신적 불안

② 비타민 C 과다

③ 내분비 기능장애

④ 질이 좋지 않은 화장품의 사용

해설 비타민 C는 미백효과가 있는 성분이다.

08 체내에 부족하면 괴혈병을 유발시키며, 피부와 잇몸에서 피가 나오게 하고 빈혈을 일으켜 피부를 창백하게 하는 것은?

① 비타민 A   ② 비타민 B_2

③ 비타민 C   ④ 비타민 K

해설 괴혈병은 신선한 채소나 과일 등을 먹을 수 없는 상황에서는 일어나는 비타민 C 결핍증으로 피부와 잇몸에서 피가 나고 빈혈 등의 증상이 나타나는 질병이다.

09 나이아신 부족과 아미노산 중 트립토판 결핍으로 생기는 질병으로써 옥수수를 주식으로 하는 지역에서 자주 발생하는 것은?

① 각기증   ② 괴혈병

③ 구루병   ④ 펠라그라병

해설 펠라그라병은 나이아신이나 그 전구체인 트립토판이 부족하여 생기는 질병으로 옥수수에는 비타민 B_3(나이아신)이 없기 때문에 옥수수를 주식으로 할 경우 펠라그라병에 걸리기 쉽다.

10 각 비타민의 효능에 대한 설명 중 옳은 것은?

① 비타민 E – 아스코르빈산의 유도체로 사용되며 미백제로 이용된다.

② 비타민 A – 혈액순환 촉진과 피부 청정효과가 우수하다.

③ 비타민 P – 바이오플라보노이드(bioflavonoid)라고도 하며 모세혈관을 강화하는 효과가 있다.

④ 비타민 B – 세포 및 결합조직의 조기노화를 예방한다.

해설 ①은 비타민 C, ②는 비타민 E, ④는 비타민 C에 관한 설명이다.

정답	01	02	03	04	05	06	07	08
	③	③	④	②	③	④	②	③
	09	10						
	④	③						

3절 피부장애와 질환

1 피부장애와 질환

① 흔히 피부는 인체 내부를 비추는 거울로 표현됨, 즉 피부에 나타나는 모든 증상은 피부장애와 질환 상태를 보여주는 동시에 인체의 건강상태를 알려주는 신호
② 외상, 손상, 질병 등으로부터 유발된 피부의 병리적 변화
③ 피부병변의 발진상태로는 원발진과 속발진이 있음

2 원발진과 속발진

1 원발진

① 건강한 피부에 처음으로 나타나는 피부병변
② **종류** : 반점, 홍반, 소수포, 대수포, 팽진, 구진, 농포, 결절, 낭종, 종양 등

반점	• 융기나 함몰없이 피부의 색조변화만 있음 • 주근깨, 기미, 자반, 노화반점, 오타모반, 백반, 몽고반점 등
홍반	• 내적 자극과 외적 자극에 의해 피부색이 붉게 변하는 증상 • 혈관의 확장으로 피가 많이 고이는 것을 의미하기도 함
소수포	• 맑은 액체가 포함된 물집으로 직경 1cm 미만의 수포 • 화상, 알레르기 및 염증 등으로 인해 발생
대수포	• 맑은 액체가 포함된 물집으로 직경 1cm 이상의 수포 • 주로 표피 밑에 깊게 존재하며 궤양과 흉터가 남을 수 있음
팽진	• 가려움증이 동반되는 일시적인 부종 • 진피 내의 부종으로 벌레물림, 음식알레르기 등으로 인해 발생
구진	• 직경 0.5~1cm 미만의 피부가 솟아올라가 있는 형태 • 열이 있고 붉어보이며, 통증이 있음, 염증성 여드름의 초기 단계
농포	• 직경 1cm 미만의 피부가 솟아올라가 있는 형태 • 농(고름)을 포함한 피부의 작은 고름주머니
결절	• 구진과 같은 형태이나 직경이 1~2cm 정도 더 큰 염증성 질환 • 구진과 작은 종양의 중간 크기로 진피나 피하지방층에 발생
낭종	• 직경 1~5cm 정도의 염증 및 심한 통증을 유발하는 주머니 모양의 혹 • 피하지방층에 생기는 여드름의 4단계로 흉터 발생 가능
종양	• 직경 2cm 이상의 혹처럼 부어서 피부표면에 올라와 있는 큰 봉우리 모양의 질환 • 전이가 있는 악성 종양과 전이가 없는 양성 종양으로 나뉨

② 속발진

① 원발진이 더 진전되어 다른 형태로 이어지는 피부질환
② 종류 : 가피, 미란, 인설, 태선화, 찰상, 균열, 궤양, 위축, 반흔, 켈로이드 등

가피	• 상처나 염증 부위에 혈청과 농, 혈액이 말라붙은 상태 • '딱지'라고도 하며, 거의 흉터를 남기지 않고 치유됨
미란	• 수포가 터진 후 표피가 떨어져나간 상태 • 얇은 피부 결손 상태로 출혈이 없고 흔적 없이 치유됨
인설	• 각화과정에서 이상이 생겨 표피의 각질들이 축적된 상태 • 각질세포가 눈에 띄게 하얀 가루나 덩어리로 떨어져 나감
태선화	• 표피 전체와 진피 일부가 건조하고 단단하며 심한 가려움증을 동반하는 피부질환 • 장기간에 걸쳐 반복하여 긁거나 비벼서 표피가 건조하고 가죽처럼 두꺼워진 상태
찰상	• 소양증 등으로 가려움을 제거하기 위해 긁어서 생긴 질환 • 옴, 벗겨짐, 긁힌 상태 등으로 대부분 반흔없이 치료됨
균열	• 염증성 질환이나 피부의 과도한 건조에 의해 피부가 갈라진 상태 • 주로 발뒤꿈치 등의 건조 또는 습한 부위에 발생
궤양	• 표피와 진피의 손실로 움푹 파인 피부의 구멍 • 피부 깊숙한 결손으로 출혈이 있고 완치 후에도 대부분 흉터가 남음
위축	• 진피의 세포나 성분의 감소로 피부가 얇아진 상태 • 노화피부라고도 하며, 피부의 탄력이 감소되고 주름형성
반흔	• 진피 이상의 피부 결손 부위에 결체조직의 비정상적 증식으로 생긴 흉터 • 흉터라고도 하며, 더 이상 세포재생이 되지 않으며 기름샘과 한선이 없음
켈로이드	• 상처 치유과정에서 비정상적으로 결합조직이 밀집되어 성장하는 질환 • 본래의 상처나 염증 발생부위를 넘어 피부 진피층 각질이 과도하게 증식되면서 피부표면으로 융기되어 올라온 흉터

③ 피부질환의 종류

① 여드름

(1) 여드름 발생의 주요원인

① 80% 이상이 유전적인 영향
② 모낭 내 이상 각화 및 염증반응
③ 여드름균의 군락형성
④ 남성호르몬인 테스토스테론의 과다분비와 월경 전후 황체호르몬의 분비량 증가
⑤ 경구피임약 복용, 스트레스, 화장품과 의약품 등에 의한 자극

(2) 여드름의 분류

비염증성 여드름 (non-inflammatory acne)	화이트헤드	모공이 닫힌 상태
	블랙헤드	피지가 산화되어 검게 보이며, 모공이 열려 있는 상태

염증성 여드름 (inflammatory acne)	1단계 : 구진(붉은 여드름)	여드름 균에 의해 염증이 발생한 상태 (통증, 열 동반)
	2단계 : 농포(화농성 여드름)	염증이 악화되어 고름이 생긴 상태 (통증 없음)
	3단계 : 결절(결절성 여드름)	모낭 아래가 파열되고, 심한 통증과 흉터가 남음
	4단계 : 낭종(낭종성 여드름)	진피에 자리하고 있으며 심한 통증이 동반되고 치료 후에도 흉터가 남음

2 온도에 의한 피부질환

(1) 화상

높은 온도의 열, 전기 방사능, 화학물질 등 여러 가지 요인에 의해 조직 손상이 발생한 것

제1도 화상	표피층에만 손상을 입는 홍반성 화상으로 부종, 통증 수반
제2도 화상	진피층까지 손상되어 홍반, 부종, 통증과 함께 수포 형성
제3도 화상	표피, 진피, 피하지방층의 일부까지 손상되는 괴사성 화상으로 흉터 남음
제4도 화상	피부가 괴사되어 피하의 근육, 힘줄, 신경, 골조직까지 손상되어 영구적 흉터 남음

(2) 동상

추운 환경에 노출된 신체 부위에 국소적으로 혈액공급이 없어진 상태로 조직 손상이 발생한 것

표재성	제1도 동상	• 붉은 반점이 발생한 상태 • 수포나 괴사는 없으나 부분적인 피부의 동결, 발적, 부종이 발생
	제2도 동상	• 피부에 물집이 발생한 상태 • 진피층의 손상, 발적, 부종, 작은 수포, 피부 박탈 등이 발생
심부성	제3도 동상	• 피부에 궤양이 발생한 상태 • 피하지방층까지의 동결로 출혈성 • 수포 및 피부괴사와 함께 청회색으로 변색
	제4도 동상	• 피부 깊숙이 피부 괴사가 일어난 상태 • 피하층, 근육, 인대, 골조직까지의 동결로 청회색에서 점차 검은색으로 변색

3 접촉성 피부염

외부 물질과의 접촉에 의해 발생하는 피부염으로, 발병기전에 따라 원발성과 알레르기성으로 분류

원발성 접촉 피부염	• 접촉 물질 자체의 자극에 의하여 생기는 피부염 • 화학물질, 마찰, 습기 등
알레르기성 접촉 피부염	• 접촉 물질에 대한 알레르기 반응이 있는 사람에게만 생기는 피부염 • 식물, 동물, 음식(복숭아, 유제품 등), 먼지, 약제, 방부제, 중금속(니켈, 수은, 크롬, 코발트) 등

4 기계적 자극에 의한 피부질환

반복적인 마찰 및 압력 등에 의해 발생하는 피부질환

굳은살	• 잦은 마찰이나 압력에 의해 각질층의 두께가 증가하여 단단하게 된 살 • 손바닥, 발바닥, 관절의 뼈 돌출부 등의 간헐적인 압력을 받는 부위에 발생
티눈	• 원추형의 국한성 비후증으로 피부에 대한 지속적인 압박으로 생기는 각질층의 증식현상 • 발가락의 등쪽으로 발바닥에 주로 발생하는 경성티눈과 발가락 사이에 잘 발생하는 연성티눈으로 나뉨
욕창	• 압력 궤양이라고도 하며, 지속적인 압박으로 인해 순환장애가 일어나 피부가 괴사하는 피부질환 • 장시간 한 자세로 누워 지내는 환자의 등이나 엉덩이에 주로 발생

5 색소이상에 의한 피부질환

(1) 과색소 이상에 의한 피부질환(멜라닌색소의 증가)

기미	• 주로 안면에 발생하는 불규칙한 모양과 다양한 크기의 과색소 질환 • 피부가 자외선에 노출되었을 때 멜라닌 색소의 생성이 증가하여 발생 • 경계가 명확한 갈색 색소로 나타나며, 선탠기기에 의해서도 발생 가능 • 30~40대의 중년여성에게 잘 나타나며 재발이 잘됨 • 임신 시 호르몬 변화에 의해 안면에 대칭적으로 임신성 기미 발생
주근깨	• 피부 경계가 명확한 갈색의 작은 반점 • 보통 대칭적으로 나타나며 유전성 요인이 강함
검버섯	• 노화 및 자외선 노출에 의해 발생하는 일광흑색점 • 주로 노인의 피부에 나타남
오타모반	• 주로 안면에 발생하는 갈색 혹은 푸른색을 띠는 넓은 반점
리일 흑피증	• 화장품이나 향수, 염색제품 등 사용 후 얼굴과 목 피부가 전체적으로 검게 변하는 난치성 색소질환

- 정신적 스트레스 최소화, 외출 시 반드시 자외선 차단제 도포
- 화학적 필링과 AHA 성분을 이용하여 피부톤 개선
- 미백성분이 들어간 화장품 사용
- 비타민 C가 함유된 음식을 섭취하여 색소침착 완화

(2) 저색소 이상에 의한 피부질환(멜라닌색소의 감소)

백반증	• 피부에 국소적으로 멜라닌색소가 없어져 다양한 형태와 크기의 백색 반점이 생기는 색소질환 • 후천적 탈색소성 질환
백색증	• 선천적으로 멜라닌색소가 부족하여 피부, 눈동자, 털이 하얗게 나타나는 증상 • 선천적 유전 질환

6 기타 피부질환

무좀	• 곰팡이균에 의해 발생하는 진균성 피부질환 • 주로 손과 발에 번식하고 피부껍질이 벗겨지며 가려움증이 동반됨
아토피성 피부염	• 만성적인 염증성 피부질환으로 가려움증이 동반됨 • 유전적인 요인으로 소아습진과 관련이 있음 • 가을이나 겨울에 더 심해지며, 면직물의 의복을 착용하는 것이 좋음 • 우유, 치즈 등 유제품과 계란, 고기 등 동물성 단백질 섭취에 의해 증상악화됨 • 천식 등 호흡기 질환을 동반하는 경우가 많음
비립종	• 좁쌀종이라고도 하며, 피부내부에 표재성으로 존재하는 작은 구형의 백색상피낭종 • 주로 눈꺼풀, 뺨, 이마에 발생하며 좁쌀모양의 각질덩어리 형성
한관종	• 물사마귀라고도 하며, 아크린 한선의 분비관에서 발생하는 흔한 피부 양성종양 중 하나 • 주로 눈 주위에 발생하며, 1~3mm 정도의 노란색 또는 살색의 구진 형태로 나타남 • 30대 이후 여성에게 자주 나타나며 유전적 소인을 보임
대상포진	• 피부 한 곳에 통증과 함께 발진과 수포들이 발생하는 질환 • 수두를 유발하는 수두대상포진바이러스에 의해 발병 • 과거에 수두에 걸린 적 있거나 수두예방접종을 한 사람에게서만 발생되어 수두바이러스가 있다가 다시 활성화되며 재발

01 다음 중 원발진에 해당하는 피부변화는?

① 가피　　　　　② 미란

③ 위축　　　　　④ 구진

해설 가피, 미란, 위축은 속발진에 속한다.

02 다음 중 원발진으로만 짝지어진 것은?

① 농포, 수포　　　② 색소침착, 찰상

③ 티눈, 흉터　　　④ 동상, 궤양

해설 원발진에는 반점, 홍반, 소수포, 대수포, 팽진, 구진, 농포, 결절, 낭종, 종양이 있다.

03 다음 중 원발진에 속하는 것은?

① 수포, 반점, 인설　② 수포, 균열, 반점

③ 반점, 구진, 결절　④ 반점, 가피, 구진

해설 원발진은 피부에 1차적으로 나타나는 질환으로 반점, 구진, 농포, 결절이 속해 있다.

04 다음 중 원발진이 아닌 것은?

① 구진　　　　　② 농포

③ 반흔　　　　　④ 종양

해설 반흔은 속발진에 속한다.

05 켈로이드는 어떤 조직이 비정상으로 성장한 것인가?

① 피하지방조직　　② 정상 상피조직

③ 정상 분비선조직　④ 결합조직

해설 켈로이드는 결합조직이 비정상적으로 성장한 것이다.

06 장기간에 걸쳐 반복하여 긁거나 비벼서 표피가 건조하고 가죽처럼 두꺼워진 상태는?

① 가피　　　　　② 낭종

③ 태선화　　　　④ 반흔

해설 • 가피 : 딱지
　　 • 낭종 : 주머니 모양의 작은 혹
　　 • 반흔 : 피부가 갈라진 상태

07 다음 중 세포 재생이 더 이상 되지 않으며 기름샘과 땀샘이 없는 것은?

① 흉터　　　　　② 티눈

③ 두드러기　　　④ 습진

해설 세포 재생이 더 이상 되지 않고 기름샘과 땀샘이 없는 곳은 흉터(반흔)이다.

08 여드름 발생의 주요 원인과 가장 거리가 먼 것은?

① 아포크린 한선의 분비 증가

② 모낭 내 이상 각화

③ 여드름균의 군락형성

④ 염증반응

해설 아포크린 한선은 대한선이라고도 하며, 땀을 분비하는 땀샘이다.

09 진피에 자리하고 있으며 통증이 동반되고, 여드름 피부의 4단계에서 생성되는 것으로 치료 후 흉터가 남는 것은?

① 가피　　　　　　② 농포

③ 면포　　　　　　④ 낭종

해설 염증성 여드름은 1단계 구진 → 2단계 농포 → 3단계 결절 → 4단계 낭종으로 진행된다.

10 화상의 구분 중 홍반, 부종, 통증뿐만 아니라 수포를 형성하는 것은?

① 제1도 화상　　　② 제2도 화상

③ 제3도 화상　　　④ 중급 화상

해설 제2도 화상은 피부의 진피층까지 손상되어 홍반, 부종, 통증과 함께 수포가 형성된다.

11 접촉성 피부염의 주된 알러지원이 아닌 것은?

① 니켈　　　　　　② 금

③ 수은　　　　　　④ 크롬

해설 금속 중 접촉성 피부염을 일으키는 대표적인 물질은 니켈, 수은, 크롬, 코발트 등이 있다.

12 다음 중 각질이상에 의한 피부질환은?

① 주근깨(작반)　　② 기미(간반)

③ 티눈　　　　　　④ 리일 흑피증

해설 티눈은 발이나 발가락에 계속적인 압박으로 생기는 각질층의 이상 증식현상이다.

13 피부에 계속적인 압박으로 생기는 각질층의 증식 현상이며, 원추형의 국한성 비후증으로 경성과 연성이 있는 것은?

① 사마귀　　　　　② 무좀

③ 군은살　　　　　④ 티눈

해설 티눈은 발가락의 등 쪽이나 발바닥에 주로 발생하는 경성티눈과 발가락 사이에 잘 발생하는 연성티눈으로 나뉜다.

14 다음 내용과 가장 관계있는 것은?

- 곰팡이균에 의하여 발생한다.
- 피부껍질이 벗겨진다.
- 가려움증이 동반된다.
- 주로 손과 발에서 번식한다.

① 농가진　　　　　② 무좀

③ 홍반　　　　　　④ 사마귀

해설
- 무좀 : 피부사상균이라는 곰팡이균이 손과 발에 번식하여 생기는 피부질환으로 피부껍질이 벗겨지거나 가려움증 동반
- 농가진 : 소아나 영유아의 피부에 잘 발생하는 얕은 화농성 피부 감염 증상
- 홍반 : 외적 내적자극에 의해 피부가 붉게 변해 홍색을 나타내는 증상
- 사마귀 : 유두종 바이러스의 감염에 의해 표피의 과다증식이 발생한 질환

15 아토피성 피부에 관계되는 설명으로 옳지 않은 것은?

① 유전적 소인이 있다.
② 가을이나 겨울에 더 심해진다.
③ 면직물의 의복을 착용하는 것이 좋다.
④ 소아습진과는 관계가 없다.

해설 아토피성 피부는 영유아기에 시작되는 습진형 반응으로 소아습진과 관계가 있다.

16 물사마귀알로도 불리우며 황색 또는 분홍색의 반투명성 구진(2~3mm 크기)을 가지는 피부양성종양으로 땀샘관의 개출구 이상으로 피지분비가 막혀 생성되는 것은?

① 한관종   ② 혈관종
③ 섬유종   ④ 지방종

해설 •섬유종 : 결합조직을 형성하는 세포와 섬유에 의해 발생된 양성 종양
•혈관종 : 붉은 반점으로 비정상적인 혈관이 뭉쳐있는 덩어리
•지방종 : 지방세포로 구성된 양성 종양

17 대상포진(헤르페스)의 특징에 대한 설명으로 옳은 것은?

① 지각신경 분포를 따라 군집 수포성 발진이 생기며 통증이 동반된다.
② 바이러스를 갖고 있지 않다.
③ 전염되지 않는다.
④ 목과 눈꺼풀에 나타나는 전염성 비대 증식현상이다.

해설 대상포진은 잠복해 있던 수두 바이러스가 다시 활성화되면서 발생하는 질환으로 수두를 앓은 적이 없는 사람들에게 전염될 수 있다.

18 기미피부의 손질방법으로 가장 틀린 것은?

① 정신적 스트레스를 최소화한다.
② 자외선을 자주 이용하여 멜라닌을 관리한다.
③ 화학적 필링과 AHA 성분을 이용한다.
④ 비타민 C가 함유된 음식물을 섭취한다.

해설 피부가 자외선에 노출되면 멜라닌색소의 생성이 증가하여 기미가 더 짙어지게 된다.

19 기미에 대한 설명으로 틀린 것은?

① 피부 내에 멜라닌이 합성되지 않아 야기되는 것이다.
② 30~40대의 중년여성에게 잘 나타나고 재발이 잘된다.
③ 썬탠기에 의해서도 기미가 생길 수 있다.
④ 경계가 명확한 갈색의 점으로 나타난다.

해설 기미는 피부가 자외선에 노출되었을 때 멜라닌 색소의 생성이 증가하여 발생하는 과색소 질환이다. 중년여성에게 잘 나타나며 대칭적으로 존재한다. 썬탠기에 의해서도 기미가 생길 수 있고 갈색 점의 경계는 대체적으로 뚜렷하다.

정답	01	02	03	04	05	06	07	08
	④	①	③	③	④	③	①	①
	09	10	11	12	13	14	15	16
	④	②	②	③	④	②	④	①
	17	18	19					
	①	②	①					

4절 피부와 광선

1 태양광선

1 태양광선의 정의
① 인간을 비롯하여 모든 생물체의 신진대사를 가능하게 하는 에너지의 원천
② 전자파의 파장에 따라 눈으로 볼 수 있는 가시광선과 눈에 보이지 않는 적외선, 자외선으로 구분

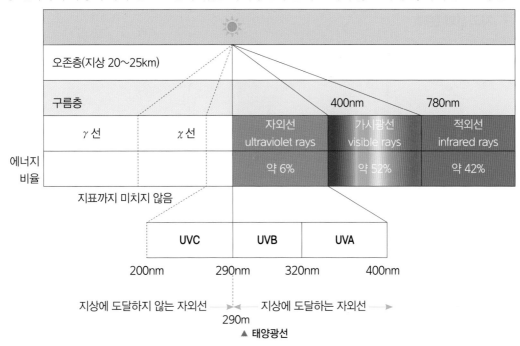

▲ 태양광선

2 자외선이 인체에 미치는 영향

1 자외선의 영향
(1) 긍정적인 효과
① 비타민 D를 합성하여 구루병 및 골다공증 예방
② 살균작용 및 소독효과
③ 면역력 강화 및 강장효과
④ 혈액순환 및 신진대사 촉진

(2) 부정적인 효과

① 홍반반응 및 진피내의 모세혈관 확장
② 멜라닌 세포의 이상 항진으로 인한 과색소침착
③ 표피두께 증가 및 진피두께 감소
④ 광노화 및 일광화상
⑤ 피부탄력 저하 및 주름 형성
⑥ 체내 수분 감소, 피부건조 및 거칠음 유발

2 자외선의 분류

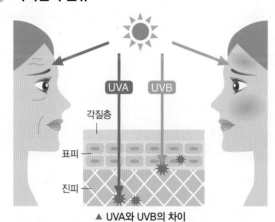

▲ UVA와 UVB의 차이

UVA (장파장, 320~400nm)	• 진피층 내부까지 도달 • 멜라닌세포 활동 촉진 및 색소침착(기미, 검버섯 등) • 탄력저하, 주름 등 피부노화 촉진 • 유리를 투과할 수 있어 실내까지 도달 가능
UVB (중파장, 290~320nm)	• 진피층 상부까지 도달 • 유리를 투과할 수 없어 실내까지 도달 불가능 • 비타민 D 합성 • 홍반 및 일광화상(sunburn) 유발 • 콜라겐 및 엘라스틴 변성
UVC (단파장, 200~290nm)	• 오존층에 의해 흡수되어 지표면에 도달하지 않음 • 살균, 소독 작용 • 피부암 유발

참고 자외선의 파장 길이

UVA 〉 UVB 〉 UVC

참고 자외선의 에너지 강도

UVA 〈 UVB 〈 UVC

3 자외선의 차단지수

① SPF(Sun Protection Factor) : 홍반을 일으키는 UVB 차단 지수, 수치로 표기
② PA(Protect A) : 장파장의 UVA 차단 지수, +, ++, +++로 표기

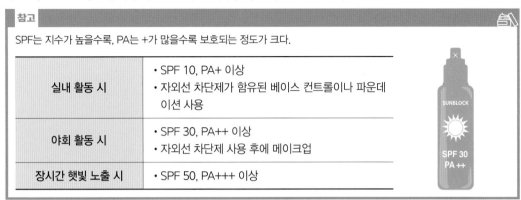

참고		
SPF는 지수가 높을수록, PA는 +가 많을수록 보호되는 정도가 크다.		
실내 활동 시	• SPF 10, PA+ 이상 • 자외선 차단제가 함유된 베이스 컨트롤이나 파운데이션 사용	
야회 활동 시	• SPF 30, PA++ 이상 • 자외선 차단제 사용 후에 메이크업	
장시간 햇빛 노출 시	• SPF 50, PA+++ 이상	

3 적외선이 인체에 미치는 영향

1 적외선의 정의

① 눈에 보이지 않는 광선으로 약 780~1800nm로 태양광선 중 장파장에 속함
② 가시광선 적색선의 바깥쪽에 있어 적외선이라고 함
③ 강한 열작용을 하므로 열선이라고 함
④ 인체 깊숙이 작용하여 긍정적인 효과 제공

2 적외선의 영향

① 혈류량의 증가를 촉진하여 혈액순환을 촉진
② 피부에 생성물 및 영양분이 흡수되도록 돕는 역할
③ 열작용으로 피부 및 근육을 이완시키는 역할

01 자외선의 영향으로 인한 부정적인 효과는?

① 홍반반응　　　② 비타민 D 형성

③ 살균효과　　　④ 강장효과

해설 자외선의 부정적인 효과에는 홍반반응, 색소침착, 광노화, 일광화상, 피부암 등이 있다.

02 다음 중 자외선이 피부에 미치는 영향이 아닌 것은?

① 색소침착　　　② 살균효과

③ 홍반형성　　　④ 비타민 A 합성

해설 비타민 D는 자외선을 통해 피부에서 합성되며, 구루병 예방 및 면역력 강화에 도움이 된다.

03 다음 중 UVA(장파장 자외선)의 파장 범위는?

① 320~400nm　　② 290~320nm

③ 200~290nm　　④ 100~200nm

해설 ① UVA(장파장 자외선), ② UVB(중파장 자외선), ③ UVC(단파장 자외선)의 파장 범위이다.

04 자외선에 대한 설명으로 틀린 것은?

① 자외선 C는 오존층에 의해 차단될 수 있다.

② 자외선 A의 파장은 320~400nm이다.

③ 자외선 B는 유리에 의하여 차단할 수 있다.

④ 피부에 제일 깊게 침투하는 것은 자외선 B이다.

해설 피부에 제일 깊게 침투하는 것은 자외선 A로 피부의 진피까지 침투하여 피부노화를 일으킨다.

05 다음 중 적외선에 관한 설명으로 옳지 않은 것은?

① 혈류의 증가를 촉진시킨다.

② 피부에 생성물을 흡수되도록 돕는 역할을 한다.

③ 노화를 촉진시킨다.

④ 피부에 열을 가하여 피부를 이완시키는 역할을 한다.

해설 적외선은 혈액순환을 촉진하여 노화를 지연시키며, 피부노화를 촉진시키는 것은 자외선이다.

정답	01	02	03	04	05			
	①	④	①	④	③			

1 면역의 종류와 작용

1 면역의 정의

① 외부로부터 들어오는 이물질에 대한 인체의 방어능력

② 항원 : 인체 내부로 들어오는 외부인자의 총칭. 병원미생물 또는 그 생성물

　　예 세균, 바이러스, 화학물질, 약, 꽃가루, 먼지 등

③ 항체 : 생체의 일정한 조직이 어떤 항원과 접촉했을 때 이에 대항하기 위해 혈액에서 생성된 물질

　　예 lgG, lgA, lgM 등

2 면역의 종류와 작용

(1) 비특이성 면역(자연면역, 선천면역)

① 선천적으로 출생 시부터 가지고 태어나는 면역

② 병원체의 종류를 가리지 않고, 감염 즉시 작용하는 비특이적 면역으로 이전의 감염 여부에 관계없이 일어나는 방어작용

1차 방어기전	• 피부 : 각질층이 단단한 방어벽을 형성하여 병원체의 침입이 어려움 • 점액 : 눈, 콧속, 소화관, 호흡기 등은 점액을 분비하여 병원체의 침입을 방어 • 위산, 소화관의 가수분해효소, 혈액에 존재하는 보체 등에 의해 방어
2차 방어기전	• 식균작용을 담당하는 대식세포와 다핵형백혈구에 의해 병원체의 침입을 방어 • 감염세포를 죽이는 NK세포에 의한 방어

(2) 특이성 면역(획득면역, 후천면역)

① 병원체 감염 후에 나타나는 후천적 면역

② 병원체가 1,2차 방어기전을 뚫고 침입하면 선별적으로 대응하여 제거하는 면역작용

③ 특정 항원을 인식하는 수용체를 가지고 있어 2차 침입 시에는 신속하게 다량의 항체를 만들어 항원 제거

T림프구	• 세포와의 접촉을 통해 직접 항원을 공격하는 세포성 면역담당 • 혈액 내 림프구의 90%차지 • 살해 T세포(killer T cell) • 도움 T세포(helper T cell : B세포를 도와줌) • 조절 T세포(regulatory T cell : B세포의 분화를 억제하는 일) • 기억 T세포(memory T cell)
B림프구	• 혈액에 의해 운반되기 때문에 체액성 면역담당 • 면역글로불린(IgG, IgA, IgM, IgD, IgE)이라고 불리는 항체 생성

피부 면역 출제예상문제

01 피부의 면역에 관한 설명으로 맞는 것은?

① 세포성 면역에는 보체, 항체 등이 있다.

② T림프구는 항원 전달 세포에 해당한다.

③ B림프구는 면역글로불린이라고 불리는 항체를 생성한다.

④ 표피에 존재하는 각질형성세포는 면역 조절에 작용하지 않는다.

해설
- 세포성 면역은 세포와 접촉을 통해 직접 항원을 공격한다.
- 항체를 생성하는 것은 체액성 면역에 관한 설명이다.
- B림프구는 체액성 면역으로 면역글로불린이라고 불리는 항체를 생성한다.
- 각질층은 비특이성 면역의 1차 방어기전으로 병원체의 침입을 막는다.

정답	01							
	③							

6강 피부노화

1 피부노화의 원인

1 노화의 정의
시간의 흐름에 따라 신체의 구조와 기능이 퇴화하는 현상

2 피부노화의 원인
① 노화 유전자에 의해 세포노화가 예정되어 나타남
② 활성산소는 체내의 정상세포를 손상시켜 인체 노화나 각종 질병을 일으킴
③ 세포가 분열할 때마다 텔로미어(telomere)가 단축되어 노화가 진행됨
④ 아미노산 라세미화에 의해 변성된 아미노산들이 피부의 기능 장애를 초래함

> **참고 텔로미어**
> - 염색체의 양끝에 있는 존재하는 부분
> - 세포 분열이 일어날 때마다 텔로미어 끝부분의 50~200의 DNA 염기서열이 소실됨

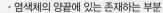

144

2 피부노화현상

1 내인성 노화(자연노화)

세월의 흐름에 따라 자연적으로 발생하는 노화현상으로, 노화 유전자의 영향을 받으며, 햇빛이 노출되지 않은 피부에서도 일어남

① 표피 및 진피의 두께 감소
② 각질층의 두께 증가
③ 랑게르한스 세포수의 감소로 피부 면역기능 감소
④ 멜라닌 세포수의 감소로 자외선 방어기능 저하
⑤ 피부 수분감소로 피부 건조증 및 잔주름 증가
⑥ 색소 침착 유발
⑦ 교원섬유와 탄력섬유의 감소로 인한 주름증가 및 탄력저하(피부처짐)

2 외인성 노화(광노화)

햇볕 노출, 얼굴표정, 습관 등의 외부 요인에 의해 발생하는 노화현상으로, 주로 자외선에 의해 유발되므로 '광노화'라고도 함

① 표피 두께 증가
② 체내수분 감소로 인해 피부가 건조하고 거칠어짐
③ 장시간의 자외선 노출에 의해 멜라닌세포의 이상 항진으로 과색소 침착이 나타남
④ 진피 내의 모세혈관확장
⑤ 교원섬유와 탄력섬유의 손상으로 피부 처짐과 굵고 깊은 주름 발생
⑥ 일광각화증 및 피부암의 원인
⑦ 어부나 농부 등 햇빛 노출이 많은 직업군에서 피부노화가 조기에 나타나는 원인

3 피부노화 예방법

① 피부에 노폐물이 쌓이면 피부노화의 원인이 될 수 있으므로 피부를 청결하게 관리함
② 자외선에 피부가 오랜 시간 노출되면 피부노화와 피부암을 유발하므로 외출시 자외선 차단제 도포
③ 불규칙한 생활 패턴과 수면부족은 재생력을 감소시켜 피부노화를 일으키므로 충분한 수면을 취함
④ 유해산소를 억제하는 성분(SOD, 항산화 효소 등)이 들어있는 신선한 채소와 과일 섭취
⑤ 긍정적인 마음가짐으로 스트레스를 이겨내도록 함

01 피부노화 현상으로 옳은 것은?

① 피부노화가 진행되어도 진피의 두께는 그대로 유지된다.
② 광노화에서는 내인성 노화와 달리 표피가 얇아지는 것이 특징이다.
③ 피부노화는 나이에 따른 과정으로 일어나는 광노화와 누적된 햇빛노출에 의한 내인성 노화에 의하여 야기된다.
④ 내인성 노화보다는 광노화에서 표피 두께가 두꺼워진다.

해설 내인성 노화에서는 표피의 두께가 얇아지고, 광노화에서는 표피의 두께가 두꺼워진다.

02 내인성 노화가 진행될 때 감소현상을 나타내는 것은?

① 각질층 두께　　　　② 주름
③ 피부처짐 현상　　　④ 랑게르한스세포

해설 내인성 노화가 진행되면 랑게르한스세포수가 점점 감소되어 피부면역기능이 떨어지게 된다.

03 다음 중 주름살이 생기는 요인으로 가장 거리가 먼 것은?

① 수분의 부족상태
② 지나치게 햇빛(sunlight)에 노출되었을 때
③ 갑자기 살이 찐 경우
④ 과도한 안면운동

해설 주름살은 수분의 부족상태, 지나치게 햇빛에 노출되었을 때, 과도한 안면운동으로 인하여 생기게 된다.

04 광노화 현상이 아닌 것은?

① 표피 두께 증가
② 멜라닌세포 이상 항진
③ 체내 수분 증가
④ 진피 내의 모세혈관 확장

해설 광노화는 햇볕에 의한 노화로, 오랜시간 햇볕 노출 시 체내 수분이 감소되어, 피부가 건조하고 거칠어진다.

05 광노화의 반응과 가장 거리가 먼 것은?

① 거칠어짐　　　　　② 건조
③ 과색소침착증　　　④ 모세혈관 수축

해설 지속적으로 자외선에 노출되면 피부가 건조하고 거칠어지며, 모세혈관확장 및 과색소침착 등의 광노화 반응이 나타난다.

06 어부들에게 피부의 노화가 조기에 나타나는 가장 큰 원인은?

① 생선을 너무 많이 섭취하여서
② 햇볕에 많이 노출되어서
③ 바다에 오존 성분이 많아서
④ 바다의 일에 과로하여서

해설 광노화는 피부 조기노화의 원인이다.

07 피부의 노화 원인과 가장 관련이 없는 것은?

① 노화 유전자와 세포 노화
② 항산화제
③ 아미노산 라세미화
④ 텔로미어(telomere) 단축

해설 항산화제는 세포의 산화를 막아 노화를 방지한다.

08 산소 라디칼 방어에서 가장 중심적인 역할을 하는 효소는?

① FDA　　　　　　② SOD
③ AHA　　　　　　④ NMF

해설 SOD는 활성산소로부터 세포를 지켜주는 역할을 한다.
SOD=Super Oxide Dismutase, 항산화효소
AHA=Alpha Hydroxy Acid, 화학적 각질제거 성분
FDA=Food and Drug Administration, 미국식품의약국

정답	01	02	03	04	05	06	07	08
	④	④	③	③	④	②	②	②

3장

해부생리학

1절 세포와 조직

2절 뼈대(골격)계통

3절 근육계통

4절 신경계통

5절 순환계통

6절 소화기계통

7절 내분비계통

8절 비뇨기계통

9절 생식기계통

1절 세포와 조직

1 세포의 구조 및 작용

1 세포의 정의

① 세포는 모든 생명체의 구조적, 기능적 최소단위

② 세포는 기능이나 소속된 조직에 따라 원형, 입방형, 타원형 등 모양과 크기가 다양

③ 세포의 기본구조는 거의 동일하며 핵, 세포질, 세포막으로 구성

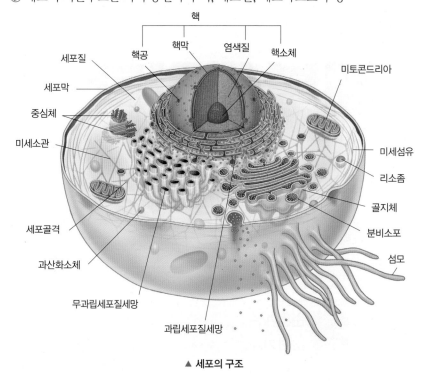

▲ 세포의 구조

2 세포의 구성과 기능

(1) 핵(nucleus)

① 세포 기능을 조절하고 통합하며, 세포증식을 주관

② 유전정보를 가진 DNA 함유

③ 세포의 핵은 핵막으로 둘러싸여 있음

(2) 세포질(cytoplasm)

① 세포 내부에서 핵과 세포막을 제외한 부분
② 물, 전해질, 영양소 등의 겔과 같은 물질로 구성
③ 인체의 생명유지에 중요한 역할을 하는 다양한 세포 소기관들이 존재

미토콘드리아 (사립체)	• 세포 내에서 호흡생리 담당 • 이화작용과 동화작용에 의해 에너지(ATP)를 생산 • 섭취된 음식물 중 영양물질을 산화시켜 인체에 필요한 에너지(ATP) 생성
리보솜	• 단백질 합성 장소로서 단백질과 RNA로 구성 • 세포질에 떠 있거나 과립세포질세망에 붙어서 존재
과립세포질세망 (조면소포체)	• 표면에 리보솜이 다량 부착되어 있음 • 리보솜에서 합성된 단백질을 골지체로 운반
무과립세포질세망 (활면소포체)	• 표면에 리보솜이 부착되어 있지 않음 • 지질, 탄수화물, 스테로이드 호르몬의 합성에 관여
골지체	• 세포질세망에서 전달받은 단백질을 농축 후 세포 밖으로 분비
리소좀	• 세포 내 소화 기관으로 노폐물과 이물질을 처리하는 역할(세포 내 청소부)
중심소체	• 세포분열 시 염색체를 이동시키는 역할

3 세포막(원형질막, cell membrane)

① 세포 내부와 세포 외부의 경계를 형성
② 탄수화물과 단백질 분자들이 결합된 인지질의 이중층구조
③ 수동수송 방법과 능동수송 방법을 통해 세포 간 물질의 이동 조절

수동 수송	확산	물질 자체의 운동에너지에 의해 고농도에서 저농도로 물질이 이동하는 현상
	삼투	반투과성 막을 사이에 두고 높은 물 농도에서 낮은 물 농도로 물 분자만이 선택적으로 투과되는 현상
	여과	높은 압력이 낮은 압력 쪽으로 이동하는 압력 경사에 의해 이루어지는 현상
능동수송		세포의 밖과 안의 농도 차이를 이기고, 선택적 투과에 의한 물질교환이 이루어지는 현상

2 조직의 구조 및 작용

1 조직의 정의

특정한 기능을 수행하기 위해 모양과 기능이 유사한 세포들이 모여 있는 집단

상피조직	• 몸 전체에 존재하며 신체의 표면과 내벽을 덮고 있는 조직 • 인체를 보호하고 방어하는 기능 • 영양분 흡수, 산소 및 이산화탄소의 확산, 소화액과 호르몬 등의 분비와 배설 기능
결합조직	• 신체의 일부를 연결하거나 결합하고, 신체구조를 유지 및 지지하는 역할 • 성긴결합조직, 치밀결합조직, 연골, 뼈, 혈액
근육조직	• 근육과 내장기관을 구성하며 신체 움직임을 담당 • 뼈대근, 심장근, 내장근으로 분류
신경조직	• 신체 내외로부터 자극을 받아 정보를 수신하고 전달하는 기능 • 뇌, 척수, 말초신경으로 구성

> **참고** 인체의 구조적 단계
>
> 세포 → 조직 → 기관 → 기관계 → 인체

세포와 조직 출제예상문제

01 인체의 구성요소 중 기능적, 구조적 최소단위는?

① 조직　　　　　　② 기관
③ 계통　　　　　　④ 세포

해설 인체의 구성요소 중 기능적, 구조적 최소단위는 세포이다. 인체의 구조적 단계는 세포 → 조직 → 기관 → 기관계 → 인체로 나눠진다.

02 세포에 대한 설명으로 틀린 것은?

① 생명체의 구조 및 기능적 기본단위이다.
② 세포는 핵과 근원섬유로 이루어져 있다.
③ 세포 내에는 핵이 핵막에 의해 둘러싸여 있다.
④ 기능이나 소속된 조직에 따라 원형, 아메바, 타원 등 다양한 모양을 하고 있다.

해설 세포는 세포막, 핵, 세포질로 구성되어 있다.

03 세포 내에서 호흡생리를 담당하고 이화작용과 동화작용에 의해 에너지를 생산하는 곳은?

① 리소좀　　　　　② 염색체
③ 소포체　　　　　④ 미토콘드리아

해설 미토콘드리아는 섭취된 음식물 중의 영양물질을 산화시켜 인체에 필요한 에너지인 ATP를 생성한다.

04 섭취된 음식물 중의 영양물질을 산화시켜 인체에 필요한 에너지를 생성해 내는 세포 소기관은?

① 리보솜　　　　　② 리소좀
③ 골지체　　　　　④ 미토콘드리아

해설 미토콘드리아는 세포 내에서 호흡생리를 담당하고 이화작용과 동화작용에 의해 에너지를 생산하는 일을 한다.

05 세포 내 소기관 중에서 세포 내의 호흡생리를 담당하고, 이화작용과 동화작용에 의해 에너지를 생산하는 기관은?

① 미토콘드리아　　② 리보솜
③ 리소좀　　　　　④ 중심소체

해설 미토콘드리아는 섭취된 음식물을 이화작용과 동화작용에 의해 세포에서 쓸 수 있는 에너지인 ATP로 바꾸는 역할을 한다.

06 세포 내 소화기관으로 노폐물과 이물질을 처리하는 역할을 하는 기관은?

① 미토콘드리아　　② 리보솜
③ 리소좀　　　　　④ 골지체

해설 리소좀은 세포 내 소화기관으로 노폐물과 이물질을 처리하는 세포 내 청소부 역할을 한다.

07 원형질막을 통한 물질의 이동 과정에 관한 설명 중 틀린 것은?

① 확산은 물질 자체의 운동에너지에 의해 저농도에서 고농도로 물질이 이동하는 것이다.
② 포도당은 보조 없이 원형질막을 통과할 수 없으며 단백질과 결합하여 세포 안으로 들어가는 것을 촉진, 확산한다.
③ 삼투현상은 높은 물 농도에서 낮은 물 농도로 물 분자만이 선택적으로 투과하는 것을 말한다.
④ 여과는 높은 압력이 낮은 압력이 있는 곳으로 이동하는 압력 경사에 의해 이루어지는 것이다.

해설 확산은 물질 자체의 운동에너지에 의해 고농도에서 저농도로 물질이 이동하는 것이다.

08 물질 이동 시 물질을 이루고 있는 입자들이 스스로 운동하여 농도가 높은 곳에서 낮은 곳으로 액체나 기체 속을 분자가 퍼져나가는 현상은?

① 능동수송   ② 확산
③ 삼투   ④ 여과

해설 확산은 물질 자체의 운동에너지에 의해 고농도에서 저농도로 물질이 이동하는 것이다.

10 세포막을 통한 물질의 이동 방법이 아닌 것은?

① 여과   ② 확산
③ 삼투   ④ 수축

해설 세포막을 통한 물질의 이동에는 확산, 삼투, 여과, 능동수송이 있다.

09 세포막을 통한 물질 이동 방법 중 수동적 방법에 해당하는 것은?

① 음세포작용   ② 능동수송
③ 확산   ④ 식세포작용

해설 세포막을 통한 물질의 이동 방법 중 수동적인 방법에는 확산, 삼투, 여과가 있다.

11 다음 중 세포막의 기능에 대한 설명이 틀린 것은?

① 세포의 경계를 형성한다.
② 물질을 확산에 의해 통과시킬 수 있다.
③ 단백질을 합성하는 장소이다.
④ 조직을 이식할 때 자기 조직이 아닌 것을 인식할 수 있다.

해설 세포막은 세포와 세포 외부의 경계를 형성하고, 선택적 투과에 의한 물질교환을 한다. 단백질을 합성하는 장소는 리보솜이다.

정답	01	02	03	04	05	06	07	08
	④	②	④	④	①	③	①	②
	09	10	11					
	③	④	③					

1 뼈(골)의 형태 및 발생

1 골격계의 정의

① 인체의 골격은 약 206개의 뼈로 구성
② 체중의 약 20%를 차지하며, 골, 연골, 관절 및 인대를 총칭
③ 기관을 둘러싸서 내부 장기를 외부의 충격으로부터 보호

2 골격계의 기능

① **보호기능** : 내부 장기를 외부의 충격으로부터 보호
② **지지기능** : 신체 내부를 지지하는 틀을 형성
③ **운동기능** : 근육운동의 지렛대와 같은 역할
④ **저장기능** : 칼슘염과 인 등의 무기물 저장
⑤ **조혈기능** : 혈액세포를 생산

3 골의 성장

연골상골	직접 골화가 되지 않고 연골의 형태로 있다가 뼈의 원형이 만들어진 후 일부에서 골화가 형성되는 뼈
골단연골	뼈 끝 부분에 있는 초자연골로 성장기에 있어 뼈의 길이 성장이 일어나는 곳
골단판	'성장판'이라고도 불리우며, 성장기까지 뼈의 길이 성장을 주도함

4 골의 기본구조

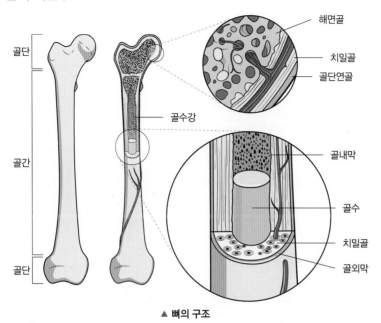

▲ 뼈의 구조

골막	골외막	뼈의 표면을 감싸고 있는 막
	골내막	골수강을 덮고 있는 막
골조직	치밀골	하버스계를 포함하고 있으며, 단단한 골간(뼈몸통)의 벽을 형성하는 뼈부분
	해면골	스펀지와 같이 다공성의 구조로 이루어진 심층부의 뼈부분
골수강	골수강	뼈의 가장 안쪽에 위치한 빈 공간으로 골수로 채워져 있음
	골수	적골수: 조혈작용, 황골수: 지방저장
연골		뼈와 뼈 사이의 충격을 흡수하는 결합조직

5 골격계의 형태

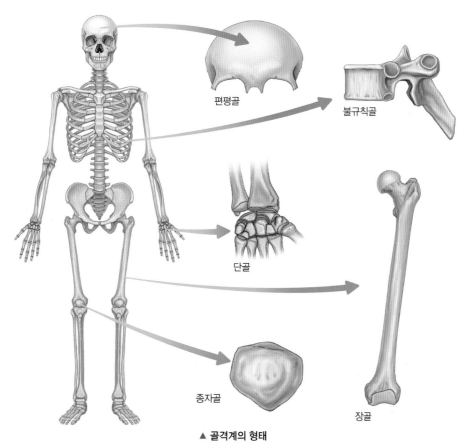

편평골

불규칙골

단골

종자골

장골

▲ 골격계의 형태

분류	형태	종류
장골 (긴뼈)	길이가 긴뼈	대퇴골(넙다리뼈), 상완골(위팔뼈), 요골(노뼈), 척골(자뼈), 경골(정강이뼈), 비골(종아리뼈), 지골(손가락뼈, 발가락뼈)
단골 (짧은뼈)	길이가 짧은뼈	수근골(손목뼈), 족근골(발목뼈)
편평골 (납작뼈)	평평하고 납작한 뼈	두개골(머리뼈), 흉골(가슴뼈), 견갑골(어깨뼈), 늑골(갈비뼈)
불규칙골 (복합뼈)	모양이 불규칙한 형태의 뼈	추골(척추뼈), 관골(엉덩뼈), 안면골(얼굴뼈)
종자골 (종강뼈)	작고 둥근뼈	슬개골(무릎뼈)
함기골 (공기뼈)	공기를 함유한 뼈	상악골(윗턱뼈), 전두골(이마뼈), 측두골(관자뼈), 사골(벌집뼈)

1 성인의 인체골격

2 두개골과 척추

(1) 두개골

① 뇌두개골은 안면을 제외한 머리 부위를 구성하는 뼈

② 뇌를 보호하는 역할

③ 전두골(1), 두정골(2), 측두골(2), 후두골(1), 접형골(1), 사골(1)로 구성

(2) 척추

① 머리와 몸통을 움직일 수 있게 함

② 성인의 척주를 옆에서 보면 4개의 만곡이 존재

③ 뇌에서 내려온 척수를 척추뼈로 감싸 보호

④ 경추(7), 흉추(12), 요추(5), 천골(1), 미골(1)로 구성

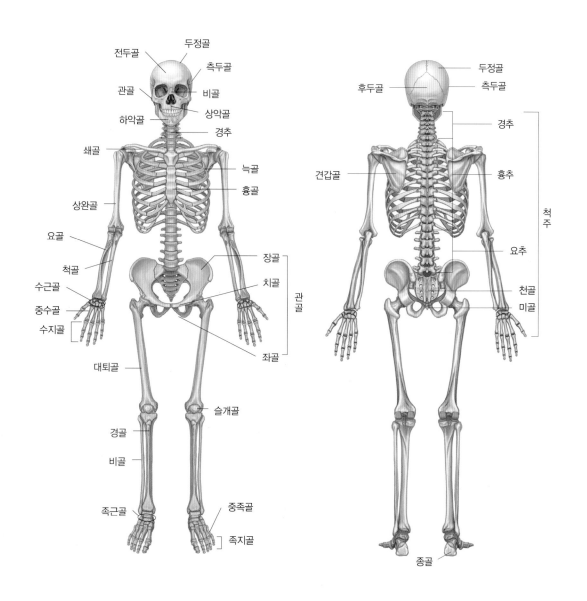

▲ 인체골격

참고	척주

신체의 축을 이루는 척추, 척추 사이 연골 및 디스크가 모여 기둥을 이룬 상태

01 골격계에 대한 설명 중 옳지 않은 것은?

① 인체의 골격은 약 206개의 뼈로 구성된다.

② 체중의 약 20%를 차지하며 골, 연골, 관절 및 인대를 총칭한다.

③ 기관을 둘러싸서 내부 장기를 외부의 충격으로부터 보호한다.

④ 골격에서는 혈액세포를 생성하지 않는다.

[해설] 골격계의 기능 중에 골수에서 혈액세포(적혈구, 백혈구, 혈소판)을 생산하는 조혈기능이 있다.

02 인체의 골격은 약 몇 개의 뼈(골)로 이루어지는가?

① 약 206개　　　　② 약 216개

③ 약 265개　　　　④ 약 365개

[해설] 인체는 약 206개(체간골격 80개, 체지골격 126개)의 뼈로 이루어져 있다.

03 다음 중 뼈의 기능으로 맞는 것을 모두 나열한 것은?

| A. 지지 | B. 보호 | C. 조혈 | D. 운동 |

① A, C　　　　② B, D

③ A, B, C　　　　④ A, B, C, D

[해설] 골격계의 기능에는 보호기능, 지지기능, 운동기능, 저장기능, 조혈기능이 있다.

04 골격계의 기능이 아닌 것은?

① 보호기능　　　　② 저장기능

③ 지지기능　　　　④ 열생산기능

[해설] 골격계의 기능에는 보호기능, 지지기능, 운동기능, 저장기능, 조혈기능이 있다. 열생산기능은 근육계의 기능이다.

05 다음 중 뼈의 기본구조가 아닌 것은?

① 골막　　　　② 골외막

③ 골내막　　　　④ 심막

[해설] 뼈의 기본구조는 골막(골외막, 골내막), 골조직, 골수강, 연골로 나눌 수 있다. 심막은 심장을 싸고 있는 막이다.

06 골과 골 사이의 충격을 흡수하는 결합조직은?

① 섬유　　　　② 연골

③ 관절　　　　④ 조직

[해설] 연골은 탄력성이 있어 골과 골 사이의 충격을 흡수한다.

07 성장기에 있어 뼈의 길이 성장이 일어나는 곳을 무엇이라 하는가?

① 상지골　　　　② 두개골
③ 연골상골　　　④ 골단연골

해설 골단연골 : 골단과 골간 사이의 연골로 골의 성장, 즉 뼈의 길이 성장이 일어나는 곳이다. 골화가 완료되었을 때는 골단선으로서 남아 있다.

08 성장기까지 뼈의 길이 성장을 주도하는 것은?

① 골막　　　　　② 골단판
③ 골수　　　　　④ 해면골

해설 골단판(성장판)은 성장기까지 계속적으로 연골의 형성 및 골화가 진행되어 뼈의 길이 성장을 주도한다.

09 골격계의 형태에 따른 분류로 옳은 것은?

① 장골(긴뼈) : 상완골(위팔뼈), 요골(노뼈), 척골(자뼈), 대퇴골(넙다리뼈), 경골(정강뼈), 비골(종아리뼈) 등
② 단골(짧은뼈) : 슬개골(무릎뼈), 대퇴골(넙다리뼈), 두정골(마루뼈) 등
③ 편평골(납작뼈) : 척주골(척주뼈), 관골(광대뼈) 등
④ 종자골(종강뼈) : 전두골(이마뼈), 후두골(뒤통수뼈), 두정골(마루뼈), 견갑골(어깨뼈), 늑골(갈비뼈) 등

해설 • 단골(짧은뼈) : 수근골(손목뼈), 족근골(발목뼈)
• 편평골(납작뼈) : 두개골(머리뼈), 흉골(가슴뼈), 견갑골(어깨뼈), 늑골(갈비뼈)
• 종자골(종강뼈) : 슬개골(무릎뼈)

10 두개골(skull)을 구성하는 뼈로 알맞은 것은?

① 미골　　　　　② 늑골
③ 사골　　　　　④ 흉골

해설 두개골은 전두골(1), 두정골(2), 측두골(2), 후두골(1), 접형골(1), 사골(1)로 총 8개로 이루어져 있다. 사골은 벌집뼈라고도 하며 두 눈 사이, 코 윗부분에 있는 뼈이다.

11 척주에 대한 설명이 아닌 것은?

① 머리와 몸통을 움직일 수 있게 함
② 성인의 척주를 옆에서 보면 4개의 만곡이 존재
③ 경추 5개, 흉추 11개, 요추 7개, 천골 1개, 미골 2개로 구성
④ 척수를 뼈로 감싸면서 보호

해설 척주는 경추(7), 흉추(12), 요추(5), 천골(1), 미골(1)로 총 26개로 이루어져 있다.

12 다음 중 뇌, 척수를 보호하는 골이 아닌 것은?

① 두정골　　　　② 측두골
③ 척추　　　　　④ 흉골

해설 흉골은 갈비뼈가 붙어있는 가슴뼈로써 척수를 보호하지 않는다.

정답	01	02	03	04	05	06	07	08
	④	①	④	④	④	②	④	②
	09	10	11	12				
	①	③	③	④				

159

3절 근육계통

1 근육의 형태 및 기능

1 근육의 정의
① 사람의 몸에는 600여 개의 근육(muscle)이 존재하며, 체중의 40~45%를 차지함
② 신체의 움직임은 뼈, 관절, 근육의 협동작용을 통해 발생
③ 근육의 수축과 이완에 의해서 체온생산 및 자세유지, 운동기능 형성
④ 근육 내 화학물질인 액틴과 미오신에 의해 수축과 이완 발생

2 근육의 형태적 분류

(1) 기능적 분류

수의근	스스로의 의지에 의해 움직일 수 있는 근육
불수의근	자율신경에 의해 지배를 받는 근육

> **참고** 길항근
> 서로 반대되는 작용을 하는 근육. 즉, 한쪽이 수축할 때 다른 한쪽은 이완되는 한 쌍의 근육
> 예 상완이두근, 상완삼두근

(2) 구조적 분류

횡문근	• 근원섬유에 가로무늬가 있음 • 운동신경으로 지배되며, 빠른 수축과 이완 가능
평활근	• 근원섬유에 가로무늬가 없음 • 운동신경의 분포가 없는 대신 자율신경 분포 • 수축이 서서히 그리고 느리게 지속됨

(3) 위치에 따른 분류

	골격근 (뼈대근)	내장근	심근 (심장근)
형태	횡문근 (가로무늬근)	평활근 (민무늬근)	횡문근 (가로무늬근)
운동	수의근 (맘대로근)	불수의근 (제대로근)	불수의근 (제대로근)
위치			
기능	• 골격에 부착되어 있음 • 자세유지 및 체중의 지탱 • 신체 움직임 담당	• 내장 및 혈관벽 구성 • 내장기관 활동 담당	• 심장벽을 형성 • 심장 활동 담당

3 근육의 기능

① **수의적 운동** : 근육의 수축과 이완을 통해 골격을 움직여 운동
② **자세 유지** : 인체의 형태를 구성하며 자세 유지
③ **체중 지탱** : 골격과 함께 체중을 받쳐주는 역할
④ **체열 생산** : 근육 운동으로 ATP가 소모되면서 체열 발생
⑤ **소화관 운동** : 음식물의 이동과 배뇨, 배변 시 내장근 작용

4 근수축의 종류

① **연축** : 한번의 자극으로 근육이 수축 및 이완되어 다시 본래의 상태로 되돌아가는 상태
② **강축** : 근육에 짧은 간격으로 근자극을 주면 연축이 합쳐져서 단일 수축보다 큰 힘을 발생시키고 지속적인 수축을 일으키는 상태
③ **긴장** : 약한 근수축이 지속적으로 유지되는 상태
④ **강직** : 근육의 긴장도가 비정상적으로 증가되는 것으로 근육이 딱딱하게 굳어 움직임이 없는 상태
⑤ **세동** : 근육이 국부적으로 불규칙한 수축운동을 하는 비정상적인 상태
⑥ **가소성** : 잡아당기면 쉽게 늘어나서 장력(tension)의 큰 변화 없이 본래 길이의 몇 배까지도 유지되는 상태

2 전신근육

1 안면근육

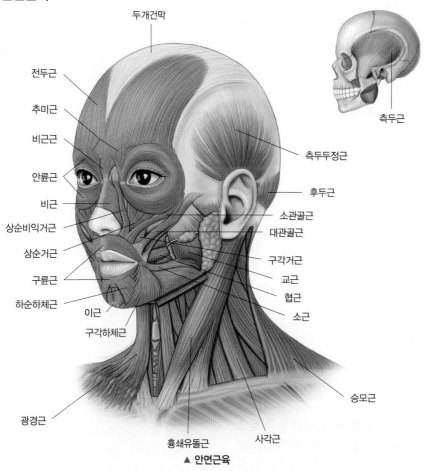

두개건막
전두근
추미근
비근근
안륜근
비근
상순비익거근
상순거근
구륜근
하순하체근
이근
구각하체근
광경근
흉쇄유돌근
측두근
측두두정근
후두근
소관골근
대관골근
구각거근
교근
협근
소근
승모근
사각근

▲ 안면근육

안면근육	근육명칭	작용
표정근 (안면근)	전두근(이마근)	눈썹을 올림, 이마의 주름 형성
	안륜근(눈둘레근)	눈을 감거나 깜박거릴 때 이용
	추미근(눈썹주름근)	눈살을 찌푸리고 미간에 주름을 짓게 함
	대협골근(큰광대근)	구각을 외상방으로 끌어 당겨서 웃는 표정을 만듦
	소협골근(작은광대근)	윗입술을 위로 올려 부정적인 표정을 짓게 함
	협근(볼근)	볼에 압박이 필요한 동작에 사용(휘파람 불기 등)
	구륜근(입둘레근)	입술을 오므리게 함(키스근육)
	소근(입꼬리올림근)	입꼬리를 바깥쪽으로 당겨 미소짓게 함(보조개 형성)

안면근육	근육명칭	작용
저작근	교근(깨물근)	아래턱을 끌어올려 위턱으로 밀어붙이는 작용
	측두근(관자근)	아래턱뼈를 위로 당김
	내측익돌근(가쪽날개근)	하악을 닫는 작용
	외측익돌근(안쪽날개근)	하악을 벌리는 작용

2 전신근육

(1) 목근육(muscles of neck)

흉쇄유돌근(목빗근)	머리와 목을 옆으로 돌리게 하고 아래로 굽히게 함
광경근(넓은목근)	목의 가장 바깥쪽에 위치한 얇은 근육으로 목에 주름 형성

(2) 흉부근육(muscles of thorax)

대흉근(큰가슴근)	위팔을 굽히고 모으고 내측으로 돌림(굴곡, 내전, 회전)
소흉근(작은가슴근)	견갑골을 앞과 뒤로 당기거나 늑골을 들어올림
전거근(앞톱니근)	견갑골을 앞쪽 아래로 당김
내늑간근(속갈비사이근)	늑골을 아래로 내림
외늑간근(바깥갈비사이근)	늑골을 위로 올림

(3) 복부근육(muscles of abdomen)

외복사근(배바깥빗근)	복벽의 긴장, 복강 압박
내복사근(배속빗근)	복벽의 긴장, 복강 압박
복횡근(배가로근)	복벽의 긴장, 복강 압박
복직근(배곧은근)	척추의 굽힘 *윗몸일으키기 시 발달하는 근육

(4) 등근육(배부의 근육, muscles of back)

승모근(등세모근)	위팔을 올리거나 내릴 때 또는 바깥쪽으로 돌릴 때 사용 기시부는 두개골의 저부로 쇄골과 견갑골에 부착 견갑골의 내전과 머리를 신전함
광배근(넓은등근)	팔을 뒷면 안쪽으로 움직이게 함
능형근(마름근)	어깨를 들어올림
견갑거근(어깨올림근)	어깨를 들어올림

(5) 상지근육(muscles of upper limb)

어깨근육	삼각근(어깨세모근)	위팔을 벌림
상완근	상완이두근(위팔두갈래근)	팔꿈치에서 아래팔을 굽힘
	상완삼두근(위팔세갈래근)	팔꿈치에서 아래팔을 폄
	상완근(위팔근)	팔꿈치에서 아래팔을 굽힘

(6) 하지근육(muscles of lower limb)

둔부근육	장요근(큰허리근)	대퇴를 굽히고, 바깥쪽으로 돌림
	대둔근(큰볼기근)	둔부에 있는 커다란 근육, 대퇴를 펴고 안쪽으로 돌림
	중둔근(중간볼기근)	대퇴를 벌리고 안쪽으로 돌림
	소둔근(작은볼기근)	대퇴를 벌리고 안쪽으로 돌림
대퇴근육	대퇴사두근(넙다리곧은근)	무릎에서 다리를 펼 때 사용되는 4개의 근육 대퇴직근(넙다리곧은근), 내측광근(안쪽넓은근), 중간광근(중간넓은근), 외측광근(가쪽넓은근)
	봉공근(넙다리빗근)	대퇴를 굽히고 펴며 바깥쪽으로 돌림, 하퇴를 굽힘
	내전근(모음근)	대퇴를 모으고 펴고 바깥쪽으로 돌릴 때 사용되는 근육 장내전근(긴모음근), 단내전근(짧은모음근), 대내전근(큰모음근), 박근(두덩정강근)
	반건양근(반힘줄근)	대퇴를 폄 하퇴를 굽히고 바깥쪽으로 돌림

하퇴근육	전경골근(앞정강근)	발을 위쪽으로 굽히고 안쪽으로 벌림
	장비골근(긴종아리근)	발을 아래쪽으로 굽히고 바깥쪽으로 벌림
	넙치근(가자미근)	가자미모양의 근육, 발을 아래쪽으로 굽힘
	비복근(장딴지근)	장딴지 근육, 종아리 뒷부분의 큰 근육 발을 아래쪽으로 굽힘

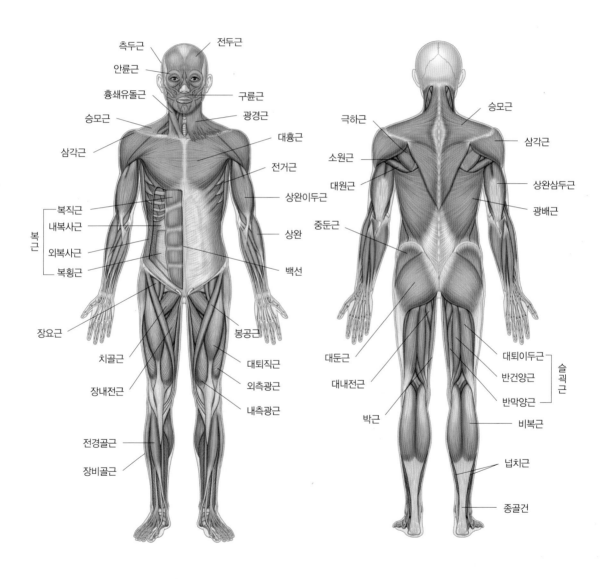

▲ 전신근육

01 근육은 어떤 작용으로 움직일 수 있는가?

① 수축에 의해서만 움직인다.

② 이완에 의해서만 움직인다.

③ 수축과 이완에 의해서 움직인다.

④ 성장에 의해서만 움직인다.

해설 인체의 근육은 수축과 이완을 통해 수의적 혹은 불수의적으로 인체의 움직임에 관여한다.

02 골격근의 기능이 아닌 것은?

① 수의적 운동   ② 자세유지

③ 체중의 지탱   ④ 조혈작용

해설 조혈작용은 골격계(뼈)의 기능이다.

03 인체 내의 화학물질 중 근육수축에 주로 관여하는 것은?

① 액틴과 미오신   ② 단백질과 칼슘

③ 남성호르몬   ④ 비타민과 미네랄

해설 액틴과 미오신은 근육을 구성하는 단백질로 근수축계의 기본을 이루는 물질이다. 미오신과 액틴은 함께 액토미오신을 만들며 액토미오신이 ATP의 작용에 의해 근육이 수축된다.

04 근육의 기능에 따른 분류에서 서로 반대되는 작용을 하는 근육을 무엇이라 하는가?

① 길항근   ② 신근

③ 반건양근   ④ 협력근

해설 길항근은 서로 반대되는 작용을 동시에 하는 근육으로써 한쪽이 수축할 때 다른 쪽은 늘어나게 되어 있는 한 쌍의 근육을 말한다.

05 인체의 3가지 형태의 근육 종류가 아닌 것은?

① 골격근   ② 내장근

③ 심근   ④ 후두근

해설 인체의 근육은 골격에 붙어 운동을 하는 골격근, 심장을 이루고 있는 심근, 심근외 모든 내장 기능에 관여하는 내장근 이렇게 3종류로 나뉜다.

06 자율신경의 지배를 받는 민무늬근은?

① 골격근(skeletal muscle)

② 심근(cardiac muscle)

③ 평활근(smooth muscle)

④ 승모근(trapezius muscle)

해설 평활근(내장근)은 내장기관 및 혈관을 싸고 있는 근육으로써 민무늬근이며 불수의근으로 자율신경의 지배를 받는다.

07 평활근에 대한 설명 중 틀린 것은?

① 근원섬유에는 가로무늬가 없다.

② 운동신경의 분포가 없는 대신 자율신경이 분포되어 있다.

③ 수축은 서서히 그리고 느리게 지속된다.

④ 신경을 절단하면 자동적으로 움직일 수 없다.

해설 평활근(내장근)은 운동신경의 분포가 없는 대신 자율신경이 분포되어 있다. 자율신경은 단순히 운동의 촉진 또는 억제를 관장할 뿐이여서 신경이 절단되어도 자동적으로 움직일 수 있다.

08 골격근에 대한 설명으로 맞는 것은?

① 뼈에 부착되어 있으며 근육이 횡문과 단백질로 구성되어 있고, 수의적 활동이 가능하다.

② 골격근은 일반적으로 내장벽을 형성하여 위와 방광 등의 장기를 둘러싸고 있다.

③ 골격근은 줄무늬가 보이지 않아서 민무늬근이라고 한다.

④ 골격근은 움직임, 자세유지, 관절안정을 주며 불수의근이다.

[해설] 골격근은 골격에 붙어 있으며 가로무늬근(횡문근)으로써 수의적 활동이 가능하다.

09 심장근을 무늬모양과 의지에 따라 분류하면 옳은 것은?

① 횡문근, 수의근   ② 횡문근, 불수의근

③ 평활근, 수의근   ④ 평활근, 불수의근

[해설] 심장근은 심장의 벽을 이루는 두꺼운 근육으로 강한 펌프질로 온몸에 혈액이 돌게 해야 하기 때문에 근육의 힘이 강한 횡문근(가로무늬근)과 자신의 의지에 따라 움직일 수 없는 불수의근으로 되어 있다.

10 근육에 짧은 간격으로 자극을 주면 연축이 합쳐져서 단일 수축보다 큰 힘과 지속적인 수축을 일으키는 근수축은?

① 강직(contraction)   ② 강축(tetanus)

③ 세동(fibrillation)   ④ 긴장(tonus)

[해설] 근수축의 종류에는 연축, 강축, 긴장, 강직이 있으며, 신경이 연속적으로 흥분하면 연축이 겹쳐서 강축이라는 지속적인 수축을 일으킨다.

11 평활근은 잡아당기면 쉽게 늘어나서 장력(tension)의 큰 변화 없이 본래 길이의 몇 배까지도 되는데, 이와 같은 성질을 무엇이라고 하는가?

① 연축(twitch)   ② 강직(contracture)

③ 긴장(tonus)   ④ 가소성(plasticity)

[해설] 가소성이란 물체에 외력을 가하여 변형시킨 다음 외력을 제거해도 물체가 원래의 형태로 돌아가지 않는 성질을 말한다.

12 두부의 근을 안면근과 저작근으로 나눌 때 안면근에 속하지 않는 근육은?

① 안륜근   ② 후두전두근

③ 교근   ④ 협근

[해설] 저작근에는 교근, 측두근, 내측익돌근, 외측익돌근이 있다.

13 안륜근의 설명으로 맞는 것은?

① 뺨의 벽에 위치하며 수축하면 뺨이 안으로 들어가서 구강 내압을 높인다.

② 눈꺼풀의 피하조직에 있으면서 눈을 감거나 깜박거릴 때 이용된다.

③ 구각을 외상방으로 끌어 당겨서 웃는 표정을 만든다.

④ 교근 근막의 표층으로부터 입꼬리 부분에 뻗어 있는 근육이다.

[해설] ①은 협근, ③은 대협골근, ④는 소근에 대한 설명이다.

14 다음 중 웃을 때 사용하는 근육이 아닌 것은?

① 안륜근   ② 구륜근

③ 대협골근   ④ 전거근

> 해설 • 전거근은 앞톱니근이라고도 하며 가슴의 옆에 있는 톱날 모양의 넓은 근육이다.
> • 안륜근은 눈둘레근육, 구륜근은 입둘레근육, 대협골근은 구각을 올려 웃음의 표정을 짓는 근육이다.

15 눈살을 찌푸리고 이마에 주름을 짓게 하는 근육은?

① 구륜근   ② 안륜근

③ 추미근   ④ 이근

> 해설 • 추미근은 주름 추, 눈썹 미로 눈썹을 내리고 미간에 주름을 잡는 근육이다.
> • 이근은 턱 끝에 위치하며 턱에 주름을 생기게 하는 근육이다.

16 다음 중 위팔을 올리거나 내릴 때 또는 바깥쪽으로 돌릴 때 사용되는 근육의 명칭은?

① 승모근   ② 흉쇄유돌근

③ 대둔근   ④ 비복근

> 해설 승모근은 견갑골을 올리고 내외측회전에 관여하여 위팔을 올리거나 내릴 때 또는 바깥쪽으로 돌릴 때 사용된다. 흉쇄유돌근은 목빗근, 대둔근은 엉덩이근, 비복근은 장딴지근육이다.

17 승모근에 대한 설명으로 틀린 것은?

① 기시부는 두개골의 저부이다.

② 쇄골과 견갑골에 부착되어 있다.

③ 지배신경은 견갑배신경이다.

④ 견갑골의 내전과 머리를 신전한다.

> 해설 승모근의 지배신경은 제11뇌시경인 부신경이다.

18 다음 중 윗몸일으키기를 하였을 때 주로 강해지는 근육은?

① 이두박근   ② 복직근

③ 삼각근   ④ 횡격막

> 해설 복직근은 배의 앞 좌우 나란히 위아래로 있는 근육을 말하고, 이두박근은 팔의 앞쪽에 있는 커다란 근육, 삼각근은 어깨를 덮고 있는 커다란 삼각형의 근육, 횡경막은 가슴과 배를 나누는 근육으로 된 막을 말한다.

19 다음 중 배부(back)의 근육이 아닌 것은?

① 승모근   ② 광배근

③ 견갑거근   ④ 비복근

> 해설 배부란 몸체의 등부분을 말한다. 비복근은 장딴지근이라고도 하며 종아리 뒷부분의 큰 근육이다.

정답	01	02	03	04	05	06	07	08
	③	④	①	①	④	③	④	①
	09	10	11	12	13	14	15	16
	②	②	④	③	②	④	③	①
	17	18	19					
	③	②	④					

4절 신경계통

1 신경조직

1 신경의 정의

① **뇌(brain)** : 인체를 구성하는 기관 중 감정, 사고, 움직임 등 사람의 생명활동에 중심적 역할을 담당하는 기관
② **신경(nerve)** : 뇌에서 내려진 명령을 신체로 전달 또는 신체에서 받은 외부 정보를 뇌로 전달하는 기관

2 뉴런(신경원, neuron)

① 신경계를 구성하는 구조적, 기능적 기본 단위, 기본세포
② 전기적, 화학적 신호를 서로 연결된 신경세포에 전달

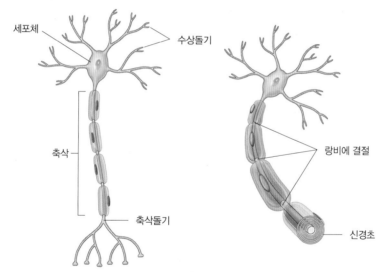

▲ 뉴런의 구조

수상돌기	수용기세포에서 전기화학신호를 받아 세포체에 전달
세포체	세포핵과 세포소기관(organelle)이 존재하는 세포의 몸체
축삭돌기	세포체로부터 받은 정보를 다른 세포로 전달
랑비에 결절	축삭에서 수초에 둘러싸이지 않고 노출되어 있는 부분
신경초	말초신경섬유의 재생에 중요한 부분
시냅스	뉴런과 뉴런의 접속 부위

3 **신경계의 기능**
　① **감각뉴런** : 피부나 내장 등의 신체 말초 부위인 감각수용기에서 중추신경계인 뇌나 척수로 신경자
　　　극을 운반
　② **연합뉴런** : 중추신경인 뇌와 척수에만 존재, 감각뉴런과 운동뉴런을 결합, 생각, 학습, 기억하는 역
　　　할을 수행
　③ **운동뉴런** : 중추신경계인 뇌나 척수의 신경자극을 말초로 정보 전달

4 **신경계의 분류**

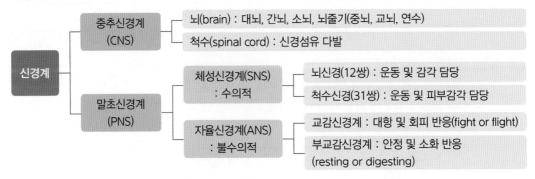

---

2 **중추신경**

1 **중추신경계의 구성**
　① 뇌와 척수로 구성
　② 신경정보를 통합하고 조절
　③ 말초신경계의 자극을 뇌에 전달하고 명령을 내림
　④ 대뇌의 주요 부위 : 뇌간, 간뇌, 중뇌, 교뇌, 연수

2 뇌의 구조

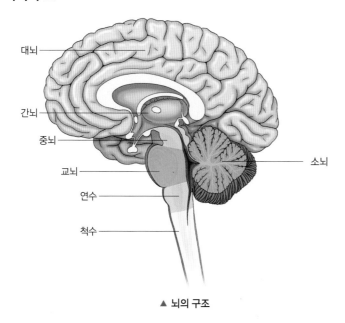

대뇌

간뇌

중뇌

교뇌

연수

척수

소뇌

▲ 뇌의 구조

대뇌(cerebrum)		• 뇌의 대부분 차지 • 기억, 판단, 감정 등 정신활동 담당
간뇌(diencephalon)		• 대뇌와 소뇌사이 존재 • 감각정보를 수용하여 대뇌피질로 전달
소뇌(cerebellum)		• 몸의 자세와 평형 유지
뇌간 (brain stem)	중뇌(midbrain)	• 안구의 운동과 청각에 관여
	교뇌(pons)	• 소뇌와 대뇌 사이의 정보전달 중계 • 호흡 조절
	연수(medulla oblongata)	• 호흡 운동, 심장 박동, 소화 운동 조절
척수(spinal cord)		• 뇌와 말초신경의 중간다리 역할 • 31쌍의 척수신경 연결 • 척수의 전각에는 운동신경세포, 후각에는 감각신경세포가 분포

3 말초신경

1 말초신경계의 구성

① 체성신경계와 자율신경계로 구성
② 신경정보를 중추신경계로 전달하고 중추의 명령을 반응기로 전달하는 역할

2 체성신경계

(1) 체성신경계의 정의

① 의식적인 활동을 담당하며 운동신경과 감각신경으로 구분
② 감각기관으로부터 감각정보를 받아들이고 골격근의 운동을 통제
③ 12쌍의 뇌신경과 31쌍의 척수신경으로 구성

(2) 뇌신경 12쌍

뇌신경의 종류	신경명	기능
제1뇌신경	후각신경	• 후각 전달 • 가장 짧은 신경
제2뇌신경	시신경	• 시각 전달
제3뇌신경	동안신경	• 안구 운동 • 상안검 거상 운동 • 동공크기 변화
제4뇌신경	활차신경	• 안구를 바깥 아래쪽으로 회전시키는 근육 지배
제5뇌신경	삼차신경	• 안면의 피부와 저작근에 존재하는 감각신경과 운동신경의 혼합신경 • 뇌신경 중 가장 큰 신경
제6뇌신경	외전신경	• 안구운동 • 안면의 표정근 지배 • 타액과 눈물 분비
제7뇌신경	안면신경	• 안면 근육 운동 • 혀 앞 2/3 미각담당
제8뇌신경	내이신경	• 청각과 평형감각
제9뇌신경	설인신경	• 혀와 인두의 혼합신경 • 이하선의 타액분비 신경
제10뇌신경	미주신경	• 인두와 후두근 운동 • 미각 • 내장근육의 운동조절
제11뇌신경	부신경	• 흉쇄유돌근, 승모근, 구개근, 인두근을 지배
제12뇌신경	설하신경	• 설근지배 • 혀의 운동 담당

(3) 척수신경 31쌍
① 척추의 추간공에서 갈라져 나와 신체의 각 부위에 퍼져 있는 신경
② 척수로부터 나온 31쌍의 척수신경은 말초신경을 이룸

척수신경의 분류	척수신경의 수	분포
경신경(목)	8쌍	C1-C8
흉신경(가슴)	12쌍	T1-T12
요신경(허리)	5쌍	L1-L5
천골신경(엉치)	5쌍	S1-S5
미골신경(꼬리)	1쌍	C0

3 자율신경계(Autonomic Nervous System, ANS)

(1) 자율신경계의 정의
① 뇌의 통제를 받지 않고 독립적으로 작용
② 교감신경과 부교감신경으로 구성
③ 내장, 내분비선, 외분비선, 혈관 등의 기능을 통제

(2) 교감신경
① 활동신경으로 주로 신체활동이 활발한 낮에 작용
② 신체적인 활동을 할 때 혹은 스트레스 상황이나 긴장을 요구하는 상황에서 활성화됨
③ 심장박동수 증가, 동공 확장, 소화운동 억제, 입모근 수축, 방광 이완작용, 땀 분비 촉진 등의 체내 기관의 활동주관

(3) 부교감신경
① 휴식신경으로 주로 신체가 편하게 휴식을 취하는 밤에 작용
② 심장박동수 감소, 동공 수축, 소화운동 촉진, 방광 수축작용, 땀 분비 억제 등의 체내기관의 활동주관
③ 교감신경과 서로 반대 기능을 함

01 뉴런과 뉴런의 접속 부위를 무엇이라고 하는가?

① 신경원 　　　　　② 랑비에 결절

③ 시냅스 　　　　　④ 축삭종말

[해설] 뉴런(신경세포)의 신경 돌기 말단이 다른 뉴런과 접속하는 부위를 시냅스라고 한다. 뉴런을 신경단위 또는 신경원이라고도 한다.

02 신경계의 기본세포는?

① 혈액 　　　　　② 뉴런

③ 미토콘드리아 　　④ DNA

[해설] 신경계를 구성하는 기본세포는 뉴런(neuron)이다.

03 신경계에 관련된 설명이 올바르게 연결된 것은?

① 시냅스 – 신경조직의 최소단위

② 축삭돌기 – 수용기세포에서 자극을 받아 세포체에 전달

③ 수상돌기 – 단백질을 합성

④ 신경초 – 말초신경섬유의 재생에 중요한 부분

[해설] ①은 뉴런, ②는 수상돌기, ③은 리보솜에 대한 설명이다.

04 신경계 중 중추신경계에 해당되는 것은?

① 뇌 　　　　　② 뇌신경

③ 척수신경 　　　④ 교감신경

[해설] 중추신경계는 뇌와 척수로 이루어져 있다.

05 중추신경계는 어떻게 구성되어 있나?

① 중뇌와 대뇌 　　② 뇌와 척수

③ 교감신경과 뇌간 　④ 뇌간과 척수

[해설] 중추신경계는 뇌와 척수로 이루어져 있다.

06 다음 중 중추신경계가 아닌 것은?

① 대뇌 　　　　　② 소뇌

③ 뇌신경 　　　　④ 척수

[해설] 중추신경계는 뇌와 척수로 이루어져 있으며 뇌는 대뇌, 간뇌, 중뇌, 연수, 소뇌로 구분된다.

07 뇌신경과 척수신경은 각각 몇 쌍인가?

① 뇌신경 – 12쌍, 척수신경 – 31쌍

② 뇌신경 – 11쌍, 척수신경 – 31쌍

③ 뇌신경 – 12쌍, 척수신경 – 30쌍

④ 뇌신경 – 11쌍, 척수신경 – 30쌍

[해설] 뇌신경과 척수신경은 말초신경계 중에서도 체성신경계에 속하며, 뇌신경은 12쌍, 척수신경은 31쌍으로 이루어져 있다.

08 다음 보기의 사항에 해당되는 신경은?

> • 제7뇌신경
> • 안면 근육 운동
> • 혀 앞 2/3 미각담당
> • 뇌신경 중 하나

① 3차신경   ② 설인신경
③ 안면신경   ④ 부신경

해설 뇌에는 모두 12쌍의 뇌신경이 있으며 위의 설명은 안면신경에 대한 내용이다.

09 안면의 피부와 저작근에 존재하는 감각신경과 운동신경의 혼합신경으로 뇌신경 중 가장 큰 것은?

① 시신경   ② 삼차신경
③ 안면신경   ④ 미주신경

해설 삼차신경은 제5뇌신경이며 뇌신경 가운데 가장 크다.

10 다음 중 척수신경이 아닌 것은?

① 경신경   ② 흉신경
③ 천골신경   ④ 미주신경

해설 미주신경은 제10뇌신경이다.

11 신경계에 관한 내용 중 틀린 것은?

① 뇌와 척수는 중추신경계이다.
② 대뇌의 주요 부위는 뇌간, 간뇌, 중뇌, 교뇌 및 연수이다.
③ 척수로부터 나오는 31쌍의 척수신경은 말초신경을 이룬다.
④ 척수의 전각에는 감각신경세포가 그리고 후각에는 운동신경세포가 분포한다.

해설 척수의 전각에는 운동신경세포가 그리고 후각에는 감각신경세포가 분포한다.

12 성인의 척수신경은 모두 몇 쌍인가?

① 12쌍   ② 13쌍
③ 30쌍   ④ 31쌍

해설 뇌신경은 12쌍, 척수신경은 31쌍으로 이루어져 있다.

정답	01	02	03	04	05	06	07	08
	③	②	④	①	②	③	①	③
	09	10	11	12				
	②	④	④	④				

5절 순환계통

1 순환계

1 순환계의 정의

① 혈액과 림프액을 전신에 순환시킴으로써 산소와 영양분, 물, 호르몬, 항체 등을 신체 각 기관에 보내주고, 몸속에 생긴 이산화탄소와 노폐물을 배설기관으로 운반함으로써 체내 항상성 유지를 도와주는 기관

② 전신으로 혈액을 운반하는 혈액순환계와 림프액을 운반하는 림프순환계로 나뉨

혈액순환계	심장, 혈관(동맥, 정맥, 모세혈관), 혈액
림프순환계	림프절, 림프관, 림프액

2 심장과 혈관

1 심장

(1) 심장의 기능

① 혈액이 전신을 순환할 수 있도록 도와주는 펌프역할

② 산소와 영양분을 전신에 공급

③ 이산화탄소와 노폐물을 폐와 신장으로 운반하여 가스교환과 노폐물 배출

(2) 심장의 구조

① 성인 심장 무게 : 평균 250~300g 정도

② 심장은 2/3가 흉골 정중선에서 좌측으로 치우쳐 있음

③ 심장은 심방중격에 의해 좌심방과 우심방, 심실중격에 의해 좌심실과 우심실로 나뉨

④ 혈액의 역류를 방지하기 위해 판막 존재(삼첨판, 이첨판, 대동맥판, 폐동맥판)

⑤ 심장근육은 혈액이 들어오는 심방보다는 혈액을 내보내는 심실에 매우 잘 발달

2 심장의 혈액순환

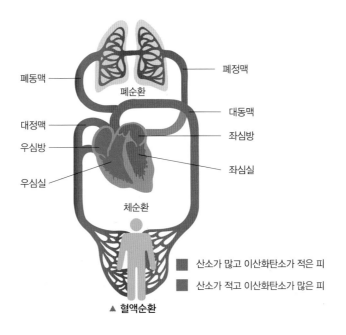

▲ 혈액순환

폐동맥

폐순환

폐정맥

대정맥

대동맥

우심방

좌심방

우심실

좌심실

체순환

■ 산소가 많고 이산화탄소가 적은 피

■ 산소가 적고 이산화탄소가 많은 피

(1) 체순환(대순환)

① 심장에서 혈액을 전신으로 내보내고 다시 심장으로 돌아오는 순환

② 좌심실 → 대동맥 → 동맥 → 소동맥 → 모세혈관(물질교환) → 소정맥 → 정맥 → 대정맥 → 우심방

(2) 폐순환(소순환)

① 폐에서 이산화탄소를 내보내고 다시 심장으로 산소를 받아들이는 순환

② 우심실 → 폐동맥 → 폐 → 폐정맥 → 좌심방

3 혈관

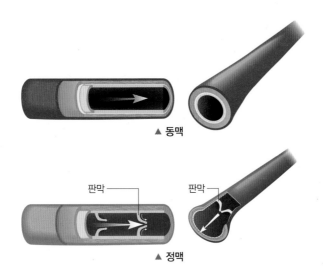

▲ 동맥

판막

판막

▲ 정맥

혈관	구조	특징
동맥 (artery)	3층	• 혈관벽이 두꺼우며, 중막인 평활근 층이 발달해 있음 • 심장에서 전신으로 나가는 혈관으로 산소와 영양분이 풍부한 혈액을 운반
정맥 (vein)	3층	• 혈관벽이 동맥에 비해 얇으며 판막이 발달해 있어 혈액의 역류를 방지 • 전신에서 심장으로 들어오는 혈관으로 이산화탄소와 노폐물이 다량 함유된 혈액 운반
모세혈관 (capillaries)	단층	• 혈관벽이 얇으며, 혈액이 빠져나가는 구멍이 있으며 전신에 그물모양으로 퍼져있음 • 조직 사이에서 산소와 영양을 공급하고, 이산화탄소와 대사 노폐물이 교환되는 혈관

> **참고 하지정맥류**
>
> • 다리 부위의 정맥혈관 이상으로 나타나는 정맥 혈액순환장애
> • 정맥 내부에는 판막(valve)이 있어 혈액의 흐름을 항상 심장 쪽으로 일정하게 유지하는데 오래 서있는 등 하지정맥 내의 압력이 높아지는 경우 정맥벽이 약해지게 되어 판막이 손상되고 심장으로 가는 혈액이 역류하게 됨. 그 결과, 혈액이 고여서 늘어난 정맥이 피부 밖으로 울퉁불퉁하게 튀어나오고 검푸른 상태가 피부표면에 나타나게 됨

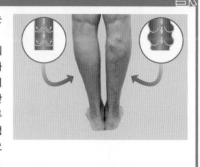

4 혈액

(1) 혈액의 기능

물질운반	산소와 이산화탄소, 영양분과 노폐물, 호르몬의 운반작용
신체의 보호	각종 면역물질을 함유하여 신체 보호
항상성 유지	수분조절, 체액의 pH조절, 체온조절 등을 통하여 인체의 항상성 유지
혈액응고	피브리노겐의 혈액응고작용으로 혈관파괴에 의한 혈액의 유출을 막음

> **참고**
>
> 인체의 혈액량은 체중의 약 8%로, 4~6L 정도를 차지

(2) 혈액의 구성

백혈구	식균작용을 하여 항체생산과 감염 조절, 인체 방어작용
적혈구	산소와 이산화탄소 운반
혈소판	혈액의 지혈 및 응고작용
혈장	영양분과 노폐물 운반 및 교환, 삼투압 조절, 체온유지

(3) 혈액의 응고작용

1단계	출혈로 혈액이 혈관 밖으로 나오면 혈액 내의 혈소판이 파괴되어 트롬보플라스틴이 생김
2단계	트롬보플라스틴은 혈액 속의 칼슘이온(Ca^{2+})과 함께 작용하여 혈장단백질의 하나인 프로트롬빈을 트롬빈으로 변화시킴
3단계	트롬빈은 피브리노겐에 작용하여 실 모양의 피브린 생성
4단계	형성된 피브린과 혈구들이 엉키며 혈액이 응고됨

3 림프

1 림프순환의 정의

(1) 림프순환계
제2의 순환계로서 전신에 체액 운반 담당

(2) 림프
① 림프관에 흐르는 무색, 황백색의 액체
② 혈장과 비슷한 성분
③ 특히 백혈구의 일종인 림프구가 다량 존재

(3) 림프관
① 림프액이 흐르는 관으로 림프절을 서로 연결
② 내부의 판막구조로 림프액의 역류 방지

(4) 림프절
① 림프관의 중간에 위치한 결절 모양의 주머니
② 면역작용을 하는 림프구가 다량 존재
③ 림프관에 침입한 항원을 제거하여 신체 방어 역할 수행

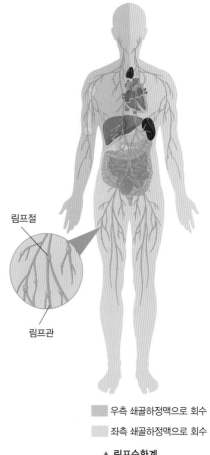

림프절

림프관

■ 우측 쇄골하정맥으로 회수
■ 좌측 쇄골하정맥으로 회수

▲ 림프순환계

2 림프순환계의 기능

체액이동	• 혈액에서 유출된 체액을 순환시켜 혈류로 되돌리는 역할
면역기능 (항원반응)	• 백혈구의 일종인 림프구가 세균이나 바이러스로부터 인체를 방어하는 기능 • 외부로부터 항원이 들어오면 림프절로 이동시킨 후 대식세포의 식균 작용으로 항원을 제거하고 항체를 형성하는 면역반응
운반기능	• 소화된 지방을 소장의 유미관을 통해 흡수하여 혈관까지 운반하는 기능

> **참고** 항원, 항체
> • 항원 : 면역반응을 발생시키는 모든 물질 ⓔ 세균, 바이러스, 화학물질, 꽃가루 등
> • 항체 : 항원에 대항하기 위해 만들어지는 인체 방어물질

3 림프순환계의 흐름

(1) 림프의 이동

모세림프관 → 림프관 → 림프절 → 림프본관 → 집합관 → 정맥

(2) 림프순환

① 우측 안면부위, 우측 흉부, 우측 상지는 우측 쇄골하정맥으로 유입
② 좌측 안면부위, 좌측 흉부, 좌측 상지, 양쪽 하지 부위는 좌측 쇄골하정맥으로 유입

01 심장에 대한 설명 중 틀린 것은?

① 성인 심장은 무게가 평균 250~300g 정도이다.

② 심장은 심방중격에 의해 좌·우심방, 심실은 심실중격에 의해 좌·우심실로 나누어진다.

③ 심장은 2/3가 흉골 정중선에서 좌측으로 치우쳐있다.

④ 심장근육은 심실보다는 심방에서 매우 발달되어 있다.

[해설] 심장근육은 심방보다는 심실에서 매우 발달되어 있다. 특히 좌심실은 벽근육이 두껍고 튼튼하게 되어 있다. 강력하게 수축하면서 혈액을 온몸으로 내보낸다.

02 폐에서 이산화탄소를 내보내고 산소를 받아들이는 역할을 수행하는 순환은?

① 폐순환 　　　　 ② 체순환

③ 전신순환 　　　 ④ 문맥순환

[해설] • 체순환(전신순환) : 심장에서 혈액을 전신으로 내보내고 다시 심장으로 돌아오는 순환
• 문맥순환 : 위, 소장, 대장, 이자 등의 소화기관에서 모아진 정맥혈을 간으로 보내는 혈액의 순환

03 혈관의 구조에 관한 설명 중 옳지 않은 것은?

① 동맥은 3층 구조이며 혈관벽이 정맥에 비해 두껍다.

② 동맥은 중막인 평활근 층이 발달해 있다.

③ 정맥은 3층 구조이며 혈관벽이 얇으며 판막이 발달해 있다.

④ 모세혈관은 3층 구조이며 혈관벽이 얇다.

[해설] 모세혈관은 단층구조이며, 혈관벽이 얇다.

04 조직 사이에서 산소와 영양을 공급하고, 이산화탄소와 대사 노폐물이 교환되는 혈관은?

① 동맥(artery)

② 정맥(vein)

③ 모세혈관(capillary)

④ 림프관(lymphatic vessel)

[해설] 혈관의 종류에는 동맥, 정맥, 모세혈관이 있으며, 조직사이에서 물질교환이 일어나는 혈관은 모세혈관이다. 림프관은 혈관이 아니라 림프액이 흐르는 관이다.

05 다리의 혈액순환 이상으로 피부 밑에 형성되는 검푸른 상태를 무엇이라 하는가?

① 혈관축소 　　　　 ② 심박동 증가

③ 하지정맥류 　　　 ④ 모세혈관확장증

[해설] 다리의 혈액순환에 이상이 생기면 혈액이 고여서 혈관이 울퉁불퉁하게 튀어나오고 검푸른 상태가 된다. 이는 정맥의 판막이 손상되어 생긴 질환으로 이것을 하지정맥류라고 한다.

06 인체의 혈액량은 체중의 약 몇 %인가?

① 약 2% 　　　　 ② 약 8%

③ 약 20% 　　　 ④ 약 30%

[해설] 인체의 혈액량은 체중의 약 6~8%로 약 4~6L 정도를 차지한다.

07 혈액의 기능이 아닌 것은?

① 조직에 산소를 운반하고 이산화탄소를 제거한다.

② 조직에 영양을 공급하고 대사 노폐물을 제거한다.

③ 체내의 유분을 조절하고 pH를 낮춘다.

④ 호르몬이나 기타 세포 분비물을 필요한 곳으로 운반한다.

[해설] 혈액은 체내의 수분 및 pH를 조절하는 기능이 있다.

08 혈액의 기능으로 틀린 것은?

① 호르몬 분비작용
② 노폐물 배설작용
③ 산소와 이산화탄소의 운반작용
④ 삼투압과 산, 염기 평형의 조절작용

해설 호르몬 분비는 내분비계통의 기능으로 혈액은 호르몬을 운반하는 작용을 한다.

09 혈액의 구성 물질로 항체생산과 감염의 조절에 가장 관계가 깊은 것은?

① 적혈구
② 백혈구
③ 혈장
④ 혈소판

해설 백혈구는 식균작용을 하여 항체생산과 감염을 조절하여 신체를 방어한다.

10 인체에서 방어작용에 관여하는 세포는?

① 적혈구
② 백혈구
③ 혈소판
④ 항원

해설 백혈구는 외부물질이나 감염성 질환에 대항하여 인체를 방어하는 면역기능을 수행하는 세포이다.

11 다음 중 혈액응고와 가장 관련이 먼 것은?

① 조혈자극인자
② 피브린
③ 프로트롬빈
④ 칼슘이온

해설 • 조혈자극인자는 신장에서 분비되는 호르몬으로써 혈액생산을 자극한다.
• 피브린 : 혈액내의 적혈구와 백혈구와 엉켜 혈액응고 작용을 한다.
• 프로트롬빈 : 혈액응고에 관여하는 효소로 간에서 비타민 K의 작용으로 생성된다.
• 칼슘이온 : 트롬보플라스틴과 칼슘이온이 함께 작용하여 혈액응고 작용을 한다.

12 혈액 중 혈액응고에 주로 관여하는 세포는?

① 백혈구
② 적혈구
③ 혈소판
④ 헤마토크리트

해설 • 혈소판은 지혈 및 혈액응고 작용에 주로 관여한다.
• 헤마토크리트는 전체 혈액 중에 적혈구가 차지하는 용적을 %로 표시한 것으로 적혈구 용적이라고도 한다.

13 림프의 주된 기능은?

① 분비작용
② 면역작용
③ 체절보호 작용
④ 체온조절 작용

해설 림프의 주된 기능은 면역작용으로써 림프를 구성하는 성분 중의 하나인 림프구와 대식세포가 체내 미생물의 침입으로부터 자신을 방어하는 역할을 한다.

14 림프액의 기능과 가장 관계 없는 것은?

① 동맥기능의 보호
② 항원반응
③ 면역반응
④ 체액이동

해설 림프액의 기능에는 체액이동, 면역반응(항원반응), 운반기능이 있다.

15 다음 중 림프순환에서 유입 경로가 다른 사지 부위는?

① 우측상지
② 좌측상지
③ 우측하지
④ 좌측하지

해설 림프순환에서 우측상지는 우측 쇄골하정맥으로 유입되고, 좌측상지, 우측하지, 좌측하지는 좌측 쇄골하정맥으로 유입된다.

정답	01	02	03	04	05	06	07	08
	④	①	④	③	③	②	③	①
	09	10	11	12	13	14	15	
	②	②	①	③	②	①	①	

6절 소화기계통

1 소화기관의 종류

1 소화계의 정의

① 소화기계는 섭취된 음식물을 아주 작은 형태로 만들어 영양분을 흡수하기 쉬운 상태로 만드는 것을 목적으로 함
② 입과 위, 소장과 같은 소화기관은 물론 간, 췌장과 같은 소화부속기관도 포함됨
③ 우리 몸은 영양과 에너지의 지속적인 공급을 필요로 하며, 체내 흡수된 영양분을 통해 에너지를 얻거나 몸을 구성하며 체온 유지 작용을 하는 데 쓰임
④ 소화계에는 입과 위, 소장과 같은 소화기관은 물론 간, 췌장과 같은 소화부속기관도 포함됨

소화기관	구강(입) → 인두 → 식도 → 위 → 소장 → 대장 → 항문
소화부속기관	간, 담, 췌장, 비장, 침샘 등

2 소화의 정의

① 섭취한 음식물을 분해하여 영양분을 흡수하기 쉬운 형태로 변화시키는 일
② 탄수화물은 단당류로, 단백질은 아미노산, 지방은 지방산과 글리세롤 등으로 분해하는 과정
③ 소화한 유기물들이 소장의 융모상피가 흡수할 수 있는 크기로 자르는 과정

3 소화기관

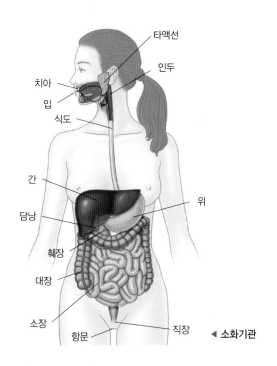

◀ 소화기관

구강(입)	• 저작작용을 통해 음식을 잘게 분해 • 타액(침)과 섞이게 하는 기관
인두	• 구강과 식도 사이에 있음 • 후두개를 통해 공기와 음식물을 구분하여 섭취하게 함
식도	• 인두를 통해 들어온 음식물을 연동운동을 통해 위로 이동시킴
위	• J자 모양의 복강 내 주머니 • 식도를 통해 들어온 음식물을 강산성인 위액과 위벽의 수축운동을 통해 유미즙 상태로 만들어 소장으로 보냄
소장	• 위와 대장 사이에 있는 길이 6~7m에 이르는 소화관 • 대부분의 영양소를 흡수하는 기관 • 흡수된 영양소는 간으로 운반됨
대장	• 소화된 음식물 찌꺼기로부터 수분과 전해질을 흡수하여 대변의 형태로 만드는 기관
항문	• 소화기계의 마지막 기관 • 대변을 몸 밖으로 배출하는 역할

4 소화부속기관

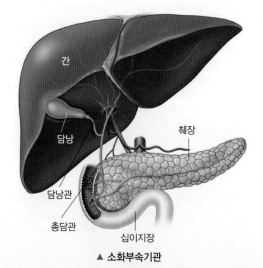

▲ 소화부속기관

간	담즙의 생성과 분비 담당, 포도당을 글리코겐으로 저장하는 소화기관
담낭	간에서 생성된 담즙을 저장 및 농축하는 기관
췌장	3대 영양소를 모두 분해할 수 있는 소화효소를 분비하는 동시에 호르몬을 분비하는 혼합선(내분비선·외분비선)을 모두 가지고 있는 소화기관

2 소화와 흡수

1 기계적 소화

섭취된 음식물이 물리적인 운동을 통해 잘게 잘리고, 화학적 소화액과 잘 섞이게 하여 음식물의 소화와 흡수를 도와주는 과정
① **저작운동** : 음식물을 씹어 잘게 부수는 작용
② **연동운동** : 소화관을 연속적으로 수축·이완시켜 음식물을 소화액과 섞거나 소화관을 따라 이동시키는 작용
③ **분절운동** : 소화관이 일정한 간격을 두고 수축과 이완이 교대로 일어나 음식물과 소화액을 고루 섞이게 하는 작용

2 화학적 소화

섭취된 음식물이 소화 효소에 의해 작게 분해되는 과정으로 음식물에 들어 있는 영양소가 조직 세포로 쉽게 흡수될 수 있게 도와주는 과정

(1) 입

① 타액(침) 속에 있는 아밀라아제는 '프티알린(ptyalin)'이라고도 함
② **프티알린** : 다당류인 전분(녹말)을 2당류인 맥아당이나 덱스트린으로 가수분해하는 전분분해효소
③ 다당류인 전분을 2당류인 맥아당이나 덱스트린으로 가수분해하는 역할

(2) 위

① 위액 속에 들어있는 위산은 pH2의 강한 산성 물질로 음식물의 살균작용과 단백질 분해 작용에 관여
② **펩신** : 위산에 함유되어 있는 소화효소로 단백질을 펩타이드로 분해하는 역할

(3) 췌장

① 췌장은 내분비와 외분비를 겸한 혼합성 기관
② **내분비기능** : 인슐린과 글루카곤 호르몬을 분비하여 혈당량 조절
③ **외분비기능** : 3대 영양소(탄수화물, 단백질, 지방)를 분해할 수 있는 소화효소 분비

(4) 간

① 간은 담즙을 생성하여 담낭으로 배출
② **담즙** : 지방의 소화를 돕는 약 알칼리성의 녹갈색 액체로, 담낭에서 농축 및 저장되었다가 십이지장으로 배출

(5) 소장

① 소장벽에서 분비되는 장액, 간에서 만들어진 담즙, 췌장에서 나오는 소화효소 등 모두 혼합되어 소화가 이루어지는 곳

② 소화효소에 의해 작게 분해된 영양소는 소장에서 대부분 흡수됨

③ 소장내벽은 융모로 구성되어 있으며, 융모 내부에는 모세혈관과 암죽관이라는 두 개의 관이 존재

④ **모세혈관** : 수용성 영양소 흡수

⑤ **암죽관** : 지용성 영양소 흡수

⑥ **소장의 소화효소** : 말타아제, 펩티다아제, 수크라아제, 락타아제 등

(6) 소화기관별 소화 효소와 분해 작용

소화기관	소화효소	분해작용
입	프티알린	전분 → 덱스트린 + 맥아당
위	펩신	단백질 → 펩타이트
간	담즙	지방을 유화하여 소화, 흡수를 도움
췌장	아밀라아제	탄수화물 → 포도당
	트립신	단백질 → 아미노산
	키모트립신	단백질 → 아미노산
	리파아제	지방 → 지방산 + 글리세롤
소장	말타아제	탄수화물 → 포도당
	펩티다아제	단백질 → 아미노산
	수크라아제	탄수화물 → 포도당
	락타아제	탄수화물 → 포도당

01 다음 설명 중 틀린 내용은?

① 소화란 포도당을 산화하여 에너지를 생산하는 과정이다.

② 소화한 탄수화물은 단당류로, 단백질은 아미노산 등으로 분해하는 과정이다.

③ 소화한 유기물들이 소장의 융모상피가 흡수할 수 있는 크기로 잘리는 과정을 말한다.

④ 소화계에는 입, 위, 소장은 물론 간과 췌장도 포함한다.

해설 소화란 섭취한 음식물을 분해하여 영양분을 흡수하기 쉬운 형태로 변화시키는 일을 말한다. 에너지를 생산하는 과정은 소화에 포함되지 않는다.

02 다음 중 소화기관이 아닌 것은?

① 구강   ② 인두

③ 기도   ④ 간

해설 기도는 호흡할 때 공기가 지나가는 길로써 호흡기관 중 하나이다.

03 다음 중 소화기계가 아닌 것은?

① 폐, 신장   ② 간, 담

③ 위, 췌장   ④ 소장, 대장

해설 폐는 호흡기계이며, 신장은 비뇨생식기계이다.

04 다음 중 간의 역할에 가장 적합한 것은?

① 소화와 흡수촉진   ② 담즙의 생성과 분비

③ 음식물의 역류방지   ④ 부신피질호르몬 생산

해설 간은 담즙을 생성하여 담으로 배출하며, 배출된 담즙은 담에서 농축 및 저장된다.

05 담즙을 만들며, 포도당을 글리코겐으로 저장하는 소화기관은?

① 간   ② 위

③ 충수   ④ 췌장

해설 소화부속기관 중의 하나인 간은 담즙을 생성하며, 탄수화물 대사에 관여하여 포도당을 글리코겐으로 저장한다.

06 소화선(소화샘)으로써 소화액을 분비하는 동시에 호르몬을 분비하는 혼합선(내·외분비선)에 해당하는 것은?

① 타액선   ② 간

③ 담낭   ④ 췌장

해설 췌장은 내분비(호르몬 분비)와 외분비(소화효소 분비)를 겸한 혼합선 기관이다.

07 내분비와 외분비를 겸한 혼합선 기관으로 3대 영양소를 분해할 수 있는 소화효소를 모두 가지고 있는 소화기관은?

① 췌장   ② 간

③ 위   ④ 대장

해설 췌장은 혈당조절에 관여하는 내분비기능과 3대 영양소를 모두 분해할 수 있는 소화액을 분비하는 외분비를 겸한 혼합성 기관이다.

08 3대 영양소를 소화하는 모든 효소를 가지고 있으며, 인슐린(insulin)과 글루카곤(glucagon)을 분비하여 혈당량을 조절하는 기관은?

① 췌장　　　　　② 간장

③ 담낭　　　　　④ 충수

해설
- 췌장의 외분비기능 : 3대 영양소를 분해할 수 있는 모든 소화효소를 분비
- 췌장의 내분비기능 : 혈당을 조절하는 인슐린과 글루카곤을 분비

10 각 소화기관별 분비되는 소화효소와 소화시킬 수 있는 영양소가 올바르게 짝지어진 것은?

① 소장 : 키모트립신 – 단백질

② 위 : 펩신 – 지방

③ 입 : 락타아제 – 탄수화물

④ 췌장 : 트립신 – 단백질

해설
췌장 : 키모트립신 – 단백질, 위 : 펩신 – 단백질, 소장 : 락타아제 – 단백질

09 췌장에서 분비되는 단백질 분해효소는?

① 펩신(pepsin)

② 트립신(trypsin)

③ 리파아제(lipase)

④ 펩티디아제(peptidase)

해설
트립신은 췌장에서 분비되며 단백질을 아미노산으로 분해한다.

11 다음 중 다당류인 전분을 2당류인 맥아당이나 덱스트린으로 가수분해하는 역할을 하는 타액 내의 효소는?

① 프티알린　　　② 리파아제

③ 인슐린　　　　④ 말타아제

해설
프티알린은 타액(침)속에 함유되어 전분(녹말)을 2당류인 맥아당이나 덱스트린으로 가수분해시키는 전분분해효소이다.

정답	01	02	03	04	05	06	07	08
	①	③	①	②	①	④	①	①
	09	10	11					
	②	④	①					

7절 내분비계통

1 내분비기관의 종류

1 내분비계의 정의
① 내분비계는 혈관 속으로 호르몬을 분비하는 내분비선들의 총칭
② 내분비선에서 합성된 호르몬은 혈관과 림프관으로 직접 분비되어 표적기관까지 이동하며 신체의 여러 가지 기능을 조절하고 통제하는 역할 담당

2 내분비기관

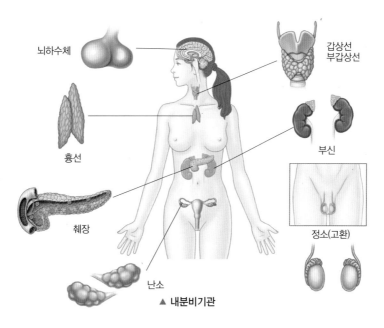

▲ 내분비기관

뇌하수체	뇌의 중앙 부위에 위치한 작은 내분비기관으로 시상하부의 지배를 받아 신체의 다양한 호르몬의 분비를 총괄하는 역할
송과체	뇌의 중앙 부위에 위치한 솔방울 모양의 내분비기관으로 멜라토닌 분비
갑상선	목 앞 중앙 부위에 위치한 내분비기관으로 갑상선 호르몬과 칼시토닌 분비
부갑상선	갑상선 뒤쪽 부위에 부착되어있는 내분비기관으로 부갑상선 호르몬 분비
이자(췌장)	위의 뒤쪽 부위에 위치한 내분비기관으로 글루카곤과 인슐린을 분비하여 체내 혈당 수준 조절
부신	좌우 신장 꼭대기에 위치한 한 쌍의 내분비기관으로 염류코르티코이드, 당류코르티코이드, 성호르몬 분비
생식선	남자에서는 고환, 여자에서는 난소를 말하는 내분비기관으로 성호르몬 분비

2 호르몬

1 호르몬의 정의

① 인체의 항상성 유지와 생식, 발생, 성장에 중요한 역할
② 특정한 도관없이 혈관을 통해 혈액과 함께 표적기관으로 운반되는 화학물질
③ 매우 적은 양으로도 몸의 상태와 생리작용을 조절
④ 분비량에 따라 저하 시 결핍증, 항진 시 과잉증 유발

2 호르몬의 종류와 기능

내분비기관		호르몬	기능	항진	저하
뇌하수체	전엽	부신피질자극 호르몬(ACTH)	코르티솔, 스테로이드 호르몬 분비 자극	쿠싱증후군	저혈압, 스트레스에 민감
		갑상샘자극 호르몬(TSH)	갑상선 자극, 티록신분비촉진	갑상선기능 항진	갑상선 기능저하
		프로락틴(LTH)	유즙생성 및 분비 촉진	유즙 부족	임신관계없이 유즙분비
		난포자극호르몬(FSH)	난자형성촉진, 정자형성촉진	성조숙증	불임
		황체형성호르몬(LH)	황체형성 및 배란촉진	불임	생식기능저하
		성장호르몬(GH)	신체의 성장 촉진	거인증, 말단비대증	저신장증
	후엽	항이뇨호르몬(ADH)	세뇨관의 수분 재흡수 촉진	혈액 삼투압 저하, 저나트륨혈증	요붕증
		옥시토신	자궁근육 수축, 분만 촉진	분만 촉진, 유즙분비 과다	분만 지연, 유즙분비 저하
송과체		멜라토닌	수면 및 생체리듬 조절	우울증	수면 장애
갑상선		티로신	물질대사 촉진	바세도우병	크레틴병
		칼시토닌	혈중 칼슘농도 저하	저칼슘혈증	골다공증
부갑상선		부갑상선호르몬	혈중 칼슘농도 증가	골다공증	테타니병

내분비기관			호르몬	기능	항진	저하
이자	β세포		인슐린	혈당량 감소	저혈당증	당뇨
	α세포		글루카곤	혈당량 증가	당뇨	저혈당증
부신	피질	사구대	염류코르티코이드	전해질 및 수분 대사	고혈압	저혈압
		속상대	당류코르티코이드	혈당조절, 항염증 작용	고혈압	저혈압
		망상대	성호르몬	안드로겐 분비	남성화, 성조숙증	–
	수질		아드레날린	혈관수축, 혈압 조절	고혈압	–
생식샘	고환		테스토스테론	남성의 2차 성징 발현	두정부 모발 발육 억제, 피지분비 촉진	환관증
	난소		에스트로겐	여성의 2차 성징 발현	성조숙증	무월경
			프로게스테론	임신유지, 유선발달	불임	불임

01 성장호르몬에 대한 설명으로 틀린 것은?

① 분비 부위는 뇌하수체 후엽이다.

② 어린이의 경우 기능저하 시 저신장증이 된다.

③ 기능으로 골, 근육, 내장의 성장을 촉진한다.

④ 분비과다 시 어린이는 거인증, 성인의 경우 말단 비대증을 초래한다.

[해설] 성장호르몬은 뇌하수체 전엽에서 분비된다.

02 다음 중 수면을 조절하는 호르몬은?

① 티로신   ② 멜라토닌

③ 글루카곤   ④ 칼시토닌

[해설] 멜라토닌은 송과체에서 분비되는 호르몬으로 수면 및 생체리듬 조절 기능이 있다.

티로신	물질대사를 촉진하는 호르몬
글루카곤	혈당을 올려주는 호르몬
칼시토닌	혈액 속의 칼슘량을 조절하는 호르몬

03 인체의 각 주요 호르몬의 기능 저하에 따라 나타나는 현상으로 틀린 것은?

① 부신피질자극호르몬(ACTH) – 갑상선 기능 저하

② 난포자극호르몬(FSH) – 불임

③ 인슐린(insulin) – 당뇨

④ 에스트로겐(estrogen) – 무월경

[해설] 부신피질자극호르몬의 기능저하 시 저혈압과 스트레스에 민감해진다.

04 피질의 세포 중 전해질 및 수분대사에 관여하는 염류피질호르몬을 분비하는 세포군은?

① 속상대   ② 사구대

③ 망상대   ④ 경팽대

[해설] 부신피질은 바깥쪽에서부터 사구대, 속상대, 망상대로 나누어져 있으며, 그 중 사구대에서 염류피질호르몬을 분비한다.

부신피질호르몬		
사구대	부신피질의 외층	염류피질호르몬 분비
속상대	부신피질의 중층	당류피질호르몬 분비
망상대	부신피질의 내층	성호르몬 분비

05 남성의 2차 성징에 영향을 주는 성스테로이드 호르몬으로 두정부 모발의 발육을 억제시키고 피지 분비를 촉진시키는 것은?

① 알도스테론(aldosterone)

② 에스트로겐(estrogen)

③ 테스토스테론(testosterone)

④ 프로게스테론(progesterone)

[해설] 테스토스테론은 남성호르몬으로 남성의 2차 성징의 발현, 정자형성의 촉진, 피지분비촉진, 두정부 모발의 발육 억제 등에 작용을 한다.

알도스테론	부신피질에서 분비되는 스테로이드 호르몬. 전해질 및 수분대사에 관여
에스트로겐	여성의 난소에서 생산되는 호르몬. 여성의 제2차 성징, 월경주기, 수정, 임신 등에 작용
프로게스테론	난소 황체에서 분비되는 여성 호르몬. 임신을 촉진하는 호르몬

06 난자를 형성하는 성선인 동시에, 에스트로겐과 프로게스테론을 분비하는 내분비선은?

① 난소   ② 고환

③ 태반   ④ 췌장

[해설] 난소는 여성의 성선으로 난자를 형성하고, 여성호르몬인 에스트로겐과 프로게스테론을 분비한다.

정답	01	02	03	04	05	06		
	①	②	①	②	③	①		

8절 비뇨기계통

1 비뇨기계

1 비뇨기계의 정의

① 소변을 생성하고 배출하는 신체기관

② 소변을 배설함으로써 체내의 노폐물을 걸러내고, 신체 내의 무기염류와 물 등 물질의 균형을 조절함으로서 체내 항상성을 유지하도록 도와줌

③ 배뇨의 경로 : 신장 → 요관 → 방광 → 요도

2 비뇨기관

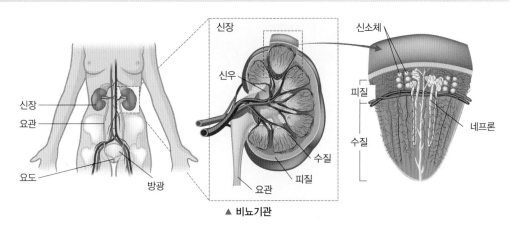

▲ 비뇨기관

1 신장

(1) 신장의 정의

① 적갈색의 강낭콩 모양으로 복강후벽에 위치한 좌우 한쌍의 기관

② 두꺼운 신피막으로 둘러싸여 있으며, 신피질, 신수질, 신우로 구성

③ 신장의 중앙에 움푹 들어간 곳을 신문(renal hilus)이라고 하며, 혈관(신정맥, 신동맥), 신경, 림프관, 요관, 신우 등 출입

(2) 신장의 기능

수분 및 전해질의 조절	불필요한 여분의 체내 수분과 무기염류를 소변으로 만들어 배출
산 염기의 평형 조절	수소이온(H^+)의 배설을 조절하여 체내 pH를 일정하게 유지
대사산물의 배설	체내 대사과정의 노폐물인 요소, 암모니아 등 생체 내에 불필요한 물질을 소변으로 배출
내분비 기능	혈압상승에 관여하는 '레닌'과 혈압하강에 관여하는 '프로스타글라딘' 등과 같은 호르몬의 합성과 조절에 관여

(3) 신장의 구조

신피질	• 신장의 바깥부분으로 혈관이 많이 분포되어 있으며 혈액을 여과하는 기능 • 신장을 구성하는 최소기능단위인 네프론(nephron) 존재 • 네프론 = 신소체(사구체 + 보우만주머니) + 세뇨관
신수질	• 신장의 안쪽부분으로 세뇨관과 집합관 존재 • 신피질에서 여과된 물질이 재흡수와 분비과정을 거쳐 농축된 소변이 집합관으로 모임
신우	• 소변이 모이는 신장의 가장 안쪽 부분으로 깔대기 모양 • 모인 소변은 요관을 통해 방광으로 이동

2 요관

① 신장과 방광을 연결한 2개의 가늘고 긴 근육관
② 연동운동을 통해 소변을 방광으로 운반하는 역할

3 방광

① 오줌을 일시적으로 저장하였다가 배출하는 속이 빈 주머니 모양의 근육성 기관
② 위로는 요관, 아래로는 요도와 연결되어 있음

4 요도

방광에 일정량의 소변이 채워지면 체외로 배출하는 도관

3 뇨

1 뇨의 정의
① **구성** : 수분 95%, 질소가 함유된 노폐물·전해질
② 요소, 무기염류, 산, 호르몬 등 신체에 과잉생성된 노폐물과 독성물질을 3단계로 걸러내어 체외로 배출
③ **3단계 뇨생성 과정** : 사구체 여과 → 세뇨관 재흡수 → 세뇨관 분비

2 뇨의 생성과정

(1) 사구체 여과(사구체 → 보우만주머니)
① 혈액 내 압력차에 의해 사구체 모세혈관에서 보우만주머니쪽으로 작은 물질을 여과시켜 원뇨를 만듦
② 포도당, 아미노산, 무기염류, 물, 비타민 등 크기가 작은 물질 여과
③ 혈구, 단백질, 지질 등 크기가 큰 물질은 여과되지 않음

(2) 세뇨관 재흡수
① 세뇨관 속을 흐르는 원뇨에서 모세혈관으로 필요한 물질을 선택적으로 재흡수
② ATP를 이용하여 수분, 포도당, 아미노산, Na^+, Cl^- 등의 생체에 유용한 성분을 재흡수

(3) 세뇨관 분비
① 뇨 형성의 세 번째 단계로 극소량의 물질이 모세혈관에서 세뇨관으로 능동수송됨
② 사구체에서 여과되지 못한 K^+, H^+, 요산, 크레아티닌, 암모니아 등이 세뇨관으로 분비되어 체외로 배출

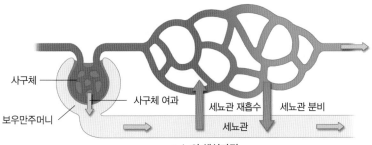

▲ 뇨의 생성과정

01 비뇨기계에서 배출기관의 순서를 바르게 나열한 것은?

① 신장 → 요관 → 요도 → 방광
② 신장 → 요도 → 방광 → 요관
③ 신장 → 요관 → 방광 → 요도
④ 신장 → 방광 → 요도 → 요관

해설 신장에서 만들어진 오줌은 요관을 통해 방광으로 이동, 저장되어 있다가, 일정한 양이 되면 요도를 통해 배출된다.

02 다음 중 신장의 신문으로 출입하는 것이 아닌 것은?

① 요도
② 신우
③ 맥관
④ 신경

해설 • 신장의 신문으로 혈관, 신경, 림프관, 요관, 신우 등이 출입하며, 맥관은 피가 돌아가는 통로, 즉 혈관을 말한다.
• 요도는 방광에서 오줌을 외부로 배출하는 기관이다.

03 뇨의 생성 및 배설과정이 아닌 것은?

① 사구체 여과
② 사구체 농축
③ 세뇨관 재흡수
④ 세뇨관 분비

해설 뇨의 생성 및 배설과정은 사구체 여과, 세뇨관 재흡수, 세뇨관 분비, 이 3단계를 통해 걸러내어 체외로 배출된다.

정답	01	02	03					
	③	①	②					

9절 생식기계통

1 생식기관

1 생식기계의 정의

정자나 난자와 같은 생식세포를 생산하는 기관 및 생식세포가 발육, 운반되는 부속기관을 총칭

> **참고 생식**
>
> 우리가 가진 유전자 중 일부를 가진 생명체를 만들어 냄으로써 종족을 유지하는것

2 생식기관

(1) 남성의 생식기계

고환에서 만들어진 정자는 부고환으로 들어가 성숙되고, 정관과 전립선을 거쳐 사정관으로 들어간 후 방광과 음경을 이어주는 요도를 통해 사출됨

고환	• 음낭 속에 좌우 한 쌍으로 존재하는 타원형의 기관 • 정자를 생산하고 남성호르몬인 테스토스테론 분비
부고환	• 고환의 뒷면에 위치한 가늘고 긴 기관 • 정자가 머물면서 운동성과 생식력을 가지게 되면 정관으로 배출
정관	• 부고환에서 배출된 정자를 연동운동을 통해 정낭까지 이동
사정관	• 정자와 정낭의 분비물이 혼합되는 곳
정낭	• 정액의 약 60%를 차하는 알칼리성 물질 • 정낭의 분비액은 정자의 편모운동 촉진 및 질내의 산성환경 중화 • 탄수화물을 함유하고 있어 정자에 영양공급
전립선	• 정액의 30%정도를 구성하는 우유빛의 알칼리성 물질 • 여성의 질 내부의 산성환경을 중화시켜 정자 보호 • 정자에 영양공급 및 세균감염 방지
요도	• 음경에 의해 둘러싸인 정액이 외부로 배출되는 통로
정액	• 정자와 정자의 운동성을 위한 영양물질과 완충물질이 포함되어 있는 알칼리성 액체

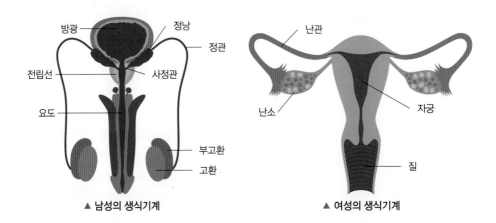

| | 방광, 정낭, 정관, 전립선, 사정관, 요도, 부고환, 고환 | 난관, 난소, 자궁, 질 |

▲ 남성의 생식기계　　　　　　　　　　▲ 여성의 생식기계

(2) 여성의 생식기계

여성생식기는 난자를 생산하는 난소, 난소로부터 자궁까지 난자를 운반하는 난관(나팔관), 수정한 난자를 받아들여 태아를 키우는 자궁, 자궁과 체외를 연결하는 기관인 질로 분류됨

난소	• 자궁에 좌우 한 쌍으로 존재하는 아몬드 모양의 기관 • 난자를 생산하고 여성호르몬인 에스트로겐과 프로게스테론을 분비
난관	• 난소와 자궁 사이를 연결하는 나팔 모양의 가느다란 관 • 정자와 난자가 만나 수정이 이루어지는 장소
자궁	• 서양배를 거꾸로 한 모양의 근육성 기관으로 수정된 난자가 착상하고 성장하는 장소 • 자궁내막은 호르몬에 의해 증식과 탈락 반복 • 자궁내막 탈락 시 출혈과 함께 외부로 배출되는 현상을 '월경'이라고 함
질	• 자궁 경부와 외부를 연결하는 통로로 근육성 관 • 출산 및 월경의 통로 • 질의 내부를 산성을 유지함으로써 세균침입을 막음

2 임신

1 임신의 정의

① 정자가 여성의 질 속으로 사정되면 자궁을 통과해 난관에 도착한 후 난자와 수정이 이루어지며, 수정 후 약 7~8일이 되면 수정란이 자궁으로 이동하며 자궁내벽에 착상되고, 모체로부터 영양공급을 받으며 태아로 발육되는 과정

② 임신에서 분만까지의 기간은 마지막 월경 시작일로부터 약 280일 정도(10개월간)

③ 모체와 태아 사이의 모든 물질 교환은 태반을 통해 이루어짐

④ 임신기간이 지날수록 자궁과 유방의 성장과 발달을 촉진하는 에스트로겐과 자궁내벽을 두껍게 유지시켜주는 프로게스테론 증가

2 월령별 태아의 발육

1주	정자와 난자가 만나 수정란 형성. 12~15시간 후 수정란의 세포분열 시작
2주	세포분열을 반복하며 나팔관을 따라 자궁으로 이동. 7~10일 후 자궁내막에 착상
3주	배아는 약 0.2cm 크기에 몸무게 1g 미만. 중배엽 발생
4주	배아가 사과 씨 만한 크기로 성장. 외배엽이 배아의 거의 모든 표면을 덮음
8주	사람의 태아로서 고유한 형태를 나타내며, 시신경과 청각 기능이 생기기 시작
3개월	외음부가 형성되어 남녀 구별이 쉬워짐. 태아의 손발톱 형성. 뇌가 급속도로 발달
4개월	보통 키가 12~15cm, 몸무게가 150g 정도. 코와 입이 열림
5개월	온몸에 솜털과 같은 체모와 머리에 모발 형성
6개월	피부에 주름이 생기며 피하지방 형성
7개월	키 약 40cm, 몸무게 1.5kg 정도. 눈꺼풀 틈새가 생김
8개월	모체는 태아의 움직임(태동)이 크게 느껴짐. 모체 밖에서 발육이 가능
9개월	태반을 통해 모체로부터 질병에 대한 면역력이 전달됨. 솜털의 퇴화가 시작됨
10개월	키가 약 50cm, 몸무게가 약 3kg 정도 성장 완료

생식기계통 출제예상문제

01 수정과 임신에 대한 설명 중 잘못된 것은?

① 임신에서 분만까지의 기간은 약 280일이다.

② 모체와 태아 사이의 모든 물질 교환이 이루어지는 곳은 태반이다.

③ 임신 기간이 지날수록 프로게스테론과 에스트로겐은 증가한다.

④ 임신 2개월째에는 태아에 체모가 생기고 외음부에 남·녀의 차이가 난다.

해설 임신 3개월째에 외음부의 남·녀의 차이가 생겨 성별구분이 가능하게 되며, 임신 5개월째에 솜털같은 체모가 온몸을 덮고, 머리에는 모발이 나타난다.

정답	01						
	④						

4장

피부미용 기기학

1절 피부미용관리를 위한 기초과학
2절 피부미용기기·기구의 종류 및 사용법
3절 피부유형별 기기 적용법

1절 피부미용관리를 위한 기초과학

1 물질(matter)

1 물질의 정의

일정한 공간을 차지하며, 무게를 지니고 있는 모든 것

예 인간의 신체, 물, 화장품 등

순물질	원소(element)	• 화학적으로 가장 기본이 되는 순수물질 • 한 종류의 원자만으로 구성 예 산소(O), 탄소(C) 등
	화합물 (compound)	• 두 개 이상의 원소가 화학적으로 결합하여 이루어진 물질 • 유기화합물과 무기화합물로 나뉨 예 물(H_2O), 소금($NaCl$) 등
혼합물		• 두 가지 이상의 순물질이 물리적으로 섞여 생성되는 물질 • 균일혼합물과 불균일혼합물이 있음 • 각 순물질의 화학적 성질을 유지한 채 결합하여 고유성질은 유지되고 상태나 모양만 변화

2 물질의 상태

① 원자 및 분자로 구성되며, 고체, 액체, 기체, 플라스마의 형태로 존재
② 온도와 압력에 따라 물질의 상태 변화가 일어남

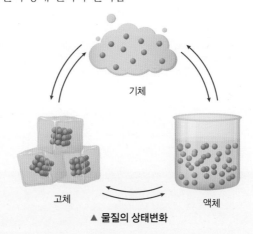

기체

고체   액체

▲ 물질의 상태변화

고체	힘이나 압력의 변화에도 모양이나 부피가 변하지 않는 상태 물질로 응력이 운동력보다 강함
액체	자유롭게 모양을 바꿀 수 있으나, 그 부피는 압력과 상관없이 거의 일정
기체	고체나 액체에 비해 밀도가 낮고, 일정한 모양과 부피를 갖지 않음

물질의 이동

삼투(osmosis)	농도가 낮은 곳에서 높은 곳으로 선택적 투과성 막을 통한 용매(물)가 이동하는 현상
여과(filtration)	압력 차에 의하여 압력이 높은 곳에서 낮은 곳으로 용액이 이동하는 현상
확산(diffusion)	물질을 이루고 있는 입자들이 스스로 운동하여 농도가 높은 곳에서 낮은 곳으로 액체나 기체 속을 분자가 퍼져나가는 현상

3 물질의 기본구조

(1) 원자(atoms)
물질을 구성하는 최소 단위로서 화학 반응을 통해 더 이상 쪼갤 수 없는 단위

예 수소(H), 산소(O) 등

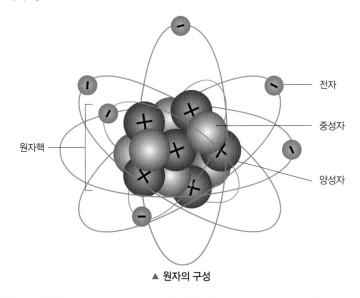

▲ 원자의 구성

원자핵	양성자	양(+)전하를 띄며, 양성자 수에 의해 원소의 종류 구분
	중성자	극성을 띄지 않는 중성
전자		음(−)전하를 띄며, 양성자 수와 동일, 원자핵을 중심으로 일정한 전자궤도를 이룸

(2) 분자(molecules)
원자들로 구성된 고유 성질을 가진 물질의 기본 단위

예 철(Fe), 산소(O_2), 물(H_2O) 등

(3) 이온(ion)

① 전기적으로 중성인 원자가 전자를 잃거나 다른 원자로부터 전자를 얻어 전기적 특성(전하)을 띠는 상태

② 같은 전하를 띤 이온들은 밀어내고 서로 다른 전하를 가진 이온끼리는 서로 끌어당김

③ **이온화** : 전기적으로 중성을 띠는 분자를 양전하 또는 음전하를 띠는 이온으로 만드는 것

④ **양이온(+전하)** : 중성인 원자가 전자를 잃은 상태

⑤ **음이온(−전하)** : 중성인 원자가 전자를 얻은 상태

참고 이온수(전해수)

일반적인 물에 전기적인 힘을 가해서 얻어지는 물로서, 산성 이온수와 알칼리 이온수가 있음

4 물질의 결합

물질을 구성하는 원자가 다른 원자와 전자를 공유하거나 이온화 된 원자가 전기적 인력에 의해 결합

이온결합 (ionic bond)	• 양이온과 음이온 사이의 정전기적 인력을 포함한 화학 결합 • 금속과 비금속 결합
공유결합 (covalent bond)	• 원자들 간에 전자를 공유하면서 이루어지는 화학 결합 • 비금속과 비금속 결합
금속결합 (metallic bond)	• 금속에 퍼져있는 전자와 양이온 간의 정전기적 인력에 의한 화학 결합 • 금속원소들 사이의 결합
수소결합 (hydrogen bond)	• 분자 내에 산소(O), 질소(N), 플루오린(F), 수소(H)가 있을 때 특별히 작용하는 분자들 사이에 일어나는 인력에 의한 결합

2 전기(electricity)와 전류(electricity current)

1 전기

(1) 전기의 정의

① 물체의 마찰에 의해 한쪽 물체에서 다른 쪽 물체로 전자가 이동하면서 발생되는 에너지

② 전자를 잃은 물체는 양(+)전하, 전자를 얻은 물체는 음(−)전하를 띠게 됨

(2) 전기의 분류

정전기 (static electricity)	• 마찰전기로써 전하가 정지 상태로 있어 전하의 분포가 시간적으로 변화하지 않는 전기 • 전압만 높을 뿐 전류가 짧은 시간 동안만 흘러 전기에너지로 사용할 수 없으며, 인체에 대해서도 위험성이 없음 예 번개, 옷을 벗을 때 등
동전기 (dynamic electricity)	• 화학반응이나 자기장에 의해 발생되며, 전선 같은 도체를 타고 지속적으로 흐르는 전기 • 전류의 흐르는 방향에 따라 직류전류와 교류전류로 나뉨 예 형광등, TV 등 일상 전기
생체전기 (bio-electricity)	• 생물체 내에서 발생하는 미세 전기에너지(생물전기) • 루이지 갈바니(Luigi Galvani, 1737~1798)의 개구리의 해부 실험을 통해 처음 발견 • 감각신호 전달을 위한 신경에너지 생성 • 심장박동, 뇌 활동, 피부 등 각 인체 장기의 역할 수행에 이용 • 피부의 영양물질 흡수 및 노폐물 배출 등의 신진대사 활동에 이용 • 피지, 각질층, 피부세포의 세포막 등에 의해 이물질 침투를 막는 피부장벽 기능을 도움

2 전류

(1) 전류의 정의
① 음(−)전하의 전자들이 전도체를 따라 한 방향으로 흐르는 것
② 높은 전류에서 낮은 전류로 흐름
③ 전류는 도선을 따라 (+)극에서 (−)극으로, 전자는 (−)극에서 (+)극으로 이동
④ 전자와 전류의 방향은 서로 반대
⑤ 전류의 흐르는 방향에 따라 직류(D.C)와 교류(A.C)가 있음

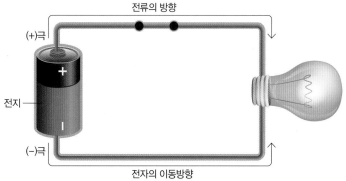

▲ 전기회로에서 전류와 전자의 흐르는 방향

(2) 전류의 흐르는 방향에 따른 분류

① 직류전류(D.C : Direct Current)

갈바닉전류라고도 하며, 시간의 흐름에 따라 전류의 방향과 크기가 변하지 않고, 항상 일정하게 흐르는 전류

연속직류 (평류전류)	• 시간의 흐름에 따라 전류의 방향과 크기가 변함없이 일정하게 흐르는 전류 • 이온도입법(이온영동법)
단속직류 (단속평류전류)	• 시간의 흐름에 따라 전류의 방향은 바뀌지 않고 크기만 일정하게 증가와 감소를 반복하며 흐르는 전류 • 근육 마비, 경직 등에 전기적 자극

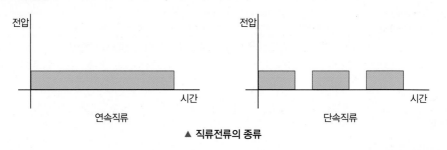

▲ 직류전류의 종류

② 교류전류(A.C : Aiternating Current)

테슬라전류라고도 하며 시간의 흐름에 따라 전류의 방향과 크기가 주기적으로 변하는 전류로 지속적인 전극의 변화로 저장이 어려우며 직류전류보다 열 효과는 높은 반면 화학적 효과는 없음

정현파전류	• 시간이 지남에 따라 방향과 크기가 대칭적으로 변하는 전류 • 신경자극에 대한 이용 빈도가 낮고 주로 정현파를 변조파로 사용 • 신경근육계 자극, 부종 완화
감응전류	• 시간이 지남에 따라 방향과 크기가 비대칭적으로 변하는 전류 • 신경근육계의 자극이나 전기 진단에 많이 이용되는 전류 • 피부에 화학적 작용으로 세포를 활성화, 노폐물 제거, 근육 상태 개선, 혈액순환 촉진 등의 효과
격동전류	• 시간이 지남에 따라 방향과 크기가 비대칭적으로 불규칙적으로 변하는 전류 • 통증관리, 체형관리

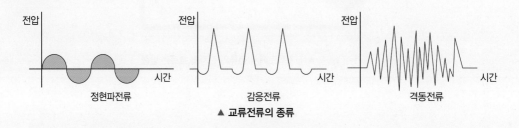

▲ 교류전류의 종류

(3) 전류의 주파수에 따른 분류

분류	주파수	특징
저주파전류	1~1,000Hz 이하	• 근수축 및 이완의 느낌이 강함 • 통증관리, 탄력증진
중주파전류	1,000~10,000Hz	• 신경조직의 자극없이 효과적으로 심부조직 자극 • 부드럽고 안정감 • 통증관리, 부종 및 염증완화, 지방분해
고주파전류	100,000Hz 이상	• 인체 적용시 전기에너지가 가해지면 조직을 구성하는 분자들의 운동에 의해 마찰현상이 발생되어 발열현상(심부열)이 나타남 (전기에너지 → 열에너지로 전환) • 근육이완, 통증완화, 세포활성화 등
초음파전류	18,000Hz 이상	• 인간의 귀로 들을 수 없는 불가청 진동음파(acoustic vibration) • 초음파 진동이 조직 분자간에 마찰 및 충돌을 일으켜 인체 내에 열에너지의 발생으로 심부조직의 온도 상승 • 피부 활성물질을 피부의 조직 속으로 깊이 침투

(4) 전류의 세기에 따른 인체 전기 저항

① 피부표면이 마른 상태에서는 저항이 커서 우리 몸에 전달되는 전류의 세기가 약함
② 손이 땀이나 물에 젖은 경우 저항이 작아져 약 10배 정도의 강한 전류가 전달되므로 주의를 요함

3 주요 전기 용어

전자(electron)	음(-) 극의 전하를 띠는 기본 입자
전하(electric charge)	물체가 갖고 있는 전기의 양으로 전기 현상의 주체적 원인
와트(watt)	전력의 단위, 1초 동안 사용되는 전기적인 힘(단위 W)
암페어(amper)	전류의 세기, 1초 동안 도선을 따라 움직이는 전하량(단위 A)
쿨롱(coulomb)	전하량의 단위(단위 C)
볼트(volt)	전압의 세기(단위 V)
옴(ohm)	전기저항의 세기(단위 Ω)
전압(voltage)	회로에서 전류를 생산하는데 필요한 압력
전기저항(electric resistance)	도체 내에서 전류의 흐름을 방해하는 성질
누전(short circuit)	전기의 일부가 전선 밖으로 새어 나와 주변의 도체에 흐르는 현상
방전(discharge)	전류가 외부로 흘러 나가 전기에너지가 소모되는 것
퓨즈(fuse)	전류의 과도한 흐름에 의한 전선의 과열을 막아 주는 안전장치

주파수(frequency)	진동수, 1초 동안 진동하는 횟수(단위 Hz)
펄스(pulse)	근육에서 전류가 머무르는 시간(지속 시간)
도체(conductor)	금속이나 전해질 수용액처럼 저항이 작아 전류가 잘 통하는 물질
부도체(nonconductor)	유리나 고무같이 저항이 커서 전류가 잘 통하지 않는 물질
전해질(electrolyte)	수용액 상태에서 이온화 되어 전류가 흐르는 물질
비전해질(nonelectrolyte)	수용액 상태에서 이온화되지 않아 전류가 흐르지 않는 물질

01 ( ) 안에 알맞은 말이 순서대로 나열된 것은?

> 물질의 변화에서 고체는 (a)이/가 (b)보다 강하다.

① 운동력, 기체
② 온도, 압력
③ 운동력, 응력
④ 응력, 운동력

해설 물질의 변화에서 고체는 분자가 서로 연결되어 있는 상태의 물질로 응력이 운동력보다 강하다.

02 이온에 대한 설명으로 틀린 것은?

① 원자가 전자를 얻거나 잃으면 전하를 띠게 되는데 이온은 이 전하를 띤 입자를 말한다.
② 같은 전하의 이온은 끌어당긴다.
③ 중성인 원자가 전자를 얻으면 음이온이라 불리는 음전하를 띤 이온이 된다.
④ 서로 다른 전하끼리는 서로 끌어당긴다.

해설 같은 전하끼리는 서로 밀어내고, 서로 다른 전하끼리는 서로 끌어당긴다.

03 이온에 대한 설명으로 옳지 않은 것은?

① 양전하 또는 음전하를 지닌 원자를 말한다.
② 증류수는 이온수에 속한다.
③ 원소가 전자를 잃어 양이온이 되고, 전자를 얻어 음이온이 된다.
④ 양이온과 음이온의 결합을 이온결합이라 한다.

해설 이온수는 일반적인 물에 전기적인 힘을 가해서 얻어지는 산성 이온수와 알칼리 이온수가 있다.

04 물질 이동 시 물질을 이루고 있는 입자들이 스스로 운동하여 농도가 높은 곳에서 낮은 곳으로 액체나 기체 속을 분자가 퍼져나가는 현상은?

① 능동수송
② 확산
③ 삼투
④ 여과

해설 • 삼투(osmosis) : 농도가 낮은 곳에서 높은 곳으로 선택적 투과성 막을 통한 용매(물)가 이동하는 현상
• 여과(filtration) : 압력 차에 의하여 압력이 높은 곳에서 낮은 곳으로 용액이 이동하는 현상
• 능동수송 : 대사 에너지를 사용하여 농도가 낮은 곳에서 높은 곳으로 분자나 이온을 운반하는 수송기작

05 전기에 대한 설명으로 틀린 것은?

① 전류란 전도체를 따라 움직이는 (–)전하를 지닌 전자의 흐름이다.
② 도체란 전류가 쉽게 흐르는 물질을 말한다.
③ 전류의 크기의 단위는 볼트(volt)이다.
④ 전류에는 직류(D.C)와 교류(A.C)가 있다.

해설 전류의 단위는 A(암페어)이다.

06 다음 중 전류와 관련된 설명으로 가장 거리가 먼 것은?

① 전류의 세기는 1초에 한 점을 통과하는 전하량으로 나타낸다.
② 전류의 단위로는 A(암페어)를 사용한다.
③ 전류는 전압과 저항이라는 두 개의 요소에 의한다.
④ 전류는 낮은 전류에서 높은 전류로 흐른다.

해설 전류는 높은 전류에서 낮은 전류로 흐른다.

07 직류(direct current)에 대한 설명으로 옳은 것은?

① 시간의 흐름에 따라 방향과 크기가 비대칭적으로 변한다.
② 변압기에 의해 승압 또는 강압이 가능하다.
③ 정현파전류가 대표적이다.
④ 지속적으로 한쪽 방향으로만 이동하는 전류의 흐름이다.

해설 직류(direct current)는 전류의 방향과 크기가 시간의 흐름에 따라 변하지 않고 항상 일정하게 흐르는 전류이다.

08 교류전류로 신경근육계의 자극이나 전기 진단에 많이 이용되는 감응전류(faradic current)의 피부관리 효과와 가장 거리가 먼 것은?

① 근육 상태를 개선한다.
② 세포의 작용을 활발하게 하여 노폐물을 제거한다.
③ 혈액순환을 촉진한다.
④ 산소의 분비가 조직을 활성화 시켜준다.

해설 감응전류는 피부에 화학적인 작용으로 세포를 활성화, 노폐물 제거, 근육 상태 개선, 혈액순환 촉진 등의 효과가 있다.

09 전류의 세기를 측정하는 단위는?

① 볼트(V) ② 암페어(A)
③ 와트(W) ④ 주파수(Hz)

해설 볼트(V) – 전압의 세기, 와트(W) – 전력의 단위, 주파수(Hz) – 1초 동안 진동하는 횟수

10 전기장치에서 퓨즈(fuse)의 역할은?

① 전압을 바꾸어 준다.
② 전류의 세기를 조절한다.
③ 부도체에 전기가 잘 통하도록 한다.
④ 전선의 과열을 막아주는 안전장치 역할을 한다.

해설 퓨즈(fuse)는 전선의 과열을 막아주는 안전장치이다.

11 전류의 설명으로 옳은 것은?

① 양(+)전자들이 양(+)극을 향해 흐르는 것이다.
② 음(−)전자들이 음(−)극을 향해 흐르는 것이다.
③ 전자들이 전도체를 따라 한 방향으로 흐르는 것이다.
④ 전자들이 양극(+)방향과 음극(−)방향을 번갈아 흐르는 것이다.

해설 전류란 음(−)전하의 전자들이 전도체를 따라 한 방향으로 흐르는 것을 말하며 전류는 도선을 따라 (+)극에서 (−)로, 전자는 (−)극에서 (+)극으로 이동한다. 전자와 전류의 방향은 서로 반대이다.

12 전류에 대한 내용이 틀린 것은?

① 전하량의 단위는 쿨롱으로 1쿨롱은 도선에 1V의 전압이 걸렸을 때 1초 동안 이동하는 전하의 양이다.
② 교류전류란 전류흐름의 방향이 시간에 따라 주기적으로 변하는 전류이다.
③ 전류의 세기는 도선의 단면을 1초 동안 흘러간 전하의 양으로서 단위는 A(암페어)이다.
④ 직류전동기는 속도조절이 자유롭다.

해설 전하량의 단위인 쿨롱은 전류 1A가 1초 동안 흘렀을 때 이동하는 전하량, 즉 단위시간당 전하의 양이다.

13 전류에 대한 설명이 틀린 것은?

① 전류의 방향은 도선을 따라 (+)극에서 (−)극 쪽으로 흐른다.
② 전류는 주파수의 파장 크기에 따라 초음파, 저주파, 중주파, 고주파의 순으로 나뉜다.
③ 전류의 세기는 1초 동안 도선을 따라 움직이는 전하량을 말한다.
④ 전자의 방향과 전류의 방향은 반대이다.

해설 • 저주파 : 1~1,000Hz 이하
• 중주파 : 1,000~10,000Hz
• 고주파 : 100,000Hz 이상
• 초음파 : 20,000Hz 이상

14 직류와 교류에 대한 설명으로 옳은 것은?

① 교류를 갈바닉전류라고도 한다.
② 교류전류에는 평류, 단속평류가 있다.
③ 직류는 전류의 흐르는 방향이 시간의 흐름에 따라 변하지 않는다.
④ 직류전류에는 정현파, 감응, 격동전류가 있다.

해설 • 직류 : 갈바닉전류라고도 하며, 평류(연속)직류와 단속평류(단속)직류가 있다.
• 교류 : 정현파, 감응, 격동전류가 있다.

15 용액 내에서 이온화 되어 전도체가 되는 물질은?

① 전기분해 ② 전해질
③ 혼합물 ④ 분자

해설 용액 내에서 이온화 되어 전기가 흐르는 전도체가 되는 물질은 전해질이다.

16 고주파전류의 주파수(진동수)를 측정하는 단위는?

① W(와트) ② A(암페어)
③ O(옴) ④ Hz(헤르츠)

해설 주파수(진동수)를 측정하는 단위는 Hz(헤르츠)이다.

정답	01	02	03	04	05	06	07	08
	④	②	②	②	③	④	④	④
	09	10	11	12	13	14	15	16
	②	④	③	①	②	③	②	④

2절 피부미용기기·기구의 종류 및 사용법

1 피부분석 및 진단기기

1 피부분석 및 진단의 목적 및 효과
① 고객의 정확한 피부유형과 피부상태 파악 가능
② 효과적인 피부관리 계획 수립 및 실행 가능
③ 피부유형 및 상태에 따른 적합한 화장품 선정과 조언 가능
④ 과학적인 피부분석 결과로 고객에게 신뢰감 고취

2 확대경(magnifying lamp)
(1) 확대경의 원리 및 특징
육안으로 확인하기 어려운 면포, 여드름, 잔주름 등의 피부 상태를 3.5~10배의 높은 배율로 확대하여 보여주는 기기

(2) 확대경의 적용방법 및 유의사항
① 고객의 안면 클렌징과 토너 정리 후 고객의 눈을 보호하기 위해 아이패드 적용
② 사용 전 확대경 부위를 소독한 후 확대경을 켜고 안면 피부에서 30cm 이상의 적당한 거리를 두고 관찰
③ 고객에게 관찰결과를 설명해 줄 수 있도록 반드시 관찰결과를 기록
④ 사용을 마친 확대경은 소독 후 코드를 정리하여 안전한 곳에 보관

▲ 확대경

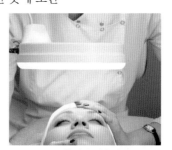
▲ 확대경 사용법

3 우드램프(wood lamp)
(1) 우드램프의 원리 및 특징
365μm파장의 자외선과 가시광선을 이용하여 피부를 관찰할 수 있는 인공자외선 광학분석기기로서 육안으로는 판별하기 어렵거나 보이지 않는 피부의 심층상태, 결점이나 문제점들을 다양한 색상으로 나타냄

(2) 우드램프 상에 나타나는 피부상태 반응색상

정상피부	청백색	색소침착(점, 기미 등)	암갈색
건성피부	연보라색	노화피부	암적색
민감성 피부	진보라색	두꺼운 각질층	하얀 가루 상태
지성피부 (피지, 면포, 코메도)	오렌지색, 노란색	비립종	노란색

(3) 적용방법 및 주의사항

① 클렌징과 토너 정리 후 고객의 눈을 보호하기 위해 눈에 아이패드 적용

② 사용 전 우드램프의 관찰경 부위 소독

③ 실내 전등을 끄거나 부착된 검은 후드 천으로 고객의 안면 부위를 덮어 빛을 차단한 상태에서 고객의 피부분석

④ 피부상태 관찰 시 기기와 고객 안면부위는 6~20cm의 적당한 거리를 유지하며 피부에 직접 닿지 않도록 주의

⑤ 기기 적용 시 UV는 색소침착의 원인이 되므로 오랫동안 관찰하지 않도록 하며 관찰결과를 기록지에 기록해 둠

⑥ 정확한 측정을 위해서는 온도 20~22°C, 습도 40~60%의 환경적 조건을 유지하며, 운동직후에는 반드시 충분한 휴식을 취한 후 측정

⑦ 사용을 마친 우드램프는 소독 후 코드를 정리하여 안전한 곳에 보관

▲ 우드램프

4 스킨스코프(skin scope)

(1) 스킨스코프의 원리 및 특징

20~800배 정도의 고배율 확대 렌즈로 피부표면을 확대하여 모공크기, 각질상태, 두피, 모발 상태 등을 모니터를 통해 고객과 관리사가 동시에 관찰 가능

(2) 스킨스코프의 적용방법 및 주의사항

① 무알코올 클렌징 제품을 사용하여 세안

② 세안 2시간 후 고배율 확대렌즈를 측정하고자 하는 피부표면에 접촉시켜 모니터를 통해 피부 상태를 관찰

③ 정확한 측정을 위해서는 온도 20~22°C, 습도 40~60%의 환경적 조건을 유지하며, 운동 직후에는 반드시 충분한 휴식을 취한 후 측정

④ 사용을 마친 확대 렌즈는 소독 후 코드를 정리하여 안전한 곳에 보관

5 수분측정기(moisture meter)

(1) 수분측정기의 원리 및 특징

피부 각질층의 수분함유량을 측정하는 기기로, 표면이 유리로 된 탐침을 측정하고자 하는 피부부위에 접촉시키면 표피의 수치화된 수분함유량이 표시됨

(2) 수분측정기의 적용방법 및 주의사항

① 무알코올 클렌징 제품을 사용하여 세안

② 세안 2시간 후 측정기의 탐침 부위를 피부에 적당한 압력을 주어 3초 정도 접촉시킴

③ 1회 측정 후 5초 가량 경과 후 재측정

④ 정확한 측정을 위해서는 온도 20~22°C, 습도 40~60%의 환경적 조건을 유지하며, 운동 직후에는 반드시 충분한 휴식을 취한 후 측정

⑤ 사용을 마친 측정기는 탐침 부위를 부드럽게 소독한 후 안전한 곳에 보관

6 유분측정기(sebum meter)

(1) 유분측정기의 원리 및 특징

피부표면의 유분함유량을 측정하는 기기로, 유분 흡착지에 흡착된 피지 양의 측정값을 수치화하여 1cm²당 유분량(μg/cm²)이 표시됨

(2) 유분측정기의 적용방법 및 주의사항

① 무알코올 클렌징 제품을 사용하여 세안

② 세안 2시간 후 측정기에 부착된 유분흡착지를 피부표면에 30초 동안 접촉시킴

③ 1회 측정 후 2분 가량 경과 후에 새로운 유분 흡착지로 교체한 후 측정하고자 하는 피부부위를 재측정

④ 정확한 측정을 위해서는 온도 20~22°C, 습도 40~60%의 환경적 조건을 유지하며 운동 직후에는 반드시 충분한 휴식을 취한 후 측정

⑤ 사용을 마친 측정기는 부드럽게 소독한 후 안전한 곳에 보관

7 pH측정기(pH meter)

(1) pH측정기의 원리 및 특징

피부표면의 수소이온농도를 측정하기 위한 기기로, pH측정을 통해 확인된 피부의 산성도와 알칼리도의 정도에 의해 피부의 예민도 또는 유분기 파악 가능

참고 pH(potential of hydrogen, 페하)
수용액 속에 들어 있는 수소이온농도를 1~14의 수치로 나타낸 것으로, 수용액의 수소이온농도 7을 중성, 7보다 크면 알칼리성, 7보다 작아질수록 산성을 의미함

(2) pH측정기의 적용방법 및 주의사항

① 무알코올 클렌징 제품을 사용하여 세안
② 세안 2시간 후 탐침 부위를 적당한 압을 주어 측정하고자 이마, 뺨, 손등 등의 피부표면에 접촉시킴
③ 정확한 측정을 위해서는 온도 20~22℃, 습도 40~60%의 환경적 조건을 유지하며 운동 직후에는 반드시 충분한 휴식을 취한 후 측정
④ 사용을 마친 측정기는 탐침 부위를 부드럽게 소독한 후 안전한 곳에 보관

2 안면관리를 위한 기기

1 스티머(증기연무기, 버퍼라이져, steamer, vaporizer)

(1) 스티머의 원리 및 특징

① 기기 본체에 장착된 가열 센서에 의해 분리형 유리 물통에 담긴 물이 가열되어 기기의 분사구를 통해 증기가 분사되는 얼굴 관리 전용기기
② 증기만 공급하는 형(vaporizer)과 오존(O_3)을 함께 공급하는 형(vaporizone)이 있음

(2) 스티머의 주요 효과

① 각질 세포의 연화로 노화된 각질 제거 용이
② 습윤 작용으로 피부 보습 효과 증진
③ 모공 확장 및 피지선·한선 자극
④ 혈액순환 및 신진대사 활성화
⑤ 각질 제거제, 팩제, 테크닉 시 함께 사용하면 효과 증대
⑥ 소독 및 살균, 박테리아 제거 효과 부여[오존(O_3) 사용 시]

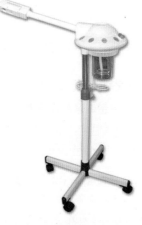

▲ 스티머

(3) 피부유형 및 상태에 따른 스티머 적용시간 및 효과

피부유형 및 상태	적용시간	효과
정상피부	10분	• 피부수분 공급, 각질연화·제거
건성피부 노화피부 지성피부	15분	• 건성 : 피부수분 공급, 피지분비 촉진, 묵은 각질연화·제거 • 노화 : 피부기능 회복, 묵은 각질연화, 혈색개선 • 지성 : 모공확장, 각질연화·제거, 피지·노폐물 배출, 혈색개선
민감성 피부 알레르기성 피부 모세혈관확장 피부 여드름성 피부	5분	• 피부수분 공급, 약한 각질연화·제거

(4) 스티머의 부적용 대상자

① 피부질환 및 상처 피부

② 염증성 여드름 피부

③ 일광 손상피부 및 심각한 민감피부

④ 천식 및 심한 비염환자

(5) 스티머의 적용방법 및 주의사항

① 관리 전 고객의 안면 피부 상태, 비적용증 유무를 확인 및 모든 금속류 제거

② 반드시 정제수 또는 증류수를 스티머 물통에 채운 후 사용하기 약 10분 전에 예열해둠

③ 얼굴과 스티머 분사구의 거리는 약 30~50cm가 적절하며, 고객의 피부 타입에 따라 스티밍 시간과 오존(O_3)을 조절

④ 분사되는 증기는 고객의 턱 아래에 향하도록 위치를 조절하며 분사되는 스팀 방울이 적용부위 외에 흘러내리지 않도록 함

⑤ 민감·예민 피부의 경우 거리를 더 멀리 두도록 하며, 모세혈관이 확장된 부위는 화장솜으로 덮고 사용

⑥ 사용을 끝낸 후에는 스티머의 전열관이 녹슬지 않도록 물통에 남아 있는 물을 버리고 물로 여러 번 헹구어 세척하여 자외선 살균 소독기에 살균·건조시킨 후 안전한 곳에 보관(세제 사용 시 고장 원인)

2 브러시(브러싱, 프리마톨, frimator, rotatory brush machine)

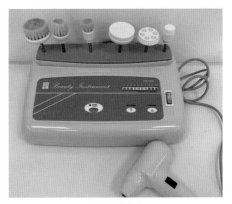

▲ 프리마톨

(1) 브러시의 원리 및 특징

천연 양모를 소재로 한 브러시와 본체 내의 전동기의 회전원리를 이용하여, 모공 속 피지와 피부표면의 불필요한 각질 제거를 위한 세안 전용기기

참고 브러시 헤드 종류에 따른 용도

브러시 헤드 종류	재질	적용 부위
안면용 소	천연모	눈, 코 부위, 입가, 턱 라인
안면용 대	천연모	이마, 볼, 턱, 목, 앞가슴 부위
안면용	스펀지	노화된 각질 제거용
발관리용	석고재질	발뒤꿈치 등의 각질 제거
전신관리용	천연모	목, 양어깨, 등 부위

(2) 브러시의 주요 효과
① 불필요한 각질제거 및 모공, 한공(땀구멍) 속의 노폐물 제거
② 혈액순환 및 신진대사 촉진
③ 피부톤 개선

(3) 브러시의 부적용 대상자
① 모세혈관확장 피부
② 썬번 또는 화상 피부
③ 심한 민감성 및 얇은 피부
④ 염증성(농포성) 여드름 피부
⑤ 피부질환 및 상처 피부

(4) 브러시의 적용방법 및 주의사항
① 관리 전 고객의 안면 피부상태, 비적용증 유무를 확인 및 모든 금속류 제거
② 관리를 위한 기기의 준비상태를 확인한 후 적합한 브러시를 선택하여 핸드피스에 장착
③ 고객의 머리카락이 브러시에 엉키지 않도록 헤어밴드와 아이패드 적용
④ 고객의 안면 부위에 클렌징 또는 딥 클렌징 제품을 적당히 도포
⑤ 준비해둔 브러시에 미지근한 물로 충분히 적신 다음 전원을 켜고 피부타입에 따라 회전속도 조절
⑥ 피부표면과 브러시는 90° 각도의 수직으로 하여 먼저 관리사의 손등에서 확인해 본 후 브러시를 고객의 안면 부위에 적용
⑦ 고객 얼굴 표면에 가볍게 누르듯이 하여 근육결 방향을 따라 원을 그리며 적용
⑧ 적용 시 피부 한곳에 머무르지 않도록 하며 민감한 부분은 가볍게 하거나 적용하지 않음
⑨ 관리 시 건조 방지를 위해 수시로 물을 묻혀 사용하거나 스티머를 적용하여 관리하고 피부에 자극을 줄 수 있으므로 5분 이내로 관리함
⑩ 관리가 종료되면 사용을 마친 브러시는 중성 세정제로 세척한 후 물기를 제거하여 자외선 살균 소독기에 10분 소독한 후 보관함에 넣어 안전한 곳에 보관

3 스프레이(분무기, spray machine)

(1) 스프레이의 원리 및 특징

① 본체 안에 내장되어 있는 진공펌프가 압을 배출하여 화장수, 천연 허브추출물 등 피부에 유효 물질을 미세한 입자 형태로 분무하는 기기

② 피부 유형 및 목적에 따라 스킨토닉, 아로마워터, 증류수 등이 분무의 토닉으로 사용됨

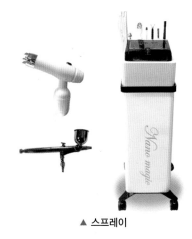

▲ 스프레이

(2) 스프레이의 주요 효과

① 수분 공급으로 인한 수렴 및 청량감 부여

② 피부 산성막의 재생 촉진

③ 모공 및 피부표면 세정 작용

④ 피부질환 감염 예방 및 살균·소독 효과

(3) 스프레이의 부적용 대상자

① 피부질환 및 최근 상처 부위

② 화농 부위

③ 천식 및 심한 비염환자

(4) 스프레이의 적용방법 및 주의사항

① 피부 타입에 적합한 유효 물질 제품을 용기에 2/3 정도 채워 준비

② 내용물을 희석해서 사용할 경우 증류수를 사용하여 입자가 섞이지 않도록 함

③ 고객의 눈에 아이패드 적용 후 용기를 직각으로 세워 30cm 정도 위치에서 살며시 분무한 후 가볍게 흡수시킴

④ 분무 시 흘러내리지 않게 노즐의 끝부분으로 분무량을 조절하여 분무하고 분무를 원하지 않는 부위에는 타월이나 티슈로 가리고 적용하도록 함

⑤ 사용을 마친 튜브와 스프레이 용기는 깨끗한 물로 잔여물은 물론 분무 구멍이 막히지 않도록 잘 세척·건조하여 안전한 곳에 보관

4 진공흡입기(버큠석션기, vacuum suction machine)

(1) 진공흡입기의 원리 및 특징

① 진공(vacuum) 흡입력과 석션(suction)컵의 작용원리를 활용한 마사지기기

② 다양한 크기와 형태의 벤토즈를 선택하여 피부표면에 밀착시킨 후 림프 흐름 방향에 따라 적용

③ 벤토즈 안에 공기압의 작용으로 진공상태를 만들어 벤토즈 내부로 피부를 흡입함으로써 림프관 확장을 유도하여 림프액 흐름을 원활히 함

(2) 진공흡입기의 주요 효과

① 혈액순환 및 신진대사 촉진

② 림프순환 촉진으로 노폐물 배설 촉진 및 부종 완화

▲ 진공흡입기

③ 피부표면의 각질 제거 및 모공 속의 면포나 피지 제거(클렌징 효과)

④ 한선과 피지선 기능 활성화

⑤ 셀룰라이트와 체지방 감소 효과

⑥ 얼굴 및 전신 모두 사용 가능

(3) 진공흡입기의 부적용 대상자

① 심한 민감성 및 모세혈관확장 피부

② 각종 피부염, 피부질환자, 염증이 있는 경우

③ 일광화상 피부 또는 상처 부위

④ 열이 있는 사람(감기, 독감 등)

⑤ 당뇨병, 심장 및 혈압 질환자

⑥ 면역 억제제, 항생제 복용자

⑦ 임산부 및 방사선 치료 중인 환자

⑧ 성형 수술 및 시술 후(콜라겐, 보톡스 주입)

⑨ 탄력이 심각하게 저하된 피부(늘어진 피부)

(4) 진공흡입기의 적용방법 및 주의사항

① 관리 전 고객의 안면 피부상태, 비적용증 유무를 확인 및 모든 금속류 제거

② 관리 부위에 적합한 크기와 모양의 벤토즈를 선택

③ 관리 전 벤토즈에 금이 있는 경우 고객에게 상처를 줄 수 있으므로 반드시 점검 후 사용

④ 벤토즈의 원활한 이동을 위해 적용부위에 크림이나 오일을 소량 도포하여 피부 자극 최소화함

⑤ 벤토즈의 흡입력은 피부상태에 따라 적당히 조절(얼굴관리 시 10%, 바디관리 시 20%)

⑥ 림프절 방향으로 벤토즈를 피부표면과 수직으로 밀착하여 부드럽게 이동하고 컵을 떼어 올리기 전 관리사의 손가락을 떼어 압력을 낮춤

⑦ 림프절에 따라 5~8분 정도 관리하며 관리 시 벤토즈를 누르면 림프를 압박하므로 림프를 절대 누르지 않도록 주의

⑧ 한 부위당 3번 정도 겹쳐서 적용하되 한 부위에 오래 적용하면 멍이 생길 수 있으므로 주의

⑨ 감염 우려가 있는 농포성 여드름 피부나 갈바닉 기기관리 후에는 진공흡입기를 사용하지 않음

⑩ 관리가 끝난 후 사용한 유리벤토즈는 중성세척제로 세척하여 자외선 살균기에 소독 건조하여 보관함에 넣어 기기본체와 함께 안전한 곳에 보관

5 갈바닉기기(galvanic machine)

(1) 갈바닉기기의 원리 및 특징

① 갈바닉기기는 60~80V의 미세한 전류가 시간의 흐름에 따라 방향과 세기가 일정하게 유지되는 매우 낮은 1mA 전압의 직류전류를 이용

② 같은 극성끼리는 밀어내고 반대 극성끼리는 서로 끌어당기는 전기적 성질(극성인력법칙)을 이용한 피부미용기기

③ 디스인크러스테이션(전기세정, 딥 클렌징 효과), 이온토포레시스(이온영동, 유효성분 침투)의 두 종류 관리가 있음

(2) 갈바닉기기의 주요 효과

음극(–, cathode) 효과	양극(+, anode) 효과
• 수산화나트륨과 수소를 발생 • 알칼리성 반응 • 음(–)이온의 알칼리 용액 침투 • 피지의 비누화(saponification) • 신경자극 효과 • 혈관확장(혈액공급 증가) • 피부조직 연화 • 모공과 한선 확장(피지 및 노폐물의 배출) • 세정작용 • 통증 유발	• 염산과 산소를 발생 • 산성 반응 • 양(+)이온의 산성 용액 침투 • 신경 진정 효과 • 혈관수축 • 피부조직 강화(탄력상승) • 모공과 한선 수축 • 수렴 효과 • 통증 감소

> **참고** 아나포레시스와 카타포레시스
>
> • 아나포레시스(anaphoresis) : 음이온 운동에 의한 양극으로의 이동, 갈바닉 전류의 음극(–)을 이용하여 알칼리 제품을 피부에 흡수
> • 카타포레시스(cataphoresis) : 양이온 운동에 의한 음극으로의 이동, 갈바닉 전류의 양극(+)을 이용하여 산성 제품을 피부에 흡수

(3) 갈바닉기기의 부적용 대상자
① 심한 모세혈관확장 피부
② 썬번 또는 극심한 민감성 피부
③ 감염성 피부질환 및 상처 피부
④ 당뇨, 혈전, 암 환자
⑤ 임산부, 출산 후 3개월 미만
⑥ 간질, 혈관질환자
⑦ 심장박동기, 인공신장기 등 인공 장기 착용자
⑧ 전기에 과민한 사람
⑨ 액세서리 및 인체에 금속물질 삽입한 자

(4) 갈바닉기기의 적용방법 및 주의사항
① 관리 전 사용 제품의 극성 확인(오일 타입 제품은 전류가 전도되지 않음)
② 고객과 관리사의 몸에 장착된 액세서리 등의 모든 금속류를 제거
③ 고객이 잡는 비활성전극봉이나 안면 부위에 적용하는 활성전극봉(핀셋 또는 롤러)의 금속부위는 젖은 스펀지나 거즈, 화장솜 등으로 감싸 피부에 직접 닿지 않도록 함
④ 관리 시 활성전극봉이 피부표면으로부터 떨어질 경우 스파킹 현상이 발생하여 화상을 입을 수 있으므로 주의함
⑤ 전원을 켤 때에는 반드시 활성전극봉이 피부(광대뼈 또는 이마 부위)에 부착된 상태에서 작동하도록 하며 활성전극봉의 극성 변화는 반드시 전원을 끈 상태에서 변환

⑥ 관리 시 피부 표면은 항상 수분이 있는 상태에서 관리할 수 있도록 하여 눈 주위는 피함
⑦ 일반적으로 전류의 세기는 얼굴관리 시 0~2mA, 전신관리 시 0~10mA가 적당함

(5) 갈바닉기기 관리의 종류

구분	디스인크러스테이션 (전기세정, disincrustation)	이온토포레시스 (이온영동, iontophoresis)
원리	• 음극에서 발생되는 수산화나트륨과 같은 알칼리(약 pH14) 성분을 이용하여 피부표면의 피지, 불필요한 각질, 모공 속의 노폐물 등을 효과적으로 제거하고 세정하는 관리방법 • 전기분해 작용을 위해 알칼리 용액 사용 (식염수, 소금물 등)	• 전기의 극성을 이용하여 피부흡수가 어려운 겔, 앰플, 세럼, 비타민 C 등의 수용성 영양물질의 유효성분을 피부 깊숙이 침투시키는 관리방법 • 음이온 제품은 음(−)극, 양이온 제품은 양(+)극을 이용하여 침투
주요 효과	• 지성·여드름피부 • 피부조직 연화로 불필요한 각질 제거 • 피지 및 노폐물 배출(딥 클렌징) • 염증 완화 및 예방 • 혈관확장에 의한 혈액순환 증가로 영양 및 산소공급 촉진	• 건성·건조·노화·민감·색소침착 피부 • 혈액·림프순환 및 신진대사 촉진 • 수화작용 및 수분흡수력 증가 • 피부 재생능력 증가 및 미백 효과 • 고농축 유효성분 피부 깊숙이 침투
적용방법	① 관리 전 고객의 안면 피부상태, 비적용증 유무를 확인 및 모든 금속류 제거 ② 관리를 위한 기기의 준비상태(전원 : off상태, 강조 : 제로(0)상태, 전극봉 장착 등)를 확인 후 사용할 전극봉들을 소독해 준비 ③ 비활성전극봉은 젖은 스펀지나 거즈 등으로 감싼 후 고객의 손에 쥐거나 팔, 어깨에 부착하고 활성전극봉(핀셋, 롤러 등)은 젖은 화장솜이나 거즈로 감싸 준비해 놓음	
	④ 세정용액(식염수, 알칼리수)을 안면 부위와 활성전극봉에 충분히 묻혀 놓음 ⑤ 기기의 전극을 음극(−)으로 선택하고 0.5mA로 맞추고 고객의 피부상태에 따른 관리시간을 셋팅(5~7분) 후 이마에서 켠 후 관리적용(관골부위 가볍게 관리) ⑥ 관리가 끝나면 기기 전원을 끄고 전극을 제거한 후 다시 활성전극봉에 젖은 화장솜이나 거즈로 감싸 양(+)극을 적용하여 산성막을 회복시킴	④ 유효 침투물질을 안면 부위와 활성전극봉에도 충분히 묻혀 놓음 ⑤ 안면에 침투시킬 물질(겔, 앰플, 비타민 C 등)의 극성을 확인 ⑥ 사용할 물질의 극성에 따라 동일한 전극을 선택하여 피부상태에 따른 관리시간을 셋팅(5~7분) 후 관리적용
	⑦ 전극봉을 고객의 이마에 대고 전원을 켠 후 서서히 강도를 올려주되 고객이 통증을 느끼지 않을 정도로 관리 ⑧ 설정된 시간 동안 전극봉을 피부표면에 밀착한 후 원을 그리며 적용(눈 주위는 관리 안 함) ⑨ 전극봉이 고객의 피부에 닿아 있는 상태에서 서서히 강도를 줄인 후 전원을 끔 ⑩ 사용을 끝낸 활성전극봉은 반드시 정제수를 묻힌 화장솜으로 닦아 극성을 제거한 후 알코올로 소독하여 본체와 같이 안전한 곳에 보관	

6 고주파기기(high frequency machine)

(1) 고주파기기의 원리 및 특징

① 1초에 100,000회(100,000Hz) 이상의 높은 주파수를 가진 교류전류(AC)인 테슬라전류(tesla current)를 활용한 피부미용기기

② 전기화학적 반응 없이 전기에너지가 인체 내에 빠르게 전달되어 심부조직의 온도 상승으로 심부열을 발생시켜 근육이완, 통증완화, 세포의 활성화를 시킴

③ 유리전극봉 내에 공기나 가스가 이온화되어 전류가 유리전극봉을 통과하여 피부에 전달되는 원리

④ 직접법(살균·소독 효과)과 간접법(온열 효과), 스파킹의 세 가지 종류가 있음

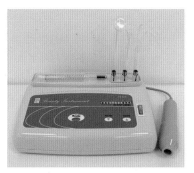

▲ 고주파기기

> **참고 | 스파킹(sparking, 웨건킹)**
>
> - 피부 표면과 유리전극봉 사이에 발생하는 작은 불꽃들이 피부에 자극을 주는 현상
> - 세균 및 독소의 살균 작용(여드름 부위 살균·소독)

> **참고 | 고주파 기체종류에 따른 색상과 적용 피부**
>
> | 기체 | 색상 | 적용 피부 |
> | --- | --- | --- |
> | 네온 | 오렌지색 | 지치고 피곤해 보이는 얼굴관리 |
> | 아르곤 | 푸른색 | 염증 여드름 피부 및 여드름 압출 후 |

(2) 고주파기기의 주요 효과

① 자극 없이 심부열 발생
② 혈액순환 및 신진대사 촉진
③ 근육이완 및 통증감소
④ 내분비선의 분비 활성화
⑤ 피부활성화로 인한 산소와 영양공급, 노폐물 배출
⑥ 피부조직의 재생능력 향상
⑦ 살균·소독효과(스파킹 기능)

(3) 고주파기기의 부적용 대상자

① 심한 모세혈관확장 피부
② 썬번 또는 극심한 민감성 피부
③ 심장박동기, 인공신장기 등 인공 장기 착용자
④ 당뇨, 혈전, 암 환자
⑤ 액세서리 및 인체에 금속물질 삽입한 자

⑥ 임산부, 간질, 혈관 질환자

⑦ 감염성 피부질환 및 상처 피부

⑧ 수술 직후인 자

(4) 고주파기기의 적용방법 및 주의사항

① 관리 전 고객의 안면 피부상태, 비적용증 유무를 확인 및 모든 금속류 제거

② 사전에 냄새, 소리 등 기기에 대한 느낌을 설명

③ 고객의 피부는 무알코올 토너로 피부 정돈

④ 스파킹 사용 시 고객의 눈에 아이패드(눈에 들어 갈 경우 각막 손상 우려)를 하며 고객 얼굴에는 거
즈를 올린 후 관리

⑤ 유리전극봉은 깨지지 않도록 주의하며 유리전극봉 교체 시 전원을 끈 상태에서 교체

⑥ 간접법 관리 시에는 반드시 관리사의 손이 고객의 피부에서 떨어지지 않도록 한 손은 고객의 피부
에 접촉

⑦ 간접법 적용 전 고객의 손에 탈컴 파우더를 충분히 묻혀줌

⑧ 얼굴관리 시 약 8~15분 적당(지성피부 : 8~15분, 건성피부 : 3~5분)

⑨ 스파킹 적용 시에는 0.3~0.6cm의 간격으로 한 부위에 3회 이상 적용하지 않도록 함

(5) 고주파기기의 관리 종류

구분	직접법(direct high frequency)	간접법(indirect high frequency)
원리	관리사가 직접 전극봉을 잡고 관리하는 방법으로 전극봉의 유리관 내에 존재하는 공기와 가스가 이온화되어 전류가 유리관을 통해 피부로 전달	고객이 전극봉을 잡은 상태에서 관리사의 손을 이용한 마사지를 통해 고주파전류가 고객의 피부로 전달되어 인체 내에 침투
주요 효과	• 지성·여드름 피부에 적합 • 살균·소독 효과(스파킹) • 피부신경자극(모공수축) • 세포 신진대사 촉진	• 민감, 건성, 노화, 색소침착 피부 • 온열 효과 • 혈액·림프 순환 및 신진대사 촉진 • 피지선 기능 촉진 • 통증 완화 및 근육이완
적용방법	① 관리 전 고객의 안면 피부상태, 비적용증 유무를 확인 및 모든 금속류 제거 ② 관리를 위한 기기의 준비상태(전원 : off상태, 강조 : 제로(0)상태, 유리관 장착 등)를 확인 후 사용할 전극봉들을 소독해 준비	

구분	직접법(direct high frequency)	간접법(indirect high frequency)
적용방법	③ 고객의 눈에 아이패드 적용 후 안면 부위에 마른 거즈를 덮어 피부표면에 밀착시킴 ④ 유리전극봉을 고객의 이마 위에 얹고 천천히 원을 그리며 전원을 켬 ⑤ 유리관 내에 가스의 색상이 나타나게 고객이 온열감을 느낄 때까지 천천히 강도를 높임 ⑥ 관리시간은 건성 및 노화피부는 3~5분, 지성 및 여드름피부는 8~10분 정도 적용 ⑦ 관리종료 시 유리전극봉이 고객의 피부표면에 닿은 상태에서 전류의 강도를 서서히 제로(0)까지 낮추어 전원을 끄도록 함 ⑧ 전극봉과 거즈를 피부표면으로부터 제거	③ 고객의 안면 부위에는 고주파 크림 또는 오일을 도포하고 손에는 탈컴파우더를 발라 놓음 ④ 고객의 한손에는 전극봉 부위를 다른 한손에는 유리관 부위를 꼭 잡게 함 ⑤ 관리사의 한 손은 고객의 안면 위에 밀착하고 다른 한손으로는 기기의 전원을 켠 후 서서히 강도 높임 ⑥ 고객의 피부 표면에서 손이 떨어지지 않도록 하여 쓰다듬기 동작으로 건성피부, 노화피부는 10~15분 안면마사지 실시(두드리기 동작 금지) ⑦ 관리종료 시 한손은 고객의 안면 위에 밀착하고 다른 한손으로는 전류의 강도를 서서히 제로(0)까지 낮추어 전원을 끔 ⑧ 전원이 꺼진 상태에서 고객의 손에 쥐어졌던 유리전극봉을 제거
	⑨ 고객의 안면에 잔여물을 닦아내고 피부를 정돈해 줌 ⑩ 사용을 마친 유리전극봉은 유리관을 분리하여 중성세제로 세척한 후 자외선 소독기에 30분 소독 과정을 거쳐 본체와 같이 안전한 곳에 보관	

7 초음파기기(ultrasound machine)

(1) 초음파기기의 원리 및 특징

① 초음파란 1초에 18,000~20,000Hz) 이상의 높은 진동주파수를 가지는 인간의 청각으로는 감지할 수 없는 불가청 진동음파를 말함
② 초음파가 가지는 진동음파에너지에 의해 인체의 심부 내의 조직과 세포 간에 마찰을 발생시킴으로서 열(온열 효과)과 물리적 에너지를 생산해냄
③ 초음파는 매질(기체, 액체, 고체) 속 분자의 진동을 발생시켜 매질 속에서의 분자가 종파와 횡파의 파동을 일으키며 서로 다른 조직의 매질 경계면에서는 반사, 굴절, 회절하는 성질을 가짐
④ 초음파는 피부 조직에 적용하면 조직을 이루는 분자가 초음파 에너지를 흡수하여 선택적으로 조직의 온도를 상승
⑤ 지방 조직보다 근육이 초음파 에너지 흡수량이 2~3배 정도 높아 뭉친 근육을 이완시켜 근육 상태를 조절(마사지 효과)
⑥ 초음파의 열 효과로 얼굴 근육의 탄력 회복과 세정 작용, 필링, 주름 예방 및 완화 효과를 가짐

(2) 초음파기기의 주요 효과

물리적 효과	화학적 효과	온열 효과
• 피부세정 및 마사지 효과 • 진피 세포 활성화 및 콜라겐, 엘라스틴 합성 촉진에 의해 피부 탄력 증진 • 영양공급 촉진에 의해 근육 조직 강화	• 피부의 pH 균형 조절 • 결체 조직 재생 작용 • 지방 분해 촉진	• 혈관 기능 강화 • 혈액 및 림프순환 촉진 • 신진대사 증진

▲ 초음파기기

(3) 초음파기기의 부적용 대상자

① 심한 민감성 피부
② 썬번 또는 염증 피부
③ 액세서리 및 인체에 금속물질 삽입한 자
④ 심장박동기 등 인공장기 삽입 환자
⑤ 임산부 및 혈전증 환자
⑥ 열성환자
⑦ 피부질환 및 상처 부위

(4) 초음파기기의 적용방법 및 주의사항

① 눈, 갑상선, 뼈나 관절 부위는 피함
② 관리 전 고객상담을 통해 비적용증에 대한 해당 여부를 반드시 확인
③ 관리 전 액세서리 등 금속류 유무를 반드시 확인하고 제거
④ 관리 전 초음파관리에 적합한 매개물질(물, 화장수, 겔 등)을 충분히 도포
⑤ 프로브나 헤드 이동이 너무 느리거나 한곳에 오래 머무르게 되면 화상의 우려가 있으므로 주의하며 관리시간은 15분을 넘기지 않음
⑥ 굴절 현상을 방지하기 위해 프로브나 헤드의 피부 접촉면이 수직으로 유지되도록 주의
⑦ 스킨스크러버 관리에 사용되는 프로브는 얇고 날카로워 손상을 입을 경우 피부에 상처를 낼 수 있으므로 프로브 관리에 주의

(5) 초음파기기의 관리의 종류

구분	스킨스크러버(skin scruber)	초음파 리프팅기(ultrasound lifting)
원리	초음파가 가지는 진동음파에너지를 활용하여 납작한 주걱모양의 스크러버 프로브(scrubber probe)를 사용하며 피부 딥클렌징관리 및 영양물질 침투 관리 가능	초음파의 진동음파에너지에 의해 발생된 열 에너지의 온열 효과를 이용한 기기로서, 초음파 전용 겔(초음파겔)을 도포한 후 둥근 모양의 도자를 적용하며 관리
주요 효과	• 온열 효과 • 혈액·림프순환 및 신진대사 촉진 • 피부정화 및 세정 효과, 스킨 스켈링 효과 • 앰플, 비타민 C, 고농축 영양 물질을 침투	• 온열 효과 • 혈액·림프순환 및 신진대사 촉진 • 섬유아세포의 활성 • 콜라겐, 엘라스틴 생성 촉진 • 탄력 및 리프팅 효과

적용방법

① 관리 전 고객의 안면 피부상태, 비적용증 유무 확인 및 모든 금속류 제거
② 클렌징 후 무알콜 토너를 이용하여 피부 정돈
③ 기기의 준비상태(전원: off상태, 강도: 제로(0)상태) 확인 후 사용할 헤드 소독해 준비

	스킨스크러버	초음파 리프팅기
스킨스케일링 적용 시 (딥클렌징 관리)	④ 사용할 정제수나 무알코올 스켈링 용액을 충분히 도포한 후 5~10분이내 적용 ⑤ 프로브의 납작한 면의 끝이 아래로 향하게 피부표면과 15도 각도로 하여 안면의 바깥쪽에서 중앙으로 실시	④ 고객의 안면 부위에 전용 겔(초음파겔)을 충분히 도포 후 전원을 켜고 초음파 리프팅 모드를 설정한 후 전류강도와 관리시간(10분가량)을 조절 ⑤ 리프팅헤드를 고객의 안면 부위에 얹은 상태에 헤드와 피부접촉면이 수직으로 유지되도록 원을 그리며 시작버튼을 누르고 관리를 시작
음파영동 적용 시 (유효물질 침투)	④ 적용할 비타민 C 용액이나 앰플 등을 안면에 도포한 후 10분 이내로 흡수시킴 ⑤ 프로브의 납작한 면의 끝이 위로 향하게 피부표면과 15도 각도로 하여 안면의 중앙에서 바깥쪽으로 근육결 방향에 따라 동작	

⑥ 관리종료 시 헤드가 고객의 피부표면에 닿은 상태에서 전류의 강도를 서서히 제로(0)까지 낮추어 전원을 끄도록 함
⑦ 고객의 안면의 잔여물을 닦아내고 피부를 정돈해 줌
⑧ 사용을 마친 헤드는 소독제로 소독 후 자외선 소독기에서 소독과정을 거쳐 보관함에 넣어 기기 본체와 함께 안전한 곳에 보관

1 저주파기(low frequency current)

원리 및 특징	1~1,000Hz 이하의 낮은 저주파 전류 사용으로 발생된 전기적 자극에 의한 근육의 수축·이완 작용(등척성운동)을 촉진시켜 근육 운동 효과, 탄력 공급, 지방 분해 촉진을 위한 얼굴 리프팅 관리 및 균형 있는 몸매를 관리하기 위한 관리기기
주요 효과	• 근육과 신경 자극에 의한 근육강화 • 지방 및 셀룰라이트 분해 • 근육 탄력 증진 • 혈액 및 림프순환 촉진 • 안면 탄력 및 주름 완화(리프팅 관리)
부적용 대상자	• 심장박동기, 인공신장기 등 인공 장기 착용자 • 당뇨, 혈전, 암 환자 • 림프 및 혈관질환자(정맥류 등) • 액세서리 및 인체에 금속물질 삽입한 자 • 생리 중이거나 임산부, 출산 후 3개월 미만 • 상처부위나 근육 손상이 있는 자 • 전기에 과민한 사람
적용방법 및 주의사항	• 관리 전 고객의 전신 피부상태, 비적용증 유무 확인 및 모든 금속류 제거 • 탄산고무패드 이용 시 물을 충분히 적셔 사용하거나 전용 겔 도포 후 사용 • 기기의 준비상태(전원 : off상태, 강도 : 제로(0)상태 등) 확인 후 근육의 기시점과 정지점을 확인하여 (+), (−)의 패드를 올바르게 부착 • 관리가 종료되면 서서히 강도를 줄이면서 전원을 끔 • 사용을 마친 고무패드는 흐르는 물에 세척하여 자외선 소독기에 넣어 소독한 후 보관함에 넣어 안전한 곳에 보관

2 중주파기(middle frequency current)

원리 및 특징	• 1,000~10,000Hz의 주파수를 사용하여 피부의 저항력이 가장 적은 간섭파를 유발, 신체에 통증 없이 안정적으로 부드럽게 심부까지 관리가능한 전신관리기기 • 관리 시 통증이나 불쾌감이 적어 근육운동에 적합
주요 효과	• 근육강화운동으로 근육 탄력 강화 • 근육운동에 의한 지방분해 효과 • 림프 배농 및 혈액순환 촉진 • 비만관리, 슬리밍관리, 셀룰라이트관리

부적용 대상자	• 심장박동기, 인공신장기 등 인공 장기 착용자 • 당뇨, 혈전, 암 환자 • 림프 및 혈관질환자 • 액세서리 및 인체에 금속물질 삽입한 자 • 생리 중이거나 임산부 • 근육 손상이 있는 자
적용방법 및 주의사항	• 관리 전 고객의 전신 피부상태, 비적용증 유무를 확인 및 모든 금속류 제거 • 기기의 준비상태(전원 : off상태, 강도 : 제로(0)상태 등) 확인 후 금속판에 적신 스펀지를 끼우고 근육 부위에 고정 • 스펀지에 물이 많으면 통증을 유발하므로 적용시 적절하게 적셔 사용 • 고객의 근육의 움직임과 상태를 확인하며, 강도 및 시간을 조절하여 관리 • 관리가 종료되면 서서히 강도를 줄이면서 전원을 끔 • 부위별 관리 목적에 따라 적절한 시간으로 관리하며 주 3회 이내로 관리함

3 고주파기(high frequency current)

원리 및 특징	100,000Hz 이상의 주파수를 가진 교류전류를 사용하여 피부표면과 근육의 감각신경 자극 없이 신체 조직 내 특정 부위의 온도를 상승시켜(발열 효과) 지방분해를 촉진하는 미용기기
주요 효과	• 심부 발열 효과와 조직 내 열 발생 효과 • 혈액순환 및 신진대사 활성 • 피부 탄력 및 세포의 재생 증가 • 지방분해 촉진 • 근육통증 완화 • 노폐물 배출 및 피지선 활동 촉진
부적용 대상자	• 심장박동기 등 인공 장기 착용자 • 당뇨, 혈전, 암 환자 • 림프 및 혈관질환자 • 액세서리 및 인체에 금속물질 삽입한 자 • 생리 중이거나 임산부 • 방사선 치료 중인 환자
적용방법 및 주의사항	• 관리 전 고객의 전신 피부상태, 비적용증 유무 확인 및 모든 금속류 제거 • 기기의 준비상태(전원 : off상태, 강도 : 제로(0)상태 등) 확인 후 전극봉(electrode)을 선택하여 핸드피스에 끼워 준비 • 관리 부위에 전용 크림을 도포한 후 전극판을 고객의 피부에 밀착시키고 주파수, 시간, 강도 등 조절(관리시간 20~30분) • 전극봉과 전극판이 서로 접촉되지 않도록 주의(스파킹 주의) • 관리가 종료되면 서서히 강도를 줄이면서 전원을 끔 • 관리 후 사용한 전극봉과 전극판은 마른 티슈를 사용하여 깨끗하게 닦은 후 기기 본체의 지정된 위치에 보관

4 진공흡입기(vacuum suction machine)

원리 및 특징	• 진공(vacuum) 흡입력과 석션(suction)컵의 작용원리를 활용한 마사지 기기 • 다양한 크기와 형태의 벤토즈를 선택하여 피부표면에 밀착시킨 후 림프 흐름 방향에 따라 적용 • 벤토즈 안에 공기압의 작용으로 진공상태를 만들어 벤토즈 내부로 피부를 흡입함으로써 림프관 확장을 유도하여 림프액 흐름을 원활히 함
주요 효과	• 혈액순환 및 신진대사 촉진 • 림프순환 촉진으로 노폐물 배설 촉진 및 부종 완화 • 피부 표면의 각질제거 및 모공 속의 면포나 피지 제거(클렌징 효과) • 한선과 피지선 기능 활성화 • 셀룰라이트와 체지방 감소 효과 • 얼굴 및 전신 모두 사용 가능
부적용 대상자	• 심한 민감성 및 모세혈관확장 피부 • 각종 피부염, 피부질환자, 염증이 있는 경우 • 일광화상 피부 또는 상처 부위 • 열이 있는 사람(감기, 독감 등) • 당뇨병, 심장 및 혈압 질환자 • 면역 억제제, 항생제 복용자 • 임산부 및 방사선 치료 중인 환자 • 성형 수술 및 시술 후(콜라겐, 보톡스 주입) • 탄력이 심각하게 저하된 피부(늘어진 피부)
적용방법 및 주의사항	• 관리 전 고객의 관리 부위 피부상태, 비적용증 유무를 확인 및 모든 금속류 제거 • 관리 부위에 적합한 크기와 모양의 벤토즈를 선택 • 관리 전 벤토즈에 금이 있는 경우 고객에게 상처를 줄 수 있으므로 반드시 점검 후 사용 • 벤토즈의 원활한 이동을 위해 적용부위에 크림이나 오일을 소량 도포하여 피부 자극 최소화 함 • 벤토즈의 흡입력은 피부 상태에 따라 적당히 조절(얼굴관리 시 10%, 바디관리 시 20%) • 림프절 방향으로 벤토즈를 피부표면과 수직으로 밀착하여 부드럽게 이동하고 컵을 떼어 올리기 전 관리사의 손가락을 떼어 압력을 낮춤 • 림프절에 따라 5~8분정도 관리하며 관리 시 벤토즈를 누르면 림프를 압박하므로 림프를 절대 누르지 않도록 주의 • 한 부위 당 3번 정도 겹쳐서 적용하되 한 부위에 오래 적용하면 멍이 생길 수 있으므로 주의 • 감염 우려가 있는 농포성 여드름 피부나 갈바닉 기기관리 후에는 진공흡입기를 사용하지 않음 • 관리가 끝난 후 사용한 유리벤토즈는 중성세척제로 세척하여 자외선 살균소독기에 소독·건조 후 보관함에 넣어 기기본체와 함께 안전한 곳에 보관

5 엔더몰로지기(endermologie)

원리 및 특징	기기 내부의 진동펌프에 의한 진공음압이 기기에 부착된 롤러와 볼을 통해 피부를 당겼다 놓았다 하는 과정에서 물리적 자극을 발생시켜 셀룰라이트 및 지방세포를 분해하는 원리
주요 효과	• 피부 탄력 증진 • 림프순환에 의한 면역 강화 • 셀룰라이트 및 과잉 축적 지방 분해 • 독소 및 노폐물 배출
부적용 대상자	• 감염성 피부질환자 및 외상을 가진 자 • 정맥류 및 혈관질환자 • 임산부 및 임신가능자 • 혈전, 암환자
적용방법 및 주의사항	• 관리 전 고객의 전신 피부상태, 비적용증 유무 확인 및 모든 금속류 제거 • 관리시작 전 용도에 맞는 지방 및 셀룰라이트 분해 크림이나 로션을 도포하고, 10초 동안 강도 테스트를 진행한 후 심장 방향으로 밀어 올리듯 관리(지성인 경우 탈컴파우더를 약간 바른 후 실시) • 전신체형 관리 시 10~20분을 넘지 않도록 하고 관리 도중 전원을 끄지 않도록 주의함 • 관리가 종료되면 서서히 강도와 흡입력을 줄이면서 전원을 끔 • 사용을 마친 액세서리는 깨끗한 물로 세척, 건조하여 보관함에 넣어 안전한 곳에 보관

6 바이브레이터기(vibrator)

원리 및 특징	• G5라고도 하며 G는 Gyratory의 약자로 '회전하다'의 뜻으로 비전류의 물리적 마사지 기기 • 기기 내부의 전기 모터가 만들어 낸 진동을 이용하여 신체의 순환을 촉진시키는 다양한 매뉴얼테크닉의 효과로 주로 전신 관리 시 활용됨

바이브레이터기의 헤드 종류	헤드 종류	1봉	2봉	4봉	굵은 침봉	고운 침봉	원형	곡형 스펀지
	효과	문지르기	반죽하기		두드리기	진동하기	쓰다듬기	

주요 효과	• 혈액순환 및 신진대사 증진 • 근육 이완 및 근육 통증완화 • 매뉴얼테크닉과 같은 효과 제공 • 체격 큰 남성 관리 시 관리사의 피로 감소

부적용 대상자	• 모세혈관 확장 및 정맥류가 심한 사람 • 멍, 어혈 등의 피부 • 화농된 상처 및 일광 화상 부위 • 혈압 및 당뇨 질환자 • 너무 마른 사람, 뼈, 관절 부위는 피함 • 디스크 증상이 있는 자 • 혈전 증, 당뇨병, 고혈압 • 생리 중이거나 임산부
적용방법 및 주의사항	• 관리 전 고객의 관리 부위 피부상태, 비적용증 유무를 확인 및 모든 금속류 제거 • 기기 적용 시 전처리로 온습포나 적외선 등으로 온열관리 후 적용 • 적용부위를 깨끗이 클렌징 한 후 탈크파우더를 적당히 도포 • 관리 시 헤드는 고객의 피부 표면에 직각의 형태가 되도록 밀착하여 관리 • 고객에게 적당한 압을 조절하여 안정감 있게 관리 • 적당한 압을 주어 신체 굴곡을 따라 정맥이 흐르는 심장방향으로 움직이며 관리 • 옆구리나 신장 부위는 약하게 하거나 복부가 너무 마른 사람은 적용하지 않는 것이 좋음 • 관리를 끝낸 후에 고무와 침봉으로 된 헤드는 중성세제로 물세척한 후 자외선 소독기에 　넣어 소독. 단, 헤드에 사용된 일회용 커버는 한 번 사용 후 폐기함

▲ 고주파기

▲ 진공흡입기

▲ 엔더몰로지기

4 광선·열을 이용한 기기

1 적외선 램프(infrared lamp)

(1) 적외선 램프의 원리 및 특징

① 적외선은 파장이 700nm~220,000mm인 전자기파의 총칭으로 관절 및 근육 통증완화의 소독 및 멸균 효과를 가지는 근적외선이 많이 쓰임
② 강한 열작용을 가지고 있는 것이 특징이며, 이 때문에 열선(heat ray)이라고도 함
③ 복사열의 신체 침투 정도에 따라 비발광등과 발광등으로 나뉨(비발광등이 더 뜨겁게 느껴짐)

발광등	• 두피 및 전신 관리 시 온열 효과에 주로 사용
비발광등	• 피부 미용 및 물리치료 효과에 많이 사용 • 발광등보다 온열감이 더 높음

(2) 적외선 램프의 주요 효과

① 혈액순환 및 신진대사 촉진
② 림프순환 촉진에 의한 노폐물 배설 및 독소 배출
③ 근육 이완으로 근육 통증감소 및 피로해소
④ 모공과 한선 확장에 의한 땀과 피지 분비 증가
⑤ 유효성분의 침투 및 흡수 작용 증진

(3) 적외선 램프의 부적용 대상자

① 심한 민감성 및 모세혈관확장 피부
② 썬번 또는 염증성 피부
③ 피부질환 및 최근 상처 부위
④ 심장병 및 신장병, 혈압질환자
⑤ 심부종양 및 악성종양, 당뇨, 무감각증
⑥ 선탠 및 제모 관리 직후
⑦ 피부이식 수술 및 성형 수술 후(보톡스, 필러 포함)
⑧ 금속 장신구 착용 금지
⑨ 자외선 적용 전 단계에 사용(광과민성 주의)

(4) 적외선 램프의 적용방법 및 주의사항

① 고객과 관리사의 몸에 장착된 액세서리 등의 모든 금속류를 제거
② 적용 전 기기의 열감에 대해 고객에게 충분히 설명하고 적용 중 뜨겁거나 강하면 관리사에게 알려주도록 설명함
③ 얼굴 사용 시에는 반드시 눈과 입술을 보호하기 위해 화장솜으로 덮고 기기를 적용
④ 기기 적용 시 램프와 고객은 최소한 약 50~90cm로 거리를 유지하며 적용시간을 목적에 맞게 15~30분 설정 후 적용

⑤ 기기 적용 중에는 고객의 곁에서 피부반응을 관찰하며 피부 민감도에 따라 램프 거리, 적용시간을 조절하며 최대의 흡수효과를 위해 해당부위에 빛이 직각으로 비춰지도록 함
⑥ 과도한 홍반과 통증, 부종 및 상처부위에 출혈 증상 등이 나타나면 곧바로 사용을 중단
⑦ 사용을 마친 적외선램프는 소독한 후에 코드를 정리하여 안전한 곳에 보관

2 자외선(ultraviolet, UV)을 이용한 기기

(1) 자외선의 원리 및 특징
① 자외선은 200~400nm의 파장을 지닌 보라색 가시광선의 바깥쪽에 존재하는 광선으로 장파장(UVA), 중파장(UVB), 단파장(UVC)으로 구분
② 피부에는 자극적인 화학반응을 일으켜 화학선이라고도 함

(2) 자외선 파장에 따른 분류

종류	파장	특징
UVA	장파장 320~400nm	• 진피하부까지 침투 • 색소침착 및 주름형성(광노화) • 엘라스틴과 콜라겐 파괴 • 선탠유도 및 광알레르기 유발 • 인공선탠기
UVB	중파장 290~320nm	• 레저 자외선, 피부의 표피층(기저층) 또는 진피 상부층까지 침투 • 일광화상(썬번), 홍반, 염증 유발 • 비타민 D 합성 촉진
UVC	단파장 200~290nm	• 표피의 각질층까지 침투 • 박테리아 및 세포조직 자체 손상에 의한 피부암 유발 • 살균 소독기

(3) 자외선의 주요 효과
① 박테리아 및 바이러스 살균 효과
② 외부 감염에 대한 면역력 증진
③ 태닝 효과
④ 비타민 D 형성 효과
⑤ 여드름 완화(진균 살균)

(4) 자외선을 이용한 기기의 부적용 대상자
① 광 알레르기나 광과민성이 있는 자
② 피부질환 및 감염성 피부질환이 있는 자
③ 심한 민감성 피부나 모세혈관확장 피부
④ 흑피증, 모반증을 가지고 있는 자
⑤ 단순포진 및 암 환자
⑥ 감기, 고열을 앓고 있는 자

(5) 자외선을 이용한 기기의 종류

인공선탠기	• UVA 방출에 의해 멜라닌 색소 형성을 촉진시켜 인공적으로 피부를 구리빛 착색 • 광노화 및 피부암 등의 유발 우려가 있으므로 주의
자외선 살균소독기	• 단파장인 UVC의 박테리아나 바이러스에 대한 강한 살균 효과를 이용 • 피부미용에 사용되는 관리도구 및 기기 액세서리 등 살균·소독

3 가시광선을 이용한 기기

(1) 컬러테라피기기 원리 및 특징

① 전자기파 스펙트럼 중에 인간의 눈으로 보여지는 광선(가시광선)으로 빛 에너지(파장, 세기)와 특정한 컬러가 가지는 효과를 이용한 미용기기
② 가시광선의 7가지 색은 인간의 심리와 신체에 대해 각기 다른 효과를 나타내며 부작용이나 감염 위험 없이 안전하게 사용 가능

(2) 컬러테라피기기 컬러에 따른 파장 효과

컬러	파장	효과
빨강	600~670nm	혈액순환 및 활력 증진, 세포의 활성화, 세포 재생 촉진, 신체 기능 정상화, 피부 트러블 및 주름 개선 효과, 지루성 여드름, 근조직 이완, 셀룰라이트 개선 및 지방 분해
주황	500~600nm	활력, 신경긴장완화, 근신경 조직 완화, 세포 재생, 호로몬 대사 조절, 민감성·건성·조기노화·알레르기 피부 관리에 적용
노랑	580~590nm	결합섬유 생성 촉진, 소화기계통 기능 강화, 내분비 기능 개선, 신경자극, 조기노화피부, 슬리밍 효과, 수술 후 회복에 효과적
녹색	500~550nm	신경 안정 및 스트레스나 피로 완화, 심신의 안정화, 피지생성 조절, 여드름 피부, 비만
파랑	470~500nm	해독작용, 염증 및 열에 대한 진정 작용, 예민·모세혈관확장 피부, 염증성 여드름피부
남색 (청록)	450~480nm	호흡기·림프순환계 기능 강화
보라	420~460nm	정신 자극 효과, 세포 재생 및 면역 강화, 림프순환계 활성, 식욕조절, 모세혈관확장 피부, 여드름·주근깨·기미 관리, 셀룰라이트 관리, 정상피부 유지

(3) 컬러테라피기기 부적용 대상자

① 광 알레르기나 광과민성이 있는 자
② 피부질환 및 감염성 피부질환자
③ 심한 민감성 피부나 모세혈관확장 피부
④ 심장 및 혈압 이상 질환자
⑤ 면역억제제, 항생제, 신경안정제, 당뇨약 복용자

⑥ 임산부 및 임신가능자

⑦ 성형수술 및 안면윤곽시술을 받은 자

⑧ 감기, 고열을 앓고 있는 자

⑨ 방사선 치료 병력자 및 피부 이식 직후

(4) 컬러테라피기기 적용방법 및 주의사항

① 관리 전 고객의 전신 피부상태, 비적용증 유무 확인 및 모든 금속류 제거

② 관리부위를 깨끗하게 클렌징한 후, 반드시 고객의 눈에 아이패드와 보호안경을 착용하여 눈을 보호하도록 함

③ 주위를 어둡게 한 상태에서 피부표면과 수직이 되도록 빛을 조사 실시

④ 빛의 강도 및 크기는 관리부위와 상태에 따라 조절

⑤ 기기적용 시 10~20분 정도가 적당하며 1주일에 2회 이상 실시하는 것이 좋음

⑥ 사용이 끝난 후 램프는 코드를 정리하여 안전한 곳에 보관

4 열을 이용한 기기

(1) 파라핀기

① 고형의 파라핀을 녹이기 위한 기기

② 혈액 순환 촉진, 영양물질 침투 및 보습효과, 노폐물 배출

③ 적용 범위 : 얼굴관리, 전신관리, 손·발관리의 보습력을 높이기 위한 팩 관리에 사용

(2) 왁스워머

① 신체 상의 불필요한 모발(털)을 제거하기 위한 왁스를 녹이기 위한 기기

② 핫왁스(약 68℃), 소프트왁스(약 43℃), 슈가링왁스 등 적용

01 확대경에 대한 설명으로 틀린 것은?

① 피부상태를 명확히 파악하게 하여 정확한 관리가 이루어지도록 해준다.

② 확대경을 켠 후 고객의 눈에 아이패드를 착용시킨다.

③ 열린 면포 또는 닫힌 면포 등을 제거할 때 효과적으로 이용할 수 있다.

④ 세안 후 피부분석 시 아주 작은 결점도 관찰할 수 있다.

해설 확대경을 이용하여 피부분석 시 고객의 눈을 보호하기 위해 아이패드를 착용한 후 확대경을 켠다.

02 피부분석 시 육안으로 보기 힘든 피지, 민감도, 색소침착, 모공의 크기, 트러블 등을 세밀하고 정확하게 분별할 수 있는 기기는?

① 스티머
② 진공흡입기
③ 우드램프
④ 스프레이

해설 우드램프는 자외선을 이용한 인공자외선 광학분석 기기로서 육안으로는 판별하기 어렵거나 보이지 않는 피부의 심층상태, 결점이나 문제점들을 다양한 색상으로 나타낸다.

03 피지, 면포가 있는 피부 부위의 우드램프(wood lamp)의 반응 색상은?

① 청백색
② 진보라색
③ 암갈색
④ 오렌지색

해설 지루성피부·피지·면포(오렌지색), 정상피부(청백색), 건성피부(연보라색), 민감·모세혈관확장 피부(진보라색), 노화된 각질(흰색), 비립종(노란색), 색소침착(암갈색)

04 피부를 분석 시 고객과 관리사가 동시에 피부상태를 보면서 분석하기에 가장 적합한 피부분석기기는?

① 확대경
② 우드램프
③ 브러싱
④ 스킨스코프

해설 스킨스코프는 고객과 관리사가 동시에 모니터에 나타나는 피부상태를 보면서 분석과 상담이 가능하다.

05 수분측정기로 표피의 수분함유량을 측정하고자 할 때 고려해야 하는 내용이 아닌 것은?

① 온도는 20~22℃에서 측정하여야 한다.

② 직사광선이나 직접조명 아래에서 측정한다.

③ 운동 직후에는 휴식을 취한 후 측정하도록 한다.

④ 습도는 40~60%가 적당하다.

해설 수분측정기를 이용한 피부측정 시 직사광선이나 직접조명 아래에서 측정을 금지한다.

06 피부를 분석할 때 사용하는 기기로 짝지어진 것은?

① 진공흡입기, 패터기
② 고주파기, 초음파기
③ 우드램프, 확대경
④ 분무기, 스티머

해설 피부분석기기에는 우드램프, 확대경, 유분측정기, 수분측정기, pH측정기 등이 있다.

07 피부분석 시 사용하는 기기가 아닌 것은?

① 확대경
② 우드램프
③ 스킨스코프
④ 적외선램프

해설 적외선램프는 온열 작용으로서 화장품 흡수율을 상승시킨다.

08 다음 중 피부분석을 위한 기기가 아닌 것은?

① 고주파기
② 우드램프
③ 확대경
④ 유분측정기

해설 고주파기는 심부열을 이용한 안면관리를 위한 기기이다.

09 피부분석 시 사용하는 기기가 아닌 것은?

① pH측정기
② 우드램프
③ 초음파기기
④ 확대경

해설 초음파기기는 노폐물 제거, 리프팅 효과 등 피부 관리미용기기이다.

10 클렌징이나 딥 클렌징 단계에서 사용하는 기기와 가장 거리가 먼 것은?

① 버퍼라이저　　　② 브러싱머신
③ 진공흡입기　　　④ 확대경

해설 확대경은 피부분석기기에 속한다.

11 우드램프로 피부상태를 판단할 때 지성피부는 어떤 색으로 나타나는가?

① 푸른색　　　　　② 흰색
③ 오렌지색　　　　④ 진보라색

해설 지루성피부·피지·면포(오렌지색), 정상피부(청백색), 건성피부(연보라색), 민감·모세혈관확장 피부(진보라색), 노화된 각질(흰색), 비립종(노란색), 색소침착(암갈색)

12 우드램프 사용 시 지성부위의 코메도(comedo)는 어떤 색으로 보이는가?

① 흰색 형광　　　　② 밝은 보라
③ 노랑 또는 오렌지　④ 자주색 형광

해설 지루성피부·피지·면포(오렌지색), 정상피부(청백색), 건성피부(연보라색), 민감·모세혈관확장 피부(진보라색), 노화된 각질(흰색), 비립종(노란색), 색소침착(암갈색)

13 우드램프 사용 시 피부에 색소침착을 나타내는 색깔은?

① 푸른색　　　　　② 보라색
③ 흰색　　　　　　④ 암갈색

해설 색소침착(암갈색), 정상피부(청백색), 건성피부(연보라색), 지루성피부·피지·면포(오렌지색), 민감·모세혈관확장 피부(진보라색), 노화된 각질(흰색), 비립종(노란색)

14 눈으로 판별하기 어려운 피부의 심층상태 및 문제점을 명확하게 분별할 수 있는, 특수 자외선을 이용한 기기는?

① 확대경　　　　　② 홍반측정기
③ 적외선램프　　　④ 우드램프

해설 우드램프기기는 365μm 파장의 자외선을 방출하는 형광램프에 산화니켈을 포함시킨 인공자외선 광학분석기기이다.

15 우드램프에 대한 설명으로 틀린 것은?

① 피부분석을 위한 기기이다.
② 밝은 곳에서 사용하여야 한다.
③ 클렌징 한 후 사용하여야 한다.
④ 자외선을 이용한 기기이다.

해설 우드램프를 이용한 피부분석 시 주변이 밝은 곳에서는 정확한 분석이 어려우므로 반드시 어두운 상태에서 분석하도록 한다.

16 다음 중 pH의 옳은 설명은?

① 어떤 물질의 용액 속에 들어있는 수소이온의 농도를 나타낸다.
② 어떤 물질의 용액 속에 들어있는 수소분자의 농도를 나타낸다.
③ 어떤 물질의 용액 속에 들어있는 수소이온의 질량을 나타낸다.
④ 어떤 물질의 용액 속에 들어있는 수소분자의 질량을 나타낸다.

해설 pH(potential of hydrogen)는 어떤 물질의 용액 속에 들어있는 수소이온의 농도를 말한다.

17 증기연무기(스티머기기, steamer)를 사용할 때 얻는 효과와 가장 거리가 먼 것은?

① 따뜻한 연무는 모공을 열어 각질 제거를 돕는다.
② 혈관을 확장시켜 혈액순환을 촉진시킨다.
③ 세포의 신진대사를 증가시킨다.
④ 마사지 크림 위에 증기연무를 사용하면 유효성분의 침투가 촉진된다.

해설 증기연무기는 각질 연화, 혈액순환 및 신진대사를 촉진, 박테리아 살균 효과를 지닌다.

18 스티머기기(증기연무기, steamer)의 사용방법으로 적합하지 않은 것은?

① 증기분출 전에 분사구를 고객의 얼굴로 향하도록 미리 준비해 놓는다.

② 일반적으로 얼굴과 분사구와의 거리는 30~40cm 정도로 하고 민감성 피부의 경우 거리를 좀 더 멀게 위치한다.

③ 유리병 속에 세제나 오일이 들어가지 않도록 한다.

④ 수분이 없이 오존만을 쐬어주지 않도록 한다.

해설 증기분출 후 분사구를 고객의 턱 부위에 향하도록 위치를 조절한다.

19 브러시(brush, 프리마톨) 사용법으로 옳지 않은 것은?

① 회전하는 브러시를 피부와 45도 각도로 하여 사용한다.

② 피부상태에 따라 브러시의 회전 속도를 조절한다.

③ 화농성 여드름 피부와 모세혈관확장 피부 등은 사용을 피하는 것이 좋다.

④ 브러시 사용 후 중성세제로 세척한다.

해설 회전하는 브러시를 피부표면에 90도 각도로 하여 수직으로 세워 고객의 안면 부위에 적용한다.

20 프리마톨을 가장 잘 설명한 것은?

① 석션유리관을 이용하여 모공의 피지와 불필요한 각질을 제거하기 위해 사용하는 기기이다.

② 회전브러시를 이용하여 모공의 피지와 불필요한 각질을 제거하기 위해 사용하는 기기이다.

③ 스프레이를 이용하여 모공의 피지와 불필요한 각질을 제거하기 위해 사용하는 기기이다.

④ 우드램프를 이용하여 모공의 피지와 불필요한 각질을 제거하기 위해 사용하는 기기이다.

해설 프리마톨은 회전브러시를 이용하여 모공의 피지와 불필요한 각질을 제거하기 위해 사용하는 기기이다.

21 진공흡입기 적용을 금지해야 하는 경우와 가장 거리가 먼 것은?

① 모세혈관확장 피부

② 알레르기성 피부

③ 지나치게 탄력이 저하된 피부

④ 건성피부

해설 진공흡입기는 민감성 피부, 모세혈관확장 피부, 알레르기성 피부, 지나치게 탄력이 저하된 피부, 썬번 또는 급성염증 피부, 상처 부위에는 절대 사용 금지

22 진공흡입기(suction)의 효과로 틀린 것은?

① 피부를 자극하여 한선과 피지선의 기능을 활성화 시킨다.

② 영양물질을 피부 깊숙이 침투시킨다.

③ 림프순환을 촉진하여 노폐물을 배출한다.

④ 면포나 피지를 제거한다.

해설 유효한 영양물질을 피부 깊숙이 침투시키는 기기는 이온토포레시스이다.

23 갈바닉전류 중 음극(−)을 이용한 것으로 제품을 피부 속으로 스며들게 하기 위해 사용하는 것은?

① 아나포레시스(anaphoresis)

② 에피더마브레이션(epidermabrassion)

③ 카다포레시스(cataphoresis)

④ 전기 마스크(electronis mask)

해설 • 아나포레시스(anaphoresis) : 음극(−)을 이용
• 카다포레시스(cataphoresis) : 양극(+)을 이용

24 갈바닉(galvanic)기기의 음극 효과로 틀린 것은?

① 모공의 수축   ② 피부의 연화

③ 신경의 자극   ④ 혈액공급의 증가

해설 • 음극(−) 효과 : 알칼리성 반응, 신경자극, 혈관확장(혈액공급 증가), 피부조직 연화, 모공과 한선 확장, 통증 유발 등
• 양극(+) 효과 : 산성 반응, 피부진정, 혈관수축, 조직강화, 탄력상승, 모공과 한선 수축, 수렴, 통증 감소 등

25 고주파 직접법의 주 효과에 해당하는 것은?

① 수렴 효과　　　　② 피부 강화

③ 살균 효과　　　　④ 자극 효과

해설 고주파의 직접법은 스파킹을 일으켜 박테리아나 세균에 대한 살균작용으로 지성, 여드름 피부에 적합하다.

26 고주파 피부미용기기의 사용방법 중 간접법에 대한 설명으로 옳은 것은?

① 고객의 얼굴에 적합한 크림을 바르고 그 위에 전극봉으로 마사지한다.

② 얼굴에 적합한 크림을 바르고 손으로 마사지한다.

③ 고객의 얼굴에 마른 거즈를 올린 후 그 위를 전극봉으로 마사지한다.

④ 고객의 손에 전극봉을 잡게 한 후 얼굴에 마른거즈를 올리고 손으로 눌러준다.

해설 고주파 간접법 관리 시 고객의 손에 전극봉을 잡게 한 후 적합한 크림을 얼굴에 도포 후에 손으로 마사지한다.

27 초음파를 이용한 스킨스크러버의 효과가 아닌 것은?

① 진동과 온열 효과로 신진대사를 촉진한다.

② 각질 제거 효과가 있다.

③ 피부 정화 효과가 있다.

④ 상처 부위에 재생 효과가 있다.

해설 스킨스크러버는 상처 부위 사용 금지

28 스티머기기(증기연무기, steamer) 활용 시의 주의사항과 가장 거리가 먼 것은?

① 오존을 사용하지 않는 스티머를 사용하는 경우는 아이패드를 하지 않아도 된다.

② 스팀이 나오기 전 오존을 켜서 준비한다.

③ 상처가 있거나 일광에 손상된 피부에는 사용을 제한하는 것이 좋다.

④ 피부타입에 따라 스티머의 시간을 조정한다.

해설 스티머는 사용하기 10분 전에 미리 켜서 준비하되, 오존(O_3)을 적용할 경우 사용직전 켠 후 안면 피부에 적용한다.

29 스티머기기(증기연무기, steamer) 사용 시 주의해야 할 사항으로 틀린 것은?

① 오존이 함께 장착되어 있는 경우 스팀이 나오기 전 오존을 미리 켜 두어야 한다.

② 일광에 손상된 피부나 감염이 있는 피부에는 사용을 금한다.

③ 수조내부를 세제로 씻지 않도록 한다.

④ 물은 반드시 정수된 물을 사용하도록 한다.

해설 스티머기기 사용 시 스팀이 분사되기 전 오존을 고객의 얼굴에 미리 쐬어주면 오존의 독성 성분에 의해 피부에 알레르기 반응이 일어날 수 있으므로 반드시 스팀이 분사된 후 오존을 켠다.

30 스티머기기(증기연무기, steamer) 사용 시 주의사항이 아닌 것은?

① 피부에 따라 적정 시간을 다르게 한다.

② 스팀 분사방향은 코를 향하도록 한다.

③ 스티머 물통에 물을 2/3 정도 적당량 넣는다.

④ 물통을 일반세제로 씻는 것은 고장의 원인이 될 수 있으므로 사용을 금한다.

해설 스팀의 분사방향은 고객의 턱 부위를 향하도록 한다.

31 브러싱에 관한 설명으로 틀린 것은?

① 모세혈관확장 피부는 석고 재질의 브러싱이 권장된다.

② 건성 및 민감성 피부의 경우는 회전속도를 느리게 해서 사용하는 것이 좋다.

③ 농포성 여드름 피부에는 사용하지 않아야 한다.

④ 브러싱은 피부에 부드러운 마찰을 주므로 혈액순환을 촉진시키는 효과가 있다.

해설 석고재질의 브러싱은 발관리용으로 발뒤꿈치 등의 각질제거용으로 사용한다.

32 진동브러시(frimator)의 효과가 아닌 것은?

① 앰플침투　　　　② 클렌징

③ 필링　　　　　　④ 딥 클렌징

해설 앰플이나 영양 물질 투입 시 이온토포레시스(갈바닉기기)가 효과적이다.

33 브러싱기기의 올바른 사용법은?

① 브러시 끝이 눌리도록 적당한 힘을 가한다.

② 손목으로 회전브러시를 돌리면서 적용시킨다.

③ 브러시는 피부에 대해 수평방향으로 적용시킨다.

④ 회전내용물이 튀지 않도록 양을 적당히 조절한다.

해설 브러싱기기는 기기의 회전원리에 의해 90° 각도의 수직으로 브러시가 눌리지 않도록 손목에 힘을 빼고 적용

34 브러시(프리마톨)의 사용방법으로 틀린 것은?

① 브러시는 피부에 90도 각도로 사용한다.

② 건성·민감성 피부는 빠른 회전수로 사용한다.

③ 회전속도는 얼굴은 느리게, 신체는 빠르게 한다.

④ 사용 후에는 즉시 중성세제로 깨끗하게 세척한다.

해설 프리마톨은 물리적 딥 클렌징 효과를 나타내므로 건성·민감성 피부 적용 시 가급적 사용을 제한한다.

35 지성피부의 면포추출에 사용하기 가장 적합한 기기는?

① 분무기   ② 전동브러시

③ 리프팅기   ④ 진공흡입기

해설 진공흡입기는 공기압과 흡입작용에 의한 면포 추출 및 제거에 용이하다.

36 미용기기로 사용되는 진공흡입기(vacuum or suction)와 관련이 없는 것은?

① 피부에 적절한 자극을 주어 피부기능을 왕성하게 한다.

② 피지 제거, 불순물 제거에 효과적이다.

③ 민감성 피부나 모세혈관확장증에 적용하면 좋은 효과가 있다.

④ 혈액순환 촉진, 림프순환 촉진에 효과가 있다.

해설 진공흡입기는 민감성 피부, 모세혈관확장 피부, 알레르기성 피부, 지나치게 탄력이 저하된 피부, 썬번 또는 급성염증 피부, 상처 부위에는 절대 사용을 금지한다.

37 안면 진공흡입기의 사용방법으로 가장 거리가 먼 것은?

① 사용 시 크림이나 오일을 바르고 사용한다.

② 한 부위에 오래 사용하지 않도록 조심한다.

③ 탄력이 부족한 예민, 노화 피부에 더욱 효과적이다.

④ 관리가 끝난 후 벤토즈는 미온수와 중성세제를 이용하여 잘 세척하고 알코올 소독 후 보관한다.

해설 안면 진공흡입기는 노폐물 및 피지 제거를 위해 사용되므로 예민성 피부, 모세혈관확장 피부에는 부적합하다.

38 디스인크러스테이션에 대한 설명 중 틀린 것은?

① 화학적인 전기분해에 기초를 두고 있으며 직류가 식염수를 통과할 때 발생하는 화학작용을 이용한다.

② 모공에 있는 피지를 분해하는 작용을 한다.

③ 지성과 여드름피부관리에 적합하게 사용될 수 있다.

④ 양극봉은 활동전극봉이며 박리관리를 위하여 안면에 사용된다.

해설 디스인크러스테이션기기 적용 시 양극봉은 젖은 스펀지나 거즈로 감싼 후 고객의 손이나 겨드랑이 등에 부착하고 음극봉은 젖은 화장솜이나 거즈로 감싼 후 고객의 안면에 사용한다.

39 디스인크러스테이션(disincrustation)을 가급적 피해야 할 피부유형은?

① 중성피부   ② 지성피부

③ 노화피부   ④ 건성피부

해설 디스인크러스테이션(disincrustation)이 가지는 알칼리 효과는 피부상태를 건조화 시키기 때문에 건성피부는 가급적 피한다.

40 갈바닉전류에서 음극의 효과는?

① 진정 효과   ② 통증 감소

③ 알칼리성 반응   ④ 혈관수축

[해설] • 음극(−) 효과 : 알칼리성 반응, 신경자극, 혈관확장(혈액공급 증가), 피부조직 연화, 모공과 한선 확장, 통증 유발 등
• 양극(+) 효과 : 산성 반응, 피부진정, 혈관수축, 조직강화, 탄력상승, 모공과 한선 수축, 수렴, 통증 감소 등

41 피부에 미치는 갈바닉전류의 양극(+)의 효과는?

① 피부진정   ② 모공세정

③ 혈관확장   ④ 피부유연화

[해설] • 양극(+) 효과 : 산성 반응, 피부진정, 혈관수축, 조직강화, 탄력상승, 모공과 한선 수축, 수렴, 통증 감소 등
• 음극(−) 효과 : 알칼리성 반응, 신경자극, 혈관확장(혈액공급 증가), 피부조직 연화, 모공과 한선 확장, 통증 유발 등

42 이온토포레시스(iontophoresis)의 주 효과는?

① 세균 및 미생물을 살균시킨다.

② 고농축 유효성분을 피부 깊숙이 침투시킨다.

③ 셀룰라이트를 감소시킨다.

④ 심부열을 증가시킨다.

[해설] 이온토포레시스는 전기의 극성을 이용하여 고농축 영양성분을 피부 깊숙이 침투시키는 작용을 한다.

43 갈바닉전류의 음극에서 생성되는 알칼리를 이용하여 피부표면의 피지와 모공 속의 노폐물을 세정하는 방법은?

① 이온토포레시스

② 리프팅트리트먼트

③ 디스인크러스테이션

④ 고주파트리트먼트

[해설] 디스인크러스테이션은 갈바닉전류의 음극에서 생성되는 알칼리를 이용하여 피부표면의 피지와 모낭 내 피지를 용해·세정하는 딥 클렌징 방법이다.

44 매우 낮은 전압의 직류를 이용하며, 이온영동법과 디스인크러스테이션의 두 가지 중요한 기능을 하는 기기는?

① 초음파기기   ② 저주파기기

③ 고주파기기   ④ 갈바닉기기

[해설] 갈바닉기기는 한 방향으로만 흐르는 극성을 가진 전류인 미세직류(갈바닉전류)를 이용한 기기로서 같은 극끼리는 밀어내고 서로 다른 극끼리 끌어당기는 성질을 이용한 것이다.

45 테슬라전류(tesla current)가 사용되는 기기는?

① 갈바닉기기(the galvanic machine)

② 전기분무기(the spray machine)

③ 고주파기기(the high frequency machine)

④ 스팀기(the vaporizer)

[해설] 교류전류인 테슬라전류는 고주파기기와 저주파기기에 사용된다.

46 고주파기의 효과에 대한 설명으로 틀린 것은?

① 피부의 활성화로 노폐물 배출의 효과가 있다.

② 내분비선의 분비를 활성화한다.

③ 색소침착 부위의 표백 효과가 있다.

④ 살균, 소독 효과로 박테리아 번식을 예방한다.

[해설] 색소침착 부위의 미백효과가 있는 것은 갈바닉기기이다.

47 고주파기기의 사용방법으로 옳은 것은?

① 스파킹(sparking)을 할 때는 거즈를 사용한다.

② 스파킹을 할 때는 피부와 전극봉 사이의 간격을 7mm 이상으로 한다.

③ 스파킹을 할 때는 부도체인 합성섬유를 사용한다.

④ 스파킹을 할 때는 여드름용 오일을 면포에 도포한 후 사용한다.

[해설] 고주파기의 스파킹 사용 시 무알코올 토너로 피부를 정돈한 후 거즈를 안면에 덮고 피부와 전극봉 사이가 7mm 미만이 되게 한 후 피부에 적용한다.

48 고주파 피부미용 기기를 사용하는 방법 중 직접법을 올바르게 설명한 것은?

① 고객의 얼굴에 마른 거즈를 올리고 그 위에 전극봉으로 가볍게 관리한다.

② 적합한 크기의 벤토즈가 피부표면에 잘 밀착되도록 전극봉을 연결한다.

③ 고객의 손에 전극봉을 잡게 한 후 얼굴에 마른 거즈를 올리고 손으로 눌러준다.

④ 고객의 손에 전극봉을 잡게 한 후 관리사가 고객의 얼굴에 적합한 크림을 바르고 손으로 관리한다.

해설 고주파 직접법은 살균과 소독 효과가 탁월하여 지성 피부나 여드름 피부에 적합하며, 관리 시 고객의 얼굴에 마른 거즈를 올린 후 전극봉을 밀착시켜 작은 원을 그리며 가볍게 관리를 실시한다.

49 중·저주파 기기에 사용 주파수 설명 중 틀린 것은?

① 운동점 자극을 위한 주파수는 초당 펄스 폭을 선택

② 주파수가 낮을수록 펄스 폭이 넓어져 더 강하게 수축

③ 60~90Hz : 바디관리를 위한 깊은 근육운동 (백근, 적색근 사용)

④ 220Hz : 표면 근육 자극, 수축 강도 및 변화를 느끼지 못함

해설 중·저주파 기기에 사용되는 주파수 중 표면 근육을 자극하는 주파수는 120Hz이다.

50 중·저주파 기기에 사용되는 파동 중 단상파 파동에 대한 설명으로 틀린 것은?

① 음(−) 극이 양(+) 극보다 더 강하므로 두 근육을 같이 붙일 때 약한 근육의 운동점에 음(−) 극을 붙임

② 음(−)극과 양(+)극의 강도가 같으며, 같은 근육에 부착 시 사용

③ 신체의 약한 쪽의 근육을 자극하는데 주로 사용되며, 서로 다른 근육에 부착할 때 좋음

④ 근육의 밸런스(Balance) 관리 시 사용

해설 음(−)극과 양(+)극의 강도가 같으며, 같은 근육에 부착 시 사용되는 파동은 이상파 파동이다.

51 피부미용기기의 부적용과 가장 거리가 먼 경우는?

① 임산부

② 알레르기, 피부상처, 피부질병이 진행 중인 경우

③ 지성피부

④ 치아, 뼈, 보철 등 몸속에 금속장치를 지닌 경우

해설 지성피부는 피부미용기기의 적용 피부이다.

52 엔더몰로지 사용방법으로 틀린 것은?

① 시술 전 용도에 맞는 오일을 바른 후 시술한다.

② 지성의 경우 탈컴파우더를 약간 바른 후 시술한다.

③ 전신 체형관리 시 10~20분 정도 적용한다.

④ 말초에서 심장방향으로 밀어 올리듯 시술한다.

해설 시술 전 용도에 맞는 지방 및 셀룰라이트 분해 크림이나 로션을 바른 후 시술한다.

53 바이브레이터기의 올바른 사용법이 아닌 것은?

① 기기관리 도중 지속성이 끊어지지 않게 한다.

② 압력을 최대한 주어 효과를 극대화 시킨다.

③ 항상 깨끗한 헤드를 사용하도록 유의한다.

④ 관리 도중 신체손상이 발생하지 않도록 헤드 부분을 잘 고정한다.

해설 바이브레이터기 적용 시 적당한 압력을 주며 신체 굴곡에 따라 지속성 있게 적용한다.

54 적외선등(infrared lamp)에 대한 설명으로 옳은 것은?

① 주로 UVA를 방출하고 UVB, UVC는 흡수한다.

② 색소침착을 일으킨다.

③ 주로 소독·멸균의 효과가 있다.

④ 온열작용 등을 통해 화장품의 흡수를 도와준다.

해설 적외선은 열을 발생시켜 흡수율을 촉진시킨다. ②, ③은 자외선에 대한 설명이다.

55 적외선 미용기기를 사용할 때의 주의사항으로 옳은 것은?

① 램프와 고객과의 거리는 최대한 가까이 한다.
② 자외선 적용 전 단계에 사용하지 않는다.
③ 최대흡수 효과를 위해 해당 부위와 램프가 직각이 되도록 한다.
④ 간단한 금속류를 제외한 나머지 장신구는 허용되지 않는다.

해설 적외선 미용기기는 자외선 적용 전 단계에 사용하면 감각을 증가시켜 광과민반응을 유발시킨다.

56 자외선을 이용한 기기에 대한 내용으로 틀린 것은?

① 인공선탠기는 고객으로부터 1m 이상의 거리에서 사용한다.
② 인공선탠기는 주로 UVA를 방출하는 것을 사용한다.
③ 인공선탠기는 고객의 눈 보호를 위해 패드나 선글라스를 착용하게 한다.
④ 살균소독기는 살균이 강한 화학선을 이용하므로 사용 시 주의해야 한다.

해설 인공선탠기는 고객으로부터 1m 이내의 거리에서 사용한다.

57 컬러테라피기기에서 빨간 색광의 효과와 가장 거리가 먼 것은?

① 혈액순환 증진, 세포의 활성화, 세포 재생활동
② 소화기계 기능강화, 신경자극, 신체 정화작용
③ 지루성 여드름, 혈액순환 불량 피부관리
④ 근조직 이완, 셀룰라이트 개선

해설 컬러테라피기기에서 소화기계 기능강화, 신경자극 등의 효과를 지닌 것은 노란 색광이다.

58 컬러테라피의 색상 중 활력, 세포재생, 신경긴장완화, 호로몬 대사 조절 효과를 나타내는 것은?

① 주황색
② 노란색
③ 보라색
④ 초록색

해설 주황색은 신진대사 촉진, 활력, 세포재생, 신경긴장완화, 호로몬 대사 조절 효과가 있으며, 민감성, 건성, 알레르기 피부관리에 적용한다.

59 다음 중 열을 이용한 기기가 아닌 것은?

① 진공흡입기
② 스티머
③ 파라핀 왁스기
④ 왁스워머

해설 • 진공흡입기 : 공기압과 흡입작용을 이용한 기기
• 스티머 : 물이 가열되어 기기의 분사구를 통해 안면에 증기가 분사되는 기기

60 고형의 파라핀을 녹이는 파라핀기의 적용범위가 아닌 것은?

① 손 관리
② 혈액순환 촉진
③ 살균
④ 팩 관리

해설 파라핀기는 열을 이용한 관리로서 얼굴·전신관리 및 손·발관리 시 혈액순환 및 제품의 흡수율을 촉진시키기 위해 팩 관리에 적용한다.

61 열을 이용한 기기가 아닌 것은?

① 스티머
② 이온토포레시스
③ 파라핀 왁스기
④ 적외선등

해설 이온토포레시스 : 직류전류(갈바닉전류)를 이용한 기기

정답	01	02	03	04	05	06	07	08
	②	③	④	④	②	③	④	①
	09	10	11	12	13	14	15	16
	③	④	③	③	④	④	②	①
	17	18	19	20	21	22	23	24
	④	①	①	②	④	②	①	①
	25	26	27	28	29	30	31	32
	③	②	④	②	①	②	①	①
	33	34	35	36	37	38	39	40
	④	②	④	③	③	④	④	③
	41	42	43	44	45	46	47	48
	①	②	③	④	③	③	①	①
	49	50	51	52	53	54	55	56
	④	②	③	①	②	④	②	①
	57	57	59	60	61			
	②	②	③	②	②			

3절 피부유형별 기기 적용법

1 중성(정상)피부

1 중성피부의 관리 목적
규칙적인 영양 및 수분을 공급하여 현재의 유·수분 밸런스 유지

2 중성피부의 기기 적용법

단계	기기 적용	효과 및 적용법
피부분석 및 진단	• 확대경 • 우드램프 • pH측정기 • 수분측정기	• 피부표면 상태 및 유·수분 측정 • 세안 2시간 후 측정 • 온도 20~22℃, 습도 40~60%의 환경적 조건 유지
클렌징 및 딥 클렌징	• 스티머(버퍼라이저) : 10분 • 전동브러시(프리마톨) : 5~10분 • 초음파 스킨스크러버 : 5분	• 각질연화작용 및 수분공급 • 불필요한 각질 제거 및 순환촉진
영양공급	• 갈바닉기기(이온영동법) : 5~10분 • 초음파 음파영동 : 5~10분	• 재생 앰플, 비타민 C 등 영양물질 집중 투입 • 세포 활성화 및 미백 효과
마사지	• 고주파기기(간접법) : 15~20분 • 초음파 리프팅기기 : 15~20분	• 순환촉진, 주름완화, 탄력증진, 혈색개선
팩(마스크)	• 컬러테라피(노랑, 보라) : 10분 • 적외선등 : 10~20분	• 유효성분 침투율 높임
마무리	• 스프레이	• 수분공급 및 피부정돈 • pH밸런스 조절

1 건성피부의 관리목적

피부표면의 각질 제거 및 유·수분 집중 공급

2 건성피부의 기기 적용법

단계	기기 적용	효과 및 적용법
피부분석 및 진단	• 확대경 • 우드램프 • 유분측정기 • 수분측정기	• 피부표면 상태 및 유·수분 측정 • 세안 2시간 후 측정 • 온도 20~22˚C, 습도 40~60%의 환경적 조건 유지
클렌징 및 딥 클렌징	• 스티머(버퍼라이져) : 5~10분 • 전동브러시(프리마톨) : 5~10분	• 각질연화작용 및 수분공급 • 불필요한 각질 제거 및 순환촉진
영양공급	• 갈바닉기기(이온영동법) : 5~10분 • 초음파 음파영동 : 5~10분	• 콜라겐 앰플, 비타민 C 등 영양물질 집중 투입 • 수분공급 및 주름완화, 탄력증진
마사지	• 고주파기기(간접법) : 15~20분 • 초음파 리프팅기기 : 15~20분	• 순환촉진, 주름완화, 탄력증진, 혈색개선
팩(마스크)	• 컬러테라피(노랑, 주황) : 10분 • 적외선등 : 10~20분	• 유효성분 침투율 높임
마무리	• 스프레이(유연화장수)	• 수분공급 및 피부정돈 • 피부 진정작용 • pH밸런스 조절

3 지성피부

1 지성피부의 관리목적

과다한 피지와 노폐물 제거, 피지분비 조절, 피부정화

2 지성피부의 기기 적용법

단계	기기 적용	효과 및 적용법
피부분석 및 진단	• 확대경 • 우드램프 • 유분측정기 • pH측정기	• 피부표면 상태 및 유분, pH 측정 • 세안 2시간 후 측정 • 온도 20~22°C, 습도 40~60%의 환경적 조건 유지
클렌징 및 딥 클렌징	• 스티머(버퍼라이저) : 10분 • 전동브러시(프리마톨) : 5~10분 • 갈바닉기기(디스인크러스테이션) : 음극(5~7분), 양극(2~3분) • 초음파 스킨스크러버 : 5분 • 진공흡입기 : T-존(T-zone) 부위	• 각질연화작용 및 수분공급 • 모공확장 및 한공 자극 • 불필요한 각질 제거 및 순환촉진 • 모공 속 노폐물 배출
영양공급	• 갈바닉기기(이온영동법) : 5~10분 • 초음파 음파영동 : 5~10분	• 비타민 C 등 수분·영양 앰플 투입
마사지	• 고주파기기(직접법) : 10분 • 진공흡입기 : 10~15분 • 초음파 리프팅기 : 15~30분	• 순환촉진, 주름완화, 탄력증진, 혈색개선 • 모공 속 피지, 노폐물 배출 • 고주파 직접법 : 오존으로 살균 효과
팩(마스크)	• 컬러테라피(녹색, 파랑) : 10분 • 적외선등 : 10~20분	• 유효성분 침투율 높임 • 진정작용
마무리	• 스프레이(수렴화장수) • 냉·온마사지기(냉법) : 2분	• 수분 공급 및 피부 정돈 • pH밸런스 조절 • 피부진정 효과 • 피부수렴작용(모공과 한공 수축)

4 민감·모세혈관확장 피부

1 민감·모세혈관 확장피부의 관리목적
피부보호, 진정, 안정 및 냉 효과

2 민감·모세혈관 확장피부의 기기 적용법

단계	기기 적용	효과 및 적용법
피부분석 및 진단	• 확대경 • 우드램프 • 수분측정기 • 유분측정기 • pH측정기	• 피부표면상태 및 수분, 유분, 수소이온농도를 측정 • 세안 2시간 후 측정 • 온도 20~22˚C, 습도 40~60%의 환경적 조건 유지
딥 클렌징	• 스티머(버퍼라이저) : 3~5분 • 그 밖의 기기 적용 안 함	• 수분공급 • 피부상태에 따라 적용
영양공급	• 갈바닉기기(이온영동법) : 5분 • 초음파 음파영동 : 5분	• 수분·영양 앰플 투입
마사지	• 냉·온마사지기 　– 온법 : 2분 　– 냉법 : 5분	• 순환촉진 • 피부진정 효과
팩(마스크)	• 컬러테라피(주황, 파랑) : 10분	• 유효성분 침투율 높임 • 진정작용
마무리	• 스프레이(유연화장수) • 냉·온마사지기(냉법) : 2분	• 수분공급 및 피부정돈 • pH밸런스 조절 • 피부수렴작용(모공과 한공 수축)

01 지성피부에 적용되는 작업방법 중 적절하지 않은 것은?

① 이온영동침투기기의 양극봉으로 디스인크러스테이션을 해준다.

② 자켓법을 이용한 관리는 디스인크러스테이션 후에 시행한다.

③ T-존(T-zone) 부위의 노폐물 등을 안면 진공 흡입기로 제거한다.

④ 지성피부의 상태를 호전시키기 위해 고주파기의 직접법을 적용시킨다.

> 해설 지성피부는 이온영동침투기기(갈바닉기기)의 음극봉을 이용하여 디스인크러스테이션을 적용한다.

03 모세혈관확장 피부의 안면관리로 적당한 것은?

① 스티머(증기연무기, steamer)는 분무거리를 가까이 한다.

② 왁스나 전기마스크를 사용하지 않도록 한다.

③ 혈관확장 부위는 안면 진공흡입기를 사용한다.

④ 비타민 P의 섭취를 피하도록 한다.

> 해설 모세혈관확장 피부는 피부가 민감한 상태이므로 스티머, 진공흡입기 등의 사용은 가급적 삼가하고 피부에 자극이 심한 왁싱이나 전기마스크는 사용하지 않도록 한다. 또한 혈관강화를 위한 비타민 P, K 등의 영양소 섭취를 권장한다.

02 다음 보기와 같은 내용은 어떠한 타입의 피부 관리 중점 사항인가?

> 피부의 완벽한 클렌징과 긴장완화, 보호, 진정, 안정 및 냉 효과를 목적으로 기기관리가 이루어져야 한다.

① 건성피부   ② 지성피부

③ 복합성 피부   ④ 민감성 피부

> 해설 민감성 피부는 피부를 진정시켜 안정감을 부여하며 보호관리를 통해 피부의 자극을 최소화 하여야 한다.

정답	01	02	03					
	①	④	②					

5장

화장품학

1절 화장품학 개론
2절 화장품 제조
3절 화장품의 종류와 기능

1절 화장품학 개론

1 화장품의 개요

1 화장품의 정의(「화장품법」 제2조 제1호)

① 인체를 청결·미화하여 매력을 더하고 용모를 밝게 변화시키거나 피부·모발의 건강을 유지 또는 증진하기 위하여 인체에 바르고 문지르거나 뿌리는 등 이와 유사한 방법으로 사용되는 물품으로서 인체에 대한 작용이 경미한 것을 말함

② 어떤 질병을 진단하거나 치료, 처치, 증상 경감 또는 예방을 목적으로 하는 특정한 물질인 의약품에 해당하는 물품은 제외됨

2 화장품의 사용목적

① 인체를 청결·미화하기 위함

② 인체의 매력을 더하여 용모를 밝게 변화시키기 위함

③ 인체의 결점을 보완하여 미화하기 위함

④ 피부·모발의 건강을 유지 또는 증진하기 위함

⑤ 외부 환경으로부터 피부 및 모발 등 인체를 보호하기 위함

3 화장품의 기능

① 인체 청결

② 피부 보습

③ 세포 활성화

④ 인체 미화

4 화장품의 4대 요건

① **안전성** : 피부에 대한 자극, 알레르기, 독성이 없을 것

② **안정성** : 사용기간 및 보관에 따른 변색, 변질, 변취, 미생물의 오염이 없을 것

③ **사용성** : 제품을 피부에 사용할 때 사용감이 좋고 잘 스며들며 사용이 편리하고 사용자의 기호 요구가 충족될 것

④ **유효성** : 피부에 사용 시 세정효과, 적절한 보습효과, 자외선 차단, 미백효과, 주름개선, 색채효과 등의 유효한 효능을 가질 것

5 기능성 화장품(「화장품법」 제2조 제2호)

① 피부의 미백에 도움을 주는 제품

② 피부의 주름개선에 도움을 주는 제품

③ 피부를 곱게 태워주거나 자외선으로부터 피부를 보호하는 데에 도움을 주는 제품

④ 모발의 색상 변화·제거 또는 영양공급에 도움을 주는 제품

⑤ 피부나 모발의 기능 약화로 인한 건조함, 갈라짐, 빠짐, 각질화 등을 방지하거나 개선하는 데에 도움을 주는 제품

6 화장품의 기재사항(「화장품법」 제10조)

① 화장품의 명칭
② 영업자의 상호 및 주소
③ 해당 화장품 제조에 사용된 모든 성분
④ 내용물의 용량 또는 중량
⑤ 제조번호
⑥ 사용기한 또는 개봉 후 사용기간
⑦ 가격
⑧ 기능성 화장품의 경우 "기능성화장품"이라는 글자 또는 기능성화장품을 나타내는 도안으로서 식품의약품안전처장이 정하는 도안
⑨ 사용할 때의 주의사항

7 화장품, 기능성 화장품, 의약외품, 의약품의 구분

구분	화장품	기능성 화장품	의약외품	의약품
대상자	정상인	정상인	정상인 및 환자	환자
사용목적	청결, 미화	미화, 유지, 개선	위생, 미화	치료, 진단, 예방
사용기간	장기간, 지속적	장기간, 지속적	장기간, 지속적	단기간 또는 일정기간
적용범위	전신	전신	특정 부위	특정 부위
부작용	없어야 함	없어야 함	없어야 함	어느 정도 있을 수 있음
종류	기초화장품, 색조화장품 등	주름개선, 미백, 자외선 차단 또는 산란 화장품	치약제, 탈모제, 액취방지제, 외용소독제 등	연고, 항생제 등

← 안전성　　　　　　　　　　　　　　　　　　　　　유효성 →

8 화장품 선택 시 검토해야 할 조건

① 피부나 점막, 두발 등에 손상을 주거나 알레르기 등을 일으킬 염려가 없는 것
② 구성성분이 균일한 성상으로 잘 혼합되어 있는 것
③ 사용 중이나 사용 후에 불쾌감이 없고 사용감이 산뜻한 것
④ 보존성이 좋아서 변질 또는 산화되지 않는 것
⑤ 사용 목적에 맞는 유효성이 우수한 원료이어야 함

9 화장품 사용 시 주의사항

① 제조 연월일 및 사용 기간을 확인 후 반드시 표시기간 내 사용
② 팔 안쪽이나 귀 뒷부분에 첩포 테스트(patch test)를 한 후 선택
③ 피부타입이나 상태에 따라 향이 강하거나 자극적인 성분이 들어 있는 것은 되도록 피함
④ 사용 시 손은 청결히 하고 손에 덜은 내용물은 변질 우려가 있으므로 다시 용기에 넣지 말 것
⑤ 상처 부위나 피부질환 등의 이상이 있는 부위에는 사용하지 말 것
⑥ 사용 중 피부에 붉은 반점, 가려움증 등의 이상 증상 발생 시 사용을 중지하며 의사에게 상담 후 치료
⑦ 고온 내지 저온의 장소 및 직사광선을 피하고 서늘한 곳에 보관할 것
⑧ 유·소아의 손이 닿지 않는 곳에 보관할 것
⑨ 사용 후에는 반드시 뚜껑을 잘 덮어 보관하고, 용기 입구를 사용할 때마다 청결히 할 것

2 화장품의 분류

1 화장품 유형에 따른 분류

분류	효과 및 효능	제품 종류
영·유아용 제품 (만 3세 이하)	세정	영·유아용 샴푸·린스, 영·유아용 인체 세정용 제품, 영·유아 목욕용 제품
	피부 보호	영·유아용 로션·크림, 영·유아용 오일 등
기초화장용 제품	세안, 세정, 청결	클렌징 워터, 클렌징 오일, 클렌징 로션, 클렌징 크림 등의 메이크업 리무버
	피부 정돈 및 보호	수렴·유연·영양 화장수, 마사지 크림, 에센스, 오일, 파우더, 바디 제품, 팩, 마스크, 눈 주위 제품, 로션, 크림, 손·발의 피부연화 제품 등
인체 세정용 제품	세정, 청결	폼 클렌저, 바디 클렌저, 액체 비누 및 화장 비누(고체 형태의 세안용 비누), 아이 메이크업 리무버, 외음부 세정제, 세정용 물휴지 등
목욕용 제품	세정 및 청결 피부보호	목욕용 오일·정제·캡슐, 목욕용 소금류(스크럽, 쏠트 등), 버블 배스(bubble baths) 등
방향용 제품	향취 부여	향수, 분말향, 향낭(香囊), 샤워코롱, 오데코롱, 그 밖의 방향용 제품류
체취 방지용 제품	체취 방지 및 억제	데오도란트, 그 밖의 체취 방지용 제품류
체모 제거용 제품	체모 제거	제모제, 제모왁스, 그 밖의 체모 제거용 제품류

분류	효과 및 효능	제품 종류
메이크업용 (색조화장용) 제품	색채 부여 결점 보완	아이브로 펜슬, 아이라이너, 아이섀도, 마스카라, 아이메이크업 리무버 등
		볼연지, 페이스 파우더, 페이스 케이크, 리퀴드, 크림·케이크 파운데이션, 메이크업 베이스, 메이크업 픽서티브, 립스틱, 립라이너, 립글로스, 립밤, 바디페인팅, 페이스페인팅, 분장용 제품 등
손발톱용 제품	네일 케어 및 아트	베이스코트, 언더코트, 네일폴리시, 네일에나멜, 탑코트, 네일 크림·로션·에센스, 네일폴리시·네일에나멜 리무버 등
면도용 제품	수염 제거	애프터셰이브 로션, 남성용 탤컴, 프리셰이브 로션, 셰이빙 크림, 셰이빙 폼 등
두발 염색용 제품	염색, 탈색	헤어 틴트, 헤어 컬러스프레이, 염모제, 탈염·탈색용 제품 등
두발(모발)용 제품	세정 및 정발	포마드, 헤어 스프레이, 무스, 왁스, 젤 샴푸, 린스
	트리트먼트	헤어 컨디셔너, 헤어 토닉, 헤어 그루밍 에이드, 헤어 크림·로션, 헤어 오일
	퍼머넌트 웨이브	퍼머넌트 웨이브 약액, 헤어 스트레이트너, 흑채

01 화장품법 상 화장품의 정의와 관련한 내용이 아닌 것은?

① 신체의 구조, 기능에 영향을 미치는 것과 같은 사용목적을 겸하지 않는 물품

② 인체를 청결히 하고, 미화하고, 매력을 더하고 용모를 밝게 변화시키기 위해 사용하는 물품

③ 피부 혹은 모발을 건강하게 유지 또는 증진하기 위한 물품

④ 인체에 사용되는 물품으로 인체에 대한 작용이 경미한 것

해설 화장품이라 함은 인체를 청결·미화하여 매력을 더하고 용모를 밝게 변화시키거나 피부·모발의 건강을 유지 또는 증진하기 위해 인체에 사용되는 물품으로서 인체에 대한 작용이 경미한 것을 말한다. 다만, 의약품에 해당하는 물품은 제외한다.

02 다음 중 기능성 화장품의 영역이 아닌 것은?

① 피부의 미백에 도움을 주는 제품

② 피부의 주름개선에 도움을 주는 제품

③ 물리적으로 체모를 제거하는 제품

④ 자외선으로부터 피부를 보호하는데 도움을 주는 제품

해설 기능성 화장품 영역 중 체모를 제거하는 기능을 가진 화장품은 기능성 화장품 영역에 속하나 물리적으로 체모를 제거하는 제품은 제외되어 있다.

03 기능성 화장품에 해당되지 않는 것은?

① 피부의 미백에 도움을 주는 제품

② 인체의 비만도를 줄여주는데 도움을 주는 제품

③ 피부의 주름개선에 도움을 주는 제품

④ 피부를 곱게 태워주거나 자외선으로부터 피부를 보호하는데 도움을 주는 제품

해설 기능성 화장품의 범위는 피부의 미백, 주름개선, 자외선을 차단하여 피부를 보호하는데 도움을 주는 제품 등이 있다.

04 기능성 화장품의 표시 및 기재사항이 아닌 것은?

① 제품의 명칭

② 내용물의 용량 및 중량

③ 제조자의 이름

④ 제조번호

해설 기능성 화장품의 표시 및 기재사항 : 화장품의 명칭, 업체 상호 및 주소, 제조번호, 사용기한 또는 개봉 후 사용기간, 제품가격, 해당 화장품 제조에 사용된 전 성분, 내용물의 용량 및 중량, 해당 경우 '기능성 화장품'이라는 글자, 사용 시 주의사항 등을 반드시 표시 및 기재

05 다음 중 기능성 화장품의 범위에 해당하지 않는 것은?

① 미백크림

② 바디오일

③ 자외선차단 크림

④ 주름개선 크림

해설 기능성 화장품의 범위는 미백, 주름개선, 자외선 차단에 도움을 주는 제품 등이 있다.

06 화장품과 의약품의 차이를 바르게 정의한 것은?

① 화장품의 사용목적은 질병의 치료 및 진단이다.

② 화장품은 특정 부위만 사용 가능하다.

③ 의약품의 사용대상은 정상적인 상태인 자로 한정되어 있다.

④ 의약품의 부작용은 어느 정도까지는 인정된다.

해설 • 화장품 : 정상인을 대상으로 피부 개선 및 유지 목적으로 전신 부위에 사용 가능하다.

• 의약품 : 환자를 대상으로 질병의 치료 및 진단을 목적으로 특정 부위만 사용 가능하며 어느 정도까지는 부작용이 인정된다.

07 화장품의 사용목적과 가장 거리가 먼 것은?

① 인체를 청결, 미화하기 위하여 사용한다.
② 용모를 변화시키기 위하여 사용한다.
③ 피부, 모발의 건강을 유지하기 위하여 사용한다.
④ 인체에 대한 약리적인 효과를 주기 위해 사용한다.

해설 화장품은 인체(人體)를 청결·미화하여 매력을 더하고 용모를 밝게 변화시키거나 피부·모발의 건강을 유지 또는 증진하기 위하여 인체에 바르고 문지르거나 뿌리는 등 이와 유사한 방법으로 사용되는 물품이다.

08 화장품의 4대 요건에 해당되지 않는 것은?

① 안전성　　　　② 안정성
③ 사용성　　　　④ 보호성

해설 화장품의 4대 요건 : 안전성, 안정성, 사용성, 유효성

09 화장품의 4대 품질조건에 대한 설명이 틀린 것은?

① 안전성 – 피부에 대한 자극, 알러지, 독성이 없을 것
② 안정성 – 변색, 변취, 미생물의 오염이 없을 것
③ 사용성 – 피부에 사용감이 좋고 잘 스며들 것
④ 유효성 – 질병치료 및 진단에 사용할 수 있는 것

해설 유효성 : 피부에 사용 시 세정효과, 적절한 보습효과, 자외선 차단, 미백효과, 주름개선, 색채효과 등의 유효한 효능을 가질 것

10 향장품을 선택할 때에 검토해야 하는 조건이 아닌 것은?

① 피부나 점막, 두발 등에 손상을 주거나 알레르기 등을 일으킬 염려가 없는 것
② 구성성분이 균일한 성상으로 혼합되어 있지 않는 것
③ 사용 중이나 사용 후에 불쾌감이 없고 사용감이 산뜻한 것
④ 보존성이 좋아서 잘 변질되지 않는 것

해설 구성성분이 균일한 성상으로 잘 혼합되어 있는 것을 선택한다.

11 화장품을 만들 때 필요한 4대 조건은?

① 안전성, 안정성, 사용성, 유효성
② 안전성, 방부성, 방향성, 유효성
③ 발림성, 안정성, 방부성, 사용성
④ 방향성, 안전성, 발림성, 사용성

해설 화장품의 4대 요건 : 안전성, 안정성, 사용성, 유효성

12 "피부에 대한 자극, 알러지, 독성이 없어야 한다."는 내용은 화장품의 4대 요건 중 어느 것에 해당하는가?

① 안전성　　　　② 안정성
③ 사용성　　　　④ 유효성

해설 화장품의 4대 요건
- 안전성 : 피부에 대한 자극, 알러지, 독성이 없을 것
- 안정성 : 화장품 사용기간 및 보관에 대하여 변색, 변질, 변취, 미생물의 오염이 없을 것
- 사용성 : 제품을 피부에 사용할 때 사용감이 좋고 잘 스며들며 사용이 편리하고 사용자의 기호요구가 충족될 것
- 유효성 : 피부에 사용 시 세정효과, 적절한 보습효과, 자외선 차단, 미백효과, 주름개선, 색채효과 등의 유효한 효능을 가질 것

13 화장품에서 요구되는 4대 품질특성이 아닌 것은?

① 안전성   ② 안정성
③ 보습성   ④ 사용성

해설 화장품의 4대 품질요건 : 안전성, 안정성, 사용성, 유효성

14 다음 화장품 중 그 분류가 다른 것은?

① 화장수   ② 클렌징크림
③ 샴푸   ④ 팩

해설 샴푸는 모발 화장품에 속하며, 화장수, 클렌징크림, 팩은 기초 화장품류에 속한다.

15 화장품의 분류와 사용목적, 제품이 일치하지 않는 것은?

① 모발 화장품 – 정발 – 헤어스프레이
② 방향 화장품 – 향취부여 – 오데코롱
③ 메이크업 화장품 – 색채부여 – 아이섀도
④ 기초 화장품 – 피부정돈 – 클렌징폼

해설 기초 화장품 – 피부정돈 – 화장수, 에센스, 크림, 팩 등

16 화장품의 분류에 관한 설명 중 틀린 것은?

① 마사지크림은 기초 화장품에 속한다.
② 샴푸, 헤어린스는 모발용 화장품에 속한다.
③ 퍼퓸, 오데코롱은 방향 화장품에 속한다.
④ 페이스파우더는 기초 화장품에 속한다.

해설 색조화장품에는 페이스파우더, 아이섀도, 립스틱 등이 포함된다.

17 샤워코롱(shower cologne)이 속하는 분류는?

① 세정용 화장품   ② 메이크업용 화장품
③ 모발용 화장품   ④ 방향용 화장품

해설 방향용 화장품에는 샤워코롱, 오데토일렛, 향수 등이 속한다.

정답	01	02	03	04	05	06	07	08
	①	③	②	③	②	④	④	④
	09	10	11	12	13	14	15	16
	④	②	①	①	③	③	④	④
	17							
	④							

2절 화장품 제조

1 화장품의 원료

1 화장품 원료의 사용기준

① 화장품 원료 기준(약칭:장원기)
② 대한민국화장품원료집(KCID)
③ 국제화장품원료집(ICID)
④ EU화장품원료집
⑤ 식품공전
⑥ 식품첨가물공전
⑦ 식품의약품안전처장이 인정한 공정서

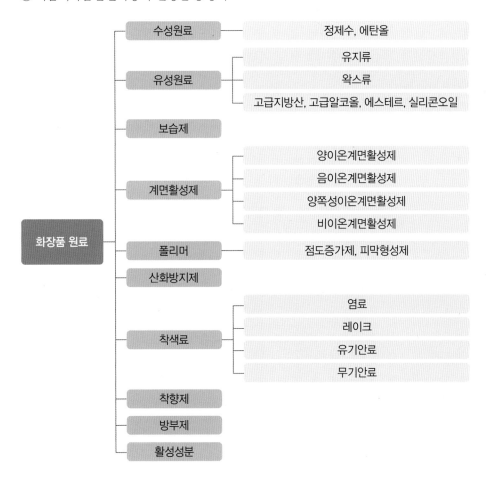

화장품 원료
- 수성원료 — 정제수, 에탄올
- 유성원료 — 유지류 / 왁스류 / 고급지방산, 고급알코올, 에스테르, 실리콘오일
- 보습제
- 계면활성제 — 양이온계면활성제 / 음이온계면활성제 / 양쪽성이온계면활성제 / 비이온계면활성제
- 폴리머 — 점도증가제, 피막형성제
- 산화방지제
- 착색료 — 염료 / 레이크 / 유기안료 / 무기안료
- 착향제
- 방부제
- 활성성분

2 수성원료

(1) 정제수(water, aqua, deionized water, purified water)

① 화장품의 주원료로서 성분함량이 가장 많음
② 화장품 제조 시 사용되는 물은 반드시 세균, 금속이온, 불순물이 제거된 정제수 사용
③ 모든 화장품의 기초 성분으로 사용, 피부에 촉촉함 부여
④ 정제수는 증류법, 이온교환법, 역삼투 방식 등으로 만들어짐

(2) 에탄올(ethanol, ethyl alcohol)

① 주정 또는 곡정이라고 함
② 무색, 무취의 휘발성을 지닌 투명액체로서 물 또는 유기용매와 잘 희석됨
③ 배합량이 높아질수록 살균 및 소독작용이 우수해짐
④ 청량감과 수렴효과를 가지고 있어 지성, 여드름 피부에 효과적
⑤ 화장품에는 주로 수렴, 청결, 살균, 가용화제, 건조촉진제 등으로 사용됨

3 유성원료

피부의 수분손실 조절, 흡수력·사용감촉 향상, 피부의 보호막 역할, 유해물질 침투 방지 효과

(1) 유지류(oil and fats)

① 식물성 유지류

식물의 꽃, 잎, 뿌리, 열매 등에서 추출, 인체에 자극이 적으며 안정성이 뛰어남

살구씨 오일 (apricot kernel oil)	• 비타민 A·E, 무기질 함유 • 건성, 노화, 민감, 염증성 피부에 적합	그레이프시드 오일 (grape seed oil)	• 항박테리아 효과 및 피부진정 효과
아보카도 오일 (avocado oil)	• 각종 비타민 및 레시틴 함유 • 세포막 구성 • 자외선 흡수효과 뛰어남, 노화 및 건성피부에 탁월	보리지 오일 (borage oil)	• 감마리놀렌산(GLA) 20% 함유 • 주름개선, 습진, 건선 등에 적합
카렌듈라 오일 (calendula oil)	• 상처치유 효과, 정맥류·습진·문제성 피부에 적합	호호바(조조바) 오일 (jojoba oil)	• 피부와의 친화성 우수, 쉽게 산화되지 않아 보존안전성 높음 • 피지 분비 조절, 상처 치유 효과 • 건선, 습진, 여드름에 좋음 • 상온에서 액체상태로 액체상 왁스에 속함
올리브 오일 (olive oil)	• 피부흡수력 우수 • 크림류 등에 사용 • 건성피부에 적합 • 피부 적용 시 엑스트라 버진 오일 사용	로즈힙 오일 (rose hip oil)	• 레티놀, 비타민 C 함유 • 세포재생, 화상치유, 노화억제 • 고급화장품 원료로 사용

케롯 오일 (carrot oil)	• β−카로틴, 비타민 A∼F 풍부 • 노화방지 탁월	아몬드 오일 (almond oil)	• 비타민 A·B, 미네랄 풍부 • 피부 연화작용, 진정작용 • 로션, 크림 등에 사용
맥아 윗점오일 (wheat germ oil)	• 비타민 E 다량 함유 • 천연 항산화제로서 재생효과 탁월 • 건성 및 노화피부, 건선 등에 적합	마카다미아 오일 (macadamia oil)	• 지방산의 조성이 피지와 유사, 피부흡수율 높음 • 건성 및 노화피부에 적합

② 동물성 유지류

동물의 조직이나 장기 등에서 추출, 피부친화력은 좋으나 산패가 쉬워 반드시 정제과정을 거친 후 사용, 알레르기 유발가능

밍크 오일 (mink oil)	• 밍크고래에서 추출 • 피부친화력이 뛰어나며 흡수율이 좋음 • 유아용 오일 등에 사용 • 재생효과 좋으나 여드름 유발 가능
스쿠알렌 (squalene)	• 상어 간에서 추출 • 퍼짐성이 좋으며 흡수율이 좋음
난황 오일 (egg yolk oil)	• 계란노른자에서 추출 • 천연 유화제로서 인지질, 비타민 A, 레시틴 다량 함유 • 피부재생, 진정 효과 우수 • 영양크림에 사용
에뮤 오일 (emu oil)	• 조류인 에뮤에서 추출 • 고급 불포화지방산으로만 구성 • 피부 친화력이 뛰어나며 재생, 보습, 상처치유, 염증완화, 노화방지 효과

③ 광물성 유지류

석유에서 추출, 쉽게 변질되지 않으며 무색, 무취

유동파라핀 (liquid paraffin oil)	• 미네랄 오일이라고도 함 • 안정성이 높고 가격이 저렴 • 주로 클렌징 제품류, 마사지크림, 보습제 등에 사용
바세린 (vaseline)	• 접착성 및 수분 증발 억제 효과 • 화장품에 유성성분으로 많이 사용

(2) 왁스류(wax esters)

① 상온에서 고체의 형태인 유성성분
② 화장품의 굳기조절, 광택부여, 사용감촉 증가 효과

식물성 왁스류	호호바(조조바) 오일 (jojoba oil)	• 호호바 씨에서 추출 • 상온에서 액체상태로 액체상 왁스에 속함 • 피부 친화성이 우수하며 쉽게 산화되지 않아 보존안정성 높음 • 피지분비조절, 상처치유 효과
	칸데릴라 왁스 (candelilla wax)	• 스틱 화장품류에 광택 부여 및 내온성 증가 효과
	카르나우바 왁스 (carnauba wax)	• 가장 단단한 형태의 왁스류 • 스틱 화장품류에 광택 부여 및 내온성 증가 효과
동물성 왁스류	라놀린 (lanolin)	• 양모에서 추출 • 피부에 대한 친화력과 물을 함유하는 성질 우수 • 보습효과와 유연한 사용촉감 부여로 다양한 화장품류에 사용됨 • 피부 알러지 유발 가능
	밀랍 (bees wax)	• 벌집에서 추출 • 유연한 사용촉감 부여 • 립스틱, 마스카라 등의 스틱상 제품에 주로 사용 • 피부 알러지 유발 가능

(3) 고급지방산(higher fatty acids)

① 천연의 유지와 밀랍 등에 포함되어 있는 에스테르 화합물을 분해하여 얻음
② 화장품 사용시 유지, 밀납, 탄화수소 등의 유성성분들과 혼합하여 사용

팔미트산 (palmitic acid)	• 무취의 흰색 밀랍모양의 고체 지방산 • 팜유에서 얻어짐 • 크림, 유액 등의 유성원료로 사용
라우릭산 (lauric acid)	• 천연계면활성제로서 팜핵유, 야자유 등에서 추출 • 상온에서 액체 형태로 존재 • 안정성이 높고 풍부한 거품 상태로 화장비누, 클렌징폼 등 세안 화장품류에 사용
미리스틱산 (myristic acid)	• 팜유에서 가수분해하여 얻음 • 상온에서 하얀색 고체 형태로 존재 • 뛰어난 세정력을 지니고 있어 세안 화장품류에 사용
스테아린산 (stearic acid)	• 동물성 지방에서 추출 • 화장품에 널리 사용되어지는 점증제, 유화제의 하나

(4) 고급알코올(higher alcohol)
① 천연의 유지 또는 왁스, 석유 등에서 합성하여 얻음
② 유화제품의 유화안정보조제로 사용됨

세틸 알코올 (cetyl alcohol)	• 세탄올(cetanol)이라고도 하며 고체상태의 고급알코올 • 화장품에서 점증제, 유화안정보조제 등으로 사용
스테아릴 알코올 (stearyl alcohol)	• 친유성이 강하며 유화성이 탁월한 고체 상태의 고급알코올 • 화장품에서 점증제, 유화안정보조제 등으로 사용
이소스테아릴 알코올 (isostearyl alcohol)	• 액상 형태의 유성원료 • 열안정성과 산화안정성이 우수

(5) 에스테르(ester)
고급지방산과 알코올에서 물을 제거할 때 생성되며 피부를 보호하고 유연성 부여

이소프로필미리스테이트 (IPM, isopropyl myristate)	• 투명한 무색의 정제된 액체 상태이며 사용감이 가벼움 • 화장품 성분간의 결합체 또는 색소분산제로 사용됨
이소프로필팔미테이트 (IPP, isopropyl palmitate)	• 이소프로필미리스테이트와 비슷한 성질을 지님 • 주로 유연제, 보습제 등으로 사용됨

(6) 실리콘오일(silicone oil)
발수성이 탁월하고 끈적임이 없어 사용감이 가벼우며, 광택이 우수하여 화장품에 널리 사용됨
> 예 메틸페닐폴리실록산(methylphenylpolysiloxane), 디메티콘(dimethicone), 사이클로메티콘(cyclomethicone) 등

4 보습제(humectants)

(1) 보습제의 특징
① 건조하고 각질이 일어나는 피부를 진정시키고, 피부를 부드럽고 매끄럽게 하는 성분
② 흡수성이 높은 수용성 물질로서, 외부 환경에 의해 흡습력의 영향을 받지 않아야 함
③ 적절한 보습능력을 갖추어야 하며, 다른 성분과 혼용성이 좋아야 함
④ 점도가 적정해야 하며, 응고점이 낮아야 함

(2) 보습제의 종류
① 에몰리엔트(emollient) : 피부표면에 얇은 막을 형성하여 수분 증발방지 및 촉촉함 부여
> 예 오일 및 왁스 등
② 폴리올(polyol) : 공기 중의 수분을 끌어당겨 보습 효과를 줌

글리세린 (glycerin, glycerol)	• 가장 오랫동안 사용되어진 보습제 • 동·식물 오일에서 비누 또는 지방산을 만들 때 얻어짐
디프로필렌글리콜 (dipropylene glycol)	• 무색, 무취의 끈적임이 적은 보습제 • 주로 로션, 크림류에 사용됨
부틸렌글리콜 (1.3-butylene glycol)	• 무색, 무취의 끈적임이 적은 보습제 • 항균효과를 가지고 있어 인체에 안정적임
폴리에틸렌글리콜 (polyethylene glycol)	• 무색, 무취의 화합물 형태의 보습제 • 주로 로션, 크림류에 사용됨
솔비톨 (sorbitol)	• 사과, 복숭아 등 과즙에서 얻어지며 인체에 안정성이 우수함 • 백색, 무취의 고체 형태로 보습력이 탁월함 • 고가의 로션이나 크림 등의 화장품에 흡습제로 사용

③ 모이스춰라이져(moisturizer) : 피부에 직접적인 수분공급 및 유지

천연보습인자 (N.M.F, natural moisturizer factor)	• 수용성 보습제로서 각질층에 존재 • 탁월한 수분보유력에 의해 피부의 수분이 외부로 증발되는 것을 막아줌 • 아미노산, 젖산, 피롤리돈카르본산염, 요소로 구성
콜라겐 (collagen)	• 뛰어난 보습 효과를 지님 • 분자량이 커서 피부에 흡수되지 않는 고분자 형태의 보습제
히알루론산 (hyaluronic acid)	• 인체의 결합조직 내에 존재하는 보습제 • 결합조직 내에 수분 유지, 윤활성, 유연성, 세균감염 방지 효과 부여 • 닭 벼슬 등에서 추출하였으나 발효법에 의한 대량생산으로 저렴하게 사용 가능

5 계면활성제(surfactant)

(1) 계면활성제의 특징

① 두 물질의 경계면에 흡착해 성질을 변화시키고, 소량의 기름을 물에 녹이거나 또는 고체 입자를 물에 균일하게 분산시키는 물질
② 계면활성제는 한 분자 내에 둥근 머리모양의 친수성기와 막대모양의 소수성기(친유성기)를 가짐
③ 계면을 활성화시키는 물질로서 '표면활성제'라고도 함
④ 피부에 대한 자극정도는 양이온성 〉 음이온성 〉 양쪽성이온 〉 비이온성의 순으로 감소

(2) 계면활성제의 종류

종류	기능	주요용도
양이온 계면활성제 (cationic surfactant)	• 역성비누라고도 함 • 물에 용해될 때, 친수기 부분이 양이온으로 해리되는 계면활성제 • 살균 및 소독 작용 뛰어남 • 정전기 방지	• 헤어린스, 헤어컨디셔너 • 트리트먼트 • 살균비누 • 정전기 방지제
음이온 계면활성제 (anionic surfactant)	• 물에 용해될 때, 친수기 부분이 음이온으로 해리되는 계면활성제 • 세정력 및 기포력 우수	• 비누, 샴푸, 바디클렌져 • 치약
양쪽성이온 계면활성제 (amphoteric surfactant)	• 물에 용해될 때, 친수기에 양이온과 음이온을 동시에 갖는 계면활성제 • 세정력 및 기포력 약함 • 피부자극과 독성이 거의 없음	• 유아·어린이용 제품 및 저자극성 제품
비이온 계면활성제 (nonionic surfactant)	• 물에 용해될 때, 이온으로 해리되지 않는 수산기, 에테르결합, 에스테르 등을 분자 중에 갖고 있는 계면활성제 • 기포조정제 • 안정성, 유화력 우수 • 피부자극이 가장 적음	• 헤어크림, 트리트먼트 • 기초 화장품류 • 가용화제, 유화제, 세정제

6 폴리머(polymer)

화장품 제조 시 점도증가제, 피막형성제로 주로 이용되며, 보습제 및 계면활성제로도 일부 사용됨

점도증가제 (점증제, thickening agents)	• 화장품에 점도를 유지하거나 제품의 안정성을 유지하기 위한 성분 • 제품의 질감, 사용성, 안전성에 중요한 영향을 미침 • 구아검, 잔탄검, 젤라틴, 메틸셀룰로오스, 알긴산염, 폴리비닐알코올, 벤토나이트 등
피막형성제 (피막제, film formers)	• 도포 후 시간이 경과되면 굳게 되는 성질을 가짐 • 아이라이너, 마스카라, 팩, 네일 에나멜, 헤어 스타일링 제품 등에 사용 • 폴리비닐알코올, 폴리비닐피롤리돈, 니트로셀룰로오스, 고분자 실리콘 등

7 산화방지제(보존제, antioxidants)

(1) 산화방지제의 특징

① 화장품의 성분이 공기와 닿아 산화되는 것을 억제하여 제품의 산패 방지 또는 지연시키는 성분
② 화장품의 품질, 보존 및 안전성 유지에 중요한 역할을 함

(2) 산화방지제의 종류

천연산화방지제	토코페롤(tocopherol), 레시틴(lecithin), 비타민 C(ascorbic acid) 등
합성산화방지제	부틸히드록시툴루엔(Butyl Hydroxy Toulene : BHT), 부틸히드록시아니솔(Butyl Hydroxy Anisole : BHA) 등
산화방지보조제	인산, 구연산, 말레인산, 피탄산 등

8 착색료(coloring material)

(1) 착색료의 특징

① 화장품의 색소를 나타내기 위해 사용되며 주로 메이크업용 화장품에 사용됨
② 화장품 원료로 사용 시 인체에 무해해야 하며 식품의약품안전처 고시에 지정된 색소만 사용 가능

(2) 착색료의 종류

염료 (dye)	• 물과 오일에 녹는 염료로서, 주로 화장수, 크림, 샴푸, 헤어오일 등 색상을 부여하기 위해 사용 • 아조계 염료, 잔틴계 염료, 안트라퀴논계 염료 등이 있음
레이크 (lake)	• 물에 용해되기 어려운 유기색소를 칼슘 등의 금속염과 흡착시켜 불용화시킨 안료 • 립스틱, 네일 에나멜 등에 안료와 함께 사용되며 사용 전 충분한 안정성 실험 필요
유기안료 (organic pigment)	• 물과 오일 등의 용제에 녹지 않는 유색의 분말 • 색상의 선명도가 뛰어나며 화려하고 착색력이 우수함 • 빛, 산, 알칼리에 약함 • 립스틱, 블러셔 등의 메이크업 화장품에 사용
무기안료 (inorganic pigment)	• 유기용매에 녹지 않는 색소로 주로 마스카라에 사용됨 • 색상이 화려하진 않지만 커버력과 선명도가 높은 반면 착색력은 떨어짐 • 내광성, 내열성이 우수하며, 산과 알칼리에 강함 • 체질안료 : 하얀색의 미세한 분말 ⓔ 탈크, 카오린, 마이카 등 • 착색안료 : 색채의 명암 조절 ⓔ 산화철류, 산화크롬 등 • 백색안료 : 커버력 결정 ⓔ 산화아연, 이산화티탄 등

9 착향제(향료)

화장품에 향을 내거나 첨가되는 원료가 가지고 있는 향을 중화하기 위한 성분

천연향료	• 식물성 향료 : 식물의 뿌리, 줄기, 잎, 꽃 등에서 추출하며 독성을 지니고 있어 피부에 자극 및 알레르기 유발 가능성 가지고 있음 • 동물성 향료 : 동물의 생식선이나 분비물 등에서 채취하며 사향(사향노루), 영모향(사향고양이), 용연향(고래), 해리향(바다삵) 등이 있음
합성향료	• 정유 및 석유, 유지 등을 기본 원료로 하여 화학적으로 합성한 향료 • 벤젠계, 테르펜계, 인조사향계로 나뉨
조합향료	• 천연향료와 합성향료를 배합하거나 다른 종류의 합성향료를 배합한 향료

10 방부제(preservative)

화장품 사용 시 미생물에 의한 변질 방지 및 박테리아·세균 등의 성장을 억제 및 방지 성분

(1) 방부제의 종류

파라벤류 (parabens)	• 화장품에 가장 일반적으로 사용되는 항균력이 높은 방부제 • 무취에 인체에 대한 독성이 적고 안정성이 높음 • 파라옥시안식향산메틸, 파라옥시안식향산프로필, 파라옥시안식향산에틸, 파라옥시안식향산부틸
이미디아졸리디닐 우레아 (imidazolidinyl urea)	• 무색, 무취이며 열에 약하여 낮은 온도의 제조 공정시 혼합됨 • 박테리아에 대한 항균력은 높지만 곰팡이에 대한 항균력은 약함
페녹시에탄올 (phenoxyethanol)	• 주로 메이크업 화장품류의 방부제로 사용됨 • 박테리아나 곰팡이에 대해 방부 효과 있음 • 사용시 파라벤과 같이 사용되며 1%로 사용농도가 제한되어 있음
에틸렌디아민테트라 아세트산 (EDTA, ethylenediaminetetra acetic acid)	• 색소를 안정화시키고 방부제 효과를 상승시켜주는 기능 • 그람음성 박테리아에 항균력 높음

(2) 방부제가 갖추어야 할 조건
① pH(수소이온농도지수) 변화에도 방부력에 변화가 없어야 함
② 무취, 무색, 무자극이어야 함
③ 화장품 원료들 배합 시 다른 성분들과 잘 용해되어야 함
④ 다른 성분들과 배합 시 효과의 변화가 없어야 함

11 활성(유효)성분

(1) 건성용 : 수분공급, 보습효과

콜라겐 (collagen)	• 3중 나선 구조로 이루어진 고분자 단백질 • 보습 효과가 탁월하나 열과 자외선에 약함 • 과거에는 소나 돼지에서 추출하였으나 부작용 우려로 최근 식물에서 추출
엘라스틴 (elastin)	• 수분증발 억제 효과로 피부에 촉촉함과 유연성 부여 • 과거 및 현재의 추출 방법은 콜라겐과 동일함
히알루론산 (hyaluronic acid)	• 가장 일반적으로 많이 사용되어지는 보습제 • 자체 질량의 수천 배의 수분 흡수로 탁월한 보습효과 부여 • 닭 벼슬 등에서 추출하였으나 발효법에 의한 대량생산으로 저렴하게 사용
세라마이드 (ceramide)	• 각질 세포들의 점착제 역할을 하는 세포간 지질의 주성분 • 외부의 유해 물질 침투 방지 및 수분 증발 억제
솔비톨 (sorbitol)	• 고가의 보습제로서 보습력은 우수하나 끈적임이 있음 • 사과, 복숭아 등 과즙에서 얻어지며 인체에 안정성이 우수함

(2) 지성·여드름·각질제거용 : 피지조절 및 항균, 각질제거

클레이 (clay)	• 피지 흡착기능 탁월 • 카올린, 벤토나이트 등이 있음
캠퍼 (camphor)	• 사철나무에서 추출하며 수렴, 피지조절, 항염·방부 효과 우수 • 여드름 피부에 적합
유황 (sulfur)	• 피지조절, 항균, 방부 효과 탁월 • 주로 지성·여드름 팩제에 사용
위치하젤 (witch hazel)	• 하마멜레스 나무에서 추출 • 천연 수렴제로서 방부, 항균, 상처치유, 염증완화 효과, 민감성 피부에 효과적
아줄렌 (azulene)	• 카모마일에서 추출한 식물성 오일 • 상처치유, 항염증, 진정효과 우수
티트리 (tea tree)	• 천연 식물성 오일 • 피지조절, 항균, 방부 효과 탁월
AHA (Alpha-Hydroxy Acid)	• 과일이나 우유에서 추출 • 글리콜릭산, 사과산, 젖산, 주석산, 구연산 등의 천연산으로 이루어짐 • 피부에 약간의 자극은 있으나 각질 제거, 보습 효과, 피부 재생 효과 탁월
BHA (Beta-Hydroxy Acid)	• 지용성 성분 함유로 지성피부의 각질제거에 용이함 • 지성 및 여드름 피부의 각질 및 피지제거에 효과적

(3) 민감성용 : 상처 치유, 모세혈관 강화, 염증 및 가려움증 완화

비타민 P (vitamin P)	• 메밀에 함유 • 모세혈관 강화, 순환촉진, 항균작용, 비타민 C 기능 보강 효과
비타민 K (vitamin K)	• 혈액응고를 촉진하는 비타민 • 모세혈관을 탄력있게 해줌
알파–비사보롤 (alpha–bisabolol)	• 저먼 카모마일의 주성분 • 상처치유, 항염, 가려움증 완화 효과
알란토인 (allantoin)	• 상처 치유 효과 및 알레르기 반응 억제

(4) 탄력 및 주름개선용

비타민 A (레티놀, retinol)	• 레티노이드(retinoid)이라고도 함 • 주름개선 효과 및 탄력, 재생효과 탁월
비타민 E (토코페롤, tocopherol)	• 염증억제 효과로 표피세포 손상 예방 및 재생촉진, 활성산소 제거
콜라겐 (collagen)	• 고분자 단백질 • 보습효과가 우수하여 피부주름 예방
인삼 (ginseng extract)	• 세포기능 활성화 및 세포재생 촉진, 노화예방
플라센타 (plasenta extract)	• 태반추출물 • 신진대사 및 재생촉진 기능
로얄젤리추출물 (royal jelly extract)	• 피부면역 강화 및 세포재생 효과 탁월
아데노신 (adenosin)	• 섬유세포의 증식 촉진, 피부 세포의 활성화, 콜라겐 합성, 피부탄력과 주름 예방

(5) 미백용

비타민 C (vitamin C)	• 아스코르빈산이라고도 함 • 가장 대표적인 멜라닌 생성 억제 성분으로 안정성이 높음
알부틴 (arbutin)	• 월귤나무과에서 추출 • 독성이 없어 인체에 안정적으로 티로시나제의 활성 효소 억제
코직산 (kojic acid)	• 누룩산이라고도 함 • 누룩에서 추출 • 티로시나제의 활성효소 억제 • 화장품에 2%로 제한적 사용 가능

닥나무추출물 (broussonetia)	• 티로시나제의 활성효소 억제
감초추출물 (glabridin)	• 항알레르기, 소염, 상처치유 효과 • 티로시나제의 활성효소 억제
상백피 (mori cortex)	• 뽕나무에서 추출 • 티로시나아제의 활성효소 억제
알파-비사보롤 (alpha-bisabolol)	• 저먼 카모마일에서 추출 • 티로시나제의 활성효소 억제, 천연 미백원료
나이아신아마이드 (niacinamide)	• 멜라닌이 멜라노사이트에서 각질형성세포로 넘어가는 단계 억제
AHA (Alpha-Hydroxy Acid)	• 표피의 각질세포를 벗겨내 멜라닌색소를 제거
하이드로퀴논 (hydroquinone)	• 멜라닌세포 자체 사멸 • 백반증 등의 부작용 유발로 의약품에만 2%내로 사용됨

2 화장품의 제조기술

1 가용화(solubilization)

① 계면활성제에 의해 물에 녹기 어려운 오일성분과 물이 투명하게 용해되어 있는 상태
② 계면활성제에 의해 오일성분 주위에 가시광선 파장보다 매우 작은 집합체를 형성하는 미셀(micelle)형성 작용으로 빛이 투과되어 투명하게 보임
③ 화장수, 헤어토닉, 향수 등이 대표적인 가용화 제품에 속함

2 분산(dispersion)

① 디스퍼(disper)나 프로펠러믹서(propeller mixer) 분산기가 이용됨
② 계면활성제에 의해 물 또는 오일성분에 미세한 고체 입자가 균일하게 혼합된 상태
③ 주로 메이크업용 제품 제조에 이용되며 립스틱, 파운데이션, 마스카라 등이 대표적인 제품에 속함

3 유화(emulsion)

(1) 유화의 특징

① 호모믹서(homo mixer) 유화기가 이용됨
② 서로 섞이지 않는 액체에 계면활성체 등을 넣거나 하여 한쪽의 액체(내상)를 다른 쪽의 액체(외상) 가운데로 미세하게 분산시켜 안정한 에멀젼을 만드는 기술

③ 계면활성제에 의해 서로 섞이지 않는 물과 오일성분을 섞어 우유빛 불투명한 백탁화가 된 상태
④ 로션류, 크림류

(2) 유화 타입에 따른 종류

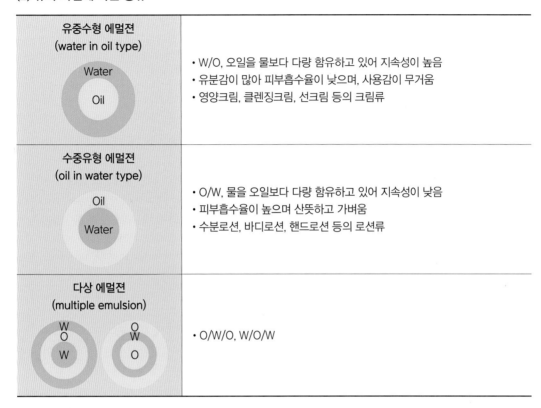

유중수형 에멀젼 (water in oil type) Water Oil	• W/O, 오일을 물보다 다량 함유하고 있어 지속성이 높음 • 유분감이 많아 피부흡수율이 낮으며, 사용감이 무거움 • 영양크림, 클렌징크림, 선크림 등의 크림류
수중유형 에멀젼 (oil in water type) Oil Water	• O/W, 물을 오일보다 다량 함유하고 있어 지속성이 낮음 • 피부흡수율이 높으며 산뜻하고 가벼움 • 수분로션, 바디로션, 핸드로션 등의 로션류
다상 에멀젼 (multiple emulsion) W O O W W O	• O/W/O, W/O/W

(3) 유화 형태를 판별하기 위한 방법

희석법	W/O형은 오일(기름)에 희석되며 물과 잘 섞이면 O/W형으로 판별
전기전도도법	전기저항의 차이를 이용한 판별법이며 O/W형이 W/O형에 비해 전기전도도가 수백배 큼
색소첨가법	에멀젼에 수용성 염료가 용해되면 O/W형, 유성 염료가 용해되면 W/O형으로 판별

01 다음 중 여드름의 발생 가능성이 가장 적은 화장품 성분은?

① 호호바 오일

② 라놀린

③ 미네랄 오일

④ 이소프로필팔미테이트

해설 호호바 오일은 피부의 피지의 성분과 유사하고 수분함량이 높은 오일로 여드름 피부에 사용 가능한 천연 식물성 오일이다.

02 캐리어 오일 중 액체상 왁스에 속하고, 인체 피지와 지방산의 조성이 유사하여 피부친화성이 좋으며, 다른 식물성 오일에 비해 쉽게 산화되지 않아 보존안정성이 높은 것은?

① 아몬드 오일(almond oil)

② 호호바 오일(jojoba oil)

③ 아보카도 오일(avocado oil)

④ 맥아 오일(wheat germ oil)

해설 호호바 오일(jojoba oil)은 안정성이 높아 보존이 용이하며, 인체의 피지성분과 유사하여 피부친화성이 높은 액체 왁스형태의 식물성 오일이다.

03 화장품 성분 중에서 양모에서 정제한 것은?

① 바셀린　　　　② 밍크 오일

③ 플라센타　　　　④ 라놀린

해설 라놀린은 양모에서 정제하여 추출하며 피부에 유연한 사용촉감 및 보습효과 성분으로 사용된다.

04 보습제가 갖추어야 할 조건이 아닌 것은?

① 다른 성분과 혼용성이 좋을 것

② 휘발성이 있을 것

③ 적절한 보습능력이 있을 것

④ 응고점이 낮을 것

해설 보습제는 각질층의 보습능력을 부여하므로 휘발성이 있을 시 오히려 수분이 감소된다.

05 다음 중 피부에 수분을 공급하는 보습제의 기능을 가지는 것은?

① 계면활성제　　　② 알파-히드록시산

③ 글리세린　　　　④ 메틸파라벤

해설 글리세린은 대표적인 보습제로서 피부에 수분공급 효과를 지닌다.

06 계면활성제에 대한 설명으로 옳은 것은?

① 계면활성제는 일반적으로 둥근 머리모양의 소수성기와 막대꼬리모양의 친수성기를 가진다.

② 계면활성제의 피부에 대한 자극은 양쪽성이온 〉 양이온 〉 음이온 〉 비이온의 순으로 감소한다.

③ 비이온 계면활성제는 피부자극이 적어 화장수의 가용화제, 크림의 유화제, 클렌징크림의 세정제 등에 사용된다.

④ 양이온 계면활성제는 세정작용이 우수하여 비누, 샴푸 등에 사용된다.

해설 • 계면활성제는 둥근 머리모양의 친수성기와 막대모양의 소수성기(친유성기)을 가진다.
　• 피부에 대한 자극은 양이온 〉 음이온 〉 양쪽성이온 〉 비이온의 순으로 감소한다.
　• 음이온 계면활성제는 세정작용이 우수하여 비누, 샴푸 등에 사용한다.

07 세정작용과 기포형성작용이 우수하여 비누, 샴푸, 클렌징폼 등에 주로 사용되는 계면활성제는?

① 양이온 계면활성제

② 음이온 계면활성제

③ 비이온 계면활성제

④ 양쪽성이온 계면활성제

해설 음이온 계면활성제는 세정작용 및 기포형성이 우수하여 비누, 샴푸, 클렌징폼 등의 제품에 사용된다.

08 팩에 사용되는 주성분 중 피막제 및 점도증가제로 사용되는 것은?

① 카올린(kaolin), 탈크(talc)

② 폴리비닐알코올(PVA), 잔탄검(xanthan gum)

③ 구연산나트륨(sodium citrate), 아미노산류(amino acids)

④ 유동파라핀(liquid paraffin), 스쿠알렌(squalene)

해설 피막제 및 점도증가제로 폴리비닐알코올(PVA), 잔탄검(xanthan gum), 젤라틴(gelatin) 등이 있다.

09 화장품 성분 중 무기안료의 특성은?

① 내광성, 내열성이 우수하다.

② 선명도와 착색력이 뛰어나다.

③ 유기용매에 잘 녹는다.

④ 유기안료에 비해 색의 종류가 다양하다.

해설 무기안료는 유기용매에 잘 녹지 않으며, 색상이 화려하지 않고 착색력이 떨어진다.

10 색소를 염료(dye)와 안료(pigment)로 구분할 때 그 특징에 대해 잘못 설명되어진 것은?

① 염료는 메이크업 화장품을 만드는데 주로 사용된다.

② 안료는 물과 오일에 모두 녹지 않는다.

③ 무기안료는 커버력이 우수하고 유기안료는 빛, 산, 알칼리에 약하다.

④ 염료는 물이나 오일에 녹는다.

해설 염료는 물이나 오일에 녹아 메이크업 화장품에는 사용하지 않는다.

11 다음 중 화장품에 사용되는 주요 방부제는?

① 에탄올

② 벤조산

③ 파라옥시안식향산메틸

④ BHT

해설 화장품에 사용되는 주요 방부제로는 파라옥시안식향산메틸, 파라옥시안식향산프로필, 이미다아졸리디닐우레아 등이다.

12 여드름 피부용 화장품에 사용되는 성분과 가장 거리가 먼 것은?

① 살리실산 ② 글리콜릭산

③ 아줄렌 ④ 알부틴

해설 알부틴은 미백화장품에 사용되는 성분이다.

13 각질제거용 화장품에 주로 쓰이는 것으로 죽은 각질을 빨리 떨어져 나가게 하고 건강한 세포가 피부를 구성할 수 있도록 도와주는 성분은?

① 알파-히드록시산 ② 알파-토코페롤

③ 라이코펜 ④ 리포좀

해설 알파-히드록시산(AHA)은 피부에 불필요한 각질을 화학적 방법으로 제거할 수 있는 성분이다.

14 진달래과의 월귤나무의 잎에서 추출한 하이드로퀴논 배당체로 멜라닌 활성을 도와주는 티로시나아제 효소의 작용을 억제하는 미백화장품의 성분은?

① 감마-오리자놀 ② 알부틴

③ AHA ④ 비타민 C

해설 알부틴은 멜라닌의 합성과정에서 티로시나아제 효소의 작용을 억제하여 티로신이 도파로 생성되는 것을 막아주어 색소를 개선하는 미백화장품 성분이다.

15 미백화장품에 사용되는 원료가 아닌 것은?

① 알부틴 ② 코직산

③ 레티놀 ④ 비타민 C 유도체

해설 레티놀은 주름개선화장품에 사용되는 원료이다.

16 유아용 제품과 저자극성 제품에 많이 사용되는 계면활성제에 대한 설명 중 옳은 것은?

① 물에 용해될 때, 친수기에 양이온과 음이온을 동시에 갖는 계면활성제

② 물에 용해될 때, 이온으로 해리하지 않는 수산기, 에테르결합, 에스테르 등을 분자 중에 갖고 있는 계면활성제

③ 물에 용해될 때, 친수기 부분이 음이온으로 해리되는 계면활성제 음이온

④ 물에 용해될 때, 친수기 부분이 양이온으로 해리되는 계면활성제 양이온

해설 유아용 제품과 저자극성 제품에 많이 사용되는 계면활성제는 친수기와 친유기를 함께 갖는 양쪽성이온 계면활성제이다.

17 계면활성제에 대한 설명 중 잘못된 것은?

① 계면활성제는 계면을 활성화시키는 물질이다.
② 계면활성제는 친수성기와 친유성기를 모두 소유하고 있다.
③ 계면활성제는 표면장력을 높이고 기름을 유화시키는 등의 특징을 가지고 있다.
④ 계면활성제는 표면활성제라고도 한다.

해설 계면활성제는 표면장력을 낮추어 표면을 활성화시키는 표면활성제이다.

18 아하(AHA)의 설명이 아닌 것은?

① 각질제거 및 보습기능이 있다.
② 글리콜릭산, 젖산, 사과산, 주석산, 구연산이 있다.
③ 알파 하이드록시카프로익에시드(alpha hydroxycaproic acid)의 약어이다.
④ 피부와 점막에 약간의 자극이 있다.

해설 AHA는 알파 히드록시산(Alpha Hydroxy Acid)의 약어이다.

19 다음 중 물에 오일성분이 혼합되어 있는 유화 상태는?

① O/W 에멀젼　　② W/O 에멀젼
③ W/S 에멀젼　　④ W/O/W 에멀젼

해설 • O/W : 수중유형 에멀젼
• W/O : 유중수형 에멀젼
• W/O/W : 다상 에멀젼

20 화장품 제조의 3가지 주요기술이 아닌 것은?

① 가용화기술　　② 유화기술
③ 분산기술　　　④ 용융기술

해설 화장품 제조기술에는 가용화, 분산, 유화가 있다.

21 화장품의 제형에 따른 설명이 틀린 것은?

① 유화제품 – 물에 오일성분이 계면활성제에 의해 우유빛으로 백탁화 된 상태의 제품
② 유용화제품 – 물에 다량의 오일성분이 계면활성제에 의해 현탁하게 혼합된 상태의 제품
③ 분산제품 – 물 또는 오일 성분에 미세한 고체 입자가 계면활성제에 의해 균일하게 혼합된 상태의 제품
④ 가용화제품 – 물에 소량의 오일성분이 계면활성제에 의해 투명하게 용해되어 있는 상태의 제품

해설 화장품 제형에 따라 유화제품, 분산제품, 가용화 제품이 있다.

22 아래에서 설명하는 유화기로 가장 적합한 것은?

> • 크림이나 로션 타입의 제조에 주로 사용된다.
> • 터빈형의 회전날개를 원통으로 둘러싼 구조이다.
> • 균일하고 미세한 유화입자가 만들어진다.

① 디스퍼(disper)
② 호모믹서(homo mixer)
③ 프로펠러믹서(propeller mixer)
④ 호모게나이져(homogenizer)

해설 호모믹서(homo mixer)는 유화기이며 디스퍼(disper), 프로펠러믹서(propeller mixer), 호모게나이져(homogenizer)는 분산기이다.

23 다음 중 아래 설명에 적합한 유화 형태의 판별법은?

> 유화 형태를 판별하기 위해서 물을 첨가한 결과 잘 섞여 O/W형으로 판별되었다.

① 전기전도도법　　② 희석법
③ 색소첨가법　　　④ 질량분석법

해설 유화 형태를 판별하기 위한 방법으로 희석법, 전기전도도법, 색소첨가법, 염색법이 있다.

정답	01	02	03	04	05	06	07	08
	①	②	④	②	③	③	②	②
	09	10	11	12	13	14	15	16
	①	①	③	④	①	②	③	①
	17	18	19	20	21	22	23	
	③	③	①	④	②	②	②	

3절 화장품의 종류와 기능

1 기초 화장품

1 기초화장품의 정의
① 피부를 청결하게 보호하고 건강한 피부를 유지하기 위하여 사용하는 물품
② 피부가 정상적인 기능을 수행할 수 있도록 도와주는 화장품

2 기초 화장품의 사용목적
① 피부에 노폐물, 불필요한 각질, 메이크업 잔여물 등의 제거를 위한 세정 효과
② 피부에 수분과 유분, 영양 공급
③ 피부 pH밸런스 조절 및 정돈
④ 피부의 수분 손실 방지 및 보호

3 피부유형별 기초화장품 선택
① **건성피부** : 유·수분 분비의 불균형으로 피부 표면에 주름이 생성되기 쉬운 피부 유형이므로 유·수분 함량이 높은 제품 선택
② **지성피부** : 피부의 피지 분비가 과도하게 분비되는 피부 유형이므로 수분함유량이 높은 제품을 선택
③ **정상피부** : 피부 유·수분이 적당히 분비되는 유형으로 밸런스 유지 및 피부 기능을 정상적으로 유지할 수 있도록 신경 써야 함

> **참고**
> 기초화장품 사용 시 저녁을 제외한 시간대에는 마무리 단계에서 모든 피부에 자외선 차단제를 발라줌

4 기초 화장품의 종류
(1) 세안용 기초 화장품
과도하게 분비된 피지, 노폐물, 불필요한 각질, 메이크업 잔여물 등을 제거하는 클렌저로 혈액순환 촉진 및 제품 흡수율을 높임

계면활성제형 세안제	비누	• 알칼리성을 띄는 제품으로 세정작용을 가짐 • 사용 후 건조·당김 심함 • 메디케이티드 비누 : 소염제를 배합한 제품 • 중화법과 검화법 제조방법으로 얻어짐
	클렌징폼	• 거품이 풍성하며 자극이 적은 수성 세제 • 모든 피부 적합

유성형 세안제	클렌징젤	• 옅은 화장을 지울 때 용이한 수성용과 짙은 화장을 지울 때 적합한 유성용이 있음 • 세정력이 우수하며 자극이 적어 지성·여드름 피부나 남성피부에 적합
	클렌징워터	• 가벼운 화장 제거 시 용이한 가용화 세정용화장수 • 끈적임이 없으며 지성 피부에 적합
	클렌징오일	• 짙은 메이크업 제거 시 적합 • 친수성 타입의 제품으로 O/W형의 세안제 • 자극이 적어 건성, 노화, 민감성 피부에 사용
	클렌징로션	• 수분을 다량 함유하고 있는 친수성 밀크 타입 클렌저 • 사용감이 가볍고 부드러움, 옅은 화장을 지울 때 적합, 이중세안이 필요 없음 • 민감성, 건성, 노화 피부에 적합
	클렌징크림	• 광물성 오일이 40~50% 정도 높게 차지하고 있는 W/O형의 세안제 • 짙은 메이크업이나 피지·기름때와 같은 오염물질을 닦아내는 데에 효과적임 • 정상·건성 피부에 적합
각질제거제	페이셜스크럽	• 알갱이를 포함한 각질제거제로 도포 후 문질러 불필요한 각질을 제거하는 물리적 각질제거제 • 피부 타입에 따라 주 1~2회, 1회 3분 이내로 가볍게 문질러 사용
	고마쥐	• 도포 후 근육결 방향대로 밀어서 제거하는 물리적 각질제거제
	효소	• 파파인, 트립신 등 단백질 분해 효소에 의한 화학적 각질제거제 • 민감 피부 사용 가능
	AHA	• 젖산, 구연산 등 천연 과일산을 이용하여 각질을 녹이는 화학적 각질제거제

(2) 피부정돈용 기초 화장품
① 화장수, 토너, 토닉 로션이라고도 하며 투명하거나 반투명한 액상 제품
② 불균형해진 피부에 수분 공급, pH 조절, 피부 정돈 효과 부여

유연화장수	• 피부의 각질층을 촉촉하고 유연하게 해줌 • 다음 단계의 화장품 흡수 용이 • 약알칼리성화장수, 중성화장수, 약산성화장수 • 스킨로션, 스킨소프트너, 스킨토너 등
수렴화장수	• 피부에 수분 공급, 모공 축소, 피지나 땀의 분비를 억제 • 알코올 함량이 높아 피부 건조 및 예민 유발, 지성·여드름 피부에 적합 • 주로 약산성 화장수로 세균침입에 의한 피부 보호 • 토닝 로션, 아스트리젠트라 함

(3) 피부보호용 기초 화장품

① 피부에 수분, 유분, 영양 공급 및 항상성을 유지해주는 화장품
② 유분막에 의한 외부자극으로부터의 피부보호

유액	• 에멀전이라고도 하며, 여름철, 지성피부에 적합 • 수분 함량 60~80%, 유분 함량 30% 이하로 피부흡수율이 높음 • W/O형 : 탁월한 보습 효과 • O/W형 : 사용감이 가볍과 산뜻함 • 건성용은 29~30%, 지성용은 3~8%의 유분 함량을 가짐
에센스	• 앰플, 컨센트레이트, 세럼이라고 불림 • 다양한 기능에 따락 고농축 보습성분과 특정한 유효성분을 포함한 제품 • 높은 보습제를 함유하고 있는 토너 타입이 많이 사용됨 • 보습 및 영양공급에 의한 기능 저하 피부의 활성화 및 개선 효과
크림	• 물과 기름을 피부에 흡착하기 쉬운 유화상태로 만든 반고체 • 유분과 보습제 함유율 높아 피부에 보호막 작용(피부보호) • 피부 영양 공급 효과 탁월 • 유분함량이 높아 흡수율이 낮으며 사용감이 무거움 • 사용 성분 및 효과에 따른 분류 : 모이스춰 크림, 에몰리엔트 크림 등 • 사용 부위와 대상에 따른 분류 : 아이 크림, 핸드 크림, 베이비 크림 등 • 사용 시간에 따른 분류 : 데이크림(낮, 피부보호), 나이트크림(취침 전, 유분·영양공급) • 유분 함량에 따른 분류 : 건성용(50% 이상), 모든 피부용(30~50%), 지성용(10~30%) • 유화 형태에 따른 분류 : 수중유형(O/W) 크림, 유중수형(W/O) 크림

(4) 팩과 마스크(pack & mask)

① 외부와의 공기 유입 여부에 따라 나뉨
② 혈액순환 및 영양공급으로 피부 활력 부여
③ 유효성분 침투율을 높임
④ 피부의 노폐물 및 노화된 각질 제거
⑤ 건조하는 과정에서 피부에 일정한 긴장감 부여
⑥ 피막형성제, 보습제, 에탄올, 가용화제 등이 배합되어 있음

워시오프 타입 (wash off type)	• 팩을 얼굴에 도포한 후 일정 시간 경과 후에 물로 씻어내어 제거 • 주로 지성 피부, T존 부위에 사용 • 피지흡착 및 각질 제거(머드, 클레이 등), 피부 재생 및 진정효과(카올린, 알란토인 등) • 머드팩, 한방팩 등
필오프 타입 (peel off type)	• 팩을 얼굴에 도포 후 건조되면 피막을 떼어내어 제거 • 피부에 긴장감을 유도하여 피부 탄력부여 • 제거 시 피부에 노폐물 및 각질도 동시에 제거 가능 • 석고마스크, 모델링 마스크

티슈오프 타입 (tissue off type)	• O/W 타입의 크림 형태로 제품을 도포하고 10~15분 경과 후 티슈나 거즈로 닦아내어 제거 • 탁월한 보습효과와 자극이 덜해 민감성 피부에 적합 • 다른 팩에 비해 피부 긴장감, 청량감이 낮음
시트 타입 (sheet type)	• 패치(patch)타입 • 부직포나 거즈 등의 유효성분을 적신 형태의 제품을 얼굴에 일정시간 올려놓았다가 떼 어내어 제거 • 사용이 간편하고 코나 눈가 등 집중 관리 가능

2 바디 화장품

1 바디 화장품의 정의

얼굴과 모발을 제외한 신체 모든 부위에 노화를 지연시켜 주기 위해 청결하고 보습을 유지시켜 건강한 바디가 되도록 도와주는 화장품

2 바디 화장품의 사용 목적

① 피부의 피지나 땀, 때, 먼지, 이물질 등을 닦아내어 피부표면을 청결하게 해줌
② 수분 및 유분을 공급하여 촉촉한 피부를 유지시켜주며 피부의 pH 밸런스를 조절해 줌
③ 피부 표면에 건조함을 막아 가려움, 당김을 예방
④ 피부 순환 촉진으로 신진대사 증진
⑤ 미세먼지, 자외선, 유해물질 등의 외부환경으로부터 피부 보호

3 바디 화장품의 종류 및 기능

세정 제품	신체 피부의 땀, 먼지, 이물질을 닦아 제거	바디클렌저, 바디워시, 바디 스크럽 등
보습 제품	신체 피부에 수분 및 영양을 공급하여 기능 활성화	바디 로션, 바디 오일, 핸드 크림 등
자외선 차단제	자외선으로부터 피부 보호	선 스크린 크림, 선 스크린 오일 등
방취용 화장품	신체의 땀 분비로 인한 냄새 발생 부위에 땀 분비 억제	데오도란트 로션 등

> **참고** 바디 피부의 특징
>
> • 외부 자극에 대한 저항이 약함(손, 발 제외)
> • 얼굴 피부에 비해 멜라닌 수와 피부표면 주름이 적음
> • 신체 중 가장 넓은 면적을 차지함

3 메이크업 화장품

1 메이크업 화장품의 사용목적

① 피부의 결점을 보완해주고 피부색을 균일하게 표현하여 건강하고 아름다운 피부를 표현
② 자외선, 먼지, 유해물질 등 외부 환경오염 물질로부터 피부보호
③ 자신감과 심리적 만족감 부여

2 메이크업 화장품의 종류

(1) 메이크업 베이스(make up base)

① 피부색을 조정·보완해 줌
② 인공 보호막(피지막)의 형성으로 피부보호
③ 파운데이션의 밀착성과 퍼짐성을 증가시켜 주어 화장의 지속력을 높임
④ 메이크업 베이스의 색상에 따른 효과

분홍색(pink)	• 창백하고 흰 피부에 혈색이 돌고 생기 있는 건강한 피부로 표현
보라색(violet)	• 노란 피부를 가진 동양인에게 적합하며 피부톤을 밝게 표현
흰색(white)	• 칙칙하고 어두운 피부, 투명한 피부표현
파란색(blue)	• 붉은 피부이거나 하얀 피부표현
녹색(green)	• 일반적으로 많이 사용하며 울긋불긋한 피부톤에 적당

(2) 파운데이션(foundation)

① 피부 색상을 균일하게 조절하고 피부결점을 보완
② 자외선 차단 효과
③ 파운데이션의 종류

리퀴드 파운데이션 (liquid foundation)	• 안료가 균일하게 분산되어 있는 O/W의 유화타입 • 수분을 다량 함유하고 있어 사용감이 산뜻하고 가벼움 • 퍼짐성이 좋아 투명한 피부톤 표현 가능 • 피부 결점 보완 효과는 미미 • 젊은 연령층이 선호 • 주로 여름철에 사용
크림 파운데이션 (cream foundation)	• 유분을 다량 함유하고 있어 사용감은 무거우나 피부 결점 커버력 우수 • 피부에 퍼짐성과 부착성이 우수하여 화장의 지속성 높여줌
스틱 파운데이션 (stick foundation)	• 지속력, 커버력 우수함

(3) 페이스 파우더(face powder)

① 땀이나 피지의 분비 억제로 피부 번들거림 방지 및 화장의 지속력을 높여줌
② 피부색 정돈 및 화사한 피부톤 표현
③ 페이스 파우더의 종류

페이스파우더	• 투명한 피부톤과 자연스러운 피부 표현 가능 • 가루 형태
콤팩트파우더	• 화장의 지속성이 떨어져 수시로 덧발라야 함

(4) 포인트 메이크업(point make up)

눈(eye)	아이브로우	• 눈썹의 형태와 색 조절 및 수정 • 펜슬타입과 케이크타입
	아이섀도	• 눈 부위에 색채감과 명암을 주어 입체감 표현 • 케이크타입, 크림타입, 펜슬타입
	아이라이너	• 눈 모양 수정 및 윤곽 또렷하게 표현 • 리퀴드타입, 펜슬타입, 케이크타입
	마스카라	• 속눈썹을 길고 짙게 표현하며 깊은 눈매 표현 • 볼륨마스카라, 컬링마스카라, 롱래쉬마스카라, 워터프루프 마스카라
입술(lip)	립스틱	• 입술에 색채감과 윤기를 부여 • 자외선 및 외부환경에 의한 보호 효과 • 급속 냉각 수축과정을 거쳐 굳어진 형태의 제품을 생산 • 모이스춰 타입, 매트타입, 롱라스팅 타입, 립글로즈
볼(ckeek)	블러셔	• 볼터치, 치크라고도 함 • 얼굴 윤곽 수정 및 입체감 부여로 건강한 얼굴 표현 • 케이크타입, 크림타입

4 모발 화장품

1 모발 화장품의 사용목적

① 두피 및 모발의 피지, 각질, 비듬 등 오염물질을 제거하는 세정효과
② 모발의 보호와 영양공급, 스타일링

2 모발 화장품의 종류

세정용	샴푸(shampoo)	• 모발과 두피의 오염물질 세정
	헤어린스(hair rinse)	• 모발의 보호 및 정전기 방지
정발용	헤어오일(hair oil)	• 모발에 유분 공급과 광택 부여 • 모발 보호 및 정돈
	헤어로션(hair lotion)	• 모발의 수분공급, 보습효과
	헤어무스(hair mousse)	• 에어졸 타입으로 모발에 헤어스타일 연출
	헤어스프레이 (hair spray)	• 모발의 헤어스타일을 일정한 형태로 고정시켜주는 효과
	헤어젤(hair gel)	• 투명한 젤 형태의 스타일링 제품
	헤어리퀴드(hair liquid)	• 산뜻하고 가벼운 정발제 • 모발을 보호하기 위해 젖은 상태에서 사용
	포마드(pomade)	• 반고체의 남성용 정발제로서 모발의 광택 부여
트리트먼트용	헤어트리트먼트 (hair treatment)	• 손상된 모발에 영양을 공급하여 건강한 모발로 개선시킴
	헤어팩(hair pack)	• 손상 모발에 도포 후 물로 씻어내는 형태의 제품 • 손상모 회복
	헤어코트(hair cort)	• 모발의 갈라짐 현상이나 손상된 부위 회복 효과
양모용	헤어토닉(hair tonic)	• 모발과 두피의 혈액순환 촉진, 영양공급, 탈모예방 효과

5 네일 화장품

1 네일 화장품의 사용목적
손톱과 발톱을 보호하며 아름답고 건강하게 유지하기 위함

2 네일 화장품의 종류

네일에나멜(nail enamel)	• 손톱과 발톱에 광택과 색상을 부여 및 보호 기능
탑코트(top cort)	• 네일에나멜 위에 도포하여 광택 및 내구성 • 네일에나멜 보호 효과
베이스코트(base cort)	• 손톱이나 발톱에 네일에나멜의 밀착력을 높임 • 착색·변색 방지 효과
큐티클리무버(cuticle remover)	• 손·발톱 주변 각질을 용해시켜 제거하는 효과
에나멜리무버(enamel remover)	• 네일에나멜에 의한 피막을 용해해 제거

6 향수

1 향수의 사용목적
① 동물이나 식물을 추출하여 얻어지는 향기를 가진 액체형태의 화장품
② 방향효과를 목적으로 사용하는 제품
③ 사용자의 매력을 돋보이게 하거나, 심리적 안정감과 기분전환을 위함

2 향수의 조건
① 향이 강하지 않고 지속성이 있어야 함
② 향의 퍼짐성이 좋아야 함
③ 향이 조화를 잘 이루어져야 함
④ 향의 개성과 특징이 있어야 함
⑤ 향이 시대성에 잘 부합되어야 함

3 향수의 분류

(1) 향료의 함유량(부향률)에 따른 분류

퍼퓸 (perfume)	• 15~30%의 부향률, 6~7시간 지속 • 향기가 풍부하고 완벽해서 가격이 비쌈 • 향기를 강조하고 싶거나 오래 지속시키고 싶을 때 사용
오데퍼퓸 (eau de perfume)	• 9~12%의 부향률, 5~6시간 지속 • 향의 강도가 약해서 부담이 적고 경제적 • 퍼퓸에 가까운 지속력과 풍부한 향을 가지고 있음
오데토일렛 (eau de toilette)	• 6~9%의 부향률, 3~5시간 지속 • 고급스러우면서도 상쾌한 향 • 퍼퓸의 지속성과 오데코롱의 가벼운 느낌을 가짐
오데코롱 (eau de cologne)	• 3~5%의 부향률, 1~2시간 지속 • 가볍고 신선한 효과로 향수를 처음 접하는 사람에게 적당
샤워코롱 (shower cologne)	• 1~3%의 부향률, 1시간 지속 • 전신용 방향제품으로 가볍고 신선함

(2) 향의 휘발속도에 따른 분류

탑노트 (top note)	• 3시간 이내, 상향, 휘발성이 강하고 신선·달콤한 향 • 심신에 작용 • 꽃, 잎, 과일에서 추출
미들노트 (middle note)	• 6시간 이내, 중향, 알코올이 날아간 다음의 향 • 소화기능 및 신진대사에 작용 • 줄기, 잎, 꽃에서 추출
베이스노트 (base note)	• 2~6일 이내, 하향, 휘발성이 낮아 가장 오래 남는 향 • 마음과 정신에 대한 편안함, 진정작용 • 나무껍질, 진액, 뿌리에서 추출

(3) 향의 타입에 따른 분류

플로럴 (floral)	• 우아하고 사랑스러운 꽃향 • 로즈, 자스민 등
프루티 (fruity)	• 자연의 과일 향, 귀여운 이미지 표현 • 레몬, 라임 등
그린 (green)	• 상쾌하고 친근한 풀(녹색)향 • 페퍼민트, 라임 등

스파이시 (spicy)	• 매운향, 오리엔탈 향수에 폭넓게 이용 • 클로브, 시나몬 등
우디 (woody)	• 신선한 나무향으로 고상하고 안정적인 향 • 시더우드, 샌달우드 등
시트러스 (citrus)	• 친근감이 있는 상쾌한 향 • 레몬, 베르가못 등

7 에센셜(아로마) 오일 및 캐리어 오일

1 아로마테라피

(1) 아로마테라피의 정의

① 아로마(aroma)와 테라피(therapy)의 합성어

② 향기 치료 요법

③ 식물에서 추출한 오일이 가지고 있는 휘발성 향기물질에 의해 신체의 육체적, 정신적 자극을 조절

④ 인체의 자연 치유력에 도움을 주어 건강 유지 및 증진

(2) 아로마테라피 치료법의 주요 인물

① 르네 모리스 가데포스 : 아로마테라피라는 단어를 처음 사용

② 장 발넷 : 임상 환자들에게 아로마테라피를 적용하여 치료

③ 마가렛 모리 : 아로마테라피의 미용법과 건강요법 제시

2 아로마(에센셜) 오일

(1) 에센셜 오일의 특징

① 허브식물에서 추출한 치료적 효능을 지니는 방향성 오일

② 신체의 질병을 관리·치료하여 육체적·정신적으로 안정적 상태를 유지하도록 도와줌

③ 분자크기가 작아서 침투력이 강하기 때문에 캐리어 오일에 블렌딩하여 사용

(2) 에센셜 오일의 효능

피부미용, 상처치유, 내분비계 정상화, 수면 유도, 면역계 강화, 진정, 해독 작용, 항균, 방부 효과 등

(3) 에센셜 오일의 추출방법

수증기 증류법 (steam distillation)	• 증기와 열, 농축의 과정을 거치면서 수증기와 정유가 함께 추출되어 물과 오일을 분리 • 고온에서 단시간 내 추출 • 산화에 의해 물질이 파괴되는 단점을 가짐 • 아로마 오일 추출시 가장 많이 사용되는 추출법 • 라벤더, 로즈마리, 유칼립투스, 티트리, 페퍼민트 등
압착법 (expression)	• 열매 껍질이나 내피를 압축하여 추출 • 냉압착법 : 정유 성분이 파괴되는 것을 막기 위해 저온 상태에서 추출 • 시트러스 계열 이용 • 정유의 신선도 유지 • 그레이프프루트, 레몬, 만다린, 베르가못, 오렌지 등
용매(용제) 추출법 (solvent extraction)	• 식물에 함유된 매우 적은 양을 정유, 수증기에 녹지 않는 정유, 수지에 포함된 정유를 추출 • 앱솔루트 : 유기 용매 이용 추출 • 휘발성 용매추출법과 비휘발성 용매추출법 • 로즈 앱솔루트와 자스민 앱솔루트
이산화탄소 추출법 (CO₂ extraction)	• 이산화탄소 가스를 이용하여 추출 • 초저온 추출 • 고순도의 질 좋은 아로마 오일 추출 시 사용 • 고가의 생산비
침윤법 (infusion)	• 온침법 : 따뜻한 식물유에 꽃이나 잎을 넣어 식물에 정유가 흡수되게 한 후 추출 • 냉침법 : 라드라는 동물성 기름을 바른 종이 사이사이에 꽃잎을 넣어 추출 • 담금법 : 알코올에 정유를 함유하고 있는 식물 부위를 담가 추출

(4) 에센셜 오일의 종류 및 약리 작용

note	에센셜 오일	추출부위	추출법	약리작용
탑노트 (top note)	티트리	잎	수증기 증류법	• 항미생물, 항진균 • 바이러스감염증에 유효 • 여드름, 무좀 치료
	바질	잎, 꽃	수증기 증류법	• 머리를 맑게 함 • 호흡기에 좋음 • 임신기간 사용금지 • 버갑텐(광독성)
	유칼립투스	잎	수증기 증류법	• 항염증, 살균, 상처치유 • 근육통, 신경통, 호흡기 질환에 좋음
	오렌지	과일 껍질	냉압착법	• 소화기관 정상화, 혈액·림프순환에 좋음, 행복감 유도 • 어린이용 제품 적용 시 유용 • 광독성 유발(사용 6시간 후 태양광선 노출 시)

note	에센셜 오일	추출부위	추출법	약리작용
탑노트 (top note)	레몬	과일 껍질	냉압착법	• 항미생물, 항박테리아 • 집중력 향상, 미백효과 • 지성피부에 사용 • 광독성 유발(사용 6시간 후 태양광선 노출 시)
미들노트 (middie note)	카모마일 로먼	꽃	수증기 증류법	• 소화, 상처치료 • 민감성·건조피부에 사용 • 어린이용 제품 적용 시 유용
	사이프러스	잎	수증기 증류법	• 인체에 과잉된 것 정상화(부종, 호르몬, 혈관 등) • 노화·수분저하피부에 사용 • 임신 중 사용 금지
	페퍼민트	잎, 꽃	수증기 증류법	• 피부염증완화, 벌레물림완화, 정신적 피로회복, 집중력 향상 • 7세 이하·임산부·고혈압·간질 사용금지
	제라늄	잎, 꽃	수증기 증류법	• 로즈 대용 • 호르몬의 활동 정상화 • 모든 피부에 사용 • 임신 중 사용금지
	자스민	꽃	용매 추출법	• 항우울, 자궁기능 강화 • 모든 피부에 유익 • 임신 중 사용금지
	라벤더	꽃	수증기 증류법	• 스트레스 이완, 회복촉진, 성장호르몬 분비 도움 • 각종 피부에 좋음
	로즈	꽃	용매 추출법, 수증기 증류법	• 소염제, 항바이러스, 최음작용 • 기능강화(심장, 간, 위, 자궁) • 노화피부에 사용 • 임신 중 사용 금지
베이스노트 (base note)	일랑일랑	꽃	수증기 증류법	• 호르몬 분비 균형, 최음작용, 성적장애 좋음, 피지분비 균형, 모발성장 촉진 • 염증피부 사용금지
	샌달우드	나무	수증기 증류법	• 항염증, 생식기와 요로계통에 유익, 최음작용 • 건성·노화피부에 사용
	베티버	뿌리	수증기 증류법	• 신경강화, 류마티스·관절염에 좋음, 피부세포활성화, 주름개선
	프랑킨센스	수지	수증기 증류법	• 호흡기에 탁월, 항방부, 피부강장제 • 건조·노화피부에 사용

(5) 에센셜 오일의 적용방법

마사지법	• 에센셜 오일과 캐리어 오일을 블렌딩(1~3%)하여 전신을 마사지함 • 근육이완 및 심신안정 효과
흡입법	• 건식흡입법 : 티슈나 수건 등에 에센셜 오일을 1~2방울 떨어뜨려 흡입 • 증기흡입법 : 끓인 물에 에센셜 오일을 떨어뜨려 흡입 • 스프레이 분사법 : 알코올과 증류수를 희석하여 스프레이로 분사하여 흡입 • 천식, 감기, 기침 등 호흡기계 질환에 좋음
목욕법	• 아로마테라피의 효과를 가장 극대화하는 방법 • 욕조에 온수를 채운 후 에센셜 오일 10~15방울 떨어뜨려 적용하는 반신욕과 전신욕이 있음 • 긴장이완, 혈액순환 촉진
습포법	• 통증유발 부위에 에센셜 오일 4~5방울 적용한 냉습포 또는 온습포를 이용한 방법 • 염증 및 통증완화
족욕법	• 따뜻한 물에 2~5방울 떨어트린 후 20분 정도 발을 담그는 방법 • 무좀, 악취, 피로, 부종 완화
확산법	• 아로마 램프, 스프레이 등을 이용하여 정유를 공기 중에 확산시키는 방법 • 천식, 감기, 기침 등 호흡기계 질환에 좋음

(6) 에센셜 오일의 보관방법 및 주의사항

① 시트러스 계열(오렌지, 레몬 등)은 색소침착의 우려가 있으므로 감광성에 주의
② 공기 중의 산소, 빛 등에 의한 변질을 막기 위해 갈색 유리병에 보관하고 반드시 사용 후 뚜껑을 닫아 냉암소 보관
③ 개봉한 에센셜 오일은 1년 이내에 사용
④ 원액의 에센셜 오일은 피부에 대해 작용이 크므로 반드시 희석해서 사용(단, 라벤더, 티트리는 직접 피부 적용 가능)
⑤ 어린이, 임산부, 고혈압, 간질 환자에게 사용 시 주의요망
⑥ 사용하기 전에 안전성을 확인하기 위해 패치 테스트를 한 뒤 사용

3 캐리어 오일

(1) 캐리어 오일의 특징

① 베이스 오일이라고도 함
② 피부에 에센셜 오일을 보다 효과적으로 침투시키기 위해 사용되는 식물성 오일
③ 식물의 꽃, 씨, 열매 등에서 1차 냉압축법으로 추출

(2) 캐리어 오일의 종류 및 특징

종류	추출부위	추출법	특징
살구씨 오일	씨	냉압착법	• 비타민 A·E, 무기질 함유 • 건성, 노화, 민감, 염증성 피부에 사용
아보카도 오일	과육	냉압착법	• 비타민 A·B·D, 레시틴 함유 • 세포막구성 • 노화피부, 건성피부에 사용
보리지 오일	씨	냉압착법	• 감마리놀렌산(GLA) 20% 함유 • 주름개선, 습진, 건선 등 효과
카렌듈라 오일	꽃	냉압착법	• 정맥류, 습진, 베인 상처 • 문제성 피부에 사용
헤이즐넛 오일	씨	냉압착법	• 아몬드 오일 대용 • 영양공급, 혈액순환 촉진, 일광차단 효과
호호바(조조바) 오일	열매	냉압착법	• 피부와 친화성 우수 • 건선, 습진, 여드름에 좋음
올리브 오일	열매	냉압착법	• 건성피부에 사용 • 피부 적용 시 엑스트라버진 오일 사용
로즈힙 오일	씨	냉압착법	• 레티놀, 비타민 C 함유 • 세포재생, 화상치유 • 고급 화장품 원료로 사용
아몬드 오일	씨	냉압착법	• 피부 연화작용 • 비타민, 미네랄 풍부
마카다미아 오일	열매	냉압착법	• 지방산의 조성이 피지와 유사 • 피부흡수율 높음

8 기능성 화장품

1 기능성 화장품의 정의

① 일반적으로 세정과 미용 목적 외의 특수한 기능이 강조된 화장품
② 미백에 도움을 주며, 주름완화 및 개선효과, 피부를 곱게 태우거나 자외선으로부터 피부를 보호, 모발의 색상 변화·제거 또는 영양공급에 도움, 피부나 모발의 기능 약화로 인한 건조함, 갈라짐, 빠짐, 각질화 등을 방지하거나 개선하는 데에 도움을 주는 제품

2 피부의 미백에 도움을 주는 화장품

① 피부에 멜라닌색소가 침착되는 것을 방지하거나 피부에 침착된 멜라닌색소의 색을 엷게 함
② 미백 화장품의 매커니즘과 그에 따른 고시원료

멜라닌 생성과 관련된 티로시나아제의 활성 효소 억제	닥나무추출물, 알부틴, 알파–비사보올, 유용성 감초추출물, 상백피 추출물 등
도파(DOPA) 산화 억제	비타민 C류 및 글루타치온 등
멜라닌이 멜라노사이트에서 각질형성세포로 넘어가는 단계 억제	나이아신아마이드
표피의 각질 세포를 벗겨내 멜라닌 색소 제거	AHA, 단백질 분해 효소, 살리실산 등
멜라닌 세포 자체 사멸	하이드로퀴논 (백반증 유발 가능성으로 인해 우리나라 사용금지)
자외선 차단	아산화티탄, 옥틸디메탈파바 등

> **참고 미백 화장품의 사용기전**
> 멜라닌(색소) 형성 세포에서 합성된 멜라닌을 케라티노사이트로 이동하는 과정을 저해하거나 억제해서 멜라닌이 만들어지는 양을 줄이는 것으로 이미 생성된 멜라닌을 환원시키거나 각질 박리 작용에 의해 외부로 배출시키는 방법 적용

3 피부의 주름 완화 또는 개선에 도움을 주는 화장품

① 피부 섬유아세포의 활성을 유도하여 콜라겐과 엘라스틴 합성을 촉진시켜 피부탄력을 강화시킴
② 주름 완화 또는 개선 화장품 고시원료

레티놀(retinol)	지용성 비타민, 피부 자극 적음, 피부의 상피 보호
레티닐팔미네이트 (retinyl palminate)	레티놀의 안정화를 위해서 팔미틴산과 같은 지방산과 결합한 것
아데노신(adenosin)	섬유세포의 증식 촉진, 피부세포의 활성화, 콜라겐 합성, 피부탄력과 주름 예방
비타민 E(tocopherol)	지용성 비타민으로 피부흡수력이 우수하고 항산화, 항노화, 재생작용
슈퍼옥사이드 디스뮤타제 (Super Oxide Dismutase : SOD)	활성산소 억제, 노화 예방
베타카로틴(β–carotene)	당근에서 추출, 비타민 A의 전구물질로 피부재생 및 유연효과 탁월

내적 원인
- 피부 신장성 및 탄력성 저하
- 초기 주름 : 각질층 보습저하 및 피부 건조 등 표피의 원인
- 굵은 주름 : 콜라겐과 엘라스틴의 변성에 의한 피부탄력성 저하 원인

외적 원인
- 자외선 : 콜라겐 섬유의 변성과 엘라스틴 섬유의 과증가 촉진
- 피부 표면 상태 : 피지의 과산화 지질화 및 피부 보습력 저하
- 수면 부족 : 피부 세포의 피로감으로 인한 신축성 저하
- 영양 부족, 스트레스 등

4 피부를 곱게 태워주는 화장품

① 태닝화장품 : 피부의 외부 손상없이 자외선에 의해 구릿빛 갈색 피부로 천천히 그을려 주는 화장품
② 셀프태닝화장품 : 자외선 없이도 피부에 도포 후 구릿빛 갈색 피부로 변하게 도와주는 화장품

5 자외선으로부터 피부를 보호해주는 화장품

(1) 정의

자외선으로부터 피부가 검게 그을리지 않게 차단하는 데에 도움을 주거나 보호하는 기능을 가진 화장품

(2) SPF(Sun Protection Factor)

① 자외선 B를 차단하는 제품의 방어효과를 나타내는 자외선 차단 지수
② 1SPF = 약 10~15분
③ $SPF = \dfrac{\text{자외선 차단제품을 바른 피부의 최소 홍반량}}{\text{자외선 차단제품을 바르지 않는 피부의 최소 홍반량}}$

(3) PA(Protection Factor of UVA)

① 자외선 A를 차단하는 정도를 등급으로 나타낸 것
② 차단 효과 : PA+(2~3시간), PA++(4~7시간), PA+++(8시간 이상)
③ $PA = \dfrac{\text{자외선 차단제품을 바른 피부의 최소 흑화량}}{\text{자외선 차단제품을 바르지 않은 피부의 최소 흑화량}}$

(4) 자외선 차단제의 종류

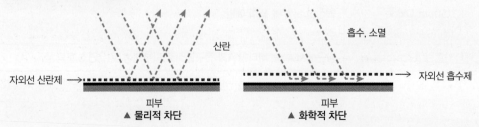

▲ 물리적 차단   ▲ 화학적 차단

자외선 산란제	• 물리적인 산란작용을 이용한 제품 • 무기물질 입자가 자외선 A를 반사시켜 불투명한 것이 특징 • 안정성이 높으며 자극이 적으나 백탁현상을 가짐 • 주요성분 : 이산화티탄, 산화아연(징크옥사이드)
자외선 흡수제	• 화학적인 흡수작용을 이용한 제품 • 자외선을 화학적으로 흡수·소멸시켜 투명한 것이 특징 • 사용감 좋으며 다량 사용 시 두드러기나 피부염증 유발 • 주요성분 : 옥틸디메틸파바, 벤조페논유도체, 파라아미노안식향산

(5) 자외선 차단제 사용 시 주의사항

① 일광의 노출 전에 바르는 것이 효과적

② 시간이 경과하면 덧바르며 사용

③ 피부 병변이 있는 부위에 사용을 피함

④ SPF지수가 높을수록 민감하고 예민해질 가능성이 있으므로 주의

6 모발의 색상을 변화시키는 기능을 가진 화장품

① 모발의 멜라닌색소의 색을 엷게 하거나 변화된 색상을 제거하는 경우를 포함(탈염, 탈색)

② 일시적으로 모발의 색상을 변화시키는 제품 제외

③ 주요성분

1제	알칼리 성분 및 염료(nitro-p-phenylendiamin, 2-methyl-5-hydroxyethylaminophenol 등)
2제	과산화수소(a-naphtol 2.0, resorcinol 2.0 등)

7 체모를 제거하는 데 도움을 주는 기능을 가진 화장품

① 물리적으로 체모를 제거하는 제품(공산품) 제외

② 주요성분 : 치오글리콜산

8 탈모 증상의 완화에 도움을 주는 화장품

① 모발에 영양을 공급하는 등 탈모를 방지하거나 모발의 굵기를 증가시키는 데 도움을 주는 기능을 가진 화장품

② 코팅 등 물리적으로 모발을 굵게 보이게 하는 제품 제외

③ 주요성분 : 덱스판테놀, 비오틴, 엘-멘톨, 징크피리치온, 징크피리치온

9 여드름성 피부를 완화하는 데 도움을 주는 화장품

① 여드름성 피부로 인한 각질화·건조함 등을 방지하는 데 도움을 주는 기능을 가진 화장품

② 인체세정용 제품류로 한정

③ 주요성분 : 살리실릭액씨드(salicylic acid), 이소프로필메틸페놀(isopropyl methylphenol)

01 다음 중 기초 화장품의 필요성에 해당되지 않는 것은?

① 세정　　　　　② 미백
③ 피부정돈　　　④ 피부보호

해설 미백, 주름개선, 자외선 차단에 도움을 주는 제품은 기능성 화장품의 범위에 속한다.

02 비누에 대한 설명으로 틀린 것은?

① 비누의 세정작용은 비누 수용액이 오염과 피부 사이에 침투하여 부착을 약화시켜 떨어지기 쉽게 하는 것이다.
② 비누는 거품이 풍성하고 잘 헹구어져야 한다.
③ 비누는 세정작용 뿐만 아니라 살균, 소독효과를 주로 가진다.
④ 메디케이티드 비누는 소염제를 배합한 제품으로 여드름, 면도 상처 및 피부 거칠음 방지 효과가 있다.

해설 비누는 알칼리성을 띠는 제품으로 세정작용을 가진다.

03 클렌징크림의 설명으로 맞지 않는 것은?

① 짙은 메이크업 화장을 지우는데 사용한다.
② 클렌징로션보다 유성성분 함량이 적다.
③ 피지나 기름때와 같은 물에 잘 닦이지 않는 오염물질을 닦아내는데 효과적이다.
④ 깨끗하고 촉촉한 피부를 위해서 비누로 세정하는 것보다 효과적이다.

해설 클렌징크림은 유성성분의 함량이 높아 짙은 메이크업 화장이나 물에 잘 닦이지 않는 유용성 물질 제거에 효과적이다.

04 화장수의 설명 중 잘못된 것은?

① 피부의 각질층에 수분을 공급한다.
② 피부에 청량감을 준다.
③ 피부에 남아있는 잔여물을 닦아준다.
④ 피부의 각질을 제거한다.

해설 피부의 각질을 제거하는 제품은 딥 클렌징 제품이다.

05 팩의 분류에 속하지 않는 것은?

① 필오프(peel-off) 타입
② 워시오프(wash-off) 타입
③ 패취(patch) 타입
④ 워터(water) 타입

해설 팩은 필오프(peel-off) 타입, 워시오프(wash-off) 타입, 티슈오프(tissue-off) 타입, 시트(sheet) 타입(패취(patch) 타입)으로 분류된다.

06 팩제의 사용 목적이 아닌 것은?

① 팩제가 건조하는 과정에서 피부에 심한 긴장을 준다.
② 일시적으로 피부의 온도를 높여 혈액순환을 촉진한다.
③ 노화한 각질층 등을 팩제와 함께 제거시키므로 피부표면을 청결하게 할 수 있다.
④ 피부의 생리기능에 적극적으로 작용하여 피부에 활력을 준다.

해설 팩제가 건조하는 과정에서 피부에 일정한 긴장감을 준다.

07 비누의 제조방법 중 지방산의 글리세린에스테르와 알칼리를 함께 가열하면 유지가 가수분해되어 비누와 글리세린이 얻어지는 방법은?

① 중화법　　　　② 검화법
③ 유화법　　　　④ 화학법

해설 비누의 제조방법으로는 지방산의 글리세린에스테르와 알칼리를 함께 가열하면 유지가 가수분해되어 비누와 글리세린이 얻어지는 검화법과 유지를 미리 고급지방산과 글리세롤로 가수분해하고, 이 지방산을 수산화나트륨 또는 탄산나트륨으로 중화하여 얻어지는 중화법이 있다.

08 세정용 화장수의 일종으로 가벼운 화장의 제거에 사용하기에 가장 적합한 것은?

① 클렌징오일　　② 클렌징워터
③ 클렌징로션　　④ 클렌징크림

해설 클렌징워터는 세정용 화장수의 일종으로 가벼운 화장 제거 시 적합하다.

09 페이셜스크럽(facial sclub)에 관한 설명 중 옳은 것은?

① 민감성 피부의 경우에는 스크럽제를 문지를 때 무리하게 압을 가하지만 않으면 매일 사용해도 상관없다.

② 피부 노폐물, 세균, 메이크업 찌꺼기 등을 깨끗하게 지워주기 때문에 메이크업을 했을 경우는 반드시 사용한다.

③ 각화된 각질을 제거해 줌으로써 세포의 재생을 촉진해준다.

④ 스크럽제로 문지르면 신경과 혈관을 자극하여 혈액순환을 촉진시켜주므로 15분 정도 충분히 마사지가 되도록 문질러 준다.

해설 페이셜스크럽(facial sclub)은 각화된 불필요한 각질을 제거해 줌으로써 세포의 재생 촉진에 도움을 주는 제품으로 피부타입에 따라 주 1~2회, 1회 3분 이내로 가볍게 문질러 사용한다.

10 다음 중 피부상재균의 증식을 억제하는 항균기능을 가지고 있고, 발생한 체취를 억제하는 기능을 가진 것은?

① 바디샴푸　　② 데오도란트
③ 샤워코롱　　④ 오데토일렛

해설 데오도란트는 체취를 예방하거나 냄새의 원인이 되는 땀의 분비를 억제한다.

11 다음 중 바디용 화장품이 아닌 것은?

① 샤워젤　　② 바스오일
③ 데오도란트　　④ 헤어에센스

해설 헤어에센스는 모발 화장품에 속한다.

12 땀의 분비로 인한 냄새와 세균의 증식을 억제하기 위해 주로 겨드랑이 부위에 사용하는 것은?

① 데오도란트로션　　② 핸드로션
③ 바디로션　　④ 파우더

해설 데오도란트는 체취를 예방하거나 냄새의 원인이 되는 땀의 분비를 억제하기 위해 주로 겨드랑이(액와) 부위에 사용하며 데오도란트로션, 데오도란트스프레이 등이 있다.

13 핸드케어 제품 중 사용할 때 물을 사용하지 않고 직접 바르는 것으로 피부 청결 및 소독효과를 위해 사용하는 것은?

① 핸드워시　　② 핸드 새니타이저
③ 비누　　④ 핸드로션

해설 핸드 새니타이저는 알코올을 함유하고 있어 손 피부 청결 및 소독을 위하여 사용한다.

14 바디샴푸에 요구되는 기능과 가장 거리가 먼 것은?

① 피부 각질층 세포간지질 보호
② 부드럽고 치밀한 기포 부여
③ 높은 기포 지속성 유지
④ 강력한 세정성 부여

해설 바디샴푸는 피부 각질층 세포간지질 보호, 부드럽고 치밀한 기포 부여 및 지속성 유지, 염분 등 오염물질 제거 효과를 지녀야 한다.

15 손을 대상으로 하는 제품 중 알코올을 주 베이스로 하며, 청결 및 소독을 주된 목적으로 하는 제품은?

① 핸드워시(hand wash)
② 새니타이저(sanitizer)
③ 비누
④ 핸드크림

해설 새니타이저(sanitizer)는 알코올을 함유하고 있어 손 피부 청결 및 소독을 위하여 사용한다.

16 바디 관리 화장품이 가지는 기능과 가장 거리가 먼 것은?

① 세정　　② 트리트먼트
③ 연마　　④ 일소방지

해설 바디용 화장품은 세정, 트리트먼트, 일소방지, 체취 억제, 신체보호 등의 기능을 가지고 있다.

17 바디샴푸의 성질로 틀린 것은?

① 세포 간에 존재하는 지질을 가능한 보호

② 피부의 요소, 염분을 효과적으로 제거

③ 세균의 증식 억제

④ 세정제의 각질층 내 침투로 지질을 용출

해설 바디샴푸는 피부 각질층 세포간지질 보호, 부드럽고 치밀한 기포 부여 및 지속성 유지, 염분 등 오염물질 제거 효과를 지녀야 한다.

18 바디화장품의 종류와 사용목적의 연결이 적합하지 않은 것은?

① 바디클렌저 – 세정/용제

② 데오도란트파우더 – 탈색/제모

③ 썬스크린 – 자외선/방어

④ 바스솔트 – 세정/용제

해설 데오도란트파우더는 체취를 예방하거나 냄새의 원인이 되는 땀의 분비를 억제하기 위한 체취방지화장품에 속한다.

19 다음 설명 중 파운데이션의 일반적인 기능과 가장 거리가 먼 것은?

① 피부색을 기호에 맞게 바꾼다.

② 피부의 기미, 주근깨 등 결점을 커버한다.

③ 자외선으로부터 피부를 보호한다.

④ 피지 억제와 화장을 지속시켜준다.

해설 피부의 피지 억제와 화장을 지속시켜주는 것은 페이스파우더의 기능이다.

20 대부분 O/W형 유화타입이며, 오일양이 적어 여름철에 많이 사용하고 젊은 연령층이 선호하는 파운데이션은?

① 크림 파운데이션   ② 파우더 파운데이션

③ 트윈 케이크   ④ 리퀴드 파운데이션

해설 리퀴드 파운데이션은 수분함유량이 높아 사용감이 산뜻하고 커버력이 적어 자연스러운 피부표현에 적합하여 젊은 연령층이 선호한다.

21 다음 중 냉각기에 의해 제조된 제품은?

① 립스틱   ② 화장수

③ 아이섀도   ④ 에센스

해설 립스틱은 안료, 레이크, 향료, 유성성분을 혼합·분쇄한 후 성형기에 붓고 급속 냉각 수축과정을 거쳐 굳어진 형태의 제품을 생산한다.

22 크림 파운데이션에 대한 설명 중 알맞은 것은?

① 얼굴의 형태를 바꾸어 준다.

② 피부의 잡티나 결점을 커버해 주는 목적으로 사용된다.

③ O/W 형은 W/O형에 비해 비교적 사용감이 무겁고 퍼짐성이 낮다.

④ 화장 시 산뜻하고 청량감이 있으나 커버력이 약하다.

해설 크림 파운데이션은 유분함유량이 높으며 피부 잡티나 결점을 가리기 위한 커버력이 우수하다.

23 메이크업 화장품 중에서 안료가 균일하게 분산되어있는 형태로 대부분 O/W형 유화타입이며, 투명감 있게 마무리되므로 피부에 결점이 별로 없는 경우에 사용하는 것은?

① 트윈 케이크   ② 스킨 커버

③ 리퀴드 파운데이션   ④ 크림 파운데이션

해설 리퀴드 파운데이션은 수분함유량이 높아 사용감이 가볍고 산뜻하며, 퍼짐성이 우수하여 투명감있는 피부표현이 가능한 로션타입의 제품이다.

24 다음 중 향수의 부향률이 높은 것부터 순서대로 나열된 것은?

① 퍼퓸 〉 오데퍼퓸 〉 오데코롱 〉 오데토일렛

② 퍼퓸 〉 오데토일렛 〉 오데코롱 〉 오데퍼퓸

③ 퍼퓸 〉 오데퍼퓸 〉 오데토일렛 〉 오데코롱

④ 퍼퓸 〉 오데코롱 〉 오데퍼퓸 〉 오데토일렛

해설 부향률에 따른 향수의 분류는 퍼퓸 〉 오데퍼퓸 〉 오데토일렛 〉 오데코롱 〉 샤워코롱 순이다.

25 향수의 구비요건이 아닌 것은?

① 향에 특징이 있어야 한다.
② 향이 강하므로 지속성이 약해야 한다.
③ 시대성에 부합하는 향이어야 한다.
④ 향의 조화가 잘 이루어져야 한다.

해설 향수는 일정시간 동안 지속력을 가져야 한다.

26 향수를 뿌린 후 즉시 느껴지는 향수의 첫 느낌으로, 주로 휘발성이 강한 향료들로 이루어져 있는 노트(note)는?

① 탑노트(top note)
② 미들노트(middle note)
③ 하트노트(heart note)
④ 베이스노트(base note)

해설 향의 휘발속도에 따라 베이스노트(base note) 〈 미들노트(middle note) 〈 탑노트(top note) 순으로 휘발성이 강하다.

27 다음 중 향료의 함유량이 가장 적은 것은?

① 퍼퓸(perfume)
② 오데토일렛(eau de toilet)
③ 샤워코롱(shower cologne)
④ 오데코롱(eau de cologne)

해설 향료의 함유량(농도)에 따른 분류는 퍼퓸 〉 오데퍼퓸 〉 오데토일렛 〉 오데코롱 〉 샤워코롱 순이다.

28 내가 좋아하는 향수를 구입하여 샤워 후 바디에 나만의 향으로 산뜻하고 상쾌함을 유지시키고자 한다면, 부향률은 어느 정도로 하는 것이 좋은가?

① 1~3%   ② 3~5%
③ 6~8%   ④ 9~12%

해설 샤워 후 바디에 사용하는 향수인 샤워코롱은 부향률 1~3%를 가지는 방향용 화장품이다.

29 다음의 설명에 해당되는 천연향의 추출방법은?

식물의 향기부분을 물에 담가 가온하여 증발된 기체를 냉각하면 물 위에 향기 물질이 뜨게 되는데 이것을 분리하여 순수한 천연향을 얻어내는 방법이다. 이는 대량으로 천연향을 얻어낼 수 있는 장점이 있으나 고온에서 일부 향기성분이 파괴될 수 있는 단점이 있다.

① 수증기 증류법
② 압착법
③ 휘발성 용매 추출법
④ 비휘발성 용매 추출법

해설 수증기를 이용하여 천연향을 추출하는 방법은 수증기 증류법이다.

30 에센셜 오일을 추출하는 방법이 아닌 것은?

① 수증기 증류법   ② 혼합법
③ 압착법   ④ 용제 추출법

해설 에센셜 오일의 추출법은 수증기 증류법, 압착법, 용제(용매) 추출법, 이산화탄소(CO_2) 추출법, 침윤법이 있다.

31 아로마 오일의 사용법 중 확산법으로 맞는 것은?

① 따뜻한 물에 넣고 몸을 담근다.
② 아로마 램프나 스프레이를 이용한다.
③ 수건에 적신 후 피부에 붙인다.
④ 손수건, 티슈 등에 1~2방울 떨어뜨리고 심호흡을 한다.

해설 확산법은 아로마 램프나 스프레이, 디퓨저 등을 이용하여 정유를 공기 중에 발산시키는 방법이다.
①은 목욕법, ③,④는 흡입법이다.

32 아로마테라피에 사용되는 아로마 오일에 대한 설명 중 가장 거리가 먼 것은?

① 아로마테라피에 사용되는 아로마 오일은 주로 수증기 증류법에 의해 추출된 것이다.

② 아로마 오일은 공기 중의 산소, 빛 등에 의해 변질될 수 있으므로 갈색병에 보관하여 사용하는 것이 좋다.

③ 아로마 오일은 원액을 그대로 피부에 사용해야 한다.

④ 아로마 오일을 사용할 때에는 안전성 확보를 위하여 사전에 패치 테스트를 실시하여야 한다.

해설 아로마 오일을 피부에 사용 시 반드시 원액은 캐리어 오일과 블렌딩하여 사용한다.

33 아로마 오일에 대한 설명 중 틀린 것은?

① 아로마 오일은 면역기능을 높여준다.

② 아로마 오일은 감기, 피부미용에 효과적이다.

③ 아로마 오일은 피부관리는 물론 화상, 여드름, 염증치유에도 쓰인다.

④ 아로마 오일은 피지에 쉽게 용해되지 않으므로 다른 첨가물을 혼합하여 사용한다.

해설 아로마 오일은 분자크기가 작아서 침투력이 강하기 때문에 캐리어오일에 블렌딩하여 사용한다.

34 캐리어 오일에 대한 설명으로 틀린 것은?

① 캐리어는 운반이란 뜻으로 캐리어 오일은 마사지 오일을 만들 때 필요한 오일이다.

② 베이스 오일이라고도 한다.

③ 에센셜 오일을 추출할 때 오일과 분류되어 나오는 증류액을 말한다.

④ 에센셜 오일의 향을 방해하지 않도록 향이 없어야 하고 피부흡수력이 좋아야 한다.

해설 에센셜 오일을 추출할 때 오일과 분류되어 나오는 증류액을 하이드로졸, 플로럴 워터라고 한다.

35 캐리어 오일로서 부적합한 것은?

① 미네랄 오일　　　② 살구씨 오일
③ 아보카도 오일　　④ 포도씨 오일

해설 미네랄 오일은 석유에서 얻어지는 광물성 오일이다.

36 아로마 오일에 대한 설명으로 가장 적절한 것은?

① 수증기 증류법에 의해 얻어진 아로마 오일이 주로 사용되고 있다.

② 아로마 오일은 공기 중의 산소나 빛에 안정하기 때문에 주로 투명용기에 보관하여 사용한다.

③ 아로마 오일은 주로 향기식물의 줄기나 뿌리 부위에서만 추출된다.

④ 아로마 오일은 주로 베이스 노트이다.

해설 아로마 오일은 향기식물의 꽃, 잎, 열매, 줄기, 뿌리 등에서 수증기 증류법, 용매추출법, 압착법, 이산화탄소(CO_2) 추출법 등으로 추출하며 추출한 오일은 산소나 빛이 차단되는 갈색 유리병에 보관하여 사용한다.

37 아로마테라피(aromatherapy)에 사용되는 에센셜 오일에 대한 설명 중 가장 거리가 먼 것은?

① 아로마테라피에 사용되는 에센셜 오일은 주로 수증기 증류법에 의해 추출된 것이다.

② 에센셜 오일은 공기 중의 산소, 빛 등에 의해 변질될 수 있으므로 갈색병에 보관하여 사용하는 것이 좋다.

③ 에센셜 오일은 원액을 그대로 피부에 사용해야 한다.

④ 에센셜 오일을 사용할 때에는 안전성 확보를 위하여 사전에 패치 테스트(patch test)를 실시하여야 한다.

해설 에센셜 오일은 원액을 그대로 사용할 시 피부 자극이 심하므로 반드시 캐리어 오일에 희석하여 사용한다.

38 아로마 오일을 피부에 효과적으로 침투시키기 위해 사용하는 식물성 오일은?

① 에센셜 오일　　② 캐리어 오일
③ 트랜스 오일　　④ 미네랄 오일

해설 캐리어 오일은 베이스 오일이라고도 하며 아로마 오일을 피부에 효과적으로 침투시키기 위해 블렌딩하여 사용되는 식물성 오일이다.

39 기능성 화장품류의 주요 효과가 아닌 것은?

① 피부주름 개선에 도움을 준다.
② 자외선으로부터 보호한다.
③ 피부를 청결히 하여 피부 건강을 유지한다.
④ 피부미백에 도움을 준다.

해설 기능성 화장품은 미백, 주름개선, 자외선 차단으로 피부를 보호하는 효과를 가진다.

40 기능성 화장품에 대한 설명으로 옳은 것은?

① 자외선에 의해 피부가 심하게 그을리거나 일광화상이 생기는 것을 지연해 준다.
② 피부표면에 더러움이나 노폐물을 제거하여 피부를 청결하게 해 준다.
③ 피부표면의 건조를 방지해주고 피부를 매끄럽게 한다.
④ 비누세안에 의해 손상된 피부의 pH를 정상적인 상태로 빨리 되돌아오게 한다.

해설 기능성 화장품의 범위는 미백, 주름개선, 자외선 차단에 도움을 주는 제품이다.

41 미백화장품의 매커니즘이 아닌 것은?

① 자외선 차단
② 도파(DOPA) 산화 억제
③ 티로시나제 활성화
④ 멜라닌 합성 저해

해설 미백화장품의 매커니즘은 도파의 산화 억제 물질, 티로시나제 활성 억제 물질, 멜라닌세포를 사멸시키는 물질, 멜라노사이트에서 각질형성세포로 넘어가는 단계 억제 물질, 멜라닌 색소를 제거하는 물질로 나뉜다.

42 주름개선 기능성 화장품의 효과와 가장 거리가 먼 것은?

① 피부탄력 강화
② 콜라겐 합성 촉진
③ 표피 신진대사 촉진
④ 섬유아세포 분해 촉진

해설 주름개선 기능성 화장품의 효과는 섬유아세포의 활성을 유도하여 콜라겐과 엘라스틴 합성을 촉진시켜 피부탄력을 강화시키는 것이다.

43 자외선 차단제에 대한 설명 중 틀린 것은?

① 자외선 차단제의 구성성분은 크게 자외선 산란제와 자외선 흡수제로 구분된다.
② 자외선 차단제 중 자외선 산란제는 투명하고, 자외선 흡수제는 불투명한 것이 특징이다.
③ 자외선 산란제는 물리적인 산란작용을 이용한 제품이다.
④ 자외선 흡수제는 화학적인 흡수작용을 이용한 제품이다.

해설 자외선 차단제 중 차단 효과가 우수한 자외선 산란제는 불투명하며, 자외선 흡수제는 투명하나 두드러기나 염증 유발가능성이 있다.

44 다음 중 옳은 것만을 모두 짝지은 것은?

> A. 자외선 차단제에는 물리적 차단제와 화학적 차단제가 있다.
> B. 물리적 차단제에는 벤조페논, 옥시벤존, 옥틸디메틸파바 등이 있다.
> C. 화학적 차단제는 피부에 유해한 자외선을 흡수하여 피부 침투를 차단하는 방법이다.
> D. 물리적 차단제는 자외선이 피부에 흡수되지 못하도록 피부표면에서 빛을 반사 또는 산란시키는 방법이다.

① A, B, C   ② A, C, D
③ A, B, D   ④ B, C, D

해설 물리적 차단제에는 이산화티탄, 산화아연, 탈크 등이 있고, 벤조페논, 옥시벤존, 옥틸디메틸파바 등은 화학적 차단제에 속한다.

45 기능성 화장품에 속하지 않는 것은?

① 피부의 미백에 도움을 주는 제품
② 자외선으로부터 피부를 보호해주는 제품
③ 피부 주름 개선에 도움을 주는 제품
④ 피부 여드름 치료에 도움을 주는 제품

해설 기능성 제품 중 여드름성 피부를 완화하는 데 도움을 주는 제품은 인체세정용 제품류로 한정되어 있다.

46 SPF에 대한 설명으로 틀린 것은?

① Sun Protection Factor의 약자로써 자외선 차단지수라 불리어진다.
② 엄밀히 말하면 UVB 방어효과를 나타내는 지수라고 볼 수 있다.
③ 오존층으로부터 자외선이 차단되는 정도를 알아보기 위한 목적으로 이용된다.
④ 자외선 차단제를 바른 피부가 최소의 홍반을 일어나게 하는데 필요한 자외선 양을, 바르지 않은 피부가 최소의 홍반을 일어나게 하는데 필요한 자외선 양으로 나눈 값이다.

해설 오존층은 자외선 UVC와 관련된 설명이다.

47 자외선 차단제에 대한 설명으로 옳은 것은?

① 일광의 노출 전에 바르는 것이 효과적이다.
② 피부 병변에 있는 부위에 사용하여도 무관하다.
③ 사용 후 시간이 경과하여도 다시 덧바르지 않는다.
④ SPF지수가 높을수록 민감한 피부에 적합하다.

해설 자외선 차단제는 시간이 경과하면 덧바르며 사용하며 SPF지수가 높을수록 민감하고 예민해질 가능성이 있으므로 주의한다.

48 자외선 차단을 도와주는 화장품 성분이 아닌 것은?

① 파라아미노안식향산(para-aminobenzoic acid)
② 옥탈디메틸파바(octyldimethyl PABA)
③ 콜라겐(collagen)
④ 티타늄디옥사이드(titanium dioxide)

해설 콜라겐은 보습 및 주름완화 성분이다.

정답	01	02	03	04	05	06	07	08
	②	③	②	④	④	①	②	②
	09	10	11	12	13	14	15	16
	③	②	④	①	②	④	②	③
	17	18	19	20	21	22	23	24
	④	②	④	④	①	②	③	③
	25	26	27	28	29	30	31	32
	②	①	③	①	①	②	②	③
	33	34	35	36	37	38	39	40
	④	③	①	①	③	②	③	①
	41	42	43	44	45	46	47	48
	③	④	②	②	④	③	①	③

6장

공중위생 관리학

1절 공중보건학
2절 소독학
3절 공중위생관리법규

1절 공중보건학

1 공중보건학 총론

1 건강과 질병

(1) 건강의 정의(1948년 세계보건기구, WHO)

질병이 없거나 허약하지 않은 것만 말하는 것이 아니라 육체적·정신적·사회적으로 완전히 안녕(아무 문제없이 편안함)한 상태

(2) 질병발생의 3대 요인

숙주	연령, 성별, 병에 대한 저항력, 영양상태, 유전적 요인, 생활습관
병인	병원체의 독성, 병원체의 수
환경	• 물리적 요인 예 기온, 기습, 기압, 일광, 유독가스 등 • 생물학적 요인 예 유해 곤충, 세균 등 • 사회적·경제적 요인 예 의식주, 정치, 경제, 교육, 종교 등 • 병인과 숙주의 지렛대 역할

> **참고** 질병발생의 3대 요인
> 숙주, 병인, 환경

2 공중보건(윈슬러, Winslow)

① 공중보건의 정의 : 지역주민의 질병예방, 생명연장, 건강증진에 주력하는 기술이며 과학
② 공중보건의 대상 : 집단 또는 지역사회 단위의 다수
③ 공중보건의 목적 : 질병예방, 수명연장, 신체적·정신적 건강 및 효율의 증진

3 인구

(1) 인구의 정의

어느 특정 시간에 일정한 지역에 거주하고 있는 사람의 집단

(2) 인구론

말더스주의 (Malthusianism)	• 이론 : 인구는 기하급수적으로, 식량은 산술급수적으로 증가하기 때문에 인구 억제가 필요 • 규제방법 : 도덕적 억제(만혼 장려, 성적 순결 강조) • 문제점 : 사회범죄와 사회악 등 발생
신말더스주의 (Neo-Malthusianism)	• 말더스주의와 기본 이론은 동일 • 새로운 규제방법 : 피임에 의한 산아 조절

적정 인구론 (Cannon)	• 생활수준에 맞춰 산아를 조절

(3) 인구피라미드
① **피라미드형(인구증가형)** : 출생률이 높고 사망률이 낮은 인구형태
② **종형(인구정지형)** : 출생률과 사망률이 낮은 이상적인 인구형태
③ **항아리형(인구감소형)** : 출생률이 사망률보다 낮은 선진국형
④ **별형(유입형)** : 도시의 인구형태
⑤ **기타형(유출형)** : 농촌의 인구형태

4 인구조사

(1) 인구정태
① 어느 일정 시점에 있는 인구의 상태조사
② 성별, 연령별, 국적별, 학력별, 직업별, 산업별 조사

(2) 인구동태
① 어느 일정 기간 내의 인구 변동사항
② 출생, 사망, 전입, 전출 등의 조사

> **참고** 인구문제
>
> 3P : 인구(population), 환경오염(pollution), 빈곤(poverty)
> 3M : 영양실조(malnutrition), 질병(morbidity), 죽음(mortality)

5 보건지표

(1) 보건지표의 정의
여러 단위의 인구집단의 건강상태뿐만 아니라 이에 관련되는 보건정책, 의료제도, 의료자원 등 여러 내용의 수준이나 구조 또는 특성을 설명할 수 있는 넓은 의미의 수량적 개념

(2) 건강지표의 정의
개인이나 인구집단의 건강수준이나 특성을 설명하는 수량적 내용으로 협의의 개념

(3) 세계보건기구의 국가 간, 지역 간 건강수준 비교지표
① **비례사망자수** : 전체 사망자 수에 대한 50세 이상의 사망자 수의 구성 비율
② **평균수명** : 생명표상의 출생 시 평균여명
③ **조사망률** : 인구 1,000명당 1년간의 발생 사망자 수로 표시하는 비율
④ **영아사망률** : 영아(0세)의 사망을 나타내는 것

> **참고** 영아사망률
>
> 한 국가의 건강수준을 나타내는 대표적인 보건수준 평가 기준으로 사용

1 역학(epidemiology)

(1) 역학의 정의

정의	• 질병 또는 유행병을 연구하는 학문 • 지역사회나 지역 내에 살고 있는 집단을 대상으로 질병의 발생, 분포 및 경향과 양상을 조사하여 그 원인을 탐구하는 학문
목적	• 질병발생의 직접적인 원인이나 관련된 위험요인을 규명하여 원인을 제거하거나 예방대책을 마련하여 궁극적인 질병을 예방
범위	• 감염성, 비감염성 질환의 연구
역할	• 질병발생의 원인 규명 • 질병발생 및 유행의 감시 • 질병 자연사 연구 • 보건의료 서비스 연구 • 임상분야에 대한 역할

(2) 질병발생 다인설

① **삼각형 모형설** : 병인, 숙주, 환경의 세 가지 요인의 상호관계로 설명하며, 특히 질환의 발생을 설명하는 데 유리

② **원인망 모형설(거미줄 모형설)** : 질병발생과 관계되는 모든 요소들끼리 서로 연결되어 발생하며, 특히 비감염성 질환의 발생을 이해하는 데 유리

③ **바퀴 모형설** : 숙주의 유전적 소인과 환경과의 상호작용에 의해서 질병이 발생한다는 설

2 감염병

(1) 질병발생의 3대 요소

① **병인** : 병원체, 병원소

② **환경** : 병원소로부터 병원체 탈출, 전파, 새로운 숙주로의 침입

③ **숙주** : 숙주의 감수성

(2) 감염병 관리대책

외래감염병 관리	• 검역감염병 및 감시기간 : 콜레라 120시간, 페스트 144시간, 황열 144시간 • 격리기간 　– 감염병 환자(완치시까지) 　– 병원체 감염 의심자 : 병원체를 배출하지 않을 때까지
병원소 관리	• 동물은 제거하고 사람은 격리시킴 • 격리로써 전파 예방할 수 있는 감염병 : 결핵, 나병, 페스트, 콜레라, 디프테리아, 장티푸스, 세균성 이질
전파과정 단절	• 환경위생관리
감염병 집중관리	• 법정감염병 지정

참고 **수인성 감염병의 역학적 특성**

- 환자 발생이 폭발적(2~3일 이내), 집단적으로 급증
- 급수지역 내 환자가 발생, 급수원이 오염원
- 성별, 연령, 직업의 차이에 따라 이환율의 차이가 없음
- 잠복기가 길고 치명율과 2차 감염률 낮음
- 계절과 관계없이 발생

3 감염병 발생요인

(1) 병원체

세균	콜레라, 장티푸스, 파라티푸스, 세균성 이질, 디프테리아, 백일해, 성홍열, 폐렴, 결핵, 나병(한센병), 임질, 매독, 파상풍, 파상열, 수막구균성 수막염, 페스트
바이러스	홍역, 폴리오, 일본뇌염, 유행성이하선염, 광견병, 두창, 감염성 간염, 후천성면역결핍증(AIDS)
진균	백선(무좀), 칸디다증
기생충	사상충증, 말라리아, 아메바성 이질, 간디스토마, 폐디스토마, 회충증, 유구조충, 무구조충
리케차	발진열, 발진티푸스, 쯔쯔가무시병, 로키산홍반열

(2) 병원소

① 인간병원소

현성 감염자	· 임상증상이 있는 사람 ⑩ 환자		
불현성 감염자	· 병원체에 감염되었으나 임상증상이 없는 사람 ⑩ 일본뇌염, 폴리오, 장티푸스, 세균성 이질, 콜레라, 성홍열		
보균자	· 임상증상이 없으나 병원균을 배출하여 감염원으로 작용하는 감염자 · 감염병 관리상 중요한 관리 대상		
	회복기 보균자	· 임상증상이 소멸되었다 하더라도 환자가 균을 계속 배출하는 보균자 ⑩ 세균성 이질, 디프테리아	
	잠복기 보균자	· 감염된 임상증상이 나타나기 전인 잠복기간 중 병원체를 배출하는 감염자 ⑩ 디프테리아, 홍역, 백일해	
	건강 보균자	· 감염되었으나 임상증상이 보이지 않고 병원체를 배출하는 보균자 · 감염병 관리상 관리가 가장 어려운 대상 ⑩ 디프테리아, 폴리오, 일본뇌염	

② 동물병원소 : 척추동물이 병원소의 역할, 인수(축)공통감염

쥐	페스트, 살모넬라증, 발진열, 렙토스피라, 유행성 출혈열, 쯔쯔가무시병
소	결핵, 파상열, 탄저병, 살모넬라증
돼지	일본뇌염, 탄저병, 살모넬라증
개	공수병, 톡소플라즈마증
고양이	살모넬라증, 톡소플라즈마증
양	탄저병, 파상열, 브루셀라증
말	탄저병, 유행성 뇌염, 살모넬라증

> **참고 인수공통감염병**
>
> 공수병, 브루셀라증, 야토병, 탄저병, 결핵 등

③ 토양병원소 : 각종 진균류

(3) 병원소로부터 병원체 탈출

구분	탈출 경로	대표 질병
호흡기계 탈출	기침, 재채기	폐결핵, 폐렴, 홍역, 수두, 디프테리아, 성홍열, 풍진, 인플루엔자, 유행성 이하선염
소화기계 탈출	분변, 구토물	콜레라, 이질, 장티푸스, 파라티푸스, 폴리오, 유행성 간염
비뇨생식기계 탈출	소변, 성기 분비물	성병
개방병소 탈출	피부병, 신체표면의 농양	나병
기계적 탈출	곤충의 흡혈, 주사기	말라리아, 발진열, 발진티푸스

(4) 전파

직접전파	• 신체접촉을 통한 감염, 콧물, 재채기나 기침을 통해 전달되는 감염 예 결핵, 홍역, 파상풍, 탄저, 인플루엔자 등
간접전파	• 개달물(수건, 의복, 세면기, 서적 등)에 의한 전파 • 실명의 원인 • 유행성 안질환(예방접종 실시되지 않음) 예 트라코마

참고 절지동물 매개감염병

- 모기 : 일본뇌염, 말라리아, 사상충, 뎅기열
- 파리 : 장티푸스, 콜레라, 파라티푸스, 세균성 이질, 결핵, 편충증, 수면병
- 이 : 뎅구열, 발진티푸스, 재귀열
- 벼룩 : 페스트, 발진열, 재귀열, 수면병, 흑사병
- 진드기 : 발진열, 재귀열, 로키산홍반열, 야토병, 쯔쯔가무시

---

(5) 새로운 숙주로의 침입

호흡기계, 소화기계, 비뇨생식기계, 피부를 통한 병원체의 탈출과 동일

(6) 숙주의 감수성

① 감수성 : 숙주에 침입한 병원체에 대해 감염이나 발병을 막을 수 없는 상태
② 면역
  • 선천적 면역 : 태어날 때부터 갖고 있는 자연 면역

• 후천적 면역

	자연면역	인공면역
능동면역	질병이환 후 형성되는 면역 : 감염면역(임질, 매독, 말라리아)	인위적인 항원 투입 후 항체 생성 : 예방접종
수동면역	모체의 태반 또는 수유를 통한 면역	면역활성 물질 투입 : γ-Globuline, Anti-Toxin 등

> **참고** 인공능동면역-예방접종을 통한 면역
> • 생균백신 : 홍역, 결핵, 폴리오, 두창, 탄저, 광견병, 황열
> • 사균백신 : 장티푸스, 파라티푸스, 콜레라, 백일해, 폴리오, 일본뇌염
> • 순화독소 : 디프테리아, 파상풍

4 우리나라 법정감염병

구분	해당 질병
제1급감염병	에볼라바이러스병, 마버그열, 라싸열, 크리미안콩고출혈열, 남아메리카출혈열, 리프트밸리열, 두창, 페스트, 탄저, 보툴리눔독소증, 야토병, 신종감염병증후군, 중증급성호흡기증후군(SARS), 중동호흡기증후군(MERS), 동물인플루엔자 인체감염증, 신종인플루엔자, 디프테리아
제2급감염병	결핵, 수두, 홍역, 콜레라, 장티푸스, 파라티푸스, 세균성이질, 장출혈성대장균감염증, A형간염, 백일해, 유행성이하선염, 풍진, 폴리오, 수막구균 감염증, b형헤모필루스인플루엔자, 폐렴구균감염증, 한센병, 성홍열, 반코마이신내성황색포도알균(VRSA) 감염증, 카바페넴내성장내세균목(CRE) 감염증, E형간염
제3급감염병	파상풍, B형간염, 일본뇌염, C형간염, 말라리아, 레지오넬라증, 비브리오패혈증, 발진티푸스, 발진열, 쯔쯔가무시증, 렙토스피라증, 브루셀라증, 공수병, 신증후군출혈열, 후천성면역결핍증(AIDS), 크로이츠펠트-야콥병(CJD) 및 변종크로이츠펠트-야콥병(vCJD), 황열, 뎅기열, 큐열, 웨스트나일열, 라임병, 진드기매개뇌염, 유비저, 치쿤구니야열, 중증열성혈소판감소증후군(SFTS), 지카바이러스 감염증, 매독, 엠폭스(MPOX)
제4급감염병	인플루엔자, 회충증, 편충증, 요충증, 간흡충증, 폐흡충증, 장흡충증, 수족구병, 임질, 클라미디아감염증, 연성하감, 성기단순포진, 첨규콘딜롬, 반코마이신내성장알균(VRE) 감염증, 메티실린내성황색포도알균(MRSA) 감염증, 다제내성녹농균(MRPA) 감염증, 다제내성아시네토박터바우마니균(MRAB) 감염증, 장관감염증, 급성호흡기감염증, 해외유입기생충감염증, 엔테로바이러스감염증, 사람유두종바이러스 감염증, 코로나바이러스감염증-19

3 가족 및 노인보건

1 가족계획

(1) 가족계획의 정의(W.H.O) : 산아제한
① 출산의 시기 및 간격을 조절하여 출생 자녀수 제한
② 불임증 환자의 진단 및 치료를 하는 것

(2) 모성보건을 위한 가족계획
① 초산연령 : 20~30세
② 임신간격 : 약 3년
③ 출산기간 및 단산연령 : 35세 이전에 단산

(3) 영·유아보건을 위한 가족계획
모성의 연령, 부모 건강상태, 출산터울, 자녀수, 유전인자, 의료 등은 신생아 및 영아사망률과 밀접한 관계

(4) 피임방법

영구적 피임법	• 난관수술 : 여성 대상 • 정관수술 : 남성 대상
일시적 피임법	• 질내 침입방지 : 콘돔, 성교 중절법 등 • 자궁 내 착상방지 : 자궁 내 장치, 화학적 방법 등 • 생리적 방법 : 월경주기법, 기초 체온법, 경구 피임약

> **참고**
> • 유산 : 임신 7개월(제28주)까지의 분만
> • 조산 : 임신 제28~38주의 분만
> • 사산 : 죽은 태아의 분만

2 노인보건

(1) 노인보건의 의의
노년(65세 이상)의 건강에 관한 문제를 다루는 것

(2) 노인보건의 중요성
① 평균수명의 연장으로 고령화 사회 진입
② 노화의 기전이나 유전적 조절 등에 대한 관심 고조
③ 노인인구 증가로 질병의 유병율과 발병률의 급증 및 의료비의 증가

1 환경위생

(1) 환경위생의 정의(W.H.O.)

인간의 신체발육과 건강 및 생존에 유해한 영향을 미치거나 또는 영향을 미칠 수 있는 모든 환경요소를 관리하는 것

(2) 기후의 개념

① 정의 : 지구를 둘러싼 대기 중에 발생하는 하나의 물리적 현상
② 기후 요소 : 기온, 기류, 기습(습도), 복사열, 강우 등

> **참고 기후의 3대 요소**
>
> ① 기온 : 최적 기온 18±2℃
> ② 기습 : 기온이 18℃ 전후일 때 40~70%
> ③ 기류 : 실내 0.2~0.3m/sec, 실외 1m/sec
> * 4대 온열인자 : 기온, 기습, 기류, 복사열

(3) 공기

① 공기조성

성분	농도(%)	성분	농도(%)
질소(N_2)	78.1	산소(O_2)	20.1
아르곤(Ar)	0.93	이산화탄소(CO_2)	0.03
기타	0.04	–	–

② 공기의 자정작용 : 희석작용, 살균작용, 세정작용, 교환작용, 산화작용
③ 불쾌지수(Discomfort Index: DI) : 기온 및 기습의 두 요인으로 인간이 느끼는 불쾌감을 표시

> **참고 이산화탄소**
>
> 밀집장소에서 그 양이 증가하므로 실내공기 오염지표로 사용

> **참고 군집독**
>
> 다수인이 밀집한 곳의 실내공기가 화학적·물리적 조성의 변화로 인하여 불쾌감, 두통, 권태, 현기증, 구토, 식욕저하 등의 생리적 이상을 일으키는 공기 상태로 실내 환기를 통해 예방

2 환경오염

(1) 발생원인

인구증가, 경제 성장, 도시화, 지역 개발

(2) 대기오염

1차 오염물질	입자상 물질	분진	대기 중 떠다니는 미세한 크기의 액체 또는 고체상의 알맹이
		매연, 검댕	연소 시 완전히 타지 않고 남게 되는 고체 물질
		액적	가스나 증기의 응축에 의해 생성된 입자상 물질
		훈연	화학반응시 증발한 가스 또는 대기 중에서 응축하여 생긴 고체 입자
	가스상 물질	황산화물(SOx)	자동차, 난방시설 등에서 배출되며, 산성비의 원인
		질소산화물 (NOx)	연료의 연소과정에서 공기 중 질소의 산화에 의해 발생
2차 오염물질	광화학 스모그 : 자외선+질소화합물(NOx) → 오존, PAN, 알데히드 등의 광화학 오염물질을 생성		

> **참고 염화불화탄소(CFC)**
>
> 염소와 불소를 포함한 일련의 유기 화합물을 총칭하며 성층권의 오존층을 파괴시키는 대표적인 가스로 냉매, 발포제, 분사제, 세정제 등으로 산업계에 폭넓게 사용한다. 미국 듀폰사 상품명인 프레온 가스로 일반화되어 널리 알려져 있다.

(3) 수질오염

① 수질오염 지표

용존산소 (DO, Dissolved Oxygen)	물속에 용해되어 있는 산소량
생물학적 산소요구량 (BOD, Biochemical Oxygen Demand)	세균이 호기성 상태에서 유기물질을 분해, 안정화시키는 데 소비되는 산소량
화학적 산소요구량 (COD, Chemical Oxygen Demand)	수중의 유기물질을 산화제로 하여금 화학적으로 산화시킬 때 소모되는 산소량

> **참고 대장균**
>
> 대장균은 상수의 수질오염 분석 시 대표적인 생물학적 지표로 사용한다.

③ 주택 및 보건

(1) 채광 및 조명

자연조명	• 창면적 : 바닥 면적의 1/7~1/5 • 남향(하루 최소 4시간 이상 일조량) • 거실 안쪽 길이는 창틀 상단 높이의 1.5배 이내
인공조명	• 직접조명, 간접조명, 반간접조명으로 구분 • 간접조명, 주황색 • 균일한 조명도와 저렴한 가격
표준조도	• 이·미용영업소 : 75럭스 이상

> **참고** 부적절한 조명에 의한 장애
>
> 눈의 피로, 근시, 안정 피로, 안구 진탕증, 백내장, 작업능률 저하 및 재해

④ 산업보건

① 물리적 작업환경에 의한 건강장애
② 고온, 고열 환경 노출에 의한 건강장애 : 열중증, 열사병(일사병)
③ 저온 노출에 의한 건강장애 : 참호족염, 침수족, 동상
④ 고압환경에 의한 건강장애 : 잠함병, 감압병
⑤ 저압환경에 의한 건강장애 : 고산병, 항공병
⑥ 소음 및 진동에 의한 건강장애 : 난청, 레이노병
⑦ 작업형태에 의한 건장장애 : VDT 증후군
⑧ 분진에 의한 건강장애

진폐증	분진흡입에 의한 폐의 범발성 섬유증식
규폐증	유리규산의 분진에 의한 대표적인 진폐증
석면폐증	석면섬유의 기관지 부착으로 인한 섬유증식

⑤ 식품위생과 영양

① 식품위생의 정의

식품의 생육, 생산 또는 제조에서 최종적으로 사람에게 섭취될 때까지의 모든 단계에 있어서 안정성, 완전성(완전무결성) 및 건전성을 확보하기 위한 모든 수단

2 식중독

세균성	감염형	살모넬라균, 장염비브리오균, 병원성대장균
	독소형	포도상구균, 보툴리누스균, 웰치균
자연독	식물성	무스카린(독버섯), 솔라닌(감자)
	동물성	테트로도톡신(복어), 조개류(베네루핀)
곰팡이독		황변미독, 에르고톡신(맥각류)
화학물질		불량첨가물, 포장재, 유해 금속 등의 유해물질

참고 세균성 식중독의 특징

- 세균수, 독소량이 많아야 발병
- 2차 감염이 없고 원인식품에 의해 발병
- 잠복기간이 짧고 면역이 획득되지 않음

참고 보툴리누스균 식중독

식품의 혐기성 상태에서 발육하여 체외독소로서 신경독소를 분비하며 치명률이 가장 높은 식중독

3 비타민 결핍증

비타민 A	야맹증	비타민 C	괴혈병
비타민 B$_1$	각기병	비타민 D	구루병
비타민 B$_2$	구각구순염	비타민 E	불임증
비타민 B$_3$	설사, 치매, 펠라그라병	비타민 H	피부염, 피부 창백
비타민 B$_6$	피부염	비타민 K	피부염, 습진
비타민 B$_{12}$	악성빈혈	비타민 P	모세혈관 투과성 증가, 피부병

6 보건행정

1 보건행정의 개념

① 정의 : 공중보건의 목적을 달성하기 위해 공공의 책임 하에 수행하는 행정활동
② 특성 : 공공성, 사회성, 과학성, 교육성, 봉사성, 조장성, 기술성

2 보건행정조직

(1) 중앙보건기구 보건복지부

① 보건복지부 : 국민 보건의 향상과 사회복지 증진
② 식품의약품안전처
③ 보건복지부 소속기관 : 국립정신병원, 국립소록도병원, 국립결핵병원, 국립재활원, 질병관리본부, 국립 망향의 동산관리소

(2) 지방보건기구

① 시·도 보건 행정조직 : 복지여성국, 보건복지국 하에 의료·위생·복지 등의 업무 취급
② 시·군·구 보건행정조직 : 보건소(보건행정의 대부분은 보건소를 통해 이루어짐)

3 사회보장

① **사회보험** : 소득보장, 의료보장
② **공적부조** : 생활보호, 의료급여
③ **공공서비스** : 노령연금, 장애연금

4 의료보장

① **건강보험** : 소득재분배 기능

1종	2종
• 「국민기초생활보장법」에 의한 수급권자 중 근로무능력자 • 희귀난치성 질환자(차상위 희귀질환자 제외) • 이재민 • 의상자 및 의사자 유족 • 독립유공자 • 중요무형문화재 보유자 및 그 가족 • 북한 이탈 주민 • 광주민주화운동 관련자 • 입양아동(18세 미만) • 기타 생활 유지의 능력이 없거나 생활이 어려운 자	• 「국민기초생활보장법」에 의한 수급권자중 1종 수급권자에 해당하지 않는 자(근로능력자)

② **의료보호** : 공적부조(국고 80%, 지방 20%)로 생활무능력자나 저소득층 대상 및 특수계층에 대해 의료비 일부 또는 전액을 부담하는 제도
③ **산재보험** : 노동부 주관. 요양, 휴업, 장해, 일시 급여 등으로 구성되어 각 사업장 단위로 강제적으로 가입해야 하는 보험

5 연금제도

국민연금, 군인연금, 사립학교교원연금, 공무원연금 등

01 다음 중 가장 대표적인 보건수준 평가 기준으로 사용되는 것은?

① 성인사망률 　　② 영아사망률
③ 노인사망률 　　④ 사인별사망률

해설 영아사망률은 한 국가의 건강수준을 나타내는 대표적인 보건수준 평가 기준으로 사용한다.

02 공중보건학의 개념과 가장 관계가 적은 것은?

① 지역주민의 수명연장에 관한 연구
② 전염병 예방에 관한 연구
③ 성인병 치료기술에 관한 연구
④ 육체적·정신적 효율증진에 관한 연구

해설 공중보건은 지역주민의 질병예방, 생명연장, 건강증진에 주력하는 기술이며 과학이다.

03 공중보건에 대한 설명으로 가장 적절한 것은?

① 개인을 대상으로 한다.
② 예방의학을 대상으로 한다.
③ 집단 또는 지역사회를 대상으로 한다.
④ 사회의학을 대상으로 한다.

해설 공중보건의 대상은 집단 또는 지역사회 단위의 다수이다.

04 한 지역이나 국가의 공중보건을 평가하는 기초자료로 가장 신뢰성 있게 인정되고 있는 것은?

① 질병이환률 　　② 영아사망률
③ 신생아사망률 　　④ 조사망률

해설 영아사망률은 한 국가의 건강수준을 나타내는 대표적인 보건수준 평가 기준으로 사용한다.

05 공중보건학의 정의로 가장 적합한 것은?

① 질병예방, 생명연장, 질병치료에 주력하는 기술이며 과학이다.
② 질병예방, 생명유지, 조기치료에 주력하는 기술이며 과학이다.
③ 질병의 조기발견, 조기예방, 생명연장에 주력하는 기술이며 과학이다.
④ 질병예방, 생명연장, 건강증진에 주력하는 기술이며 과학이다.

해설 공중보건은 지역주민의 질병예방, 생명연장, 건강증진에 주력하는 기술이며 과학이다.

06 질병발생의 3대 요인이 옳게 구성된 것은?

① 병인, 숙주, 환경 　　② 숙주, 감염력, 환경
③ 감염력, 연령, 인종 　　④ 병인, 환경, 감염력

해설 질병발생의 3대 요인 : 숙주, 병인, 환경

07 질병발생의 3대 요소가 아닌 것은?

① 병인 　　② 환경
③ 숙주 　　④ 시간

해설 질병발생의 3대 요인 : 숙주, 병인, 환경

08 법정감염병 중 제3급감염병에 속하는 것은?

① B형간염 　　② 인플루엔자
③ 결핵 　　④ 페스트

해설 인플루엔자(제4급), 결핵(제2급), 페스트(제1급)

09 자연능동면역 중 감염면역만 형성되는 감염병은?

① 두창, 홍역　　　② 일본뇌염, 폴리오
③ 매독, 임질　　　④ 디프테리아, 폐렴

해설 자연능동면역 중 감염면역만 형성되는 감염병은 임질, 매독, 말라리아이다.

10 다음 중 같은 병원체에 의하여 발생하는 인수공통 감염병은?

① 천연두　　　　② 콜레라
③ 디프테리아　　④ 공수병

해설 인수공통감염병은 공수병, 브루셀라증, 야토병, 탄저병, 결핵 등이다.

11 감염병예방법 중 제1급감염병에 해당되는 것은?

① 수두　　　　　② 홍역
③ 디프테리아　　④ A형간염

해설 수두(제2급), 홍역(제2급), A형간염(제2급)

12 다음 중 동물병원소와 감염병의 연결이 잘못된 것은?

① 소 – 결핵　　　② 쥐 – 말라리아
③ 돼지 – 일본뇌염　④ 개 – 공수병

해설 말라리아는 절지동물(모기)에 의해 전파되는 질병이다.

13 감염병 예방법상 제1급감염병에 속하는 것은?

① 매독　　　　　② 임질
③ 일본뇌염　　　④ 야토병

해설 매독(제3급), 임질(제4급), 일본뇌염(제3급)

14 다음 중 파리가 매개할 수 있는 질병과 거리가 먼 것은?

① 아메바성 이질　　② 장티푸스
③ 발진티푸스　　　④ 콜레라

해설 발진티푸스는 이가 매개하는 질병이다.

15 법정감염병 중 제2급에 해당되는 것은?

① 백일해　　　　　② 발진티푸스
③ 인플루엔자　　　④ 두창

해설 발진티푸스(제3급), 인플루엔자(제4급), 두창(제1급)

16 질병전파의 개달물(介達物)에 해당되는 것은?

① 공기, 물　　　　② 우유, 음식물
③ 의복, 침구　　　④ 파리, 모기

해설 개달물은 수건, 의복, 세면기, 서적 등이다.

17 이·미용업소에서 전염될 수 있는 트라코마에 대한 설명 중 틀린 것은?

① 수건, 세면기 등에 의하여 감염된다.
② 전염원은 환자의 눈물, 콧물 등이다.
③ 예방접종으로 사전 예방할 수 있다.
④ 실명의 원인이 될 수 있다.

해설 트라코마는 개달물(수건, 의복, 세면기, 서적 등)에 의해 전파되며 안질, 실명의 원인, 유행성안질환의 원인이 되고, 예방접종은 실시되지 않는다.

18 다음 중 쥐와 관계없는 감염병은?

① 유행성 출혈열　　② 페스트
③ 공수병　　　　　④ 살모넬라증

해설 공수병은 개에 의한 감염병이다.

19 다음 중 예방법으로 생균백신을 사용하는 것은?

① 홍역　　　　　　② 콜레라
③ 디프테리아　　　④ 파상풍

해설 생균백신은 홍역, 결핵, 폴리오, 두창, 탄저, 광견병, 황열 등에 사용한다.

20 인수공통감염병에 해당하는 것은?

① 천연두　　　　　② 콜레라
③ 디프테리아　　　④ 공수병

해설 인수공통감염병은 공수병, 브루셀라증, 야토병, 탄저병, 결핵 등이다.

21 매개곤충과 전파하는 감염병의 연결이 틀린 것은?

① 쥐 – 유행성 출혈열　② 모기 – 일본뇌염
③ 파리 – 사상충　　　④ 쥐벼룩 – 페스트

해설 사상충은 모기에 의해 전파되는 질병이다.

22 기생충과 중간숙주의 연결이 틀린 것은?

① 광절열두조충증 – 물벼룩, 송어
② 유구조충증 – 오염된 풀, 소
③ 폐흡충증 – 민물게, 가재
④ 간흡충증 – 쇠우렁, 잉어

해설 유구조충증의 중간숙주는 돼지이다.

23 모기를 매개곤충으로 하여 일으키는 질병이 아닌 것은?

① 말라리아　　　　② 사상충
③ 일본뇌염　　　　④ 발진티푸스

해설 발진티푸스는 이가 전파하는 질병이다.

24 관련법상 제2급에 해당하는 감염병은?

① 신종인플루엔자　② 유행성이하선염
③ 파상풍　　　　　④ 말라리아

해설 신종인플루엔자(제1급), 파상풍(제3급), 말라리아(제3급)

25 예방접종에 있어서 디.피.티(D.P.T)와 무관한 질병은?

① 디프테리아　　　② 파상풍
③ 결핵　　　　　　④ 백일해

해설 디프테리아(diphtheria), 파상풍(tetanus), 백일해(pertussis)

26 제3급감염병이 아닌 것은?

① C형간염　　　　② 큐열
③ 성홍열　　　　　④ 황열

해설 성홍열(제2급)

27 예방접종 중 세균의 독소를 약독화(순화)하여 사용하는 것은?

① 폴리오   ② 콜레라

③ 장티푸스   ④ 파상풍

해설 순화독소를 사용하여 예방접종하는 세균은 디프테리아, 파상풍이다.

28 감염병 관리상 그 관리가 가장 어려운 대상은?

① 만성 감염병 환자

② 급성 감염병 환자

③ 건강 보균자

④ 감염병에 의한 사망자

해설 건강 보균자는 임상증상이 없으나 병원균을 배출하여 감염원으로 작용하는 감염자, 감염병 관리상 중요한 관리대상이다.

29 임신 7개월(28주)까지의 분만을 뜻하는 것은?

① 조산   ② 유산

③ 사산   ④ 정기산

해설 조산은 임신 제28~38주의 분만, 사산은 죽은 태아의 분만이다.

30 상수의 수질오염 분석 시 대표적인 생물학적 지표로 이용되는 것은?

① 대장균   ② 살모넬라균

③ 장티푸스균   ④ 포도상구균

해설 대장균은 상수의 수질오염 분석 시 대표적인 생물학적 지표로 사용한다.

31 실내의 가장 쾌적한 온도와 습도는?

① 14℃, 20%   ② 16℃, 30%

③ 18℃, 60%   ④ 20℃, 89%

해설 최적 기온 18±2℃, 기온 18℃ 전후일 때 40~70%

32 다음 중 산업종사자와 직업병의 연결이 틀린 것은?

① 광부-진폐증   ② 인쇄공-납중독

③ 용접공-규폐증   ④ 항공정비사-난청

해설 규폐증과 관련된 직업은 암석분쇄, 암석 연마자, 채석작업자, 금속광산 산업자이다.

33 성층권의 오존층을 파괴시키는 대표적인 가스는?

① 아황산가스(SO_4)   ② 일산화탄소(CO)

③ 이산화탄소(CO_2)   ④ 염화불화탄소(CFC)

해설 • 염화불화탄소(CFC)는 염소와 불소를 포함한 일련의 유기 화합물의 총칭이다.

• 냉매, 발포제, 분사제, 세정제 등으로 산업계에 폭넓게 사용한다.

• 미국 듀폰사 상품명인 프레온 가스로 일반화되어 널리 알려져 있다.

34 실내공기의 오염지표로 주로 측정되는 것은?

① N_2 ② NH_3

③ CO ④ CO_2

해설 이산화탄소는 밀집장소에서 그 양이 증가하므로 실내공기 오염지표로 사용한다.

35 체온을 유지하는데 영향을 주는 온열인자가 아닌 것은?

① 기온　　　　　② 기습
③ 복사열　　　　④ 기압

해설 4대 온열인자는 기온, 기습, 기류, 복사열이다.

36 수돗물로 사용할 상수의 대표적인 오염지표는? (단, 심미적 영향 물질은 제외한다)

① 탁도　　　　　② 대장균 수
③ 증발 잔류량　　④ COD

해설 음용수의 수질기준으로 수질오염의 지표인 대장균이 검출되지 않아야 한다.

37 세균성 식중독이 소화기계 감염병과 다른 점은?

① 균량이나 독소량이 소량이다.
② 대체적으로 잠복기가 길다.
③ 연쇄전파에 의한 2차 감염이 드물다.
④ 원인식품 섭취와 무관하게 일어난다.

해설 세균성 식중독은 세균량, 독소량이 많아야 발병, 2차 감염이 없고, 원인식품에 의해 발병, 잠복기간이 짧고, 면역이 획득되지 않는 특징이 있다.

38 발열증상이 가장 심한 식중독은?

① 살모넬라 식중독　② 웰치균 식중독
③ 복어중독　　　　④ 포도상구균 식중독

해설 살모넬라 식중독의 증상은 30~40℃의 발열, 두통, 설사, 구토, 복통, 오한 등이다.

39 식중독에 관한 설명으로 옳은 것은?

① 세균성 식중독 중 치사율이 가장 낮은 것은 보툴리누스 식중독이다.
② 테트로도톡신은 감자에 다량 함유되어 있다.
③ 식중독은 급격한 발생률, 지역과 무관, 동시에 발생하는 특성이 있다.
④ 식중독은 원인에 따라 세균성, 화학물질, 자연독, 곰팡이독으로 분류된다.

해설
• 보툴리누스 식중독은 세균성 식중독 중 치사율이 가장 높다.
• 테트로도톡신은 복어, 솔라닌은 감자에 함유되어 있다.
• 세균성 식중독은 급격한 발생률, 원인식품 해당 지역에서 발생이라는 특징이 있다.

40 독소형 식중독의 원인균은?

① 황색 포도상구균　② 장티푸스균
③ 돈 콜레라균　　　④ 장염균

해설 독소형 식중독은 포도상구균, 보툴리누스균, 웰치균이다.

41 다음 중 식품의 혐기성 상태에서 발육하여 신경계 증상이 주 증상으로 나타나는 것은?

① 살모넬라증 식중독　② 보툴리누스균 식중독
③ 포도상구균 식중독　④ 장염비브리오 식중독

해설 보툴리누스균은 식품의 혐기성 상태에서 발육하여 체외독소로서 신경독소를 분비하며 치명률이 가장 높은 식중독이다.

42 식품의 혐기성 상태에서 발육하여 체외독소로서 신경독소를 분비하며 치명률이 가장 높은 식중독으로 알려진 것은?

① 살모넬라 식중동　② 보툴리누스균 식중독
③ 웰치균 식중독　　④ 알레르기성 식중독

해설 보툴리누스균은 식품의 혐기성 상태에서 발육하여 체외독소로서 신경독소를 분비하며 치명률이 가장 높은 식중독이다.

43 통조림, 소시지 등 식품의 혐기성 상태에서 발육하여 신경독소를 분비하여 중독이 되는 식중독은?

① 포도상구균 식중독
② 솔라닌 독소형 식중독
③ 병원성 대장균 식중독
④ 보툴리누스균 식중독

해설 보툴리누스균은 식품의 혐기성 상태에서 발육하여 체외독소로서 신경독소를 분비하며 치명률이 가장 높은 식중독이다.

44 비타민이 결핍되었을 때 발생하는 질병의 연결이 틀린 것은?

① 비타민 B₁ – 각기병
② 비타민 D – 괴혈증
③ 비타민 A – 야맹증
④ 비타민 E – 불임증

해설 비타민 C–괴혈증, 비타민 D–구루병

45 보건행정에 대한 설명으로 가장 올바른 것은?

① 공중보건의 목적을 달성하기 위해 공공의 책임 하에 수행하는 행정활동
② 개인보건의 목적을 달성하기 위해 공공의 책임 하에 수행하는 행정활동
③ 국가 간의 질병교류를 막기 위해 공공의 책임 하에 수행하는 행정활동
④ 공중보건의 목적을 달성하기 위해 개인의 책임 하에 수행하는 행정활동

해설 보건행정은 공중보건의 목적을 달성하기 위해 공공의 책임 하에 수행하는 행정활동이다.

46 보건행정의 제 원리에 관한 것으로 맞는 것은?

① 일반행정원리의 관리과정적 특성과 기획과정은 적용되지 않는다.
② 의사결정 과정에서 미래를 예측하고 행동하기 전의 행동계획을 결정한다.
③ 보건행정에서는 생태학이나 역학적 고찰이 필요 없다.
④ 보건행정은 공중보건학에 기초한 과학적 기술이 필요하다.

해설 보건행정은 공중보건의 기술을 행정조직을 통하여 공중의 건강을 유지·증진시키는 발전된 과학과 기술행정이다.

47 사회보장의 분류에 속하지 않는 것은?

① 의료보장　　② 자동차 보험
③ 소득보장　　④ 생활보호

해설 사회보장은 사회보험(소득보장, 의료보장), 공적부조(생활보호, 의료급여) 및 공공서비스(노령연금, 장애연금)로 나뉜다.

48 보건행정의 특성과 가장 거리가 먼 것은?

① 공공성　　② 교육성
③ 정치성　　④ 과학성

해설 보건행정의 특성은 공공성, 사회성, 과학성, 교육성, 봉사성, 조장성, 기술성이다.

정답	01	02	03	04	05	06	07	08
	②	③	③	②	④	①	④	①
	09	10	11	12	13	14	15	16
	③	④	④	②	④	③	①	③
	17	18	19	20	21	22	23	24
	③	③	①	④	③	②	④	②
	25	26	27	28	29	30	31	32
	③	③	④	③	②	①	③	③
	33	34	35	36	37	38	39	40
	④	④	④	②	③	①	④	①
	41	42	43	44	45	46	47	48
	②	②	④	②	①	④	②	③

2절 소독학

1 소독의 정의 및 분류

1 소독의 정의
병원 미생물의 생활환경을 파괴하여 감염력을 없애는 것

2 소독력 : 멸균 〉소독 〉방부
① **멸균** : 아포를 포함한 모든 미생물을 사멸 또는 제거하는 것
② **소독** : 사람에게 감염을 일으킬 수 있는 병원성 미생물을 가능한 제거하는 것
③ **방부** : 병원성 미생물의 발육 및 작용을 제거 또는 정지시켜 음식물의 부패나 발효를 방지하는 것
④ **살균** : 생활력을 가지고 있는 미생물을 여러 가지 물리·화학적 작용에 의해 급속하게 죽이는 것

> **참고**
>
> 소독학의 학문적 분류로는 살균의 종류로써 소독과 멸균이 포함된다. 따라서 살균은 미생물을 죽이는 것에 대한 개념적인 용어로 소독력의 강도나 크기를 나타내지 않는다.

3 소독의 구비조건
① 소독할 대상물을 손상시키지 않을 것
② 살균력 및 침투성이 강할 것
③ 인체와 동물에 해가 없을 것
④ 부식성, 표백성이 없을 것
⑤ 냄새 없고 탈취력이 있을 것
⑥ 환경오염 발생하지 않을 것
⑦ 용해성과 안정성이 있을 것

4 소독대상별 소독법

소독대상	소독방법
대소변, 배설물, 토사물	소각법, 석탄산수, 크레졸수, 생석회분말 등
의복, 침구류	일광소독, 증기소독, 자비소독
초자기구, 도자기류	석탄산수, 크레졸수, 승홍수 등
고무, 피혁제품, 칠기	석탄산수, 크레졸수, 포르말린수 등
쓰레기통, 하수구	석탄산수, 크레졸수, 승홍수, 포르말린수 등
병실	석탄산수, 크레졸수, 포르말린수 등
환자 및 환자 접촉자	크레졸수, 승홍수, 역성비누

> **참고** 소독약의 농도 표시(%)
>
> • 소독약이 고체일 때 : 소독약 1g을 물 100mL에 녹이면 1% 수용액이 된다.
> • 소독약이 액체일 때 : 소독약 4mL에 물 96mL를 넣어 전체를 100mL로 만든다(4% 소독약).
> • $\dfrac{\text{용질량(소독약)}}{\text{용액량(희석액)}} \times 100 = $ 퍼센트(%)
>
> 🔃 3% 크레졸수 제조 : 크레졸 비누액 3mL + 물 97mL

5 소독약 보관과 주의사항

① 일반적으로 소독약은 밀폐시켜 일광이 직사되지 않는 곳에 보존
② 라벨이 바뀌지 않도록 구별하여 보관
③ 소독대상에 따른 소독약과 소독법을 선택함
  • 승홍이나 석탄산 같은 것은 인체에 유해하므로 특별히 주의 취급
  • 염소제는 일광과 열에 의해 분해되지 않도록 냉암소에 보존하는 것이 좋음
④ 미생물의 특성에 맞는 소독약을 선택함

2 미생물 총론

1 미생물의 정의

육안으로 보이지 않는 0.1μm 이하의 미세한 생물체의 총칭

2 미생물의 분류

① **원핵생물** : 구조가 간단, 핵막이 없음, 유사분열하지 않음, DNA 한 분자의 단일염색체, 소기관이 없음
② **진핵생물** : 핵막에 싸인 핵을 가지고 있으며 유사분열을 함

3 미생물의 증식환경

미생물 증식에 중요한 요소는 온도, 습도, 산소, 수소이온농도(pH), 영양분 등

온도	최적온도 28~32℃
습도(수분)	건조에 사멸하는 균 🔃 임질균, 수막염균 등
	건조에 내성 있는 균 🔃 결핵균 등

산소	호기성균	산소가 있는 곳에서 증식하는 균 **예** 디프테리아균, 결핵균, 백일해균, 녹농균 등
	혐기성균	산소가 없는 곳에서 증식하는 균 **예** 보툴리누스균, 파상풍균, 가스괴저균 등
	통성혐기성균	산소의 유·무에 관계없이 증식하나 산소가 있으면 증식을 더 잘하는 균 **예** 살모넬라균, 포도상구균, 대장균 등
수소이온농도(pH)		최적 수소이온농도 pH 6~8
영양분		미생물 증식 시 필요한 에너지 및 영양분으로 포도당을 사용함

4 미생물 증식곡선

잠복기	환경 적응 기간으로 미생물의 생장이 관찰되지 않는 시기
대수기	세포수가 2의 지수적으로 증가하는 시기
정지기	세균수가 일정하고 최대치를 나타내는 시기
사멸기	생존 미생물의 수가 점차로 줄어드는 시기

5 미생물의 크기

곰팡이 〉 효모 〉 세균 〉 리케차 〉 바이러스

3 병원성 미생물

1 세균

① 생물체를 구성하는 형태상의 기본단위, 마이크로미터(μm)로 측정
② 핵막, 미토콘드리아, 유사분열 등이 없고 인간에 기생하여 질병 유발
③ **세균의 기본구조** : 세포벽, 세포막, 세포질, 핵으로 구성
④ **세균의 형태에 따른 분류**

구균	둥근 모양
간균	막대 모양
나선균	가늘고 길게 만곡된 모양

⑤ 세균의 배열에 따른 분류

쌍구균	완두콩 또는 콩팥 모양
연쇄구균	구형모양이 사슬모양으로 배열
포도상구균	황색포도상구균, 표피포도상구균으로 구분

2 바이러스
① 병원체 중 가장 작아 전자현미경으로 관찰
② DNA 또는 RNA 바이러스로 구분
③ 살아있는 세포 속에서만 생존
④ 열에 불안정(56℃에서 30분 가열하면 불활성 초래 단, 간염바이러스 제외)

3 기생충(동물성 기생체)
① **진균** : 광합성이나 운동성이 없는 생물
② **리케차**
   - 세균보다 작고 살아있는 세포 안에서만 기생하는 특성
   - 절지동물(진드기, 이, 벼룩 등)을 매개로 질병이 감염되며 발진성, 열성 질환을 일으킴
③ **클라미디아** : 세균보다 작고 살아있는 세포 안에서만 기생하나 균체계 내에 생산계를 갖지 않음

4 소독방법

1 자연소독법
① **희석** : 용품이나 기구 등을 일차적으로 청결하게 세척하는 것, 균수는 감소시키나 살균효과 없음
② **자외선멸균법** : 강력한 살균작용(도노선 : 2,900~3,200nm), 소독할 물품은 자외선에 직접 노출시켜야 함

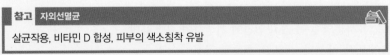

참고 자외선멸균
살균작용, 비타민 D 합성, 피부의 색소침착 유발

2 물리적 소독법

(1) 건열멸균법

화염멸균법	• 불꽃 속에서 20초 이상 접촉 • 금속류, 유리봉, 도자기류 소독, 이·미용기구 소독에 적합
건열멸균법	• 170℃에서 1~2시간 처리 • 멸균된 물건은 서서히 냉각시켜 물건이 파손되지 않도록 주의 • 유리 기구, 주사침, 유지, 자기류, 분말 등에 적합 • 종이나 천은 부적합
소각소독법	• 불에 태워 멸균 • 오염된 가운, 수건, 휴지, 환자의 객담 소독에 적합

(2) 습열멸균법

자비소독법	• 100℃ 끓는 물에 소독할 물건(금속성 식기류, 주사기 등)을 완전히 잠기게 하여 15~20분간 처리 • 이·미용 업소에서 수건 소독에 가장 많이 사용되는 물리적 소독 • 살균력 증가를 위해 중조(탄산나트륨), 크레졸 비누액, 붕소, 석탄산(페놀) 등 첨가
고압증기소독법	• 121℃ 정도의 고온의 수증기를 20분간(10Lbs, 115.2℃–30분, 15Lbs, 121℃–20분, 20Lbs, 126.5℃–15분) 7kg의 압력으로 접촉 • 아포 멸균에 가장 적합 • 의료기구, 약액, 의류, 금속성 기구 소독 적합 • 수증기가 통과하지 못하는 것(분말, 모래 등)은 멸균 불가
저온소독법	• 60~65℃에서 30분간 소독 • 파스퇴르 고안 • 유제품 등 음식물에 효과
간헐멸균법	• 100℃ 유통증기로 30~60분, 하루에 세 번 3일간 간헐적으로 가열 • 가열과 가열 사이에 항상 20℃ 이상의 온도 유지 중요
초고온순간멸균법	• 130~140℃에서 2초간 처리 • 멸균우유

(3) 비열처리법

여과멸균법	혈청이나 약제, 백신 등 열에 불안정한 액체의 멸균에 주로 이용
초음파멸균법	나선균 소독에 효과적이며 액체, 식품, 수술 전 손 소독 등의 멸균에 사용
방사선멸균법	방사선원을 이용하여 미생물 세포 내의 DNA 또는 RNA에 작용하여 단시간에 살균작용을 하며, 완전 포장된 물품으로 가열이 불가능한 제품에 멸균 가능

3 화학적 소독법

할로겐계	표백분(차아염소산), 차아염소산 나트륨, 요오드, 염소
지방족계	알코올, 포르말린, 포름알데히드
페놀계, 방향족계	석탄산, 크레졸
수은 화합물	승홍수, 머큐롬크롬, 희옥도정기
산화제	과산화수소, 과망산칼륨
계면활성제	역성비누, 양성계면활성제
기타	생석회(산화칼슘)

① **석탄산(폐놀)** : 3~5% 수용액을 사용, 넓은 지역 방역용의 소독제로 적당, 창상 부위 또는 금속류 소독에 부적합하며 온도가 높을수록 효력이 높음, 기구류 소독에는 1~3% 수용액이 적당, 세균포 자나 바이러스에 대해서는 작용력이 거의 없음

> **참고 석탄산계수**
>
> • 석탄산계수란 소독약의 살균력을 비교할 수 있는 지표로 사용
>
> • 석탄산계수 = $\dfrac{소독약의\ 희석배수}{석탄산의\ 희석배수}$

② **크레졸(비누액)** : 1~2% 용액은 주로 피부소독, 3%는 오물소독(화장실, 객담, 토사물)
③ **알코올(지방족계)** : 주로 70% 알코올을 사용하며, 단백질 변성, 지질 용해, 세균의 효소저해 작용, 피부·기구 소독
④ **역성비누(양이온계면활성제)** : 살균력이 매우 강하며 0.01~1% 수용액 사용, 자극성과 독성이 없어 이·미용업소에서 손소독에 널리 이용
⑤ **포르말린(지방족계)** : 1% 손소독, 소독제나 방부제로 사용
⑥ **염소(할로겐계)** : 표백분(차아염소산), 차아염소산 나트륨, 요오드, 염소 등 할로겐계 소독제로 살균력이 크나 자극성이 큼, 음료수 소독에 주로 사용
⑦ **과산화수소** : 3% 수용액을 피부상처에 사용, 모발의 탈색제로도 사용
⑧ **승홍수(수은화합물)** : 주로 0.1% 수용액으로 피부 소독에 사용하며 무색, 무취로 독성이 강해 창상용 소독 및 음료수 소독에 부적절, 부식성이 있어 금속에 사용 부적절, 승홍에 염화나트륨(소금) 첨가 시 용액이 중성으로 변하여 자극성이 완화됨
⑨ **훈증소독법** : 가스(gas)나 증기(fume)를 이용한 위생해충 구제 및 무균실 소독에 사용

4 소독법의 살균기전

살균기전	소독법
미생물 단백질 응고작용	알코올, 포르말린, 크레졸, 승홍수, 석탄산
미생물 산화작용	차아염소산, 염소, 표백분, 오존, 과산화수소, 과망산칼륨
미생물 삼투압에 의한 작용	알코올, 무기염류
미생물 세균막 파괴작용	양이온계면활성제
미생물 가수분해작용	석회유, 생석회

5 분야별 위생·소독

1 기구 및 도구 소독

① **튜브류** : 브러시로 튜브 속까지 깨끗이 닦은 후 물기를 제거하고 소독용 알코올(70%)에 20분 이상 담가 소독한 다음 자외선 소독기에 보관

② **유리제품, 브러시 종류** : 세제를 넣은 미온수에 세척한 다음 소독용 알코올(70%)에 20분 이상 담근 후 자외선 소독기에 넣어 소독

③ **고무달린 전극봉류** : 소독용 알코올(70%)을 적신 솜으로 깨끗이 닦음

④ **금속류 전극봉** : 오염물질을 깨끗이 닦은 후 소독용 알코올을 적신 솜으로 소독함

⑤ **각종 보울** : 보울의 재질에 따라 닦은 후 소독방법을 달리 하며 유리, 플라스틱류는 세척 후에 자외선 소독기를 이용하여 안쪽 면이 조사될 수 있도록 함

⑥ **족집게, 핀셋, 여드름 짜는 도구** : 고름과 혈액이 묻은 경우에는 세제를 넣은 물에 깨끗이 씻은 후 자비소독 또는 고압증기멸균 소독을 함

⑦ **전기 제품류** : 항상 먼지가 끼지 않도록 청결상태를 유지하며 사용하지 않을 경우에는 덮개를 씌워놓음

⑧ **온장고, 자외선 소독기** : 미사용 시에는 내부를 닦고 코드를 뺀 후 문을 열어 놓음

⑨ **버퍼라이저** : 사용 후 물을 빼두며 주 1회 물과 식초를 10:1 비율로 넣고 8시간 방치하여 물 석회를 제거함

⑩ **확대경, 적외선램프, 우드램프** : 사용 전·후에 소독용 알코올을 적신 솜으로 렌즈 및 그 주변을 닦음

⑪ **베드** : 사용 전·후에 소독용 알코올을 묻힌 솜으로 닦으며 베드 및 시술의자에 먼지가 끼지 않도록 함

⑫ **정리대** : 관리시작 전에 소독용 알코올을 적신 솜으로 닦은 후 물품을 세팅하며 물품겉면 또한 소독용 알코올을 적신 솜으로 닦음

2 용품 소독

① **스파튤라(spatula)** : 플라스틱 및 금속류는 소독하여 재사용
② **해면스펀지(sponge)** : 1인 1회 사용하는 것이 이상적이며, 재사용 시 세제를 넣은 미온수에 세탁하여 말린 후 자외선 소독기에 넣고 자외선 빛이 고루 닿도록 소독함
③ **터번(turban), 타월(towel)** : 자비 소독, 고압증기멸균(피, 고름)
④ **가운(gown)** : 매 고객마다 새것을 교환해 사용하며 세탁 후 일광소독

소독학 출제예상문제

01 순도 100% 소독약 원액 2mL에 증류수 98mL를 혼합하여 100mL의 소독약을 만들었다면 이 소독약의 농도는?

① 2% ② 3%
③ 5% ④ 98%

해설 퍼센트(%) = (용질량/용액량) X 100

02 소독약의 사용 및 보존상의 주의점으로서 틀린 것은?

① 일반적으로 소독약은 밀폐시켜 일광이 직사되지 않는 곳에 보존해야 한다.
② 모든 소독약은 사용할 때 마다 반드시 새로이 만들어 사용하여야 한다.
③ 승홍이나 석탄산 같은 것은 인체에 유해하므로 특별히 주의 취급하여야 한다.
④ 염소제는 일광과 열에 의해 분해되지 않도록 냉암소에 보존하는 것이 좋다.

해설
• 일반적으로 소독약은 밀폐시켜 일광이 직사되지 않는 곳에 보존한다.
• 라벨이 바뀌지 않도록 구별하여 보관한다.
• 소독대상에 따른 소독약과 소독법을 선택한다.
 – 승홍이나 석탄산 같은 것은 인체에 유해하므로 특별히 주의해서 취급한다.
 – 염소제는 일광과 열에 의해 분해되지 않도록 냉암소에 보존하는 것이 좋다.
• 미생물의 특성에 맞는 소독약을 선택한다.

03 멸균의 의미로 가장 적합한 표현은?

① 병원균의 발육, 증식억제 상태
② 체내에 침입하여 발육 증식하는 상태
③ 세균의 독성만을 파괴한 상태
④ 아포를 포함한 모든 균을 사멸시킨 무균상태

해설 멸균은 아포를 포함한 모든 미생물을 사멸 또는 제거하는 것이다.

04 여러 가지 물리·화학적 방법으로 병원성 미생물을 가능한 제거하는 것으로 사람에게 감염의 위험이 없도록 하는 것은?

① 멸균 ② 소독
③ 방부 ④ 살충

해설 소독은 사람에게 감염을 일으킬 수 있는 병원성 미생물을 가능한 제거하는 것이다.

05 소독약이 고체인 경우 1% 수용액이란?

① 소독약 0.1g을 물 100ml에 녹인 것
② 소독약 1g을 물 100ml에 녹인 것
③ 소독약 10g을 물 100ml에 녹인 것
④ 소독약 10g을 물 990ml에 녹인 것

해설 퍼센트(%) = (용질량/용액량) X 100

06 병원성 또는 비병원성 미생물 및 아포를 가진 것을 전부 사멸 또는 제거하는 것을 무엇이라 하는가?

① 멸균(sterilization)
② 소독(disinfection)
③ 방부(antisepsis)
④ 정균(microbiostasis)

해설 멸균은 아포를 포함한 모든 미생물을 사멸 또는 제거하는 것이다.

07 결핵환자의 객담 처리방법 중 가장 효과적인 것은?

① 소각법 ② 알콜소독
③ 크레졸소독 ④ 매몰법

해설 소각소독법은 불에 태워 멸균하는 것으로 오염된 가운, 수건, 휴지, 쓰레기 소독에 적합하다.

08 화학약품으로 소독 시 약품의 구비조건이 아닌 것은?

① 살균력이 있을 것
② 부식성, 표백성이 없을 것
③ 경제적이고 사용방법이 간편할 것
④ 용해성이 낮을 것

해설
- 살균력이 강하고 높은 석탄계수를 가질 것
- 인체에 무해·무독
- 부식성, 표백성 없을 것
- 용해성과 안정성이 있을 것
- 냄새없고 탈취력이 있을 것
- 환경오염 발생하지 않을 것

09 무수알코올(100%)을 사용해서 70%의 알코올 1800mL를 만드는 방법으로 옳은 것은?

① 무수알코올 700mL에 물 1100mL를 가한다.
② 무수알코올 70mL에 물 1730mL를 가한다.
③ 무수알코올 1260mL에 물 540mL를 가한다.
④ 무수알코올 126mL에 물 1674mL를 가한다.

해설 퍼센트(%) = (용질량/용액량) X 100

10 소독에 사용되는 약제의 이상적인 조건은?

① 살균하고자 하는 대상물을 손상시키지 않아야 한다.
② 취급 방법이 복잡해야 한다.
③ 살균력이 강하고 낮은 석탄계수를 가져야 한다.
④ 향기로운 냄새가 나야 한다.

해설
- 살균력이 강하고 높은 석탄계수를 가질 것
- 인체에 무해·무독
- 부식성, 표백성 없을 것
- 용해성과 안정성이 있을 것
- 냄새없고 탈취력이 있을 것
- 환경오염 발생하지 않을 것

11 용품이나 가구 등을 일차적으로 청결하게 세척하는 것은 다음의 소독방법 중 어디에 해당되는가?

① 희석   ② 방부
③ 정균   ④ 여과

해설 희석법은 용품이나 기구 등을 일차적으로 청결하게 세척하는 것이며 균수는 감소시키나 살균효과는 없다.

12 호기성 세균이 아닌 것은?

① 결핵균   ② 백일해균
③ 가스괴저균   ④ 녹농균

해설
- 호기성 세균 : 산소를 필요로 하는 균(곰팡이, 효모, 식초산균, 결핵균, 백일해균, 포도상구균)
- 혐기성 세균 : 산소를 필요로 하지 않는 균(가스괴저균, 클로로스트리듐균)

13 일반적인 미생물의 번식에 가장 중요한 요소로만 나열된 것은?

① 온도 – 적외선 – pH
② 온도 – 습도 – 자외선
③ 온도 – 습도 – 영양분
④ 온도 – 습도 – 시간

해설 미생물의 성장과 사멸에 영향을 주는 요인 : 영양분, 온도, 습도, 산소농도, 물의 활성, 빛의 세기, 삼투압, pH

14 다음 중 소독에 영향을 가장 적게 미치는 인자는?

① 온도   ② 대기압
③ 수분   ④ 시간

해설 소독에 영향을 미치는 인자 : 온도, 수분, 시간

15 인체에 질병을 일으키는 병원체 중 대체로 살아있는 세포에서만 증식하고 크기가 가장 작아 전자현미경으로만 관찰할 수 있는 것은?

① 구균   ② 간균
③ 바이러스   ④ 원생동물

해설 바이러스는 병원체 중 가장 작아 전자현미경으로 관찰가능하며, DNA 또는 RNA 바이러스로 구분된다. 특히, 살아있는 세포 속에서만 생존하고 열에 불안정(56℃에서 30분 가열하면 불활성 초래–간염바이러스 제외)하다.

16 바이러스에 대한 일반적인 설명으로 옳은 것은?

① 항생제에 감수성이 있다.
② 광학 현미경으로 관찰이 가능하다.
③ 핵산 DNA와 RNA 둘 다 가지고 있다.
④ 바이러스는 살아있는 세포 내에서만 증식 가능하다.

해설 바이러스는 병원체 중 가장 작아 전자현미경으로 관찰가능하며, DNA 또는 RNA 바이러스로 구분된다. 특히, 살아있는 세포 속에서만 생존하고 열에 불안정(56℃에서 30분 가열하면 불활성 초래-간염바이러스 제외)하다.

17 다음 중 자비소독을 하기에 가장 적합한 것은?

① 스테인레스 볼　　② 제모용 고무장갑
③ 플라스틱 스파튤라　④ 피부관리용 팩붓

해설 •100℃ 끓는 물에 15~20분간 처리
•식기류, 주사기, 의류소독 적합
•이·미용 업소에서 수건 소독에 가장 많이 사용되는 물리적 소독

18 석탄산 소독액에 관한 설명으로 틀린 것은?

① 기구류의 소독에는 1~3% 수용액이 적당하다.
② 세균포자나 바이러스에 대해서는 작용력이 거의 없다.
③ 금속기구의 소독에는 적합하지 않다.
④ 소독액 온도가 낮을수록 효력이 높다.

해설 넓은 지역 방역용의 소독제로 적당, 창상 부위 또는 금속류 소독에 부적합하며 온도가 높을수록 효력이 높다.

19 다음 중 가장 강한 살균작용을 하는 광선은?

① 자외선　　② 적외선
③ 가시광선　④ 원적외선

해설 강력한 살균작용(도노선 : 2,900~3,200nm)

20 소독장비 사용 시 주의해야 할 사항 중 옳은 것은?

① 건열멸균기 – 멸균된 물건을 소독기에서 꺼낸 즉시 냉각시켜야 살균효과가 크다.
② 자비소독기 – 금속성 기구들은 물이 끓기 전부터 넣고 끓인다.
③ 간헐멸균기 – 가열과 가열 사이에 20℃ 이상의 온도를 유지한다.
④ 자외선소독기 – 날이 예리한 기구 소독 시 타월 등으로 싸서 넣는다.

해설 •건열멸균 시 멸균된 물건은 서서히 냉각시켜 물건이 파손되지 않도록 주의
•자비소독 시 100℃ 끓는 물에 소독할 물건을 완전히 잠기게 하여 15~20분간 처리
•자외선멸균 시 소독할 물품은 자외선에 직접 노출시켜야 함

21 고압증기멸균법에 있어 20Lbs,126.5℃의 상태에서 몇 분간 처리하는 것이 가장 좋은가?

① 5분　　② 15분
③ 30분　④ 60분

해설 고압증기멸균법은 121℃정도의 고온의 수증기를 20분간(10Lbs, 115.2℃–30분, 15Lbs, 121℃–20분, 20Lbs, 126.5℃–15분) 7kg의 압력으로 접촉한다.

22 이·미용업소에서 수건 소독에 가장 많이 사용되는 물리적 소독법은?

① 석탄산소독　　② 알코올소독
③ 자비소독　　④ 과산화수소소독

해설 자비소독법은 이·미용 업소에서 수건 소독에 가장 많이 사용되는 물리적 소독이다.

23 혈청이나 약제, 백신 등 열에 불안정한 액체의 멸균에 주로 이용되는 멸균법은?

① 초음파멸균법　　② 방사선멸균법
③ 초단파멸균법　　④ 여과멸균법

해설 여과멸균법 : 열에 불안정한 액체(혈청이나 약제, 백신 등)의 멸균에 주로 이용한다.

24 석탄산의 90배 희석액과 어느 소독약의 180배 희석액이 같은 조건하에서 같은 소독효과가 있었다면 이 소독약의 석탄산 계수는?

① 0.50
② 0.05
③ 2.00
④ 20.0

해설 석탄산 계수 = 소독약의 희석배수/석탄산의 희석배수

25 고압증기멸균기의 소독대상물로 적합하지 않은 것은?

① 금속성 기구
② 의류
③ 분말제품
④ 약액

해설 · 아포 멸균에 가장 적합
· 의료기구, 약액, 의류, 금속성 기구 소독 적합
· 수증기가 통과하지 못하는 것(분말, 모래 등)은 멸균 불가

26 다음 중 넓은 지역의 방역용 소독제로 적당한 것은?

① 석탄산
② 알코올
③ 과산화수소
④ 역성비누액

해설 3~5% 수용액을 사용, 넓은 지역 방역용 소독제로 적당, 창상 부위 또는 금속류 소독에 부적합하며 온도가 높을수록 효력이 높다.

27 다음 중 아포를 형성하는 세균에 대한 가장 좋은 소독법은?

① 적외선소독
② 자외선소독
③ 고압증기멸균소독
④ 알콜소독

해설 121℃ 정도의 고온의 수증기를 20분간(10Lbs, 115.2℃-30분, 15Lbs, 121℃-20분, 20Lbs, 126.5℃-15분) 7kg의 압력으로 접촉시켜서 아포 멸균에 가장 적합하다.

28 다음 중 음료수 소독에 사용되는 소독방법과 가장 거리가 먼 것은?

① 염소소독
② 표백분소독
③ 자비소독
④ 승홍액소독

해설 승홍수 : 주로 0.1% 수용으로 피부소독에 사용하며 무색, 무취로 독성이 강해 창상용 소독 및 음료수 소독에 부적절하다.

29 보통 상처의 표면을 소독하는데 이용하며 발생기 산소가 강력한 산화력으로 미생물을 살균하는 소독제는?

① 석탄산
② 과산화수소수
③ 크레졸
④ 에탄올

해설 3% 수용액을 피부상처에 사용, 모발의 탈색제로도 사용한다.

30 알코올 소독의 미생물 세포에 대한 주된 작용기전은?

① 할로겐 복합물형성
② 단백질 변성
③ 효소의 완전 파괴
④ 균체의 완전 융해

해설 주로 70% 알코올을 사용하며, 단백질 변성, 지질용해, 세균의 효소저해 작용, 피부·기구 소독

31 자비소독에 관한 내용으로 적합하지 않은 것은?

① 물에 탄산나트륨을 넣으면 살균력이 강해진다.
② 소독할 물건은 열탕 속에 완전히 잠기도록 해야 한다.
③ 100℃에서 15~20분간 소독한다.
④ 금속기구, 고무, 가죽의 소독에 적합하다.

해설 자비소독법 : 100℃ 끓는 물에 소독할 물건(금속성 식기류, 주사기 등)을 완전히 잠기게 하여 15~20분간 처리하며 이·미용 업소에서 수건 소독에 가장 많이 사용하는 물리적 소독이다. 살균력 증가를 위해 중조(탄산나트륨), 크레졸 비누액, 붕소, 석탄산(페놀) 등을 첨가한다.

32 다음 중 상처나 피부 소독에 가장 적합한 것은?

① 석탄산
② 과산화수소수
③ 포르말린수
④ 차아염소산 나트륨

해설 3% 수용액을 피부상처에 사용한다.

33 승홍에 소금을 섞었을 때 일어나는 현상은?

① 용액이 중성으로 되고 자극성이 완화된다.

② 용액의 기능을 2배 이상 증대시킨다.

③ 세균의 독성을 중화시킨다.

④ 소독대상물의 손상을 막는다.

해설 승홍에 염화나트륨(소금) 첨가 시 용액이 중성으로 변하여 자극성이 완화된다.

34 일반적으로 사용하는 소독제로서 에탄올의 적정 농도는?

① 30%　　　　　② 50%

③ 70%　　　　　④ 90%

해설 주로 70% 알코올을 사용한다.

35 환자 접촉자가 손의 소독 시 사용하는 약품으로 가장 부적당한 것은?

① 크레졸수　　　② 승홍수

③ 역성비누　　　④ 석탄산

해설 피부 소독 시 0.1~0.5% 수용액 사용이 가능하며, 석탄산은 피부 점막에 자극성과 마비성이 있어 사용 불가능하다.

36 당이나 혈청과 같이 열에 의해 변성되거나 불안정한 액체의 멸균에 이용되는 소독법은?

① 저온살균법　　② 여과멸균법

③ 간헐멸균법　　④ 건열멸균법

해설 열에 불안정한 액체(혈청, 약제, 백신 등)의 멸균에 주로 이용한다.

37 다음 중 화학적 소독법에 해당되는 것은?

① 알코올소독법　② 자비소독법

③ 고압증기멸균법　④ 간헐멸균법

해설 고압증기소독법, 자비소독법, 간헐멸균법은 물리적 소독법에 해당한다.

38 석탄산의 희석배수 90배를 기준으로 할 때 어떤 소독약의 석탄산계수가 4였다면 이 소독약의 희석배수는?

① 90배　　　　　② 94배

③ 360배　　　　④ 400배

해설 석탄산 계수 = 소독약의 희석배수/석탄산의 희석배수

39 이·미용업 종사자가 손을 씻을 때 많이 사용하는 소독약은?

① 크레졸수　　　② 페놀수

③ 과산화수소　　④ 역성비누

해설 살균력이 매우 강하며 0.01~1% 수용액 사용, 자극성과 독성이 없어 이·미용업소에서 손소독에 널리 이용한다.

40 인체의 창상용 소독약으로 부적당한 것은?

① 승홍수　　　　② 머큐로크롬액

③ 희옥도정기　　④ 아크리놀

해설 주로 0.1% 수용으로 피부소독에 사용하며 무색, 무취로 독성이 강해 창상용 소독 및 음료수 소독에 부적절하다.

41 다음 소독제 중에서 할로겐계에 속하지 않는 것은?

① 표백분　　　　② 석탄산

③ 차아염소산 나트륨　④ 염소 유기화합물

해설 표백분(차아염소산), 차아염소산 나트륨, 요오드, 염소 등은 할로겐계 소독제로 살균력이 크나 자극성이 크다. 음료수 소독에 주로 사용한다.

42 다음 중 소독약품의 적정 희석농도가 틀린 것은?

① 석탄산 3% ② 승홍 0.1%

③ 알코올 70% ④ 크레졸 0.3%

해설 • 석탄산 : 3~5% 수용액 사용
• 승홍 : 0.1% 수용액 사용
• 알코올 : 70% 수용액 사용
• 크레졸 : 1~2% 용액은 주로 피부소독, 3%는 오물소독(화장실, 객담, 토사물)

43 자외선의 작용이 아닌 것은?

① 살균작용 ② 비타민 D 형성

③ 피부의 색소침착 ④ 아포 사멸

해설 자외선멸균 : 살균작용, 비타민 D 합성, 피부의 색소침착 유발

44 100℃ 이상 고온의 수증기를 고압상태에서 미생물, 포자 등과 접촉시켜 멸균할 수 있는 것은?

① 자외선소독기 ② 건열멸균기

③ 고압증기멸균기 ④ 자비소독기

해설 • 121℃ 정도의 고온의 수증기를 20분간 7kg의 압력으로 접촉시켜서 아포 멸균에 가장 적합
• 의료기구, 약액, 의류, 금속성 기구 소독 적합
• 수증기가 통과하지 못하는 것(분말, 모래 등)은 멸균 불가

45 훈증소독법에 대한 설명 중 틀린 것은?

① 분말이나 모래, 부식되기 쉬운 재질 등을 멸균할 수 있다.

② 가스(gas)나 증기(fume)를 사용한다.

③ 화학적 소독방법이다.

④ 위생해충 구제에 많이 이용된다.

해설 훈증소독법은 가스(gas)나 증기(fume)를 이용한 위생해충 구제 및 무균실 소독에 사용하는 화학적 소독법이다.

46 100% 크레졸 비누액을 환자의 배설물, 토사물, 객담소독을 위한 소독용 크레졸 비누액 100mL로 조제하는 방법으로 가장 적합한 것은?

① 크레졸 비누액 0.5mL + 물 99.5mL

② 크레졸 비누액 3mL + 물 97mL

③ 크레졸 비누액 10mL + 물 90mL

④ 크레졸 비누액 50mL + 물 50mL

해설 크레졸 비누액 3%는 오물소독(화장실, 객담, 토사물)에 주로 사용한다.

47 어떤 소독약의 석탄산계수가 2.0이라는 것은 무엇을 의미하는가?

① 석탄산의 살균력이 2이다.

② 살균력이 석탄산의 2배이다.

③ 살균력이 석탄산의 2%이다.

④ 살균력이 석탄산의 120%이다.

해설 석탄산계수란 소독약의 살균력을 비교할 수 있는 지표로 사용한다.

48 자비소독 시 살균력을 강하게 하고 금속기자재가 녹스는 것을 방지하기 위하여 첨가하는 물질이 아닌 것은?

① 2% 중조 ② 2% 크레졸 비누액

③ 5% 승홍수 ④ 5% 석탄산

해설 자비소독법은 100℃ 끓는 물에 소독할 물건(금속성 식기류, 주사기 등)을 완전히 잠기게 하여 15~20분간 처리하며 이·미용 업소에서 수건 소독에 가장 많이 사용하는 물리적 소독이다. 살균력 증가 및 녹스는 것을 방지하기 위해 1~2% 중조(탄산나트륨), 2% 크레졸 비누액, 1~2% 붕소, 2~5% 석탄산(페놀) 등을 첨가한다.

정답	01	02	03	04	05	06	07	08
	①	②	④	②	②	①	①	④
	09	10	11	12	13	14	15	16
	③	①	①	③	③	②	③	④
	17	18	19	20	21	22	23	24
	①	④	①	③	②	③	④	③
	25	26	27	28	29	30	31	32
	③	①	③	④	②	②	④	②
	33	34	35	36	37	38	39	40
	①	③	④	②	①	③	④	①
	41	42	43	44	45	46	47	48
	②	④	④	③	①	②	②	③

3절 공중위생관리법규

1 목적 및 정의

1 목적

공중위생관리법은 공중이 이용하는 영업의 위생 관리 등에 관한 사항을 규정함으로써 위생 수준을 향상시켜 국민의 건강 증진에 기여함을 목적으로 함

2 정의

① **공중위생영업** : 다수인을 대상으로 위생 관리 서비스를 제공하는 영업
   예 숙박업, 목욕장업, 이용업, 미용업, 세탁업, 건물위생관리업
② **이용업** : 손님의 머리카락 또는 수염을 깎거나 다듬는 등의 방법으로 손님의 용모를 단정하게 하는 영업
③ **미용업** : 손님의 얼굴, 머리, 피부 및 손톱·발톱 등을 손질하여 손님의 외모를 아름답게 꾸미는 영업

2 영업의 신고 및 폐업

1 영업의 신고

보건복지부령이 정하는 시설 및 설비를 갖추고 시장·군수·구청장에게 신고

2 변경신고

보건복지부령이 정하는 공중위생영업의 관련 중요사항을 변경하고자 할 때에는 시장·군수·구청장에게 신고
① 영업소의 명칭 또는 상호
② 영업소의 주소
③ 신고한 영업장 면적의 3분의 1 이상의 증감
④ 대표자의 성명 또는 생년월일
⑤ 미용업 업종간 변경

3 폐업신고

폐업신고를 하려는 자는 공중위생영업을 폐업일로부터 20일 이내에 시장·군수·구청장에게 신고(폐업신고의 방법 및 절차에 관하여 필요한 사항을 보건복지부령으로 정함)

4 **공중위생영업의 승계**

(1) 승계조건

① 공중위생영업자가 그 공중위생영업을 양도하거나 사망한 경우

② 법인의 합병이 있는 때에는 그 양수인, 상속인 또는 합병 후 존속하는 법인이나 합병에 의하여 설립되는 법인

③ 민사집행법에 의한 경매,「채무자 회생 및 파산에 관한 법률」에 의한 환가나 국세징수법, 관세법 또는「지방세징수법」에 의한 압류재산의 매각 그 밖에 이에 준하는 절차에 따라 공중위생영업자의 관련시설 및 설비의 전부를 인수한 자

(2) 승계자격

면허를 소지한 자

3 영업자 준수사항

1 **미용사의 위생관리기준**

① 점빼기, 귓볼 뚫기, 쌍꺼풀 수술, 문신, 박피술 그 밖에 유사한 의료행위 금지

② 피부미용을 위하여「약사법」에 따른 의약품 또는「의료기기법」에 따른 의료기기 사용 금지

③ 미용기구 중 소독을 한 기구와 소독을 하지 아니한 기구는 각각 다른 용기에 넣어 보관

④ 1회용 면도날은 손님 1인에 한하여 사용

⑤ 영업장 안의 조명도는 75럭스 이상이 되도록 유지

⑥ 업소 내부에 신고증, 개설자의 면허증 원본, 최종지급요금표 게시

2 **이·미용기구의 소독기준 및 방법**

소독종류	소독방법
자외선 소독	1cm^{2}당 85μW 이상의 자외선을 20분 이상 쬐어줌
건열멸균 소독	100℃ 이상의 건조한 열에 20분 이상 쬐어줌
증기 소독	100℃ 이상의 습한 열에 20분 이상 쬐어줌
열탕 소독	100℃ 이상의 물속에 10분 이상 끓여줌
석탄산수 소독	석탄산수(석탄산 3% 수용액)에 10분 이상 담가둠
크레졸 소독	크레졸수(크레졸 3% 수용액)에 10분 이상 담가둠
에탄올 소독	에탄올 수용액(에탄올이 70%인 수용액)에 10분 이상 담가두거나, 에탄올 수용액을 머금은 면 또는 거즈로 기구의 표면을 닦아줌

4 면허 및 업무

1 발급자격

이용사 또는 미용사가 되고자 하는 자는 다음에 해당하는 자로서 보건복지부령이 정하는 바에 의하여 시장·군수·구청장의 면허를 받아야 함

① 전문대학 또는 이와 같은 수준 이상의 학력이 있다고 교육부장관이 인정하는 학교에서 이용 또는 미용에 관한 학과를 졸업한 자

② 대학 또는 전문대학을 졸업한 자와 같은 수준 이상의 학력이 있는 것으로 인정되어 이용 또는 미용에 관한 학위를 취득한 자

③ 고등학교 또는 이와 같은 수준의 학력이 있다고 교육부장관이 인정하는 학교에서 이용 또는 미용에 관한 학과를 졸업한 자

④ 특성화고등학교, 고등기술학교나 고등학교 또는 고등기술학교에 준하는 각종 학교에서 1년 이상 이용 또는 미용에 관한 소정의 과정을 이수한 자

⑤ 국가기술자격법에 의한 미용사의 자격을 취득한 자

2 결격사유

① 피성년후견인

② 정신보건법상, 정신질환자. 다만, 전문의가 이용사 또는 미용사로서 적합하다고 인정하는 경우 제외

③ 공중의 위생에 영향을 미칠 수 있는 감염병 환자로서 보건복지부령이 정하는 자

④ 마약 기타 대통령령으로 정하는 약물 중독자

⑤ 면허가 취소된 후 1년이 경과되지 아니한 자

3 면허의 취소

시장·군수·구청장은 이용사 또는 미용사가 다음에 해당하는 때에는 그 면허를 취소하거나 6월 이내의 기간을 정하여 그 면허의 정지를 명할 수 있음(다만, 결격사유에 해당하는 경우에는 그 면허를 취소해야 함)

① 공중위생관리법 또는 동법 규정에 의한 명령에 위반한 때 : 취소 또는 정지

② 위 결격사유에 해당하게 된 때 : 취소

③ 면허증을 다른 사람에게 대여한 때 : 시장, 군수, 구청장은 그 면허를 취소하거나 6월 이내의 기간을 정하여 업무정지

4 면허증의 재발급

① 면허증의 기재사항에 변경이 있는 때

② 면허증을 잃어버린 때

③ 면허증이 헐어 못쓰게 된 때

5 영업소 외 시술의 특별한 사유

이용 및 미용의 업무는 영업소 외의 장소에서 행할 수 없으나 보건복지부령이 정하는 특별한 사유가
있는 경우에는 그러하지 아니함
① 질병·고령·장애나 그 밖의 사유로 영업소에 나올 수 없는 자에 대하여 이용 또는 미용을 하는 경우
② 혼례나 그 밖의 의식에 참여하는 자에 대하여 그 의식 직전에 이용 또는 미용을 하는 경우
③ 사회복지시설에서 봉사활동으로 이용 또는 미용을 하는 경우
④ 방송 등의 촬영에 참여하는 사람에 대하여 그 촬영 직전에 이용 또는 미용을 하는 경우
⑤ 특별한 사정이 있다고 시장·군수·구청장이 인정하는 경우

5 행정지도·감독

1 영업소의 폐쇄

시장·군수·구청장은 공중위생영업자가 영업소 폐쇄명령을 받고도 계속하여 영업을 하는 때에는 관
계공무원으로 하여금 해당 영업소를 폐쇄하기 위하여 다음의 조치를 하게 할 수 있음
① 해당 영업소의 간판 기타 영업표지물의 제거
② 해당 영업소가 위법한 영업소임을 알리는 게시물 등의 부착
③ 영업을 위하여 필수불가결한 기구 또는 시설물을 사용할 수 없게 하는 봉인

2 청문

보건복지부장관 또는 시장·군수·구청장은 아래와 같은 사항을 처분할 때 청문을 실시할 수 있음
① 미용사의 면허취소, 면허정지
② 공중위생영업의 정지
③ 일부시설의 사용중지
④ 영업소 폐쇄명령

6 업소 위생등급

1 위생평가

① 시·도지사는 공중위생영업소의 위생 관리 수준을 향상시키기 위하여 위생서비스평가계획을 수립
   하여 시장·군수·구청장에게 통보하여야 함
② 시장·군수·구청장은 평가 계획에 따라 관할지역별 세부평가계획을 수립한 후 공중위생영업소의
   위생서비스수준을 평가하여야 함
③ 시장·군수·구청장은 위생서비스평가의 전문성을 높이기 위하여 필요하다고 인정하는 경우에는

관련 전문기관 및 단체로 하여금 위생서비스평가를 실시하게 할 수 있음

④ 위생서비스평가의 주기·방법, 위생관리등급의 기준, 기타 평가에 관하여 필요한 사항은 보건복지부령으로 정함

2 위생등급 및 서비스 평가주기

① 위생등급 : 3등급

최우수업소	녹색등급
우수업소	황색등급
일반관리대상업소	백색등급

② 위생서비스 평가주기 : 2년마다 실시

3 공중위생감시원

(1) 공중위생감시원
① 특별시·광역시·도 및 시·군·구(자치구에 한한다)에 공중위생감시원을 둠
② 자격·임명·업무범위 기타 필요한 사항은 대통령령으로 함

(2) 공중위생감시원의 자격 및 임명
시·도지사·시장·군수·구청장은 다음에 해당하는 소속 공무원 중에서 공중위생감시원을 임명함
① 위생사 또는 환경기사 2급 이상의 자격증이 있는 사람
②「고등교육법」에 의한 대학에서 화학·화공학·환경공학 또는 위생학 분야를 전공하고 졸업한 사람 또는 이와 같은 수준 이상의 학력이 있다고 인정되는 사람
③ 외국에서 위생사 또는 환경기사의 면허를 받은 사람
④ 1년 이상 공중위생행정에 종사한 경력이 있는 사람

(3) 공중위생감시원의 업무범위
① 시설 및 설비의 확인
② 공중위생영업 관련 시설 및 설비의 위생상태 확인·검사, 공중위생영업자의 위생관리의무 및 영업자준수사항 이행여부의 확인
③ 위생지도 및 개선명령 이행여부의 확인
④ 공중위생영업소의 영업 정지, 일부 시설의 사용중지 또는 영업소 폐쇄명령 이행여부의 확인
⑤ 위생교육 이행여부의 확인

4 명예공중위생감시원 자격
① 공중위생에 대한 지식과 관심 있는 자
② 소비자단체, 공중위생관련 협회 또는 단체의 소속 직원 중에서 당해 단체의 장이 추천하는 자

1 위생교육
① 공중위생영업자는 매년 3시간 위생교육을 받아야 함
② 공중위생영업의 영업신고를 하고자 하는 자는 미리 위생교육을 받아야 함
③ 위생교육은 시장·군수·구청장이 실시한 후 수료증을 교부함
④ 시장·군수·구청장은 위생교육에 관한 기록을 2년 이상 보관, 관리하여야 함

2 위생교육 대상자
① 공중위생영업의 신고를 하고자 하는 자
② 공중위생영업을 승계한 자
③ 공중위생영업자
④ 위생교육을 받아야 하는 자 중 영업에 직접 종사하지 아니하거나 2인 이상의 장소에서 영업을 하는 자는 종업원 중 책임자

8 행정처분

위반행위	근거 법조문	행정처분 기준			
		1차 위반	2차 위반	3차 위반	4차 위반
1. 법 제3조 제1항 전단에 따른 영업신고를 하지 않거나 시설과 설비기준을 위반한 경우					
1) 영업신고를 하지 않은 경우	법 제11조 제1항 제1호	영업장 폐쇄명령	–	–	–
2) 시설 및 설비기준을 위반한 경우		개선명령	영업정지 15일	영업정지 1월	영업장 폐쇄명령
2. 법 제3조 제1항 후단에 따른 변경신고를 하지 않은 경우					
1) 신고를 하지 않고 영업소의 명칭 및 상호, 미용업 업종간 변경을 하였거나 영업장 면적의 1/3 이상을 변경한 경우	법 제11조 제1항 제2호	경고 또는 개선명령	영업정지 15일	영업정지 1월	영업장 폐쇄명령
2) 신고를 하지 아니하고 영업소의 소재지를 변경한 경우		영업정지 1월	영업정지 2월	영업장 폐쇄명령	–
3. 법 제3조의 2 제4항에 따른 지위승계신고를 하지 않은 경우	법 제11조 제1항 제3호	경고	영업정지 10일	영업정지 1월	영업장 폐쇄명령

위반행위	근거 법조문	행정처분 기준			
		1차 위반	2차 위반	3차 위반	4차 위반
4. 법 제4조에 따른 공중위생영업자의 위생 관리 의무 등을 지키지 않은 경우					
1) 소독을 한 기구와 소독을 하지 않은 기구를 각각 다른 용기에 넣어 보관하지 않거나 1회용 면도날을 2인 이상의 손님에게 사용한 경우	법 제11조 제1항 제4호	경고	영업정지 5일	영업정지 10일	영업장 폐쇄명령
2) 피부미용을 위하여 「약사법」에 따른 의약품 또는 「의료기기법」에 따른 의료기기를 사용한 경우		영업정지 2월	영업정지 3월	영업장 폐쇄명령	–
3) 점빼기·귓볼 뚫기·쌍꺼풀 수술·문신·박피술 그 밖에 이와 유사한 의료행위를 한 경우		영업정지 2월	영업정지 3월	영업장 폐쇄명령	–
4) 미용업 신고증 및 면허증 원본을 게시하지 않거나 업소 내 조명도를 준수하지 않은 경우		경고 또는 개선명령	영업정지 5일	영업정지 10일	영업장 폐쇄명령
5) 개별 미용 서비스의 최종 지급가격 및 전체 미용서비스 총액에 관한 내역서를 이용자에게 미리 제공하지 않은 경우		경고	영업정지 5일	영업정지 10일	영업정지 1월
5. 법 제5조를 위반하여 카메라나 기계 장치를 설치한 경우	법 제11조 제1항제4호의2	영업정지 1월	영업정지 2월	영업장 폐쇄명령	–
6. 법 제7조 제1항 각 호의 어느 하나에 해당하는 면허정지 및 면허취소 사유에 해당하는 경우					
1) 미용사의 면허를 받을 수 없는 경우	법 제7조 제1항	면허취소	–	–	–
2) 면허증을 다른 사람에게 대여한 경우		면허정지 3월	면허정지 6월	면허취소	–
3) 「국가기술자격법」에 따라 자격이 취소된 경우		면허취소	–	–	–
4) 「국가기술자격법」에 따라 자격정지 처분을 받은 경우(「국가기술자격법」에 따른 자격정지 처분 기간에 한정한다)		면허정지	–	–	–
5) 이중으로 면허를 취득한 경우(나중에 발급받은 면허를 말한다)		면허취소	–	–	–
6) 면허정지 처분을 받고도 그 정지 기간 중 업무를 한 경우		면허취소	–	–	–

위반행위	근거 법조문	행정처분 기준			
		1차 위반	2차 위반	3차 위반	4차 위반
7. 법 제8조 제2항을 위반하여 영업소 외의 장소에서 미용 업무를 한 경우	법 제11조 제1항 제5호	영업정지 1월	영업정지 2월	영업장 폐쇄명령	–
8. 법 제9조에 따른 보고를 하지 않거나 거짓으로 보고한 경우 또는 관계 공무원의 출입, 검사 또는 공중위생영업 장부 또는 서류의 열람을 거부·방해하거나 기피한 경우	법 제11조 제1항 제6호	영업정지 10일	영업정지 20일	영업정지 1월	영업장 폐쇄명령
9. 법 제10조에 따른 개선명령을 이행하지 않은 경우	법 제11조 제1항 제7호	경고	영업정지 10일	영업정지 1월	영업장 폐쇄명령
10. 「성매매알선 등 행위의 처벌에 관한 법률」, 「풍속영업의 규제에 관한 법률」, 「청소년 보호법」 또는 「의료법」을 위반하여 관계 행정기관의 장으로부터 그 사실을 통보받은 경우					
1) 손님에게 성매매알선 등 행위 또는 음란 행위를 하게 하거나 이를 알선 또는 제공한 경우	법 제11조 제1항 제8호	–	–	–	–
가) 영업소		영업정지 3월	영업장 폐쇄명령	–	–
나) 미용사		면허정지 3월	면허취소	–	–
2) 손님에게 도박 그 밖에 사행 행위를 하게 한 경우		영업정지 1월	영업정지 2월	영업장 폐쇄명령	–
3) 음란한 물건을 관람·열람하게 하거나 진열 또는 보관한 경우		경고	영업정지 15일	영업정지 1월	영업장 폐쇄명령
4) 무자격 안마사로 하여금 안마사의 업무에 관한 행위를 하게 한 경우		영업정지 1월	영업정지 2월	영업장 폐쇄명령	–
11. 영업정지 처분을 받고도 그 영업정지 기간에 영업을 한 경우	법 제11조 제2항	영업장 폐쇄명령	–	–	–
12. 공중위생영업자가 정당한 사유 없이 6개월 이상 계속 휴업하는 경우	법 제11조 제3항 제1호	영업장 폐쇄명령	–	–	–
13. 공중위생영업자가 「부가가치세법」 제8조에 따라 관할 세무서장에게 폐업 신고를 하거나 관할 세무서장이 사업자 등록을 말소한 경우	법 제11조 제3항 제2호	영업장 폐쇄명령	–	–	–

9 벌칙 및 과태료

1 벌칙

1년 이하의 징역 또는 1천만 원 이하의 벌금	• 영업신고 규정에 의한 신고를 하지 아니한 자 • 영업정지 명령 또는 일부 시설의 사용중지 명령을 받고도 그 기간 중에 영업을 하거나 그 시설을 사용한 자 또는 영업소 폐쇄명령을 받고도 계속하여 영업을 한 자
6월 이하의 징역 또는 500만 원 이하의 벌금	• 중요사항 변경신고를 하지 아니한 자 • 공중위생영업자의 지위를 승계한 자로서 규정에 의한 신고를 하지 아니한 자 • 건전한 영업질서를 위하여 공중위생영업자가 준수하여야 할 사항을 준수하지 아니한 자
300만 원 이하의 벌금	• 이용사 또는 미용사의 면허증을 빌려주거나 빌린 사람 • 이용사 또는 미용사의 면허증을 빌려주거나 빌리는 것을 알선한 사람 • 면허의 취소 또는 정지 중에 미용업을 한 사람 • 면허를 받지 아니하고 미용업을 개설하거나 그 업무에 종사한 사람

2 과태료

300만 원 이하의 과태료	• 규정보고를 하지 아니하거나 관계 공무원의 출입·검사 기타 조치를 거부·방해 또는 기피한 자 • 위생 지도 및 개선 명령을 위반한 자 • 시·군·구에 신고를 하지 않고 이용업소 표시등을 설치한 자
200만 원 이하의 과태료	• 이용업소의 위생관리 의무를 지키지 아니한 자 • 미용업소의 위생관리 의무를 지키지 아니한 자 • 영업소 외의 장소에서 이용 또는 미용 업무를 행한 자 • 위생교육을 받지 아니한 자

01 공중위생관리법상 (   ) 안에 가장 적합한 것은?

> 공중위생관리법은 공중이 이용하는 영업과 시설의 (   ) 등에 관한 사항을 규정함으로써 위생수준을 향상시켜 국민의 건강증진에 기여함을 목적으로 한다.

① 위생
② 위생관리
③ 위생과 소독
④ 위생과 청결

해설 「공중위생관리법」은 공중이 이용하는 영업의 위생관리 등에 관한 사항을 규정함으로써 위생수준을 향상시켜 국민의 건강 증진에 기여함을 목적으로 한다.

02 다음 중 (   ) 안에 가장 적합한 것은?

> 「공중위생관리법」상 "미용업"의 정의는 손님의 얼굴, 머리, 피부 및 손톱·발톱 등을 손질하여 손님의 (   )를(을) 아름답게 꾸미는 영업이다.

① 모습
② 외양
③ 외모
④ 신체

해설 「공중위생관리법」상 미용업의 정의는 손님의 얼굴, 머리, 피부 및 손톱·발톱 등을 손질하여 손님의 외모를 아름답게 꾸미는 영업이다.

03 손님의 얼굴, 머리, 피부 및 손톱·발톱 등을 손질하여 손님의 외모를 아름답게 꾸미는 공중위생영업은?

① 건물위생관리업
② 이용업
③ 미용업
④ 목욕장업

해설 「공중위생관리법」상 미용업의 정의는 손님의 얼굴, 머리, 피부 및 손톱·발톱 등을 손질하여 손님의 외모를 아름답게 꾸미는 영업이다.

04 이·미용업소 내에서 게시하지 않아도 되는 것은?

① 이·미용업 신고증
② 개설자의 면허증 원본
③ 개설자의 건강진단서
④ 요금표

해설 업소 내부에 신고증, 개설자의 면허증 원본, 요금표 게시

05 이·미용업소에서 손님이 보기 쉬운 곳에 게시하지 않아도 되는 것은?

① 개설자의 면허증 원본
② 이·미용업 신고증
③ 사업자 등록증
④ 이·미용 요금표

해설 업소 내부에 신고증, 개설자의 면허증 원본, 요금표 게시

06 「공중위생관리법」상 이·미용 업소의 조명기준은?

① 50럭스 이상
② 75럭스 이상
③ 100럭스 이상
④ 125럭스 이상

해설 영업장 안의 조명도는 75럭스 이상이 되도록 유지한다.

07 이·미용업의 준수사항으로 틀린 것은?

① 소독을 한 기구와 하지 않은 기구는 각각 다른 용기에 보관하여야 한다.
② 간단한 피부미용을 위한 의료기구 및 의약품은 사용하여도 된다.
③ 영업장의 조명도는 75럭스 이상 되도록 유지한다.
④ 점 빼기, 쌍꺼풀 수술 등의 의료 행위를 하여서는 안 된다.

해설 미용사의 위생관리
- 점빼기, 귓볼 뚫기, 쌍꺼풀 수술, 문신, 박피술 그 밖에 유사한 의료행위 금지
- 피부미용을 위하여 「약사법」에 따른 의약품 또는 「의료기기법」규정에 따른 의료기기 사용 금지
- 미용기구는 소독을 한 기구와 소독을 하지 아니한 기구로 분리하여 보관
- 1회용 면도날만을 손님 1인에 한하여 사용
- 업소 내부에 신고증, 개설자의 면허증 원본, 요금표 게시
- 영업장 안의 조명도는 75럭스 이상이 되도록 유지

08 이·미용업소에서 1회용 면도날을 손님 몇 명까지 사용할 수 있는가?

① 1명 ② 2명
③ 3명 ④ 4명

[해설] 1회용 면도날을 손님 1인에 한하여 사용한다.

09 이·미용 업소의 위생관리 기준으로 적합하지 않은 것은?

① 소독한 기구와 소독을 하지 아니한 기구를 분리하여 보관한다.
② 1회용 면도날을 손님 1인에 한하여 사용한다.
③ 피부미용을 위한 의약품은 따로 보관한다.
④ 영업장 안의 조명도는 75럭스 이상이어야 한다.

[해설] 미용사의 위생관리
- 점빼기, 귓볼 뚫기, 쌍꺼풀 수술, 문신, 박피술 그 밖에 유사한 의료행위 금지
- 피부미용을 위하여 「약사법」에 따른 의약품 또는 「의료기기법」규정에 따른 의료기기 사용 금지
- 미용기구는 소독을 한 기구와 소독을 하지 아니한 기구로 분리하여 보관
- 1회용 면도날만을 손님 1인에 한하여 사용
- 업소 내부에 신고증, 개설자의 면허증 원본, 요금표 게시
- 영업장 안의 조명도는 75럭스 이상이 되도록 유지

10 다음 중 이·미용사 면허의 발급자는?

① 시·도지사
② 시장·군수·구청장
③ 보건복지부장관
④ 주소지를 관할하는 보건소장

[해설] 이용사 또는 미용사가 되고자 하는 자는 보건복지부령이 정하는 바에 의하여 시장·군수·구청장의 면허를 받아야 한다.

11 면허의 정지명령을 받은 자는 그 면허증을 누구에게 제출해야 하는가?

① 보건복지부장관 ② 시·도지사
③ 시장·군수·구청장 ④ 이·미용사 중앙회장

[해설] 시장·군수·구청장은 이·미용사가 다음에 해당하는 때에는 그 면허를 취소하거나 6월 이내의 기간을 정하여 그 면허의 정지를 명할 수 있다.

12 이·미용사의 면허증을 재발급 신청할 수 없는 경우는?

① 국가기술자격법에 의한 이·미용사 자격증이 취소된 때
② 면허증의 기재사항에 변경이 있을 때
③ 면허증을 분실한 때
④ 면허증이 못쓰게 된 때

[해설] 면허증의 재발급
면허증을 잃어버린 경우, 기재사항이 변경(성명 및 주민등록번호의 변경)되거나, 헐어 못쓰게 된 경우

13 이·미용사의 면허를 받을 수 없는 사람은?

① 전문대학 또는 이와 동등 이상의 학력이 있다고 교육부장관이 인정하는 학교에서 이·미용에 관한 학과를 졸업한 자
② 국가기술자격법에 의한 이·미용사 자격을 취득한 자
③ 교육부장관이 인정하는 고등기술학교에서 6월 이상 이·미용의 과정을 이수한 자
④ 고등학교 또는 이와 동등의 학력이 있다고 교육부장관이 인정하는 학교에서 이·미용에 관한 학과를 졸업한 자

[해설] 면허발급 자격요건
- 전문대학 또는 이와 같은 수준 이상의 학력이 있다고 교육부장관이 인정하는 학교에서 이용 또는 미용에 관한 학과를 졸업한 자
- 대학 또는 전문대학을 졸업한 자와 같은 수준 이상의 학력이 있는 것으로 인정되어 이용 또는 미용에 관한 학위를 취득한 자
- 고등학교 또는 이와 같은 수준의 학력이 있다고 교육부장관이 인정하는 학교에서 이용 또는 미용에 관한 학과를 졸업한 자
- 고등기술학교에서 1년 이상 이용 또는 미용에 관한 소정의 과정을 이수한 자
- 「국가기술자격법」에 의한 미용사의 자격을 취득한 자

14 이·미용사의 면허를 받기 위한 자격요건으로 틀린 것은?

① 교육부장관이 인정하는 고등기술학교에서 1년 이상 이·미용에 관한 소정의 과정을 이수한 자

② 이·미용에 관한 업무에 3년 이상 종사한 경험이 있는 자

③ 「국가기술자격법」에 의한 이·미용사의 자격을 취득한 자

④ 전문대학에서 이·미용에 관한 학과를 졸업한 자

해설 보건복지부령이 정하는 바에 의한 면허발급 자격요건
- 전문대학 또는 이와 동등 이상의 학력이 있다고 교육부장관이 인정하는 학교에서 이용 또는 미용에 관한 학과를 졸업한 자
- 대학 또는 전문대학을 졸업한 자와 동등 이상의 학력이 있는 것으로 인정되어 이용 또는 미용에 관한 학위를 취득한 자
- 고등학교 또는 이와 동등의 학력이 있다고 교육부장관이 인정하는 학교에서 이용 또는 미용에 관한 학과를 졸업한 자
- 고등기술학교에서 1년 이상 이용 또는 미용에 관한 소정의 과정을 이수한 자
- 「국가기술자격법」에 의한 미용사의 자격을 취득한 자

15 이·미용사의 면허증을 다른 사람에게 대여한 때의 법칙 행정처분 조치 사항으로 옳은 것은?

① 시·도지사가 그 면허를 취소하거나 6월 이내의 기간을 정하여 업무정지를 명할 수 있다.

② 시·도지사가 그 면허를 취소하거나 1년 이내의 기간을 정하여 업무정지를 명할 수 있다.

③ 시장·군수·구청장은 그 면허를 취소하거나 6월 이내의 기간을 정하여 업무정지를 명할 수 있다.

④ 시장·군수·구청장은 그 면허를 취소하거나 1년 이내의 기간을 정하여 업무정지를 명할 수 있다.

해설 시장·군수·구청장은 그 면허를 취소하거나 6월 이내의 기간을 정하여 업무정지를 명할 수 있다.

16 영업소의 폐쇄명령을 받고도 계속하여 영업을 하는 때에 관계공무원으로 하여금 영업소를 폐쇄할 수 있도록 조치를 취할 수 있는 자는?

① 보건복지부장관　　② 시·도지사

③ 시장·군수·구청장　④ 보건소장

해설 시장·군수·구청장은 공중위생영업자가 영업소 폐쇄명령을 받고도 계속하여 영업을 할 때에는 관계공무원으로 하여금 해당 영업소를 폐쇄할 수 있도록 조치를 취할 수 있다.

17 영업허가 취소 또는 영업장 폐쇄명령을 받고도 계속하여 이·미용 영업을 하는 경우에 시장·군수·구청장이 취할 수 있는 조치가 아닌 것은?

① 해당 영업소의 간판 기타 영업표지물의 제거

② 해당 영업소가 위법한 것임을 알리는 게시물 등의 부착

③ 영업을 위하여 필수불가결한 기구 또는 시설물을 사용할 수 없게 하는 봉인

④ 해당 영업소의 업주에 대한 손해배상 청구

해설 시장·군수·구청장은 공중위생영업자가 영업소 폐쇄명령을 받고도 계속하여 영업을 하는 때에 관계공무원으로 하여금 해당 영업소를 폐쇄하기 위한 조치 사항
- 해당 영업소의 간판 기타 영업표지물의 제거
- 해당 영업소가 위법한 영업소임을 알리는 게시물 등의 부착
- 영업을 위하여 필수불가결한 기구 또는 시설물을 사용할 수 없게 하는 봉인

18 청문을 실시하여야 하는 사항과 거리가 먼 것은?

① 이·미용사의 면허취소, 면허정지

② 공중위생영업의 정지

③ 영업소의 폐쇄명령

④ 과태료 징수

해설 청문 : 시장·군수·구청장은 아래와 같은 사항을 처분할 때 청문을 실시할 수 있음
- 미용사의 면허취소, 면허정지
- 공중위생영업의 정지
- 일부시설의 사용중지
- 영업소 폐쇄명령

19 행정처분 대상자 중 중요처분 대상자에게 청문을 실시할 수 있다. 그 청문대상이 아닌 것은?

① 면허정지 및 면허취소
② 영업정지
③ 영업소 폐쇄명령
④ 자격증 취소

해설 청문 : 시장·군수·구청장은 아래와 같은 사항을 처분할 때 청문을 실시할 수 있다.
  • 미용사의 면허취소, 면허정지
  • 공중위생영업의 정지
  • 일부시설의 사용중지
  • 영업소 폐쇄명령

20 이·미용사 면허를 받을 수 있는 자가 아닌 것은?

① 고등학교에서 이용 또는 미용에 관한 학과를 졸업한 자
②「국가기술자격법」에 의한 이용사 또는 미용사 자격을 취득한 자
③ 보건복지부장관이 인정하는 외국인 이용사 또는 미용사 자격 소지자
④ 전문대학에서 이용 또는 미용에 관한 학과 졸업자

해설 보건복지부령이 정하는 바에 의한 면허 발급 자격 요건
  • 전문대학 또는 이와 동등 이상의 학력이 있다고 교육부장관이 인정하는 학교에서 이용 또는 미용에 관한 학과를 졸업한 자
  • 대학 또는 전문대학을 졸업한 자와 동등 이상의 학력이 있는 것으로 인정되어 이용 또는 미용에 관한 학위를 취득한 자
  • 고등학교 또는 이와 동등의 학력이 있다고 교육부장관이 인정하는 학교에서 이용 또는 미용에 관한 학과를 졸업한 자
  • 고등기술학교에서 1년 이상 이용 또는 미용에 관한 소정의 과정을 이수한 자
  •「국가기술자격법」에 의한 미용사의 자격을 취득한 자

21 이·미용사는 영업소 외의 장소에는 이·미용 업무를 할 수 없다. 그러나 특별한 사유가 있는 경우는 예외가 인정되는데 다음 중 특별한 사유에 해당하지 않는 것은?

① 질병으로 영업소까지 나올 수 없는 자에 대한 이·미용
② 혼례 기타 의식에 참여하는 자에 대하여 그 의식 직전에 행하는 이·미용
③ 긴급히 국외에 출타하는 자에 대한 이·미용
④ 시장·군수·구청장이 특별한 사정이 있다고 인정하는 경우에 행하는 이·미용

해설 영업소 외 시술의 특별한 사유
  • 질병이나 기타의 사유로 인하여 영업소에 나올 수 없는 자에 대하여 이용 또는 미용을 하는 경우
  • 혼례나 기타 의식에 참여하는 자에 대하여 그 의식 직전에 이용 또는 미용을 하는 경우
  • 사회복지시설에서 봉사활동으로 이용 또는 미용을 하는 경우
  • 방송 등의 촬영에 참여하는 사람에 대하여 그 촬영 직전에 이용 또는 미용을 하는 경우
  • 특별한 사정이 있다고 시장·군수·구청장이 인정하는 경우

22 공중위생업소의 위생서비스 수준의 평가는 몇 년마다 실시해야 하는가?

① 매년
② 2년
③ 3년
④ 4년

해설 위생서비스 평가주기는 2년마다 실시한다.

23 공중위생영업소의 위생관리 수준을 향상시키기 위하여 위생서비스 평가계획을 수립하는 자는?

① 대통령
② 보건복지가족부장관
③ 시·도지사
④ 공중위생관련협회 또는 단체

해설 시·도지사는 공중위생영업소의 위생관리 수준을 향상시키기 위하여 위생서비스 평가계획을 수립하여 시장·군수·구청장에게 통보하여야 한다.

24 다음 중 법에서 규정하는 명예공중위생감시원의 위촉대상자가 아닌 것은?

① 공중위생관련 협회장이 추천하는 자
② 소비자단체장이 추천하는 자
③ 공중위생에 대한 지식과 관심이 있는 자
④ 3년 이상 공중위생 행정에 종사한 경력이 있는 공무원

[해설] 명예공중위생감시원 자격
•공중위생에 대한 지식과 관심 있는 자
•소비자단체, 공중위생관련 협회 또는 단체의 소속 직원 중에서 당해 단체의 장이 추천하는 자

25 공중위생관리법상 위생서비스 수준의 평가에 대한 설명 중 맞는 것은?

① 평가의 전문성을 높이기 위하여 필요하다고 인정하는 경우에는 관련 전문기관 및 단체로 하여금 위생서비스 평가를 실시하게 할 수 있다.
② 평가주기는 3년마다 실시한다.
③ 평가주기와 방법, 위생관리등급은 대통령령으로 정한다.
④ 위생관리 등급은 2개 등급으로 나뉜다.

[해설] 평가주기는 2년마다, 평가주기와 방법, 위생관리 등급은 보건복지부령으로 정하며, 위생등급은 3개 등급으로 나뉜다.

26 다음 중 공중위생감시원의 업무범위가 아닌 것은?

① 공중위생 영업 관련 시설 및 설비의 위생상태 확인 및 검사에 관한 사항
② 공중위생영업소의 위생서비스 수준평가에 관한 사항
③ 공중위생영업소 개설자의 위생교육 이행여부 확인에 관한 사항
④ 공중위생영업자의 위생관리 의무 영업자 준수사항 이행 여부의 확인에 관한 사항

[해설] 공중위생감시원의 업무범위
•시설 및 설비의 확인
•공중위생영업 관련 시설 및 설비의 위생상태 확인·검사, 공중위생영업자의 위생관리 의무 및 영업자 준수사항 이행 여부의 확인
•위생지도 및 개선명령 이행 여부의 확인
•공중위생영업소의 영업정지, 일부 시설의 사용중지 또는 영업소 폐쇄명령 이행 여부의 확인
•위생교육 이행 여부의 확인

27 다음 중 공중위생감시원이 될 수 없는 자는?

① 위생사 또는 환경기사 2급 이상의 자격증이 있는 자
② 3년 이상 공중위생 행정에 종사한 경력이 있는 자
③ 외국에서 공중위생감시원으로 활동한 경력이 있는 자
④ 「고등교육법」에 의한 대학에서 화학, 화공학, 위생학 분야를 전공하고 졸업한 자

[해설] 공중위생감시원의 자격
•위생사 또는 환경기사 2급 이상의 자격증이 있는 자
•고등교육법에 의한 대학에서 화학·화공학·환경공학 또는 위생학 분야를 전공하고 졸업한 자 또는 이와 동등 이상의 자격이 있는 자
•외국에서 위생사 또는 환경기사의 면허를 받은 자
•1년 이상 공중위생행정에 종사한 경력이 있는 자

28 위생교육은 일 년에 몇 시간을 받아야 하는가?

① 2시간   ② 3시간
③ 5시간   ④ 6시간

[해설] 공중위생영업자는 매년 3시간 위생교육을 받아야 한다.

29 위생교육 대상자가 아닌 것은?

① 공중위생영업의 신고를 하고자 하는 자
② 공중위생영업을 승계한 자
③ 공중위생영업자
④ 면허취득 예정자

해설 위생교육 대상자
- 공중위생영업의 신고를 하고자 하는 자
- 공중위생영업을 승계한 자
- 공중위생영업자
- 위생교육을 받아야 하는 자 중 영업에 직접 종사하지 아니하거나 2인 이상의 장소에서 영업을 하는 자는 종업원 중 책임자

30 이·미용사의 면허증을 대여한 때의 1차 위반 행정처분 기준은?

① 면허정지 3월　② 면허정지 6월
③ 영업정지 3월　④ 영업정지 6월

해설 면허정지 3월

31 미용업자가 점빼기, 귓볼뚫기, 쌍꺼풀수술, 문신, 박피술 그 밖에 이와 유사한 의료행위를 하여 관련법규를 1차 위반했을 때의 행정처분은?

① 경고　② 영업정지 2월
③ 영업장 폐쇄명령　④ 면허취소

해설 영업정지 2월

32 갑이라는 미용업영업자가 처음으로 손님에게 윤락행위를 제공하다가 적발되었다. 이 경우 어떠한 행정처분을 받는가?

① 영업정지 3월 및 면허정지 3월
② 영업장 폐쇄명령 및 면허취소
③ 향후 1년간 영업장 폐쇄
④ 업주에게 경고와 함께 행정처분

해설 영업정지 3월 및 면허정지 3월

33 신고를 하지 아니하고 영업소의 소재를 변경한 때 1차 위반 시의 행정처분 기준은?

① 영업장 폐쇄명령　② 영업정지 6월
③ 영업정지 3월　④ 영업정지 1월

해설 영업정지 1월

34 소독을 한 기구와 소독을 하지 아니한 기구를 각각 다른 용기에 넣어 보관하지 아니한 때에 대한 2차 위반 시의 행정처분 기준에 해당하는 것은?

① 경고　② 영업정지 5일
③ 영업정지 10일　④ 영업장 폐쇄명령

해설 영업정지 5일

35 이·미용사가 이·미용업소 외의 장소에서 이·미용을 한 경우 3차 위반 행정처분 기준은?

① 영업장 폐쇄명령　② 영업정지 10일
③ 영업정지 1월　④ 영업정지 2월

해설 영업장 폐쇄명령

36 행정처분 사항 중 1차 위반 시 영업장 폐쇄명령에 해당하는 것은?

① 영업정지 처분을 받고도 영업정지 기간 중 영업을 한 때
② 손님에게 성매매알선 등의 행위를 한 때
③ 소독한 기구와 소독하지 아니한 기구를 각각 다른 용기에 넣어 보관하지 아니한 때
④ 1회용 면도기를 손님 1인에 한하여 사용하지 아니한 때

해설 ② 손님에게 성매매알선 등의 행위를 한 때 1차 위반 시 영업장 영업정지 3월 ③ 소독한 기구와 소독하지 아니한 기구를 각각 다른 용기에 넣어 보관하지 아니한 때 1차 위반 시 경고 ④ 1회용 면도기를 손님 1인에 한하여 사용하지 아니한 때 1차 위반 시 경고

37 이·미용업영업자가 신고를 하지 아니하고 영업소의 상호를 변경한 때의 1차 위반 행정처분 기준은?

① 경고 또는 개선명령 ② 영업정지 3월
③ 영업허가 취소 ④ 영업장 폐쇄명령

해설 경고 또는 개선명령

38 1회용 면도날을 2인 이상 손님에게 사용한 때의 1차 위반 행정처분 기준은?

① 경고 ② 영업정지 5일
③ 영업정지 10일 ④ 영업정지 1월

해설 경고

39 영업정지 처분을 받고 그 영업정지 기간 중 영업을 한 때에 대한 1차 위반 시 행정처분기준은?

① 영업정지 10일 ② 영업정지 20일
③ 영업정지 1월 ④ 영업장 폐쇄명령

해설 영업장 폐쇄명령

40 변경신고를 하지 아니하고 영업소의 소재지를 변경한 때의 1차 위반 행정처분 기준은?

① 영업정지 1월 ② 영업정지 2월
③ 영업장 폐쇄명령 ④ 영업허가 취소

해설 영업정지 1월

41 소독을 한 기구와 소독을 하지 않은 기구를 각각 다른 용기에 넣어 보관하지 않은 경우 관련법규를 1차 위반했을 때의 행정처분은?

① 경고 ② 영업정지 5일
③ 영업정지 5일 ④ 영업정지 15일

해설 경고

42 행정처분 사항 중 1차 위반 시 행정처분 기준이 다른 하나는?

① 음란한 물건을 관람·열람하게 하거나 진열 또는 보관한 경우
② 1회용 면도날을 2인 이상의 손님에게 사용한 경우
③ 소독을 한 기구와 소독을 하지 않은 기구를 각각 다른 용기에 넣어 보관하지 않은 경우
④ 영업정지 처분을 받고도 그 영업정지 기간에 영업을 한 경우

해설 ①②③ 1차 위반 시 경고
④ 영업장 폐쇄명령

43 공중위생영업자가 정당한 사유 없이 6개월 이상 계속 휴업하는 경우 1차 위반 행정처분 기준은?

① 영업정지 1월 ② 영업정지 3월
③ 영업정지 6월 ④ 영업장 폐쇄명령

해설 영업장 폐쇄명령

44 이·미용업의 영업신고를 하지 아니하고 업소를 개설한 자에 대한 법적 조치는?

① 200만 원 이하의 과태료
② 300만 원 이하의 벌금
③ 6월 이하의 징역 또는 500만 원 이하의 벌금
④ 1년 이하의 징역 또는 1천만 원 이하의 벌금

해설 영업신고 규정에 의한 신고를 하지 아니한 자는 1년 이하의 징역 또는 1천만 원 이하의 벌금

45 건전한 영업질서를 위하여 공중위생영업자가 준수하여야 할 사항을 준수하지 아니한 자에 대한 벌칙기준은?

① 1년 이하의 징역 또는 1천만 원 이하의 벌금

② 6월 이하의 징역 또는 500만 원 이하의 벌금

③ 3월 이하의 징역 또는 300만 원 이하의 벌금

④ 300만 원 이하의 벌금

> 해설 건전한 영업질서를 위하여 공중위생영업자가 준수하여야 할 사항을 준수하지 아니한 자는 6월 이하의 징역 또는 500만 원 이하의 벌금

46 이·미용사의 면허를 받지 않은 자가 이·미용의 업무를 하였을 때의 벌칙기준은?

① 100만 원 이하의 벌금

② 200만 원 이하의 벌금

③ 300만 원 이하의 벌금

④ 500만 원 이하의 벌금

> 해설 면허를 받지 아니하고 미용업을 개설하거나 그 업무에 종사한 자는 300만 원 이하의 벌금

47 이·미용업소의 위생관리 의무를 지키지 아니한 자의 과태료 기준은?

① 30만 원 이하   ② 50만 원 이하

③ 100만 원이하   ④ 200만 원 이하

> 해설 이·미용업소의 위생관리 의무를 지키지 아니한 자는 200만 원 이하의 과태료

48 규정보고를 하지 않고 관계 공무원의 출입·검사 기타 조치를 거부·방해 또는 기피한 자의 과태료 기준은?

① 200만 원 이하   ② 300만 원 이하

③ 400만 원 이하   ④ 500만 원 이하

> 해설 규정보고를 하지 않고 관계 공무원의 출입·검사 기타 조치를 거부·방해 또는 기피한 자는 300만 원 이하의 과태료

49 공중위생관리법령에 따른 벌칙 및 과태료에 관한 사항으로 틀린 것은?

① 면허 정지 중에 미용업을 행한 자에 대한 법적 조치는 300만 원 이하의 벌금

② 위생 지도 및 개선 명령을 위반한 자에 대한 과태료 기준은 300만 원 이하

③ 면허를 받지 아니하고 미용업을 개설한 자에 대한 법적 조치는 300만 원 이하의 벌금

④ 위생교육을 받지 아니한 자에 대한 과태료 기준은 300만 원 이하

> 해설 200만 원 이하의 과태료

50 다음 중 이·미용영업에 있어 벌칙기준이 다른 것은?

① 영업신고를 하지 아니한 자

② 영업소 폐쇄명령을 받고도 계속하여 영업을 한 자

③ 일부 시설의 사용중지 명령을 받고 그 기간 중에 영업을 한 자

④ 면허가 취소된 후 계속하여 업무를 행한 자

> 해설 ① ② ③ 1년 이하의 징역 또는 1,000만 원 이하의 벌금 ④ 300만 원 이하 벌금

정답	01	02	03	04	05	06	07	08
	②	③	③	③	③	②	②	①
	09	10	11	12	13	14	15	16
	③	②	③	①	③	②	③	③
	17	18	19	20	21	22	23	24
	④	④	④	③	③	④	③	④
	25	26	27	28	29	30	31	32
	①	③	③	②	④	①	②	①
	33	34	35	36	37	38	39	40
	④	②	①	①	①	①	④	①
	41	42	43	44	45	46	47	48
	①	④	④	④	②	③	④	②
	49	50						
	④	④						

모바일 모의고사

2017년부터 모든 기능사 필기시험은 시험장의 컴퓨터를 통해 이루어집니다. 화면에 나타난 문제를 풀고 마우스를 통해 정답을 표시하여 모든 문제를 다 풀었는지 한 번 더 확인한 후 답안을 제출하고, 제출된 답안은 감독자의 컴퓨터에 자동으로 저장되는 방식입니다. 처음 응시하는 학생들은 시험 환경이 낯설어 실수할 수 있으므로, 반드시 사전에 CBT 시험에 대한 충분한 연습이 필요합니다.

■ CBT 시험을 위한 모바일 모의고사

① QR코드 스캔 → 도서 소개화면에서 '모바일 모의고사' 터치

② 로그인 후 '실전모의고사' 회차 선택

③ 스마트폰 화면에 보이는 문제를 보고 정답란에 정답 체크

④ 문제를 다 풀고 채점하기 터치 → 내 점수, 정답, 오답, 해설 확인 가능

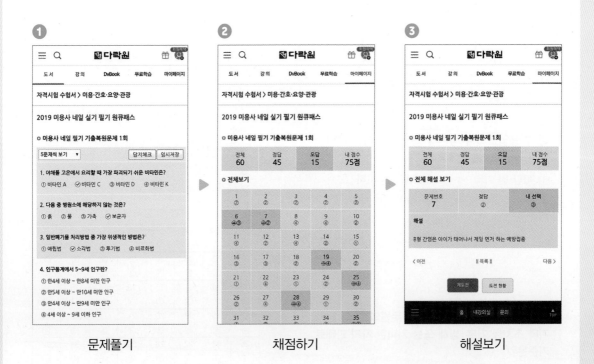

문제풀기   채점하기   해설보기

7장

실전
모의고사

실전모의고사 1회

실전모의고사 2회

실전모의고사 3회

수험번호 :

수험자명 :

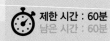

제한 시간 : 60분
남은 시간 : 60분

QR코드를 스캔하면 스마트폰을 활용한
모바일 모의고사를 이용할 수 있습니다.

전체 문제 수 : 60
안 푼 문제 수 :

1 피부미용의 개념에 대한 설명 중 틀린 것은?

① 피부미용이라는 명칭은 독일의 미학자 바움가르텐(Baum garten)에 의해 처음 사용되었다.

② cosmetic이란 용어는 독일어의 kosmein에서 유래되었다.

③ esthetique란 용어는 화장품과 피부관리를 구별하기 위해 사용된 것이다.

④ 피부미용이라는 의미로 사용되는 용어는 각 나라마다 다양하게 지칭되고 있다.

2 피부관리 시술단계가 옳은 것은?

① 클렌징 → 피부분석 → 딥 클렌징 → 매뉴얼 테크닉 → 팩 → 마무리

② 피부분석 → 클렌징 → 딥 클렌징 → 매뉴얼 테크닉 → 팩 → 마무리

③ 피부분석 → 클렌징 → 매뉴얼 테크닉 → 딥 클렌징 → 팩 → 마무리

④ 클렌징 → 딥 클렌징 → 팩 → 매뉴얼 테크닉 → 마무리 → 피부분석

3 피부미용 역사에 대한 설명이 틀린 것은?

① 고대 이집트에서는 피부미용을 위해 천연재료를 사용하였다.

② 고대 그리스에서는 식이요법, 운동, 마사지, 목욕 등을 통해 건강을 유지하였다.

③ 고대 로마인은 청결과 장식을 중요시하여 오일, 향수, 화장이 생활의 필수품이었다.

④ 국내의 피부미용이 전문화되기 시작한 것은 19세기 중반부터였다.

4 피부미용실에서 손님에 대한 피부관리의 과정 중 피부분석을 통한 고객카드 관리의 가장 바람직한 방법은?

① 개인의 피부상태는 변하지 않으므로 첫 회만 피부관리를 시작할 때 한 번만 피부분석을 해서 분석 내용을 고객카드에 기록을 해두고 매회 마다 활용한다.

② 첫 회 피부관리를 시작할 때 한 번만 피부분석을 해서 분석 내용을 고객카드에 기록을 해두고 매회 활용하고 마지막 회에 다시 피부분석을 해서 좋아진 것을 고객에게 비교해 준다.

③ 첫 회 피부관리를 시작할 때 한 번 피부분석을 해서 분석 내용을 고객카드에 기록을 해두고 매회 마다 활용하고 중간에 한 번, 마지막 회에 다시 한 번 피부분석을 해서 좋아진 것을 고객에게 비교해 준다.

④ 개인의 피부유형, 피부상태는 수시로 변화하므로 매회 피부관리 전에 항상 피부분석을 해서 분석 내용을 고객카드에 기록을 해두고 매회 활용한다.

5 클렌징에 대한 설명이 아닌 것은?

① 피부의 피지, 메이크업 잔여물을 없애기 위해서이다.

② 모공 깊숙이 있는 불순물과 피부표면의 각질의 제거를 주목적으로 한다.

③ 제품 흡수를 효율적으로 도와준다.

④ 피부의 생리적인 기능을 정상으로 도와준다.

6 습포의 효과에 대한 내용과 가장 거리가 먼 것은?

① 온습포는 모공을 확장시키는데 도움을 준다.

② 온습포는 혈액순환촉진, 적절한 수분공급의 효과가 있다.

③ 냉습포는 모공을 수축시키며 피부를 진정시킨다.

④ 온습포는 팩 제거 후 사용하면 효과적이다.

7 딥 클렌징의 분류가 옳은 것은?

① 고마쥐 – 물리적 각질관리

② 스크럽 – 화학적 각질관리

③ AHA – 물리적 각질관리

④ 효소 – 물리적 각질관리

8 딥 클렌징의 대상으로 적합하지 않은 것은?

① 모세혈관확장 피부   ② 모공이 넓은 지성 피부

③ 비염증성 여드름 피부   ④ 잔주름이 많은 건성 피부

9 민감성 피부의 화장품 사용에 대한 설명으로 틀린 것은?

① 석고 팩이나 피부에 자극이 되는 제품의 사용을 피한다.

② 피부의 진정·보습효과가 뛰어난 제품을 사용한다.

③ 스크럽이 들어간 세안제를 사용하고 알코올 성분이 들어간 화장품을 사용한다.

④ 화장품 도포 시 첩포검사(patch test)를 하여 적합성 여부의 확인 후 사용하는 것이 좋다.

10 각 피부유형에 대한 설명으로 틀린 것은?

① 유성 지루피부 – 과잉 분비된 피지가 피부표면에 기름기를 만들어 항상 번질거리는 피부

② 건성 지루피부 – 피지분비기능의 상승으로 피지가 과다 분비되어 표피에 기름기가 흐르나 보습기능이 저하되어 피부표면의 당김 현상이 일어나는 피부

③ 표피 수분부족 건성 피부 – 피부 자체의 내적 원인에 의해 피부 자체의 수화기능에 문제가 되어 생기는 피부

④ 모세혈관확장 피부 – 코와 뺨 부위의 피부가 항상 붉거나 피부표면에 붉은 실핏줄이 보이는 피부

11 매뉴얼 테크닉의 효과와 가장 거리가 먼 것은?

① 혈액순환 촉진   ② 피부결의 연화 및 개선

③ 심리적 안정   ④ 주름 제거

12 매뉴얼 테크닉의 쓰다듬기(effleurage) 동작에 대한 설명 중 맞는 것은?

① 피부 깊숙이 자극하여 혈액순환을 증진한다.

② 근육에 자극을 주기 위하여 깊고 지속적으로 누르는 방법이다.

③ 매뉴얼 테크닉의 시작과 마무리에 사용한다.

④ 손가락으로 가볍게 두드리는 방법이다.

13 매뉴얼 테크닉 작업 시 주의사항으로 옳은 것은?

① 동작은 강하게 하여 경직된 근육을 이완시킨다.

② 속도는 빠르게 하여 고객에게 심리적인 안정을 준다.

③ 손동작은 머뭇거리지 않도록 하며 손목이나 손가락의 움직임은 유연하게 한다.

④ 매뉴얼 테크닉을 할 때는 반드시 마사지크림을 사용하여 시술한다.

14 마스크에 대한 설명 중 틀린 것은?

① 석고 – 석고와 물의 교반 작용 후 크리스탈 성분이 열을 발산하여 굳어진다.

② 파라핀 – 열과 오일이 모공을 열어주고, 피부를 코팅하는 과정에서 발한 작용이 발생한다.

③ 젤라틴 – 중탕되어 녹여진 팩제를 온도 테스트 후 브러시로 바르는 예민 피부용 진정 팩이다.

④ 콜라겐 벨벳 – 천연 용해성 콜라겐의 침투가 이루어지도록 기포를 형성시켜 공기층의 순환이 되도록 한다.

15 두 가지 이상의 다른 종류의 마스크를 적용시킬 경우 가장 먼저 적용시켜야 하는 마스크는?

① 가격이 높은 것

② 수분흡수 효과를 가진 것

③ 피부로의 침투시간이 긴 것

④ 영양성분이 많이 함유된 것

16 제모의 방법에 대한 내용 중 틀린 것은?

① 왁스는 모간을 제거하는 방법이다.

② 전기응고술은 영구적인 제모방법이다.

③ 전기분해술은 모유두를 파괴시키는 방법이다.

④ 제모크림은 일시적인 제모방법이다.

17 수요법(water therapy, hydrotherapy) 시 지켜야 할 수칙이 아닌 것은?

① 식사 직후에 행한다.
② 수요법은 대개 5분에서 30분까지가 적당하다.
③ 수요법 전에는 잠깐 쉬도록 한다.
④ 수요법 후에는 물을 마시도록 한다.

18 다음 중 당일 적용한 피부관리 내용을 고객카드에 기록하고 자가 관리 방법을 조언하는 단계는?

① 피부관리 계획 단계
② 피부분석 및 진단 단계
③ 트리트먼트(treatment) 단계
④ 마무리 단계

19 피부의 천연보습인자(NMF)의 구성 성분 중 가장 많은 분포를 나타내는 것은?

① 아미노산   ② 요소
③ 피롤리돈 카르본산   ④ 젖산염

20 원주형의 세포가 단층으로 이어져 있으며 각질형성세포와 색소형성세포가 존재하는 피부세포층은?

① 기저층   ② 투명층
③ 각질층   ④ 유극층

21 모세혈관이 위치하며 콜라겐 조직과 탄력적인 엘라스틴섬유 및 무코다당류로 구성되어 있는 피부의 부분은?

① 표피   ② 유극층
③ 진피   ④ 피하조직

22 우리 몸의 대사 과정에서 배출되는 노폐물, 독소 등이 배설되지 못하고 피부조직에 남아 비만으로 보이며 림프순환이 원인인 피부현상은?

① 쿠퍼로제   ② 켈로이드
③ 알레르기   ④ 셀룰라이트

17 ① ② ③ ④
18 ① ② ③ ④
19 ① ② ③ ④
20 ① ② ③ ④
21 ① ② ③ ④
22 ① ② ③ ④

23 피부의 기능이 아닌 것은?

① 보호작용   ② 체온조절작용
③ 비타민 A 합성작용   ④ 호흡작용

24 한선에 대한 설명으로 틀린 것은?

① 에크린선은 입술뿐만 아니라 전신피부에 분포되어 있다.
② 에크린선에서 분비되는 땀은 냄새가 거의 없다.
③ 아포크린선에서 분비되는 땀은 분비량은 소량이나 나쁜 냄새의 요인이 된다.
④ 아포크린선에서 분비되는 땀 자체는 무취, 무색, 무균성이나 표피에 배출된 후, 세균의 작용을 받아 부패하여 냄새가 나는 것이다.

25 피지선에 대한 내용으로 틀린 것은?

① 진피층에 놓여 있다.
② 손바닥과 발바닥, 얼굴, 이마 등에 많다.
③ 사춘기 남성에게 집중적으로 분비된다.
④ 입술, 성기, 유두, 귀두 등에 독립피지선이 있다.

26 피부색소를 퇴색시키며 기미, 주근깨 등의 치료에 주로 쓰이는 것은?

① 비타민 A   ② 비타민 B
③ 비타민 C   ④ 비타민 D

27 자외선에 대한 설명으로 틀린 것은?

① 자외선 C는 오존층에 의해 차단될 수 있다.
② 자외선 A의 파장은 320~400nm이다.
③ 자외선 B는 유리에 의하여 차단할 수 있다.
④ 피부에 제일 깊게 침투하는 것은 자외선 B이다.

28 세포내 소기관 중에서 세포내의 호흡생리를 담당하고, 이화작용과 동화작용에 의해 에너지를 생산하는 기관은?

① 미토콘드리아   ② 리보솜
③ 리소좀   ④ 중심소체

23	① ② ③ ④
24	① ② ③ ④
25	① ② ③ ④
26	① ② ③ ④
27	① ② ③ ④
28	① ② ③ ④

29 물질 이동 시 물질을 이루고 있는 입자들이 스스로 운동하여 농도가 높은 곳에서 낮은 곳으로 액체나 기체 속을 분자가 퍼져나가는 현상은?

① 능동수송　　　　　　　② 확산
③ 삼투　　　　　　　　　④ 여과

30 골격계의 기능이 아닌 것은?

① 보호기능　　　　　　　② 저장기능
③ 지지기능　　　　　　　④ 열 생산기능

31 심장근을 무늬모양과 의지에 따라 분류하면 옳은 것은?

① 횡문근, 수의근　　　　② 횡문근, 불수의근
③ 평활근, 수의근　　　　④ 평활근, 불수의근

32 신경계 중 중추신경계에 해당되는 것은?

① 뇌　　　　　　　　　　② 뇌신경
③ 척수신경　　　　　　　④ 교감신경

33 혈관의 구조에 관한 설명 중 옳지 않은 것은?

① 동맥은 3층 구조이며 혈관벽이 정맥에 비해 두껍다.
② 동맥은 중막인 평활근 층이 발달해 있다.
③ 정맥은 3층 구조이며 혈관벽이 얇으며 판막이 발달해 있다.
④ 모세혈관은 3층 구조이며 혈관벽이 얇다.

34 3대 영양소를 소화하는 모든 효소를 가지고 있으며, 인슐린(insulin)과 글루카곤(glucagon)을 분비하여 혈당량을 조절하는 기관은?

① 췌장　　　　　　　　　② 간장
③ 담낭　　　　　　　　　④ 충수

답안 표기란

29 ① ② ③ ④
30 ① ② ③ ④
31 ① ② ③ ④
32 ① ② ③ ④
33 ① ② ③ ④
34 ① ② ③ ④

35 전류에 대한 설명이 틀린 것은?

① 전류의 방향은 도선을 따라 (+)극에서 (−)극 쪽으로 흐른다.

② 전류는 흐르는 방향에 따라 초음파, 저주파, 중주파, 고주파 전류로 나뉜다.

③ 전류의 세기는 1초 동안 도선을 따라 움직이는 전하량을 말한다.

④ 전자의 방향과 전류의 방향은 반대이다.

35 ① ② ③ ④
36 ① ② ③ ④
37 ① ② ③ ④
38 ① ② ③ ④
39 ① ② ③ ④
40 ① ② ③ ④

36 피부분석 시 육안으로 보기 힘든 피지, 민감도, 색소침착, 모공의 크기, 트러블 등을 세밀하고 정확하게 분별할 수 있는 기기는?

① 스티머

② 진공흡입기

③ 우드램프

④ 스프레이

37 피부분석 시 사용하는 기기가 아닌 것은?

① 확대경

② 우드램프

③ 스킨스코프

④ 적외선램프

38 갈바닉(galvanic)기기의 음극 효과로 틀린 것은?

① 모공의 수축

② 피부의 연화

③ 신경의 지극

④ 혈액공급의 증가

39 이온토포레시스(iontophoresis)의 주 효과는?

① 세균 및 미생물을 살균시킨다.

② 고농축 유효성분을 피부 깊숙이 침투시킨다.

③ 셀룰라이트를 감소시킨다.

④ 심부열을 증가시킨다.

40 고주파기의 효과에 대한 설명으로 틀린 것은?

① 피부의 활성화로 노폐물 배출의 효과가 있다.

② 내분비선의 분비를 활성화한다.

③ 색소침착 부위의 미백효과가 있다.

④ 살균, 소독효과로 박테리아 번식을 예방한다.

41 기능성 화장품에 해당되지 않는 것은?

① 피부의 미백에 도움을 주는 제품

② 인체에 비만도를 줄여주는데 도움을 주는 제품

③ 피부의 주름개선에 도움을 주는 제품

④ 피부를 곱게 태워주거나 자외선으로부터 피부를 보호하는데 도움을 주는 제품

42 화장품을 만들 때 필요한 4대 요건은?

① 안전성, 안정성, 사용성, 유효성

② 안전성, 방부성, 방향성, 유효성

③ 발림성, 안정성, 방부성, 사용성

④ 방향성, 안전성, 발림성, 사용성

43 계면활성제에 대한 설명 중 잘못된 것은?

① 계면활성제는 계면을 활성화시키는 물질이다.

② 계면활성제는 친수성기와 친유성기를 모두 소유하고 있다.

③ 계면활성제는 표면장력을 높이고 기름을 유화시키는 등의 특징을 가지고 있다.

④ 계면활성제는 표면활성제라고도 한다.

44 화장품의 제형에 따른 특징의 설명이 틀린 것은?

① 유화 제품 – 물에 오일성분이 계면활성제에 의해 우유빛으로 백탁화된 상태의 제품

② 유용화 제품 – 물에 다량의 오일성분이 계면활성제에 의해 현탁하게 혼합된 상태의 제품

③ 분산 제품 – 물 또는 오일 성분에 미세한 고체입자가 계면활성제에 의해 균일하게 혼합된 상태의 제품

④ 가용화 제품 – 물에 소량의 오일성분이 계면활성제에 의해 투명하게 용해되어 있는 상태의 제품

답안 표기란

45 ① ② ③ ④
46 ① ② ③ ④
47 ① ② ③ ④
48 ① ② ③ ④
49 ① ② ③ ④
50 ① ② ③ ④

45 화장수의 설명 중 잘못된 것은?

① 피부의 각질층에 수분을 공급한다.
② 피부에 청량감을 준다.
③ 피부에 남아있는 잔여물을 닦아준다.
④ 피부의 각질을 제거한다.

46 손을 대상으로 하는 제품 중 알코올을 주 베이스로 하며, 청결 및 소독을 주된 목적으로 하는 제품은?

① 핸드워시(hand wash)　　② 새니타이저(sanitizer)
③ 비누　　　　　　　　　④ 핸드크림

47 대부분 O/W형 유화타입이며, 오일양이 적어 여름철에 많이 상하고 젊은 연령층이 선호하는 파운데이션은?

① 크림 파운데이션　　　　② 파우더 파운데이션
③ 트윈 케이크　　　　　　④ 리퀴드 파운데이션

48 불쾌지수(DI)의 기준이 되는 요인은?

① 기온과 습도
② 기온과 기압
③ 기습과 복사열
④ 기습과 기류

49 감염병 관리상 건강보균자에 대한 설명은?

① 임상증상이 있는 사람
② 병원체에 감염됐으나 임상증상이 미약한 사람
③ 감염병에 이환되어 임상증상이 소멸되었으나 병원체를 배출하는 보균자
④ 자각적으로 임상증상이 없지만 병원체 보유자로 감염원으로 작용

50 관련법상 제3급에 해당되는 감염병은?

① A형간염
② B형간염
③ 페스트
④ 장티푸스

51 조명이 낮은 작업 환경에 의한 장애가 아닌 것은?

① 근시
② 작업능률 저하
③ 안구 건조증
④ 안정피로

52 결핍되었을 때 발생하는 질병이 괴혈병인 비타민은?

① 비타민 B_1
② 비타민 D
③ 비타민 E
④ 비타민 C

53 보건행정의 특성으로 바른 것은?

① 공공성-봉사성-수익성-교육성
② 공공성-봉사성-수익성-과학성
③ 공공성-봉사성-교육성-과학성
④ 공공성-봉사성-교육성-독점성

54 석탄산의 90배 희석액과 어느 소독약의 135배 희석액이 같은 조건하에서 같은 소독효과가 있었다면 이 소독약의 석탄산계수는?

① 0.5
② 0.05
③ 1.5
④ 1

55 금속제 기구의 소독에 사용되지 않는 것은?

① 포르말린
② 크레졸
③ 알코올
④ 승홍수

56 대장균이나 포도상구균과 같이 산소의 유·무와 관계없이 자라는 세균은?

① 편성 호기성 세균
② 편성 혐기성 세균
③ 미호기성 세균
④ 통성 혐기성 세균

답안 표기란

51	① ② ③ ④
52	① ② ③ ④
53	① ② ③ ④
54	① ② ③ ④
55	① ② ③ ④
56	① ② ③ ④

57 이·미용업소 내에서 게시하지 않아도 되는 것은?

① 이·미용업 신고증

② 개설자의 면허증 원본

③ 개설자의 신체검사결과

④ 요금표

답안 표기란	
57	① ② ③ ④
58	① ② ③ ④
59	① ② ③ ④
60	① ② ③ ④

58 이·미용사의 면허를 받을 수 없는 사람은?

① 고혈압환자

② 비감염성 피부병환자

③ 비감염성 결핵환자

④ 향정신성의약품 중독자

59 1차 위반 시 경고처분에 해당하는 것은?

① 점빼기·귓볼 뚫기 그 밖에 이와 유사한 의료행위를 한 경우

② 개선명령을 이행하지 않은 경우

③ 영업정지처분을 받고도 그 영업정지 기간에 영업을 한 경우

④ 시설 및 설비기준을 위반한 경우

60 위생교육을 받지 아니한 자의 경우 과태료는?

① 100만 원 이하　　　　② 200만 원 이하

③ 300만 원 이하　　　　④ 400만 원 이하

정답

1	②	2	①	3	④	4	④	5	②	6	④	7	①	8	①	9	③	10	③
11	④	12	③	13	③	14	④	15	②	16	①	17	①	18	④	19	①	20	①
21	③	22	④	23	③	24	①	25	②	26	③	27	④	28	①	29	②	30	④
31	②	32	①	33	④	34	①	35	②	36	③	37	④	38	③	39	②	40	③
41	②	42	①	43	③	44	②	45	④	46	②	47	④	48	①	49	④	50	②
51	③	52	④	53	③	54	③	55	④	56	④	57	③	58	④	59	②	60	②

해설

1. 코스메틱(cosmetic)은 우주를 의미하는 그리스어의 kosomos에서 유래되었다.

2. 피부관리의 시술단계는 클렌징 → 피부분석 → 딥 클렌징 → 매뉴얼 테크닉 → 팩 → 마무리로 끝난다.

3. 국내의 피부미용이 전문화되기 시작한 것은 20세기 이후부터이며, 본격적으로는 1960년대 이후부터 발전하여 1980년대 이후 색조 화장품과 기능성 화장품이 출시되면서 더욱 발전했다.

4. 개인의 피부유형, 피부상태는 외부환경과 내부요인에 의해 쉽게 변할 수 있으므로 매회 마다 피부분석을 하여야 한다.

5. 모공 깊숙이 있는 불순물과 피부표면의 각질 제거는 딥 클렌징에 관한 설명이다.

6. 냉습포는 모공을 수축시키고 피부진정, 수렴효과를 주어 주로 피부관리 마무리 단계에 사용하며 팩 관리 후 적용한다.

7. • 물리적 딥 클렌징 : 스크럽, 고마쥐
   • 화학적 딥 클렌징 : AHA, BHA
   • 생물학적 딥 클렌징 : 효소(enzyme)

8. 모세혈관확장 피부, 민감한 피부에 딥 클렌징을 하면 더욱 예민해지기 때문에 딥 클렌징을 피한다.

9. 민감성 피부는 피부에 자극을 주는 스크럽이 들어간 세안제는 피하며 무알코올 화장품 사용을 권장한다.

10. 표피 수분부족 건성 피부는 외적 원인인 자외선, 찬바람, 냉난방, 일광욕, 알맞지 않은 화장품 사용과 잘못된 피부관리 습관으로 연령에 상관없이 발생하고 피부조직이 얇고 표피성 잔주름이 형성된다.

11. 주름완화나 예방은 가능하나 주름 제거는 매뉴얼 테크닉의 효과와 관계가 없다.

12. 쓰다듬기(effleurage)는 에플라지, 경찰법으로 불리며 매뉴얼 테크닉의 시작과 마무리 동작으로 피부를 부드럽게 쓰다듬어 피부에 휴식을 준다.

13. 매뉴얼 테크닉 시 피부타입에 맞는 크림, 오일 등을 사용하며, 동작은 일정한 속도로 리듬감 있게 시행하고 압은 적절히 조절한다.

14. 콜라겐 벨벳은 천연 용해성 콜라겐의 침투가 잘 이루어지도록 기포가 생기지 않도록 밀착시켜야 한다.

15 수분흡수 효과가 좋은 마스크를 먼저 적용시킨다.

16 모간을 제거하는 방법은 화학적 제모이며, 왁스는 모근까지 제거하는 방법이다.

17 수요법을 할 경우 식사 직후 바로 하면 소화에 자극이 될 수 있으므로 최소 한 시간 이후에 실시하는 것이 좋다.

18 자가 관리 방법을 조언해주는 단계는 마무리 단계에 해당이 된다.

19 NMF는 아미노산이 가장 많이 함유되어 있으며, 아미노산 40%, 피롤리돈카르본산 12%, 젖산염 12%, 요소 7% 등을 함유하고 있다.

20 기저층은 원주형의 단층 세포층으로 각질형성세포와 색소형성세포가 존재한다.

21 진피는 콜라겐, 엘라스틴, 무코다당류로 구성되어 있으며, 그 외에 모세혈관, 신경관, 림프관, 한선, 피지선, 모발, 입모근 등을 포함하고 있다.

22 피하지방이 너무 많으면 피하지방층의 혈관이나 림프관이 눌려 혈액순환이 원활하지 못하게 된다. 피하지방이 축적되어 뭉치게 되면서 피부표면이 귤껍질처럼 울퉁불퉁해 지는데 이것을 '셀룰라이트'라고 한다.

23 피부의 기능 중 비타민 D 합성작용이 있다. 비타민 D를 제외한 다른 비타민들은 음식을 통해서만 섭취가능하다.

24 에크린선은 입술과 생식기를 제외한 전신피부에 분포되어 있다.

25 피지선은 손바닥과 발바닥에는 없다.

26 비타민 C는 기미, 주근깨 치료에 주로 쓰이며 피부 색소를 없애는 비타민이다.

27 피부에 제일 깊게 침투하는 것은 자외선 A로 피부의 진피까지 침투하여 피부노화를 일으킨다.

28 미토콘드리아는 섭취된 음식물을 이화작용과 동화작용에 의해 세포에서 쓸 수 있는 에너지인 ATP로 바꾸는 역할을 한다.

29 확산은 물질 자체의 운동에너지에 의해 고농도에서 저농도로 물질이 이동하는 것이다.

30 골격계의 기능에는 보호기능, 지지기능, 운동기능, 저장기능, 조혈기능이 있다. 열생산 기능은 근육계의 기능이다.

31 • 심장근 : 횡문근, 불수의근
　• 내장근 : 평활근, 불수의근
　• 골격근 : 횡문근, 수의근

32 중추신경계는 뇌와 척수로 이루어져 있다.

33 모세혈관은 단층구조이며, 혈관벽이 얇다.

34 • 췌장의 외분비기능 – 3대 영양소를 분해할 수 있는 모든 소화효소를 분비
　• 췌장의 내분비기능 – 혈당을 조절하는 인슐린과 글루카곤을 분비

35 전류는 흐르는 방향에 따라 직류전류와 교류전류로 나누며, 주파수에 따라 저주파, 중주파, 고주파, 초음파로 나뉜다.

36 우드램프는 자외선을 이용한 인공자외선 광학분석기기로서 육안으로는 판별하기 어렵거나 보이지 않는 피부의 심층상태, 결점이나 문제점들을 다양한 색상으로 나타낸다.

37 적외선램프는 온열 작용으로서 화장품 흡수율을 상승시킨다.

38 • 음극(−) 효과 : 알칼리성 반응, 신경자극, 혈관확장(혈액공급증가), 피부조직 연화, 모공과 한선 확장, 통증 유발 등
　• 양극(+) 효과 : 산성반응, 피부진정, 혈관수축, 조직강화, 탄력상승, 모공과 한선 수축, 수렴, 통증 감소 등

39 이온토포레시스는 전기의 극성을 이용하여 고농축 영양성분을 피부 깊숙이 침투시키는 작용을 한다.

40 색소침착부위의 미백효과가 있는 것은 갈바닉기기이다.

41 기능성 화장품의 범위는 피부의 미백, 주름개선, 자외선 차단하여 피부를 보호하는데 도움을 주는 제품이다.

42 화장품의 4대 요건 : 안전성, 안정성, 사용성, 유효성

43 계면활성제는 표면장력을 낮추어 표면을 활성화시키는 표면활성제이다.

44 화장품 제형에 따라 유화 제품, 분산 제품, 가용화 제품이 있다.

45 피부의 각질을 제거하는 제품은 딥 클렌징 제품이다.

46 새니타이저(sanitizer)는 알코올을 함유하고 있어 손 피부 청결 및 소독을 위하여 사용한다.

47 리퀴드 파운데이션은 수분 함유량이 높아 사용감이 산뜻하고 커버력이 적어 자연스러운 피부 표현에 적합하여 젊은 연령층이 선호한다.

48 기온(17~18℃), 습도(60~65%)

49 ① 현성 감염자
   ② 불현성 감염자
   ③ 회복기 보균자

50 A형간염(제2급), 페스트(제1급), 장티푸스(제2급)

51 부적당한 조명에 의한 장애는 근시, 안정피로, 안구진탕증, 백내장, 작업능률 저하 및 재해발생이 나타난다.

52 비타민 B_1 – 각기병, 비타민 D – 구루병, 비타민 E – 불임증

53 보건행정의 특성은 공공성, 사회성, 과학성, 교육성, 봉사성, 조장성, 기술성이다.

54 석탄산 계수=소독약의 희석배수/석탄산의 희석배수

55 승홍수는 부식성이 높다.

56 • 편성 호기성 세균 : 산소공급 없이는 증식할 수 없는 세균
   • 편성 혐기성 세균 : 유리 산소가 존재하면 유해작용을 받아 증식되지 않는 세균
   • 미호기성 세균 : 소량의 산소 농도에서 자라는 세균
   • 통성 혐기성 세균 : 산소의 유무와 관계없이 증식할 수 있는 세균

57 업소 내부에 신고증, 개설자의 면허증 원본, 요금표 게시

58 마약, 기타 대통령령으로 정하는 약물중독자는 면허를 받을 수 없다.

59 ① 영업정지 2월
   ③ 영업장 폐쇄명령
   ④ 개선명령

60 위생교육을 받지 아니한 자 : 200만 원 이하의 과태료

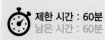

QR코드를 스캔하면 스마트폰을 활용한
모바일 모의고사를 이용할 수 있습니다.

전체 문제 수 : 60
안 푼 문제 수 : ☐

답안 표기란			
1	① ② ③ ④		
2	① ② ③ ④		
3	① ② ③ ④		
4	① ② ③ ④		

1 피부관리의 정의와 가장 거리가 먼 것은?

① 안면 및 전신의 피부를 분석하고 관리하여 피부상태를 개선하는 것

② 얼굴과 전신의 상태를 유지 및 개선하여 근육과 골절을 정상화시키는 것

③ 피부미용사의 손과 화장품 및 적용가능한 피부미용기기를 이용하여 관리하는 것

④ 의약품을 사용하지 않고 피부상태를 아름답고 건강하게 만드는 것

2 피부미용의 영역이 아닌 것은?

① 눈썹 정리   ② 제모(waxing)

③ 피부관리   ④ 모발관리

3 우드램프로 피부상태를 판단할 때 지성피부는 어떤 색으로 나타나는가?

① 푸른색   ② 흰색

③ 오렌지색   ④ 진보라색

4 상담 시 고객에 대해 취해야 할 사항 중 옳은 것은?

① 상담 시 다른 고객의 신상정보, 관리정보를 제공한다.

② 고객의 사생활에 대한 정보를 정확하게 파악한다.

③ 고객과의 친밀감을 갖기 위해 사적으로 친목을 도모한다.

④ 전문적인 지식과 경험을 바탕으로 관리방법과 절차 등에 관해 차분하게 설명해준다.

5 다음 중 세정력이 우수하며, 지성·여드름 피부에 가장 적합한 제품은?

① 클렌징젤   ② 클렌징오일

③ 클렌징크림   ④ 클렌징로션

6 클렌징 제품의 선택과 관련된 내용과 가장 거리가 먼 것은?

① 피부에 자극이 적어야 한다.

② 피부의 유형에 맞는 제품을 선택해야 한다.

③ 특수 영양성분이 함유되어 있어야 한다.

④ 화장이 짙을 때는 세정력이 높은 클렌징 제품을 사용하여야 한다.

7 딥 클렌징의 효과에 대한 설명으로 틀린 것은?

① 면포를 연화시킨다.

② 피부표면을 매끈하게 해주고 혈색을 맑게 한다.

③ 클렌징의 효과가 있으며 피부의 불필요한 각질세포를 제거한다.

④ 혈액순환을 촉진시키고 피부조직에 영양을 공급한다.

8 홈케어 관리 시에 여드름 피부에 대한 조언으로 맞지 않는 것은?

① 여드름 전용 제품을 사용

② 붉어지는 부위는 약간 진하게 파운데이션이나 파우더를 사용

③ 지나친 당분이나 지방섭취는 피함

④ 피부의 건조함이 심하면 에센스, 수분크림 사용

9 피부유형별 화장품 사용방법으로 적합하지 않은 것은?

① 민감성 피부 – 무색, 무취, 무알코올 화장품 사용

② 복합성 피부 – T존과 U존 부위별로 각각 다른 화장품 사용

③ 건성 피부 – 수분과 유분이 함유된 화장품 사용

④ 모세혈관확장 피부 – 일주일에 2번 정도 딥 클렌징제 사용

10 매뉴얼 테크닉의 효과와 가장 거리가 먼 것은?

① 피부의 흡수능력을 확대시킨다.

② 심리적 안정감을 준다.

③ 혈액의 순환을 촉진한다.

④ 여드름이 정리된다.

답안 표기란

5	① ② ③ ④
6	① ② ③ ④
7	① ② ③ ④
8	① ② ③ ④
9	① ② ③ ④
10	① ② ③ ④

11 매뉴얼 테크닉 기법 중 닥터 자켓법에 관한 설명으로 가장 적합한 것은?

① 디스인크러스테이션을 하기 위한 준비단계에 하는 것이다.

② 피지선의 활동을 억제한다.

③ 모낭 내 피지를 모공 밖으로 배출시킨다.

④ 여드름 피부를 클렌징할 때 쓰는 기법이다.

12 피부관리에서 팩 사용효과가 아닌 것은?

① 수분 및 영양공급   ② 각질 제거

③ 치료 작용   ④ 피부 청정작용

13 필 오프 타입 마스크의 특징이 아닌 것은?

① 젤 또는 액체형태의 수용성으로 건조되면서 필름막을 형성한다.

② 볼 부위는 영양분의 흡수를 위해 두껍게 바른다.

③ 팩 제거 시 피지나 죽은 각질세포가 함께 제거되므로 피부청정 효과를 준다.

④ 일주일에 1~2회 사용한다.

14 왁스 시술에 대한 내용 중 옳은 것은?

① 제모하기 적당한 털의 길이는 2cm이다.

② 온왁스의 경우 왁스는 제모 실시 직전에 데운다.

③ 왁스를 바른 위에 무슬린(부직포)은 수직으로 세워 떼어낸다.

④ 남아있는 왁스의 끈적임은 왁스제거용 리무버로 제거한다.

15 제모할 때 왁스는 일반적으로 어떻게 바르는 것이 적합한가?

① 털이 자라는 방향

② 털이 자라는 반대 방향

③ 털이 자라는 왼쪽 방향

④ 털이 자라는 오른쪽 방향

답안 표기란

11 ① ② ③ ④

12 ① ② ③ ④

13 ① ② ③ ④

14 ① ② ③ ④

15 ① ② ③ ④

16 다음 중 노폐물과 독소 및 과도한 체액의 배출을 원활하게 하는 효과에 가장 적합한 관리방법은?

① 수요법
② 스톤테라피
③ 림프 드레나지
④ 반사요법

17 셀룰라이트에 대한 설명이 틀린 것은?

① 노폐물 등이 정체되어 있는 상태
② 피하지방이 비대해져 정체되어 있는 상태
③ 소성결합조직이 경화되어 뭉쳐져 있는 상태
④ 근육이 경화되어 딱딱하게 굳어 있는 상태

18 피부관리 후 피부관리사가 마무리해야 할 사항과 가장 거리가 먼 것은?

① 피부관리 기록카드에 관리내용과 사용 화장품에 대해 기록한다.
② 고객이 집에서 자가 관리를 잘하도록 홈 케어에 대해서도 기록하여 추후 참고 자료로 활용한다.
③ 반드시 메이크업을 해준다.
④ 피부미용 관리가 마무리되면 베드와 주변을 청결하게 정리한다.

19 다음 중 표피층을 순서대로 나열한 것은?

① 각질층, 유극층, 투명층, 과립층, 기저층
② 각질층, 유극층, 망상층, 기저층, 과립층
③ 각질층, 과립층, 유극층, 투명층, 기저층
④ 각질층, 투명층, 과립층, 유극층, 기저층

20 피부의 각질층에 존재하는 세포간지질 중 가장 많이 함유된 것은?

① 세라마이드(ceramide)
② 콜레스테롤(cholesterol)
③ 스쿠알렌(squalene)
④ 왁스(wax)

답안 표기란

16 ① ② ③ ④
17 ① ② ③ ④
18 ① ② ③ ④
19 ① ② ③ ④
20 ① ② ③ ④

답안 표기란

21 ① ② ③ ④
22 ① ② ③ ④
23 ① ② ③ ④
24 ① ② ③ ④
25 ① ② ③ ④

21 손바닥과 발바닥 등 비교적 피부층이 두터운 부위에 주로 분포되어 있으며 수분침투를 방지하고 피부를 윤기 있게 해주는 기능을 가진 엘라이딘이라는 단백질을 함유하고 있는 표피 세포층은?
① 각질층
② 유두층
③ 투명층
④ 망상층

22 교원섬유(collagen)와 탄력섬유(elastin)로 구성되어 있어 강한 탄력성을 지니고 있는 곳은?
① 표피
② 진피
③ 피하조직
④ 근육

23 콜라겐(collagen)에 대한 설명으로 틀린 것은?
① 노화된 피부에는 콜라겐 함량이 낮다.
② 콜라겐이 부족하면 주름이 발생하기 쉽다.
③ 콜라겐은 피부의 표피에 주로 존재한다.
④ 콜라겐은 섬유아세포에서 생성된다.

24 한선에 대한 설명 중 틀린 것은?
① 체온 조절기능이 있다.
② 진피와 피하지방 조직의 경계부위에 위치한다.
③ 입술을 포함한 전신에 존재한다.
④ 에크린선과 아포크린선이 있다.

25 손톱, 발톱의 설명으로 틀린 것은?
① 정상적인 손·발톱의 교체는 대략 6개월 가량 걸린다.
② 개인에 따라 성장의 속도는 차이가 있지만 매일 1mm 가량 성장한다.
③ 손끝과 발끝을 보호한다.
④ 물건을 잡을 때 받침대 역할을 한다.

답안 표기란

26 ① ② ③ ④
27 ① ② ③ ④
28 ① ② ③ ④
29 ① ② ③ ④
30 ① ② ③ ④
31 ① ② ③ ④
32 ① ② ③ ④

26 나이아신 부족과 아미노산 중 트립토판 결핍으로 생기는 질병으로써 옥수수를 주식으로 하는 지역에서 자주 발생하는 것은?

① 각기증   ② 괴혈병
③ 구루병   ④ 펠라그라병

27 다음 중 원발진으로만 짝지어진 것은?

① 농포, 수포   ② 색소침착, 찰상
③ 티눈, 흉터   ④ 동상, 궤양

28 인체의 구성요소 중 기능적, 구조적 최소단위는?

① 조직   ② 기관
③ 계통   ④ 세포

29 골격계에 대한 설명 중 옳지 않은 것은?

① 인체의 골격은 약 206개의 뼈로 구성된다.
② 체중의 약 20%를 차지하며 골, 연골, 관절 및 인대를 총칭한다.
③ 기관을 둘러싸서 내부 장기를 외부의 충격으로부터 보호한다.
④ 골격에서는 혈액세포를 생성하지 않는다.

30 인체 내의 화학물질 중 근육수축에 주로 관여하는 것은?

① 액틴과 미오신   ② 단백질과 칼슘
③ 남성호르몬   ④ 비타민과 미네랄

31 신경계의 기본세포는?

① 혈액   ② 뉴런
③ 미토콘드리아   ④ DNA

32 조직 사이에서 산소와 영양을 공급하고, 이산화탄소와 대사 노폐물이 교환되는 혈관은?

① 동맥(artery)   ② 정맥(vein)
③ 모세혈관(capillary vessel)   ④ 림프관(lymphatic vessel)

답안 표기란

33 ① ② ③ ④
34 ① ② ③ ④
35 ① ② ③ ④
36 ① ② ③ ④
37 ① ② ③ ④

33 남성의 2차 성장에 영향을 주는 성스테로이드 호르몬으로 두정부 모발의 발육을 억제시키고 피지분비를 촉진시키는 것은?

① 알도스테론(aldosterone)
② 에스트로겐(estrogen)
③ 테스토스테론(testosterone)
④ 프로게스테론(progesterone)

34 비뇨기계에서 배출기관의 순서를 바르게 표현한 것은?

① 신장 → 요관 → 요도 → 방광
② 신장 → 요도 → 방광 → 요관
③ 신장 → 요관 → 방광 → 요도
④ 신장 → 방광 → 요도 → 요관

35 괄호 안에 알맞은 말이 순서대로 나열된 것은?

> 보기 물질의 변화에서 고체는 (a)이/가 (b)보다 강하다.

① 운동력, 기체   ② 온도, 압력
③ 운동력, 응력   ④ 응력, 운동력

36 이온에 대한 설명으로 옳지 않은 것은?

① 양전하 또는 음전하를 지닌 원자를 말한다.
② 증류수는 이온수에 속한다.
③ 원소가 전자를 잃어 양이온이 되고, 전자를 얻어 음이온이 된다.
④ 양이온과 음이온의 결합을 이온결합이라 한다.

37 전기에 대한 설명으로 틀린 것은?

① 전류란 전도체를 따라 움직이는 (−)전하를 지닌 전자의 흐름이다.
② 도체란 전류가 쉽게 흐르는 물질을 말한다.
③ 전류의 크기의 단위는 볼트(volt)이다.
④ 전류에는 직류(D.C)와 교류(A.C)가 있다.

38 직류(direct current)에 대한 설명으로 옳은 것은?

① 시간의 흐름에 따라 방향과 크기가 비대칭적으로 변한다.

② 변압기에 의해 승압 또는 강압이 가능하다.

③ 정현파 전류가 대표적이다.

④ 지속적으로 한쪽 방향으로만 이동하는 전류의 흐름이다.

39 피부분석 시 육안으로 보기 힘든 피지, 민감도, 색소 침착, 모공의 크기, 트러블 등을 세밀하고 정확하게 분별할 수 있는 기기는?

① 스티머　　　　　　② 진공흡입기

③ 우드램프　　　　　④ 스프레이

40 컬러테라피 기기에서 빨간 색광의 효과와 가장 거리가 먼 것은?

① 혈액순환 증진, 세포의 활성화, 세포 재생활동

② 소화기계 기능강화, 신경자극, 신체 정화작용

③ 지루성 여드름, 혈액순환 불량 피부관리

④ 근조직 이완, 셀룰라이트 개선

41 화장품법 상 화장품의 정의와 관련한 내용이 아닌 것은?

① 신체의 구조, 기능에 영향을 미치는 것과 같은 사용목적을 겸하지 않는 물품

② 인체를 청결히 하고, 미화하고, 매력을 더하고 용모를 밝게 변화시키기 위해 사용하는 물품

③ 피부 혹은 모발을 건강하게 유지 또는 증진하기 위한 물품

④ 인체에 사용되는 물품으로 인체에 대한 작용이 경미한 것

42 다음 중 기능성 화장품의 영역이 아닌 것은?

① 피부의 미백에 도움을 주는 제품

② 피부의 주름 개선에 도움을 주는 제품

③ 피부의 여드름 개선에 도움을 주는 제품

④ 자외선으로부터 피부를 보호하는데 도움을 주는 제품

43 다음 중 여드름의 발생 가능성이 가장 적은 화장품 성분은?

① 호호바 오일
② 라놀린
③ 미네랄 오일
④ 이소프로필팔미테이트

44 다음 중 화장품에 사용되는 주요 방부제는?

① 에탄올
② 벤조산
③ 파라옥시안식향산메틸
④ BHT

45 미백화장품에 사용되는 원료가 아닌 것은?

① 알부틴
② 코직산
③ 레티놀
④ 비타민 C 유도체

46 화장품 제조의 3가지 주요기술이 아닌 것은?

① 가용화 기술
② 유화 기술
③ 분산 기술
④ 용융 기술

47 다음 중 향수의 부향률이 높은 것부터 순서대로 나열된 것은?

① 퍼퓸 〉 오드퍼퓸 〉 오데코롱 〉 오드뚜왈렛
② 퍼퓸 〉 오드뚜왈렛 〉 오데코롱 〉 오드퍼퓸
③ 퍼퓸 〉 오드퍼퓸 〉 오드뚜왈렛 〉 오데코롱
④ 퍼퓸 〉 오데코롱 〉 오드퍼퓸 〉 오드뚜왈렛

48 다음 중 공중보건의 목적으로 맞는 것은?

① 수명연장, 건강증진, 조기발견
② 질병예방, 수명연장, 건강증진
③ 조기치료, 조기발견, 건강증진
④ 조기치료, 질병예방, 건강증진

답안 표기란

49 ① ② ③ ④
50 ① ② ③ ④
51 ① ② ③ ④
52 ① ② ③ ④
53 ① ② ③ ④
54 ① ② ③ ④
55 ① ② ③ ④

49 인구의 구성형 연결이 틀린 것은?

① 피라미드형 – 출생률과 사망률이 높은 인구 형태
② 항아리형 – 출생률이 사망률보다 높은 선진국형
③ 종형 – 출생률과 사망률이 낮은 이상적인 인구 형태
④ 별형 – 도시의 인구형태

50 병원소로부터 병원체의 탈출소가 아닌 것은?

① 호흡기계   ② 소화기계
③ 비뇨생식기계   ④ 신경계

51 법정감염병 중 제3급감염병에 속하는 것은?

① 발진열   ② 인플루엔자
③ 파라티푸스   ④ 신종인플루엔자

52 다음 중 군집독을 예방하기 위한 가장 적절한 방법은?

① 실내 온도 조절   ② 실내 방향제 사용
③ 실내 습도 조절   ④ 실내 환기

53 상수의 수질오염 분석 시 대표적인 생물학적 지표로 이용되는 것은?

① 대장균   ② 살모넬라균
③ 장티푸스균   ④ 포도상구균

54 다음 중 독소형 식중독의 원인균은?

① 보툴리누스균
② 장티푸스균
③ 돈 콜레라균
④ 장염균

55 최근(2016년 이후) 가장 많이 사망하는 질병은?

① 심장질환   ② 당뇨병
③ 뇌심혈관 질환   ④ 암

56 미용기구의 소독기준 및 방법은 어떤 령으로 정하는가?

① 대통령
② 시장·군수·구청장
③ 보건복지부
④ 시·도지사

57 이·미용 위생관리 등급별 감시기준에 따른 평가를 하는 곳은?

① 보건복지부장관   ② 시장·군수·구청장
③ 대통령   ④ 시·도지사

58 석탄산의 희석배수 80배를 기준으로 할 때 어떤 소독약의 석탄산계수가 2였다면 이 소독약의 희석배수는 얼마인가?

① 40배   ② 82배
③ 160배   ④ 200배

59 행정처분 사항 중 1차 위반 시 행정처분이 다른 것은?

① 영업정지 처분을 받고도 영업정지 기간 중 영업을 한 때
② 공중위생업자가 정당한 사유 없이 6개월 이상 계속 휴업하는 경우
③ 영업신고를 하지 않은 경우
④ 면허증을 다른 사람에게 대여한 경우

60 이·미용업소 외의 장소에서 이용 또는 미용업무를 행한 자의 과태료 기준은?

① 50만 원 이하
② 100만 원 이하
③ 200만 원 이하
④ 300만 원 이하

답안 표기란

56 ① ② ③ ④
57 ① ② ③ ④
58 ① ② ③ ④
59 ① ② ③ ④
60 ① ② ③ ④

미용사 피부 필기 실전모의고사 ❷ 정답 및 해설

정답

1	②	2	④	3	③	4	④	5	①	6	③	7	④	8	②	9	④	10	④
11	③	12	③	13	②	14	④	15	①	16	③	17	④	18	③	19	④	20	①
21	③	22	②	23	③	24	③	25	②	26	④	27	①	28	④	29	④	30	①
31	②	32	③	33	③	34	③	35	④	36	②	37	③	38	④	39	④	40	②
41	①	42	③	43	①	44	③	45	③	46	③	47	③	48	③	49	②	50	④
51	①	52	④	53	①	54	①	55	④	56	③	57	②	58	③	59	④	60	③

해설

1 피부관리는 두피를 제외한 얼굴과 전신의 피부를 유지 및 개선하는 것이며, 골절의 정상화는 피부관리의 영역이 아니다.

2 모발관리는 피부미용의 영역이 아닌 이·미용의 영역이다.

3
- 푸른색 : 정상 피부
- 흰색 : 죽은 세포, 각질층
- 오렌지색 : 지성 피부, 여드름 피부
- 진보라색 : 모세혈관확장 피부, 민감성 피부

4 상담 시 고객의 사생활이나 사적인 질문은 피하고, 다른 고객의 신상정보, 관리정보를 제공하지 않는다.

5 클렌징젤은 세정력이 뛰어나 이중세안이 필요 없으며 민감성 피부, 알레르기성 피부, 지성 및 여드름 피부에 적합하다.

6 클렌징 제품은 피부의 노폐물, 메이크업 등을 닦아내기 위한 것이므로 영양성분 함유와는 관련이 없다.

7 피부조직의 영양공급은 팩의 효과이다.

8 붉어지는 부위는 너무 진한 화장은 피하고 메이크업 시 무지방 파운데이션, 콤팩트를 사용하고 포인트 메이크업에 중점을 둔다.

9 모세혈관확장 피부의 딥 클렌징은 저자극 크림타입을 사용해 2주에 1회 정도 시행하고 피부의 민감도에 따라 생략해도 무방하며 물리적 제품은 피한다.

10 여드름, 감염 등 염증성 질환에는 매뉴얼 테크닉을 적용하지 않는다.

11 자켓 박사에 의해 알려진 방법으로 엄지와 검지를 이용하여 근육결 방향으로 부드럽게 끌어올려 꼬집듯이 비틀거나 튕겨주는 동작으로 모낭 내 피지를 모공 밖으로 배출시키는 효과가 있다.

12 치료 작용을 하는 것은 피부미용의 영역이 아닌 의료영역이다.

13 필 오프 타입 마스크는 바른 후 건조되면서 얇은 필름 막을 형성해 벗겨내는 타입으로 얇고 균일하게 바른다.

14 털의 길이는 1cm가 적당하며, 온왁스는 녹이는 시간이 있으므로 미리 데워두며 부직포는 비스듬히 눕혀서 떼어낸다.

15 왁스는 털이 자라는 방향으로 바르고 제거할 때는 털이 자라는 반대 방향으로 제거한다.

16 림프 드레나지는 림프의 순환을 촉진시켜 노폐물을 배출하고 조직의 신진대사를 원활하게 해주는 관리방법이다.

17 셀룰라이트는 림프순환 저하로 피하지방과 노폐물이 축적되어 뭉친 현상이다.

18 마무리 동작에서 반드시 메이크업을 해줄 필요는 없다.

19 표피는 외측으로부터 각질층 → 투명층 → 과립층 → 유극층 → 기저층으로 존재한다.

20 세포간지질 중 세라마이드가 가장 많이 함유되어 있으며, 세라마이드 50%, 지방산 30%, 콜레스테롤 15% 등을 함유하고 있다.

21 반유동성 단백질인 엘라이딘은 투명층에 존재한다.

22 진피는 교원섬유와 탄력섬유로 구성되어 있어 강한 탄력성을 지니고 있다.

23 콜라겐은 피부의 진피에 주로 존재한다.

24 한선은 입술과 생식기를 제외한 전신에 존재한다.

25 개인에 따라 성장의 속도는 차이가 있지만 보통 손·발톱은 매일 0.1mm 가량, 한달에 3mm 정도 자란다.

26 펠라그라병은 나이아신이나 그 전구체인 트립토판이 부족하여 생기는 질병으로 옥수수에는 비타민 B_3(나이아신)이 없기 때문에 옥수수를 주식으로 할 경우 펠라그라병에 걸리기 쉽다.

27 원발진에는 반점, 홍반, 소수포, 대수포, 팽진, 구진, 농포, 결절, 낭종, 종양이 있다.

28 인체의 구성요소 중 기능적, 구조적 최소단위는 세포이다. 인체의 구조적 단계는 세포 → 조직 → 기관 → 기관계 → 인체로 나눠진다.

29 골격계의 기능 중에 골수에서 혈액세포(적혈구, 백혈구, 혈소판)를 생산하는 조혈기능이 있다.

30 액틴과 미오신은 근육을 구성하는 단백질로 근수축계의 기본을 이루는 물질이다. 미오신과 액틴은 함께 액토미오신을 만들며 액토미오신이 ATP의 작용에 의해 근육이 수축된다.

31 신경계를 구성하는 기본세포는 뉴런(neuron)이다.

32 혈관의 종류에는 동맥, 정맥, 모세혈관이 있으며, 조직 사이에서 물질교환이 일어나는 혈관은 모세혈관이다. 림프관은 혈관이 아니라 림프액이 흐르는 관이다.

33 • 테스토스테론 : 남성호르몬으로 남성의 2차 성징의 발현, 정자형성의 촉진, 피지분비촉진, 두정부 모발의 발육 억제 등
   • 알도스테론 : 부신피질에서 분비되는 스테로이드 호르몬. 전해질 및 수분대사에 관여
   • 에스트로겐 : 여성의 난소에서 생산되는 호르몬. 여성의 제2차 성징, 월경주기, 수정, 임신 등에 작용
   • 프로게스테론 : 난소 황체에서 분비되는 여성호르몬. 임신을 촉진하는 호르몬

34 신장에서 만들어진 오줌은 요관을 통해 방광으로 이동, 저장되어 있다가, 일정한 양이 되면 요도를 통해 배출된다.

35 물질의 변화에서 고체는 분자가 서로 연결되어 있는 상태의 물질로 응력이 운동력보다 강하다.

36 이온수는 일반적인 물에 전기적인 힘을 가해서 얻어지는 산성 이온수와 알칼리 이온수가 있다.

37 전류의 단위는 A(암페어)이다.

38 직류(direct current)는 전류의 방향과 크기가 시간의 흐름에 따라 변하지 않고 항상 일정하게 흐르는 전류이다.

39 우드램프는 자외선을 이용한 인공자외선 광학분석 기기로서 육안으로는 판별하기 어렵거나 보이지 않는 피부의 심층상태, 결점이나 문제점들을 다양한 색상으로 나타낸다.

40 컬러테라피 기기에 소화기계 기능강화, 신경자극 등의 효과를 지닌 것은 노란 색광이다.

41 화장품이라 함은 인체를 청결·미화하여 매력을 더하고 용모를 밝게 변화시키거나 피부·모발의 건강을 유지 또는 증진하기 위해 인체에 사용되는 물품으로서 인체에 대한 작용이 경미한 것을 말함. 다만, 의약품에 해당하는 물품은 제외한다.

42 기능성 화장품의 영역은 미백, 주름 개선, 자외선 차단하여 피부를 보호하는데 도움을 주는 제품이다.

43 호호바 오일은 피부의 피지의 성분과 유사하고 수분함량이 높은 오일로 여드름 피부에 사용 가능한 천연 식물성오일이다.

44 화장품에 사용되는 주요 방부제로는 파라옥시안식향산메틸, 파라옥시안식향산프로필, 이미디아졸리다닐우레아 등이 있다.

45 레티놀은 주름 개선 화장품에 사용되는 원료이다.

46 화장품 제조 기술에는 가용화, 분산, 유화가 있다.

47 부향률에 따른 향수의 분류는 퍼퓸 〉 오드퍼퓸 〉 오드뚜왈렛 〉 오데코롱 〉 샤워코롱 순이다.

48 공중보건의 목적은 질병예방, 수명연장, 신체적·정신적 건강 및 효율의 증진이다.

49 항아리형은 출생률이 사망률보다 낮은 선진국형이다.

50 병원체의 탈출소는 호흡기계, 소화기계, 비뇨생식기계 등이 있다.

51 인플루엔자(제4급), 파라티푸스(제2급), 신종인플루엔자(제1급)

52 군집독이란 다수인이 밀집한 곳의 실내공기가 화학적·물리적 조성의 변화로 인하여 불쾌감, 두통, 권태, 현기증, 구토, 식욕저하 등의 생리적 이상을 일으키는 공기 상태이며, 실내 환기를 통해 예방 가능하다.

53 대장균은 상수의 수질오염 분석 시 대표적인 생물학적 지표로 사용한다.

54 독소형 식중독은 포도상구균, 보툴리누스균, 웰치균 등이 있다.

55 최근(2016년 이후) 가장 많이 사망하는 질병은 암, 심장질환, 뇌혈관질환 순서이다.

56 법 제4조(공중위생영업자의 위생관리의무 등) 미용기구의 소독기준 및 방법은 보건복지부령으로 정한다.

57 시장·군수·구청장은 평가 계획에 따라 관할 지역별 세부 평가 계획을 수립한 후 공중위생 영업소의 위생서비스 수준을 평가하여야 한다.

58 석탄산계수 = 소독약의 희석배수/석탄산의 희석배수
2 = 소독약의 희석배수/80 이므로, 소독약의 희석배수는 160

59 면허증을 다른 사람에게 대여한 경우 : 1차 위반 시 면허정지 3월

60 이·미용업소 외의 장소에서 이용 또는 미용업무를 행한 자 : 200만 원 이하의 과태료

QR코드를 스캔하면 스마트폰을 활용한
모바일 모의고사를 이용할 수 있습니다.

전체 문제 수 : 60
안 푼 문제 수 : ☐

답안 표기란				
1	①	②	③	④
2	①	②	③	④
3	①	②	③	④
4	①	②	③	④

1 피부미용의 목적이 아닌 것은?

① 노화 예방을 통하여 건강하고 아름다운 피부를 유지한다.
② 심리적, 정신적 안정을 통해 피부를 건강한 상태로 유지시킨다.
③ 분장, 화장 등을 이용하여 개성을 연출한다.
④ 질환적 피부를 제외한 피부관리로 인하여 상태를 개선시킨다.

2 피부미용의 역사에 대한 설명 중 옳은 것은?

① 르네상스시대 – 비누의 사용이 보편화
② 이집트시대 – 알코올 발명, 스팀요법 개발
③ 로마시대 – 향수, 오일, 화장품이 생활의 필수품이 됨
④ 중세시대 – 마사지크림 개발

3 피부분석 시 사용하는 기기가 아닌 것은?

① 확대경　　　　　② 우드램프
③ 스킨스코프　　　④ 적외선램프

4 피부관리를 위한 피부유형 분석의 시기로 가장 적합한 것은?

① 최초 상담 전　　　② 트리트먼트 후
③ 클렌징이 끝난 후　④ 딥 클렌징 후

5 클렌징 제품에 대한 설명이 틀린 것은?

① 클렌징로션은 O/W타입으로 친유성이며 건성, 민감성, 노화 피부에 사용할 수 있다.

② 클렌징오일은 물에 쉽게 용해되며, 건조하고 민감한 피부, 수분부족의 지성 피부, 노화 피부에 적합하다.

③ 비누는 사용 역사가 가장 오래된 클렌징 제품으로 종류가 다양하다.

④ 클렌징크림은 친유성과 친수성이 있으며 친유성은 반드시 이중세안을 해서 클렌징 제품이 피부에 남아 있지 않도록 해야 한다.

6 짙은 화장을 지우는 클렌징 제품 타입으로 중성과 건성피부에 적합하며, 사용 후 이중세안을 해야 하는 것은?

① 클렌징크림 ② 클렌징로션
③ 클렌징워터 ④ 클렌징젤

7 다음 중 피부미용에서의 딥 클렌징에 속하지 않는 것은?

① 스크럽 ② 엔자임
③ AHA ④ 크리스탈 필

8 효소 필링제의 사용법으로 가장 적합한 것은?

① 도포한 후 약간 덜 건조된 상태에서 문지르는 동작으로 각질을 제거한다.

② 도포한 후 효소의 작용을 촉진하기 위해 스티머나 온습포를 사용한다.

③ 도포한 후 완전하게 건조되면 젖은 해면을 이용하여 닦아낸다.

④ 도포한 후 피부 근육결 방향으로 문지른다.

9 피부유형별 적용 화장품 성분이 맞게 짝지어진 것은?

① 건성피부 – 클로로필, 위치하젤

② 지성피부 – 콜라겐, 레티놀

③ 여드름 피부 – 아보카도 오일, 올리브 오일

④ 민감성 피부 – 아줄렌, 비타민 B

답안 표기란

10 ① ② ③ ④
11 ① ② ③ ④
12 ① ② ③ ④
13 ① ② ③ ④
14 ① ② ③ ④
15 ① ② ③ ④

10 세안 후 이마, 볼 부위가 당기며, 잔주름이 많고 화장이 잘 들뜨는 피부 유형은?

① 복합성 피부   ② 건성 피부
③ 노화 피부   ④ 민감 피부

11 매뉴얼 테크닉의 기본 동작에 대한 설명으로 틀린 것은?

① 에플라지(effleurage) – 손바닥을 이용해 부드럽게 쓰다듬는 동작
② 프릭션(friction) – 근육을 횡단하듯 반죽하는 동작
③ 타포트먼트(tapotement) – 손가락을 이용하여 두드리는 동작
④ 바이브레이션(vibration) – 손 전체나 손가락에 힘을 주어 고른 진동을 주는 동작

12 매뉴얼 테크닉의 종류 중 기본동작이 아닌 것은?

① 두드리기(tapotement)   ② 문지르기(friction)
③ 흔들어주기(vibration)   ④ 누르기(press)

13 팩 사용 시 주의사항이 아닌 것은?

① 피부타입에 맞는 팩제를 사용한다.
② 잔주름 예방을 위해 눈 위에 직접 덧바른다.
③ 한방팩, 천연팩은 즉석에서 만들어 사용한다.
④ 안에서 바깥 방향으로 바른다.

14 다음 중 일시적 제모에 속하지 않는 것은?

① 족집게를 이용한 제모   ② 제모크림을 이용한 제모
③ 왁스를 이용한 제모   ④ 레이저를 이용한 제모

15 제모 시 유의사항이 아닌 것은?

① 염증이나 상처, 피부질환이 있는 경우는 하지 말아야 한다.
② 장시간의 목욕이나 사우나 직후는 피한다.
③ 제모 부위는 유분기와 땀을 제거한 다음 완전히 건조된 후 실시한다.
④ 제모한 부위는 즉시 물로 깨끗하게 씻어 주어야 한다.

16 림프 드레나지의 주요 대상이 되지 않는 피부는?

① 모세혈관확장 피부

② 여드름 피부

③ 부종이 있는 셀룰라이트 피부

④ 감염성 피부

17 관리방법 중 수요법(water therapy, hydrotherapy) 시 지켜야 할 수칙이 아닌 것은?

① 식사 직후에 행한다.

② 수요법은 대개 5분에서 30분이 적당하다.

③ 수요법 전에는 잠깐 휴식을 취한다.

④ 수요법 후에는 물을 많이 마셔서 수분을 보충한다.

18 피부관리실에서 피부관리 시 마무리 관리에 해당하지 않는 것은?

① 피부타입에 따른 화장품 바르기

② 자외선차단제 바르기

③ 머리 및 뒷목부위 풀어주기

④ 피부상태에 따라 매뉴얼 테크닉하기

19 다음 중 가장 이상적인 피부의 pH 범위는?

① pH 3.5~4.5   ② pH 5.2~5.8

③ pH 6.5~7.2   ④ pH 7.5~8.2

20 피부의 각화과정(keratinization)이란?

① 피부가 손톱, 발톱으로 딱딱하게 변하는 것을 말한다.

② 피부세포가 기저층에서 각질층까지 분열되어 올라가 죽은 각질세포로 되는 현상을 말한다.

③ 기저세포 중의 멜라닌 색소가 많아져서 피부가 검게 되는 것을 말한다.

④ 피부가 거칠어져서 주름이 생겨 늙는 것을 말한다.

답안 표기란

16 ① ② ③ ④

17 ① ② ③ ④

18 ① ② ③ ④

19 ① ② ③ ④

20 ① ② ③ ④

21 피부에서 피지가 하는 작용과 관계가 가장 먼 것은?

① 수분증발 억제
② 살균작용
③ 열발산방지작용
④ 유화작용

22 다음 중 입모근과 가장 관련 있는 것은?

① 수분조절
② 체온조절
③ 피지조절
④ 호르몬조절

23 성장촉진, 생리대사의 보조역할, 신경안정과 면역기능 강화 등의 역할을 하는 영양소는?

① 단백질
② 비타민
③ 탄수화물
④ 지방

24 진피에 자리하고 있으며 통증이 동반되고, 여드름 피부의 4단계에서 생성되는 것으로 치료 후 흉터가 남는 것은?

① 가피
② 농포
③ 면포
④ 낭종

25 다음 중 자외선이 피부에 미치는 영향이 아닌 것은?

① 색소침착
② 살균효과
③ 홍반형성
④ 비타민 A 합성

26 산소 라디칼 방어에서 가장 중심적인 역할을 하는 효소는?

① FDA
② SOD
③ AHA
④ NMF

답안 표기란

21 ① ② ③ ④
22 ① ② ③ ④
23 ① ② ③ ④
24 ① ② ③ ④
25 ① ② ③ ④
26 ① ② ③ ④

27 피부노화 현상으로 옳은 것은?

① 피부노화가 진행되어도 진피의 두께는 그대로 유지된다.

② 광노화에서는 내인성 노화와 달리 표피가 얇아지는 것이 특징이다.

③ 피부노화에는 나이에 따른 과정으로 일어나는 광노화와 누적된 햇빛노출에 의하여 야기되기도 한다.

④ 내인성 노화보다는 광노화에서 표피두께가 두꺼워진다.

28 인체의 골격은 약 몇 개의 뼈(골)로 이루어지는가?

① 약 206개   ② 약 216개

③ 약 265개   ④ 약 365개

29 안륜근의 설명으로 맞는 것은?

① 뺨의 벽에 위치하며 수축하면 뺨이 안으로 들어가서 구강 내압을 높인다.

② 눈꺼풀의 피하조직에 있으면서 눈을 감거나 깜박거릴 때 이용된다.

③ 구각을 외상방으로 끌어 당겨서 웃는 표정을 만든다.

④ 교근 근막의 표층으로부터 입꼬리 부분에 뻗어 있는 근육이다.

30 성인의 척수신경은 모두 몇 쌍인가?

① 12쌍   ② 13쌍

③ 30쌍   ④ 31쌍

31 심장에 대한 설명 중 틀린 것은?

① 성인 심장은 무게가 평균 250~300g 정도이다.

② 심장은 심방중격에 의해 좌·우심방, 심실은 심실중격에 의해 좌·우심실로 나누어진다.

③ 심장은 2/3가 흉골 정중선에서 좌측으로 치우쳐있다.

④ 심장근육은 심실보다는 심방에서 매우 발달되어 있다.

32 림프의 주된 기능은?

① 분비작용   ② 면역작용

③ 체절보호 작용   ④ 체온조절 작용

답안 표기란

33 ① ② ③ ④
34 ① ② ③ ④
35 ① ② ③ ④
36 ① ② ③ ④
37 ① ② ③ ④
38 ① ② ③ ④

33 담즙을 만들며, 포도당을 글리코겐으로 저장하는 소화기관은?

① 간   ② 위

③ 충수   ④ 췌장

34 다음 중 수면을 조절하는 호르몬은?

① 티로신   ② 멜라토닌

③ 글루카곤   ④ 칼시토닌

35 다음 중 전류와 관련된 설명으로 가장 거리가 먼 것은?

① 전류의 세기는 1초에 한 점을 통과하는 전하량으로 나타낸다.

② 전류의 단위로는 A(암페어)를 사용한다.

③ 전류는 전압과 저항이라는 두 개의 요소에 의한다.

④ 전류는 낮은 전류에서 높은 전류로 흐른다.

36 교류전류로 신경근육계의 자극이나 전기 진단에 많이 이용되는 감응 전류(faradic current)의 피부관리 효과와 가장 거리가 먼 것은?

① 근육 상태를 개선한다.

② 세포의 작용을 활발하게 하여 노폐물을 제거한다.

③ 혈액순환을 촉진한다.

④ 산소의 분비가 조직을 활성화 시켜준다.

37 피지, 면포가 있는 피부부위의 우드램프(Wood's lamp)의 반응 색상은?

① 청백색   ② 진보라색

③ 암갈색   ④ 오렌지색

38 갈바닉전류 중 음극(−)을 이용한 것으로 제품을 피부 속으로 스며들게 하기 위해 사용하는 것은?

① 아나포레시스(anaphoresis)

② 에피더마브레이션(epidermabrassion)

③ 카타포레시스(cataphoresis)

④ 전기 마스크(electronic mask)

39 고주파 직접법의 주 효과에 해당하는 것은?

① 수렴효과 ② 피부강화

③ 살균효과 ④ 자극효과

40 고형의 파라핀을 녹이는 파라핀기의 적용범위가 아닌 것은?

① 손 관리 ② 혈액순환 촉진

③ 살균 ④ 팩 관리

41 기능성 화장품에 해당되지 않는 것은?

① 피부의 미백에 도움을 주는 제품

② 인체에 비만도를 줄여주는데 도움을 주는 제품

③ 피부의 주름개선에 도움을 주는 제품

④ 피부를 곱게 태워주거나 자외선으로부터 피부를 보호하는데 도움을 주는 제품

42 화장품의 사용목적과 가장 거리가 먼 것은?

① 인체를 청결, 미화하기 위하여 사용한다.

② 용모를 변화시키기 위하여 사용한다.

③ 피부, 모발의 건강을 유지하기 위하여 사용한다.

④ 인체에 대한 약리적인 효과를 주기 위해 사용한다.

43 화장품 성분 중에서 양모에서 정제한 것은?

① 바셀린 ② 밍크오일

③ 플라센타 ④ 라놀린

44 색소를 염료(dye)와 안료(pigment)로 구분할 때 그 특징에 대해 잘못 설명되어진 것은?

① 염료는 메이크업 화장품을 만드는데 주로 사용된다.

② 안료는 물과 오일에 모두 녹지 않는다.

③ 무기안료는 커버력이 우수하고 유기안료는 빛, 산, 알칼리에 약하다.

④ 염료는 물이나 오일에 녹는다.

답안 표기란

39 ① ② ③ ④
40 ① ② ③ ④
41 ① ② ③ ④
42 ① ② ③ ④
43 ① ② ③ ④
44 ① ② ③ ④

답안 표기란

45 ① ② ③ ④
46 ① ② ③ ④
47 ① ② ③ ④
48 ① ② ③ ④
49 ① ② ③ ④
50 ① ② ③ ④

45 여드름 피부용 화장품에 사용되는 성분과 가장 거리가 먼 것은?

① 살리실산   ② 글리콜릭산

③ 아줄렌   ④ 알부틴

46 다음 중 물에 오일성분이 혼합되어 있는 유화상태는?

① O/W 에멀젼   ② W/O 에멀젼

③ W/S 에멀젼   ④ W/O/W 에멀젼

47 다음 중 옳은 것만을 모두 짝지은 것은?

> **보기**
> A. 자외선 차단제에는 물리적 차단제와 화학적 차단제가 있다.
> B. 물리적 차단제에는 벤조페논, 옥시벤존, 옥틸디메틸파바 등이 있다.
> C. 화학적 차단제는 피부에 유해한 자외선을 흡수하여 피부침투를 차단하는 방법이다.
> D. 물리적 차단제는 자외선이 피부에 흡수되지 못하도록 피부표면에서 빛을 반사 또는 산란시키는 방법이다.

① A, B, C   ② A, C, D

③ A, B, D   ④ B, C, D

48 소독약 보관과 주의사항에 대한 것으로 바르지 않은 것은?

① 한꺼번에 많은 양을 만들어 필요시 사용한다.

② 약물은 냉암소에 보존하며 라벨이 바뀌지 않도록 구별하여 보관한다.

③ 미생물의 특성에 맞는 소독약을 선택한다.

④ 소독대상에 따른 소독약과 소독법을 선택한다.

49 다음 중 호기성 세균이 아닌 것은?

① 결핵균   ② 가스괴저균

③ 백일해균   ④ 디프테리아균

50 비감염성 질환의 종류가 아닌 것은?

① 결핵   ② 고혈압

③ 허혈성 심장질환   ④ 당뇨

51 폐로 이환되며 인공능동면역으로 예방 가능한 질병은?

① 결핵 ② 풍진
③ 성홍열 ④ 콜레라

52 보통 상처의 표면에 소독하는데 이용하며 발생기 산소가 강력한 산화력으로 미생물을 살균하는 소독제는?

① 석탄산 ② 과산화수소수
③ 크레졸 ④ 에탄올

53 바이러스의 불활성을 초래하는 조건은(간염 바이러스 제외)?

① 56℃, 30분 ② 43℃, 30분
③ 37℃, 30분 ④ 25℃, 30분

54 병원성 또는 비병원성 미생물 및 아포를 가진 것을 전부 사멸시키는 것을 무엇이라 하는가?

① 멸균(sterilization) ② 소독(disinfection)
③ 방부(antisepsis) ④ 정균(microbiostasis)

55 혈청이나 약제, 백신 등 열에 불안정한 액체의 멸균에 주로 이용되는 멸균법은?

① 초음파멸균법 ② 방사선멸균법
③ 초단파멸균법 ④ 여과멸균법

56 의료보호 대상자가 아닌 사람은?

① 의상자 및 의사자 유족
② 국가 유공자
③ 북한 이탈 주민
④ 해외근로지에서 다쳐 귀국하여 치료받는 자

57 이·미용사 영업자의 지위를 승계 받을 수 있는 자의 자격은?

① 자격증이 있는 자   ② 면허를 소지한 자

③ 보조원으로 있는 자   ④ 상속권이 있는 자

58 공중위생관리법상 이·미용 업소의 조명 기준은?

① 50럭스 이상   ② 75럭스 이상

③ 100럭스 이상   ④ 125럭스 이상

59 미용업 신고증 및 면허증 원본을 게시하지 않거나 업소 내 조명도를 준수하지 않은 때의 1차 위반 행정처분 기준은?

① 경고 또는 개선명령   ② 영업정지 5일

③ 영업정지 10일   ④ 영업장 폐쇄명령

60 영업정지명령 또는 일부 시설의 사용중지명령을 받고도 그 기간 중에 영업을 하거나 그 시설을 사용한 자 또는 영업소폐쇄명령을 받고도 계속하여 영업을 한 자에 대한 법적 조치는?

① 200만 원 이하의 과태료

② 300만 원 이하의 과태료

③ 6월 이하의 징역 또는 500만 원 이하의 벌금

④ 1년 이하의 징역 또는 1천만 원 이하의 벌금

정답

1	③	2	③	3	④	4	③	5	①	6	①	7	④	8	②	9	④	10	②
11	②	12	④	13	②	14	④	15	④	16	④	17	①	18	④	19	②	20	②
21	③	22	②	23	②	24	④	25	④	26	②	27	④	28	①	29	②	30	④
31	④	32	②	33	①	34	②	35	④	36	④	37	②	38	①	39	②	40	③
41	②	42	④	43	④	44	①	45	④	46	①	47	②	48	①	49	②	50	①
51	①	52	②	53	①	54	①	55	④	56	④	57	②	58	②	59	①	60	④

해설

1 피부미용의 목적은 분장, 화장 등을 이용하여 개성을 연출하기보다는 인체의 모든 기능을 정상적으로 유지·증진시키면서 안면 및 전신의 피부를 분석하고 관리하여 피부를 건강하게 유지하는 것이다.

2 비누 사용이 보편화된 것은 근대(19세기)이며, 중세에는 알코올 발명 및 약초 스팀요법이 개발되었으며 마사지크림의 개발은 1901년 현대(20세기 이후)이다.

3 적외선램프는 피부에 온열자극 효과를 주는 피부관리기기로 팩 관리 후 적용하면 팩의 흡수력을 높인다.

4 피부분석은 1차 클렌징이 끝난 후 깨끗한 상태에서 한다.

5 클렌징로션은 O/W 친수성으로 가벼운 화장 제거와 모든 피부에 사용 가능하며 건성, 민감성, 노화 피부에 적합하다.

6 클렌징크림은 세정력이 뛰어나 짙은 메이크업 제거에 적합하며 유분이 많아 이중세안을 해야 한다.

7 크리스탈 필은 병원에서 행해지는 의료영역의 딥 클렌징이다.

8 효소의 작용을 촉진하기 위해 스티머나 온습포를 이용하고 죽은 각질을 녹인 후 해면으로 제거한다.

9 • 건성 피부 : 콜라겐, 엘라스틴, 히알루론산, 아보카도 오일
  • 지성, 여드름 피부 : 아줄렌, 유황, 클레이, 캄퍼, 살리실산, 올리브 오일
  • 민감성 피부 : 아줄렌, 위치하젤, 비타민 B_5, 클로로필
  • 노화 피부 : 비타민 E, 레티놀, 플라센타, AHA, 아보카도 오일

10 건성 피부는 피지와 땀의 분비가 원활하지 못해 피부결이 얇고 세안 후 당김 증상과 잔주름이 많고 화장이 잘 뜨는 피부유형이다.

11 프릭션(friction)은 문지르기로 손가락의 끝부분이나 손바닥을 피부에 대고 원을 그리며 조금씩 이동하는 동작이다.

12 매뉴얼 테크닉의 기본동작은 쓰다듬기, 문지르기, 주무르기, 두드리기, 진동하기이다.

13 눈 부위는 자극을 줄 수 있으므로 진정용 화장수를 적신 화장솜으로 가리고 눈과 입 부위를 제외한 얼굴과 목에 팩을 도포한다.

14 레이저를 이용한 제모는 모모세포를 파괴시키는 영구적 제모방법이다.

15 제모한 부위는 모공이 열려 있으므로 냉습포를 사용하여 피부를 진정시키고 진정 젤을 발라주며, 피부감염 방지를 위해 24시간 이내에 목욕, 비누 사용, 세안, 메이크업, 햇빛의 자극을 피하는 것이 좋다.

16 감염성 피부는 림프 드레나지 시술 시 감염을 빠르게 진행시킬 수 있으므로 피해야 한다.

17 수요법을 할 경우 식사 직후 바로 하면 소화에 자극이 될 수 있으므로 최소 한 시간 이후에 실시하는 것이 좋다.

18 매뉴얼 테크닉은 피부관리 중에 행하는 동작이다.

19 피부의 이상적인 pH 범위는 pH 4.5~6.5 사이의 약산성 상태이다.

20 각화과정은 피부 세포가 기저층에서 각질층까지 분열되어 올라가 죽은 각질세포로 되는 현상을 말하며, 보통 28일(약 4주)을 주기로 박리된다.

21 피지막은 얇은 피부보호막을 형성하여, 수분증발 억제, 살균작용, 유화작용을 한다.

22 입모근은 추위가 느껴질 때 반사적으로 수축하여 털을 세워 공기층을 두텁게 하는 근육으로 체온 조절과 관련이 있다.

23 • 단백질과 지방은 인체를 구성하고 열량을 제공하며, 체내 생리기능을 조절한다.
   • 무기질은 신체의 골격과 구조를 이루는 구성 요소이다.

24 염증성 여드름은 1단계 구진 → 2단계 농포 → 3단계 결절 → 4단계 낭종으로 진행된다.

25 비타민 D가 자외선을 통해 피부에서 합성되며, 구루병 예방 및 면역력 강화에 도움이 된다.

26 SOD는 활성산소로부터 세포를 지켜주는 역할을 한다.

• SOD=Super Oxide Dismutase, 항산화효소
• AHA= Alpha Hydroxy Acid, 화학적 각질제거 성분
• FDA=Food and Drug Administration, 미국 식품의약국

27 내인성 노화에서는 표피의 두께가 얇아지고, 광노화에서는 표피의 두께가 두꺼워진다.

28 인체는 약 206개(체간골격 80개, 체지골격 126개)의 뼈로 이루어져 있다.

29 ①은 협근, ③은 대협골근, ④는 소근에 대한 설명이다.

30 뇌신경은 12쌍, 척수신경은 31쌍으로 이루어져 있다.

31 심장근육은 심방보다는 심실에서 매우 발달되어 있다. 특히 좌심실은 벽 근육이 두껍고 튼튼하게 되어 있다. 강력하게 수축하면서 혈액을 온몸으로 내보낸다.

32 림프의 주된 기능은 면역작용으로써 림프를 구성하는 성분 중의 하나인 림프구와 대식 세포가 체내 미생물의 침입으로부터 자신을 방어하는 역할을 한다.

33 소화부속기관 중의 하나인 간은 담즙을 생성하며, 탄수화물 대사에 관여하여 포도당을 글리코겐으로 저장한다.

34 • 멜라토닌 : 송과체에서 분비되는 호르몬, 수면 및 생체리듬 조절 기능
   • 티로신 : 물질대사를 촉진하는 호르몬
   • 글루카곤 : 혈당을 올려주는 호르몬
   • 칼시토닌 : 혈액 속의 칼슘량을 조절하는 호르몬

35 전류는 높은 전류에서 낮은 전류로 흐른다.

36 감응전류는 피부에 화학적인 작용으로 세포를 활성화, 노폐물 제거, 근육 상태 개선, 혈액순환 촉진 등의 효과가 있다.

37 지루성 피부·피지·면포(오렌지색), 정상 피부(청백색), 건성 피부(연보라색), 민감·모세혈관확장 피부(진보라색), 노화된 각질(흰색), 비립종(노란색), 색소침착(암갈색)

38 • 아나포레시스(anaphoresis) : 음극(−)을 이용
   • 카타포레시스(cataphoresis) : 양극(+)을 이용

39 고주파의 직접법은 스파킹을 일으켜 박테리아나 세균에 대한 살균작용으로 지성, 여드름 피부에 적합하다.

40 파라핀기는 열을 이용한 관리로서 얼굴·전신관리 및 손·발관리 시 혈액순환 및 제품의 흡수율을 촉진시키기 위해 팩 관리에 적용한다.

41 기능성 화장품의 범위는 피부의 미백, 주름 개선, 자외선 차단하여 피부를 보호하는데 도움을 주는 제품이다.

42 화장품은 인체(人體)를 청결·미화하여 매력을 더하고 용모를 밝게 변화시키거나 피부·모발의 건강을 유지 또는 증진하기 위하여 인체에 바르고 문지르거나 뿌리는 등 이와 유사한 방법으로 사용되는 물품이다.

43 라놀린은 양모에서 정제하여 추출하며 피부에 유연한 사용촉감 및 보습효과 성분으로 사용된다.

44 염료는 물이나 오일에 녹아 메이크업 화장품에는 사용하지 않는다.

45 알부틴은 미백화장품에 사용되는 성분이다.

46 O/W – 수중유형에멀전, W/O – 유중수형에멀전, W/O/W – 다상에멀전

47 물리적 차단제에는 이산화티탄, 산화아연, 탈크 등이 있다. 벤조페논, 옥시벤존, 옥틸디메틸파바 등은 화학적 차단제에 속한다.

48 약물은 사용할 때마다 새로 제조하여야 한다.

49 가스괴저균은 혐기성균이다.

50 결핵은 만성 감염성 질환이다.

51 결핵은 폐로 이환되며 인공능동면역으로 예방 가능한 만성 감염성 질병이다.

52 과산화수소는 3% 수용액을 피부상처에 사용하며 모발의 탈색제로도 사용한다.

53 바이러스는 열에 불안정하여 56℃에서 30분 가열하면 불활성을 초래한다(간염바이러스 제외).

54 멸균은 아포를 포함한 모든 미생물을 사멸 또는 제거하는 것이다.

55 여과멸균법은 열에 불안정한 액체(혈청이나 약제, 백신 등)의 멸균에 주로 이용한다.

56 의상자 및 의사자 유족, 국가 유공자, 북한 이탈 주민은 의료보호 대상자이다.

57 이·미용사 영업자의 지위를 승계 받을 수 있는 자는 면허를 소지한 자이다.

58 공중위생관리법상 이·미용업소의 조명 기준 : 75럭스 이상

59 미용업 신고증 및 면허증 원본을 게시하지 않거나 업소 내 조명도를 준수하지 않을 때 : 1차 위반–경고 또는 개선명령, 2차 위반–영업정지 5일, 3차 위반–영업정지 10일, 4차 위반–영업장 폐쇄명령

60 영업정지명령 또는 일부 시설의 사용중지명령을 받고도 그 기간 중에 영업을 하거나 그 시설을 사용한 자 또는 영업소 폐쇄명령을 받고도 계속하여 영업을 한 자는 1년 이하의 징역 또는 1천만원 이하의 벌금